공간정보의 이해와 활용

점, 선, 면에서부터 스마트 시티, 디지털 트윈, 메타버스까지

공간정보의 이해와 활용

대한공간정보학회, 대한국토·도시계획학회 지음

푸른길

차 례

제2부 공간정보의 활용

발간사

공간정보는 21세기를 살고 있는 우리의 일상생활과 활동에 있어 꼭 필요한 정보 중의 하나이며 점차 그 중요도가 증가하고 있습니다. 일반적으로 공간정보라 하면 인간이 살고 있는 지구의 지표면부터 우주에 이르기까지 매우 넓은 범위를 지칭하나, 보통의 경우 인간의 거주지와 그 부근의 영역으로 정의되며, 여기에는 지형지물, 인공시설물 등 눈에 보이는 대상과 비가시적인 각종 지리적 현상이 모두 포함될 수 있습니다. 이러한 공간정보는 내비게이션, 위치 기반 서비스, 배달 주문, 택배배송, 증강현실 등 많은 분야에서 활용이 되고 있습니다.

이러한 공간정보 분야의 발전은 세계적으로 70여 년 전부터 이루어져 왔고 많은 국내외 전문가와 학자들이 논문과 서적 등을 출간해 왔습니다. 그러나 대부분 내용 자체가 어렵고 한국어로 작성된 서적이 많지 않은 관계로 이 분야에 관심이 있는 전문가나 대학생들을 위한 교재 형식의 책이 주로 출간되어 온 것이 현실입니다. 대학이나 일부 기관에서 강의나 훈련을 받지 않은 일반인이 공간정보에 대해 좀 더 자세히 알아보고 나름대로 활용하기에 적합한 길잡이 서적은 찾아보기가 어려웠습니다.

『공간정보의 이해와 활용』은 일반인의 눈높이에서 공간정보가 무엇이고 공간정보가 가진 특성은 무엇이며, 이러한 정보는 어떻게 생산되어 분석되고 활용되는지를 매우 쉽게 이해할 수 있도록 작성이 되었습니다. 제1부에서는 공간정보의 이해를 위해 대한공간정보학회 소속 전문가이신 교수님들이 심혈을 기울여 내용을 쉽고 간결하게 정리해 주셨습니다. 제2부에서는 대한국토·도시계획학회 소속 전문가분들이 공간정보의 활용에 대한 분야별 내용을 다루어 균형 잡힌 서적으로서의 구성을 보여주고 있습니다.

이 책은 원래 의도한 바와 같이 일반인들을 대상으로 공간정보에 대한 모든 것을 쉽고 간결하게 정리하여 편안하게 읽을 수 있도록 만들어졌으며, 그 목적을 충분히 달성한 것으로 생각됩니다. 집필을 위해 노고를 아끼지 않으신 대한공간정보학회 여러 교수님들께 다시 한번 감사를 드립니다. 그리고 이 책의 발간에 지원을 아끼지 않으신 LX 한국국토정보공사 김정렬 사장님과 직원 여러분들께도 감사의 말씀을 드립니다.

2023년 6월

대한공간정보학회 회장 박 수 홍

서 문

'공간정보'라는 분야는 다양한 형태로 우리 생활과 밀접하게 자리하고 있다. 지도를 기반으로 한 수많은 응용 프로그램들뿐 아니라 최근에는 드론, 빅데이터, 인공지능 등 최신 기술이 접목되어 가면서 더욱 그 영역이 확장되어 가고 있다. 그러나 공간정보 관련 서적은 대부분 대학 교육을 위한 전문 서적들이기 때문에 일반인이 이 분야의 배경과 응용 분야에 대해 이해하기는 쉽지 않다. 공간정보와 관련하여 일반인도 읽기 쉬운 책이 하나 있으면 좋겠다. 그것이 이 책 『공간정보의 이해와 활용』 발간의 시작이었다.

『공간정보의 이해와 활용』은 공간정보의 기본 개념에 대한 이해력 향상과 다양한 활용 사례 소개라는 궁극적 목표를 달성하기 위해 크게 '공간정보의 이해'와 '공간정보의 활용' 두 부분으로 구성되어 있다. 먼저 공간정보의 이해는 공간정보의 기본 개념 및 공간정보의 수집, 처리, 분석에 이르는 관련 기술을 이해하고 이를 응용하는 방법에 대해 기술하고 있으며 (사)대한공간정보학회의 회원들이 저술하였다. 공간정보의 활용은 다양한 공간정보의 활용 중 도시, 부동산 등 국민의 생활과 밀접한 분야에서의 다양한 공간정보의 활용 사례를 소개하고 있다. 해당 부분은 (사)대한국토·도시계획학회의 회원들이 저술하였다.

제1부 이해편의 제1장은 공간정보의 기본 개념과 공간정보의 재현, 그리고 특징에 관한 소개로 시작한다. 제2장은 공간정보 수집과 관련된 드론과 사진 측량에 관한 내용으로 이어지며, 사진측량의 정의, 데이터 처리, 그리고 사진 측량의 변천사를 담고 있다. 제3장은 원격탐사 데이터 처리 및 분석에 관한 내용으로 그중 인공위성에 의한 원격탐사를 대상으로 하고 있다. 구체적으로 원격탐사 데이터의 특징, 전처리 기술, 활용 분석을 다룬다. 제4장은 공간정보 처리와 관련된 공간정보시스템과 데이터 컴퓨팅에 관한 내용이고, 제5장은 포인트를 이용한 공간분석으로 통계적 관점에서 다양한 포인트 기반 분석 알고리즘을 소개하였다.

제6장에서는 공간정보 기반 디지털 트윈에 대한 이론적 배경을 주로 다루며,제7장은 환경공간정보의 기본 개념과 특징을 소개하였고, 마지막으로 제8장은 공간정보와 인공지능의 결합을 GeoAI의 개념과 공간 빅데이터, 그리고 인공지능 기술을 이용하여 설명하였다.

제2부 활용편은 도시생활과 관련된 분야와 도시행정 및 도시관리 그리고 주택과 부동산에 관련된 내용들을 대상으로 정리하고 있다.

활용편의 제1장에서 제3장까지는 공간정보 활용의 보편적이고 일반적인 활용방안에 관하여 설명하고 있다. 제1장은 우리들의 일상생활에서의 공간정보의 활용을 소개하였고, 제2장은 도시라는 생활공간에서 공간정보의 활용과 공간정보가 도시공간에 미치는 영향을 현재와 미래로 구분하여 보여주고, 도시계획 분야에서의 공간정보의 활용 현황과 미래 방향을 담고 있다. 제3장은 공간정보의 활용을 재해·안전·환경의 분야로 구분하여 우리나라의 활용사례와 해외 국가들의 활용사례들을 함께 살펴보았다.

제4장은 입지 선택과 관련한 공간정보의 활용의 최신 기술과 적용 방안에 관해 설명하며, 제5장에서는 스마트 시티, 디지털 트윈과 메타버스 등 4차산업 시대에 새롭게 등장한 기술들이 공간정보와 어떻게 연계되고 융합되는가를 설명하였다. 제6장에서는 부동산과 관련된 공간정보의 활용을 검토하고, 최근의 프롭테크 산업과 공간정보를 살펴본 후 미래 부동산 분야의 공간정보 활용방안까지 살펴보고 있다. 제7장은 주택 분야에서의 공간정보의 활용을 풍수이론에서부터 현재 주택산업 현장에 이르기까지 다양한 활용사례를 소개하였다.

공간정보의 저변확대를 위해 본 도서의 필요성을 말씀하여 주신 LX 한국국토정보공사의 김정렬 사장님, 과제의 진행에 도움을 큰 도움을 주신 LX 공간정보연구원 곽희도 원장님과 임직원 여러분, 그리고 많은 수의 저자들과 소통하며 도서의 발간에 힘을 써 준 푸른길 김선기 대표님과 출판 관계자들께 특별한 감사를 드린다. 또한 LX와 푸른길, 그리고 저자 간에 연락과 행정에 큰 도움을 준 서울시립대학교 공간정보공학과 박사과정 유무상 학생에게도 감사의 말을 전한다.

다시 한번 『공간정보의 이해와 활용』이 일반인들이 쉽게 이해할 수 있는 공간정보 관련 개론서가 될 수 있기를 간절히 바라며, 추후 최신 기술과 다양한 활용들이 더욱 접목된 개정판으로도 이어질 수 있기를 기대해 본다.

2023년 6월
저자 일동

공간정보의 이해

제1부

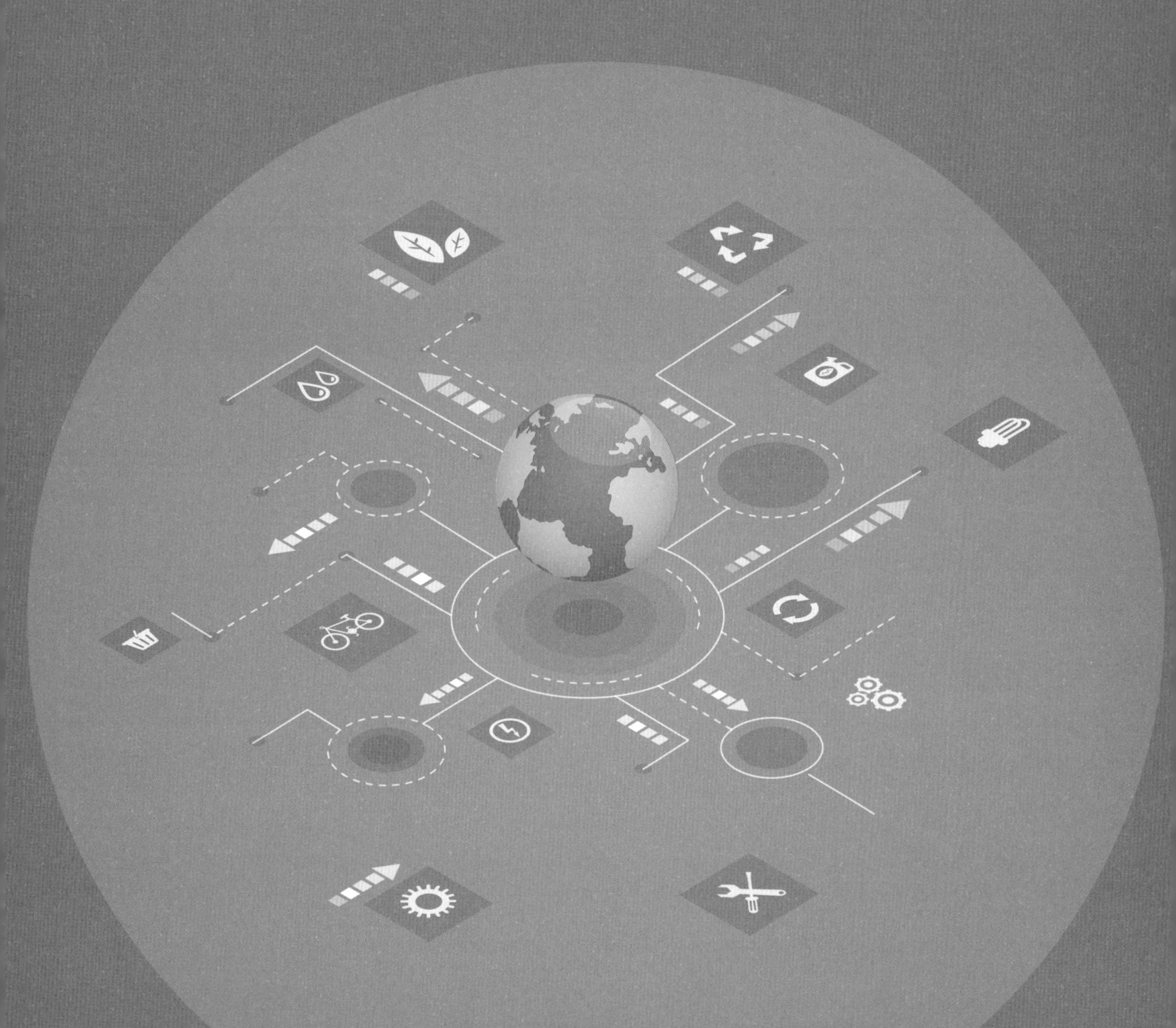

제1장

공간정보의 기본 개념과 특징

1.1 공간정보란 무엇인가

우리는 정보화와 4차 산업혁명과 더불어 정보의 홍수 속에서 살고 있다. 그중 많은 정보는 공간과 관련된 정보를 포함하고 있으며, 또 그중 몇몇은 공간정보라 불리고 있다. 실세계의 많은 것이 공간과 관련되어 있으므로 많은 현안에서 공간을 이해하는 것은 중요할 수밖에 없으며 이는 다양한 공간정보의 생산을 이끌었다. 구체적으로 공간과 관련되어 있다는 것은 그 대상이 특정한 위치에서 발생하거나 혹은 존재한다는 것이다. 그리고 공간과 관련된 문제는 대상의 위치를 알거나 주변 공간과의 관계 이해를 통해 해결할 수 있다. 공간정보는 이러한 공간 현상에 대한 이해를 도와 최종적으로 문제 해결에 도움을 준다. 예를 들어 우리가 이사한다면 이사할 집은 집 자체뿐만 아니라 다양한 주변 환경 요소의 고려를 통해 결정되며 이 결정을 위해서는 관련 공간정보가 필요하다. 또 우리가 자동차 내비게이션을 사용한다면 목적지와 도착지의 위치와 두 위치 사이의 거리 및 교통 상황 등 다양한 요소를 고려해 최적의 경로를 탐색할 것이며, 그 요소에 대한 공간정보 또한 필요하다. 본 장에서는 공간정보의 대상과 정의, 재현과 데이터 모델, 공간정보의 구축·가공·분석 전 과정에 고려해야 할 기본적인 특징이 무엇인지 살펴보고자 한다.

1) 공간정보의 대상

공간정보는 공간정보의 각 요소, 즉 공간과 정보를 각각 이해하는 것에서부터 정의를 내릴 수 있다. 먼저 공간은 공간정보의 대상을 지칭하며 이 책 전반의 주제를 관통한다. 특히 공간, 정확히는 공간적(spatial)이라는 단어는 지구의 표면을 지칭하는 지리적(geographic)이라는 단어보다 더욱 포괄적인 의미로, 모든 다양한 종류의 공간을 말한다. 구체적으로 공간적이라는 단어는 지구 표면뿐 아니라 우주 공간, 지하 공간, 사이버 공간 등 다양한 영역을 모두 포괄하는 의미로 사용된다. 비슷한 단어로 최근 지리공간적(geospatial)이라는 단어가 자주 사용되고 있으며, 이는 공간적인 것 중 지구 표면을 특별히 간주한다는 의미를 내포하고 있다(Longley et al. 2011). 따라서 본 장에서는 일반적 의미인 공간적이라는 단어를 사용하고, 지리적과 지리공간적이라는 단어는 피하고자 한다.

다시 돌아와서, 공간은 공간정보의 대상을 지칭하며, 이는 공간적 사상을 의미한다. 여기서 공간적 사상은 크게 공간적 사물과 현상을 나타낸다. 구체적으로 공간적 사물은 공간적 객체와 사건으로 분류할 수 있다. 여기서 공간적 객체는 공간의 특정 위치에 존재하는 개체를 의미하며 일반적으로 말하는 공간정보의 대상이다. 예를 들어 지도에서 표현되는 경찰서, 소방서, 학교 등 특정한 건물, 고속도로나 국도 등 다양한 도로가 대표적 공간적 객체의 예시이다. 그림 1-1은 서울시 동대문구 내의 2021년 사망 교통사고 분포를 나타낸 지도이다. 지도의 실폭도로와 건물이 공간적 객체이다.

공간적 사물은 공간적 객체뿐 아니라 특정한 위치에 발생하는 개체인 공간적 사건도 포함한다.

그림 1-1. 공간적 사물: 서울시 동대문구 내 사망 교통사고 분포(2021년)

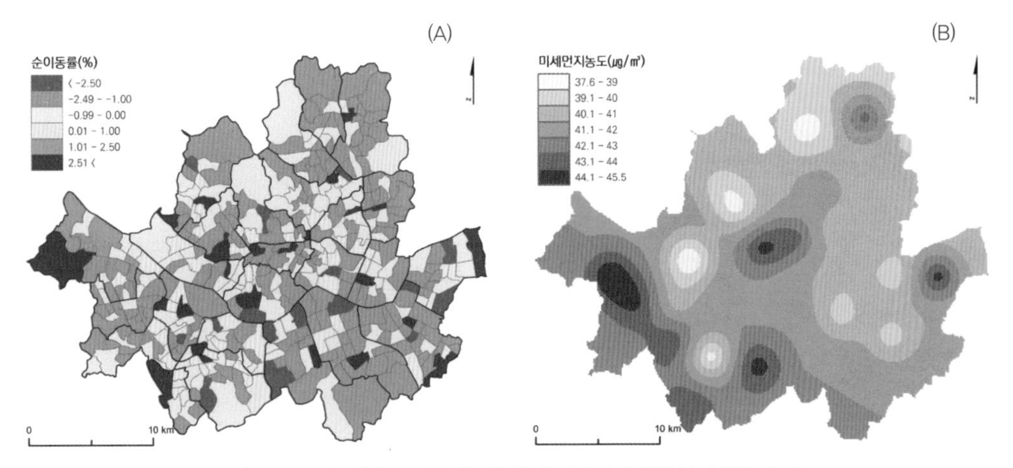

그림 1-2. 공간적 현상: 서울 행정동별 순이동률과 서울시 미세먼지농도

공간적 사건은 말 그대로 교통사고 발생 지점과 같은 사건이 일어난 지점 등을 대표적인 예시로 들 수 있다. 공간적 사건은 특정한 위치에 존재하는 것이 아니므로 건물이나 도로와 같이 위치를 직접 지칭할 수 없다는 점에서 공간적 객체와 차이를 보인다. 그림 1-1의 사망 교통사고가 공간적 사건의 예시이다.

나아가 공간정보의 대상은 공간적 사물뿐 아니라 공간에 존재하는 속성, 즉 공간적 현상도 포함한다. 공간적 현상은 대체로 공간적 사물과 관련된 속성으로 표현된다. 구체적으로는 공간적 객체와 사건이 보유하고 있는 속성이 바로 공간적 현상이라고 할 수 있다. 예를 들어 도시의 공간적 역동성을 관찰하고자 할 때 우리는 도시 내 하위 공간 단위인 자치구나 행정동에서의 인구 변화에 주목한다. 그리고 이 인구 변화를 묘사하기 위해 하위 공간 단위별 출생, 사망 그리고 인구 유출입(예: 순이동)을 집계한다(그림 1-2-A). 이때 각 공간 단위별로 집계된 속성들이 공간적 현상의 예이며, 이 역시 공간정보의 대상이다.

물론 모든 속성이 공간적 사물과 일대일로 관련되어 공간적 현상으로 나타나는 것은 아니다. 특정한 공간적 현상들, 예를 들어 기온이나 강수량, 미세먼지 농도(그림 1-2-B)는 특정 공간적 사물과 관련되지 않고도 공간상에 분포할 수 있다. 또한 통근이나 통학과 같이 여러 공간적 사물과 관련된 속성들도 존재할 수 있으며 이러한 형태의 속성들 역시 공간적 현상으로 공간정보의 대상이 된다. 이를 통해 공간정보는 다양한 형태의 공간적 대상을 가지고 있으며, 이를 효과적으로 재현하기 위해서는 여러 공간데이터 모델이 필요함을 알 수 있다.

2) 정보의 정의

다음은 공간정보에서 정보가 지칭하는 것을 살펴본다. 정보는 아는 것을 묘사하기 위해 사용하는 용어들, 구체적으로 데이터, 정보, 증거, 지식, 지혜, 중의 하나로, 이 용어들의 정의를 함께 살펴봄으로써 그 뜻을 명확히 할 수 있다(표 1-1). 일반적으로 데이터가 가장 낮은 차원의 앎을 나타내며, 정보에서 지혜로 갈수록 더욱 고차원적인 앎을 의미한다. 이 용어 중 데이터와 정보가 공간적 대상에 대한 앎을 묘사하기 위해 자주 쓰이므로 이를 중심으로 각 용어의 뜻을 살펴본다.

표 1-1. 앎을 묘사는 용어의 정의와 예시

용어	앎의 수준	정의
데이터	가장 낮은 차원	자유 맥락적 원시적 사실
정보	↕	특정 맥락에 의해 가공된 데이터
증거		특정 문제에 대해 논리성이 입증된 정보
지식		가치가 부여된 정보
지혜	가장 높은 차원	모든 지식과 증거를 기반으로 고도로 개인화된 앎의 형태

먼저 데이터이다. 데이터는 가장 원시적인 사실을 의미하며 대체로 특정 맥락에 구애받지 않고 수집된 수나 텍스트 등으로 표현된다. 만약 우리가 서울, 전주, 부산 등의 대표 기상대에서 매시간 기온을 측정한다면 여기서 측정된 기온이 데이터의 예시가 될 수 있다.

정보의 정의는 데이터의 정의보다 어렵다. 좁은 의미에서의 정보는 맥락과 의미가 결여된 데이터와 같은 의미로 사용된다. 대체로 많은 공간정보, 특히 공간적 객체의 경우 의미가 결여된 형태로 국가기본도와 같은 일반도에 포함되기 때문에 공간데이터라고 여겨지는 경우가 많다. 하지만 넓은 의미에서의 정보는 특정한 목적과 맥락에 의해 선정, 가공된 것을 의미하여 데이터와는 구분된다. 많은 공간데이터가 특정한 목적에 따라 생성되고 관리된다는 점에서 공간데이터보다는 공간정보라고 정의하는 것이 더욱 바람직해 보인다(이상일 외 역, 2013). 사실 가장 자유 맥락적 공간데이터라고 여겨지는 국가기본도 역시 포함되는 공간적 객체들이 공간적 스케일에 따라 선택되고 그 중요도에 따라 가공된 심볼로 표현된다는 점에서 공간데이터보다 공간정보가 더 적합한 용어임을 확인할 수 있다. 다시 기온을 사례로 설명하자면 지구온난화의 국지적 경향을 살펴보기 위해 매시간 측정된 각 도시의 기온을 1960년부터 2020년까지의 연평균 기온으로 요약한 형태를 정보의 예시라 할 수 있다.

나아가 지식은 특정한 맥락과 경험, 목적에 따라 가치가 부가된 형태의 정보를 의미한다. 정보에 가치를 부가하기 위해서는 증거의 사용이 필수적인데, 여기서 증거는 특정한 문제에 대해 논리성이 입증된 정보를 의미한다. 다시 기온과 지구온난화의 예시를 들자면 각 도시의 연평균 기온이 1960년대에 비교하면 2010년대 통계적으로 유의미하게 증가한 것을 확인할 수 있다면 이 증거를 바탕으로 우리는 지구온난화가 진행되고 있다는 일종의 지식을 획득할 수 있다. 가장 고차원적인 앎의 단계인 지혜의 경우 그 정의가 가장 어려우나 일반적으로 매우 고도로 개인화된 앎의 형태로 모든 이용 가능한 지식과 증거에 기반하면서 이에 대한 추가적인 이해 역시 요구한다(Longley et al., 2011).

3) 공간정보의 정의와 공간정보학

공간정보의 각 요소인 공간과 정보 각각의 정의를 통해 다음과 같이 공간정보의 정의를 유추할 수 있다. 공간정보는 공간적 사물과 현상에 대한 데이터 혹은 이를 특정한 목적과 맥락에 따라 선정 가공한 데이터를 의미한다. 하지만 공간정보라는 용어는 용어의 대상인 공간정보를 지칭하며 공간정보를 가지고 행하는 특별한 행위가 규정되어 있지 않다는 점에서 다소 한계를 지닌다. 따라서 공간정보라는 대상과 함께 공간정보를 이용한 특정 행위를 포함하는 공간정보학 혹은 공간정보과학(spatial information science)이라는 용어를 사용하면 공간정보의 뜻이 더욱 명확해질 수 있다.

국내에서 공간정보학은 측량, 지적, GIS(Geographic Information Systems: 지리정보체계), 그리고 원격탐사를 포괄하는 폭넓은 학문이다. 구체적으로 공간정보학은 측량 및 원격탐사를 통해 정보를 구축하고, GIS를 이용하여 정보를 가공, 편집하는 것으로 구성할 수 있다(최윤수 외, 2016). 하지만 공간정보학에 대한 정의는 GIS에서 GISc(Geographic Information Science: 지리정보과학)으로의 용어 변화를 참고하면 그 뜻을 더 쉽게 이해할 수 있다.

최초 GIS는 지리정보를 취득하고, 이를 가공하여 효과적으로 활용하고 효율적으로 저장하는 도구적 의미가 강했다. 하지만 다양한 도구들(예: 컴퓨터)과 마찬가지로 도구적이라는 한정적 의미로 GIS를 사용하는 과정에서 여러 문제점이 확인되었다. 구체적으로 공간데이터를 구축하는 과정에서 데이터 정확도(혹은 품질)의 측정, 스케일에 따른 일반화 차이에 의한 가공 방법이 GIS 분석 결과에 미치는 영향, 데이터 일반화 수준과 저장 효율 간의 관계, GIS로 생성된 지도의 가독성 향상을 위한 디자인 배치 등 다양한 문제에 대한 답변이 요구되었다. 이 구체적 질문들에는 데이터 구축, 가공, 활용, 저장, 그리고 디자인과 관련된 다양한 요소들과 관련되었지만, 단지 도구적 의미에서 GIS는 이 문제들에 대한 답변을 제시하기에는 용어의 한계가 명확했다.

따라서 지리정보과학과 같은 새로운 용어의 정의가 필요했다. 일반적 정보과학의 의미와 같이 지리정보과학은 정보의 구축, 가공, 활용, 저장에 이르는 모든 단계에서 야기될 수 있는 궁극적 문제들을 연구하는 학문(Goodchild, 1992)이라는 의미를 담고 있다. 따라서 이 지리정보과학이라는 용어는 위에서 제기된 문제들의 답변을 제시하기에 적합한 정의로 부각되었다. 지오인포매틱스(geoinformatics), 공간정보과학(spatial information science), 지리정보공학(geoinformation engineering) 등 다양한 용어들 역시 대상의 차이와 접근 방법의 차이(공학적 접근과 과학적 접근)가 존재하지만 모두 비슷한 의미를 공유한다. 특히 본 장에서 의미하는 공간정보학은 더 일반적인 공간정보의 구축, 가공, 처리, 분석, 활용 전반과 관련된 기술을 사용하는 데서 발생하는 궁극적인 문제를 탐구하는 학문 분야라고 정리할 수 있다.

1.2 공간정보의 재현과 데이터 모델

공간정보는 공간적 사물과 현상에 대한 데이터 혹은 이를 특정한 목적과 맥락에 따라 선정 가공한 데이터를 의미한다. 더 정확히 공간정보는 디지털화된 데이터를 나타내며, 뒤에서 사용될 데이터의 의미는 앞의 앎을 묘사하는 용어라기보다는 디지털화된 정보를 의미한다. 디지털화되는 과정에서 공간적 사물은 주로 위치(혹은 도형) 데이터, 공간적 현상은 속성 데이터로 재현(representation)된다. 하지만 실세계는 매우 복잡하므로, 다시 말해 상세성이 높아서 실세계를 데이터로 재현하기 위해서는 반드시 상세성을 감소시켜야 한다. 상세성 감소에는 인간이 세상을 바라보는 관점이 작용하며, 이를 표현하기 위해서는 서로 다른 디지털 데이터 모델(이후 데이터 모델)이 필요하기도 하다. 서로 다른 데이터 모델은 상이한 방식으로 위치 데이터와 속성 데이터를 재현하기 때문에 공간정보를 구축하고 활용하기 위해서 정확하게 이해하는 것이 필수적이다. 따라서 여기서는 공간적 재현을 위한 실세계를 바라보는 개념적 관점에서 시작하여 대표적 공간데이터 모델인 벡터와 래스터 모델에 대해서 설명하고자 한다.

1) 공간 재현을 위한 개념적 관점

실세계를 데이터로 재현하기 위해서는 실세계의 무한한 상세성을 어느 정도 제한하여야 하며, 이 과정에는 필수적으로 인간이 세상을 바라보는 관점이 작용한다. 여기서는 세상을 바라보는 개념적 관점 중 대표적인 관점인 이산적 객체 관점(discrete object view)과 연속적 필드 관점(continuous field view)을 소개한다.

(1) 이산적 객체 관점

이산적 객체 관점은 실세계를 경계선이 명확한 객체들과 그 외의 빈 공간으로 바라본다. 이산적 객체 관점은 전통적인 지도학적 시각과 매우 유사하며 인간이 경관을 구분하는 통상적인 방식에 부합되는 관점이다(이상일 외 역, 2013). 이산적 객체 관점에서 공간은 건물, 도로, 강, 호수 등 상대적으로 명확한 경계를 가진 이산적인 객체들로 구성되어 있다. 그림 1-3의 경관에서도 마찬가지로 공간을 건물과 도로 등의 이산적 객체들과 그 외의 빈 공간으로 구분한다. 이산적 객체 관점은 주로 앞에서 정의한 공간적 객체를 표현하기 위하여 활용되지만 공간적 사건도 이산적 관점에서 표현할 수 있다.

이산적 객체 관점은 경계선이 명확한 객체들을 주요 관심사로 삼기 때문에 다음과 같은 특징을 지니며, 이 관점의 장점과 연결된다. 먼저 이산적 객체 관점에서는 객체들이 명확한 경계선을 가지기 때문에 재현된 객체의 수를 세기에 용이하다. 그림 1-3에서와 같이 이산적 객체 관점에서는 해당 공간에 몇 개의 건물이 존재하는지를 파악할 수 있다. 또한 공간적 객체를 명확히 구분할 수 있기에 각 객체를 객체가 보유한 속성과 연관 지어 설명하는 것이 가능하다. 예를 들어 그림 1-3에서 우리는 건물의 위치와 함께 층수라는 속성을 동시에 알 수 있으며, 나아가 특정 층수 이상 건물의 수까지 파악할 수 있다. 이러한 특징으로 인하여 이산적 객체 관점은 공간적 사물과 공간적 현상 중 공간적 사물과 관련된 속성을 재현하는 데 매우 효과적으로 활용할 수 있다.

이산적 객체 관점은 공간적 객체들을 차원성 기반으로 규정한다. 물론 실세계에 존재하는 모든 개체는 3차원이지만 이 관점에서는 재현의 목적과 공간적 스케일에 따라 주로 0에서 2차원의 객체들로 표현된다. 구체적으로 면적이나 길이를 보유하지 않고 오로지 특정 위치만 점유하고 있는 0차원 객체들은 점(point)으로 표현된다. 점으로 표현되는 객체들은 주로 주요 건물, 소축척에서 도시 등이며, 교통사고나 범죄 등 대부분 공간적 사건도 주로 점으로 표현된다. 또 도로나 하천과 같은 특정한 루트를 가지고 있는 객체들은 1차원인 라인(line)으로 주로 표현된다. 마지막으로 특정 면적

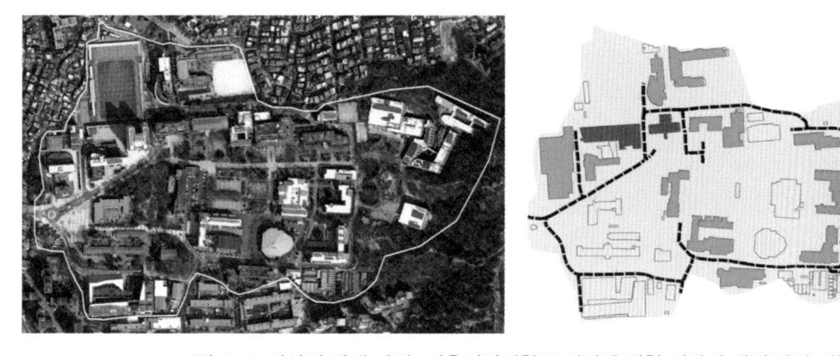

그림 1-3. 이산적 객체 관점: 서울시립대학교 전경에 대한 이산적 객체 관점 재현

을 점유하고 있는 객체들은 2차원으로 규정하고 에어리어(area)로 표현된다. 대축척으로 재현될 때 호수나 논, 밭과 같은 토지이용 등이 그 예가 될 수 있다. 물론 최근 디지털 트윈 환경 발전과 함께 건물이나 도로, 혹은 실내공간 등이 3차원으로 재현되기도 한다.

이와 같은 이산적 객체 관점의 특징과 차원성에 기반한 재현은 이 관점의 한계와도 직결된다. 먼저 이산적 객체 관점은 명확한 경계를 가진 객체를 대상으로 한다는 점에서 공간적 사물과 그리고 이와 관련된 속성을 표현하기에는 적합하나, 다른 형태의 공간적 현상, 특히 특정 공간적 사물과 관련되지 않은 속성을 표현하기에는 부적합하다. 예를 들어 기온이나 강수량과 같이 공간 일반에 분포하는 속성은 이 관점에서 표현하기에 한계가 있다. 또한 이산적 객체 관점의 차원성에 기반한 재현은 3차원으로 존재하는 실세계를 대체로 더 낮은 차원으로 감소시켜야 하므로 그 과정에서 재현의 한계가 발생한다. 만약 고가도로나 지하도로가 다른 도로와 교차할 경우, 교차하지 않은 도로가 교차하는 것처럼 보이는 것과 같이 2차원 재현에는 한계가 발생할 수 있다. 물론 도로의 교차 여부를 표현하여 그 한계를 보완할 수는 있다.

(2) 연속적 필드 관점

연속적 필드 관점은 실세계를 공간상의 모든 지점에서 빈 공간 없이 재현 가능하다고 보며, 구체적으로 공간상의 모든 위치에 따라 값이 변화하는 변수들을 이용하여 실세계를 재현한다. 빈 공간이 없이 모든 지점에서 재현한다는 점에서 특정한 위치를 포함하고 있는 공간적 사물보다는, 기온이나 강수량과 같은 공간상에 분포하는 현상을 표현하기에 적합하다. 그림 1-4와 같이 특정 지역 내 고도나 강수량의 분포는 특정한 공간적 사물과 연관 지어 표현하기 어려운 속성이며, 이러한 속성을 표현할 때 연속적 필드 관점은 더욱 적합하다. 물론 연속적 필드 관점에서 사물이나 사물이 보유한 속성의 표현이 불가능한 것은 아니다.

이산적 객체 관점에서 공간적 사상을 차원성에 기반하여 구분하듯이 연속적 필드 관점에서 공간적 사상은 공간적 변화 양상에 따라 유형화할 수 있다. 구체적으로 먼저 공간적 사상이 이산적(discrete)인 것과 연속적(continuous)인 것으로 구분할 수 있다. 예를 들어 재현하고자 하는 사상이 특정 지역 내 토지이용이라고 한다면, 해당 현상은 토지이용의 경계선에서 급격하게 변화, 즉 이산적인 형태를 보인다. 이러한 연속적 필드 관점에서의 이산적 표현은 공간적 사물이나, 사물의 속성 표현을 가능하게 한다. 반면 재현하고자 하는 공간적 현상이 지표 고도와 같이 상대적으로 연속적 형태를 보일 수도 있다. 이는 지표 고도는 토지이용에 비하여 속성의 값이 공간적으로 완만하게 변화함을 의미하고, 다시 말해 인접한 위치끼리 속성값이 서로 유사하다는 것이다. 따라서 연속적 필드 관점은 공간적 현상의 궁극적 특징 중 하나인 공간적 자기상관(spatial autocorrelation)을 내포하

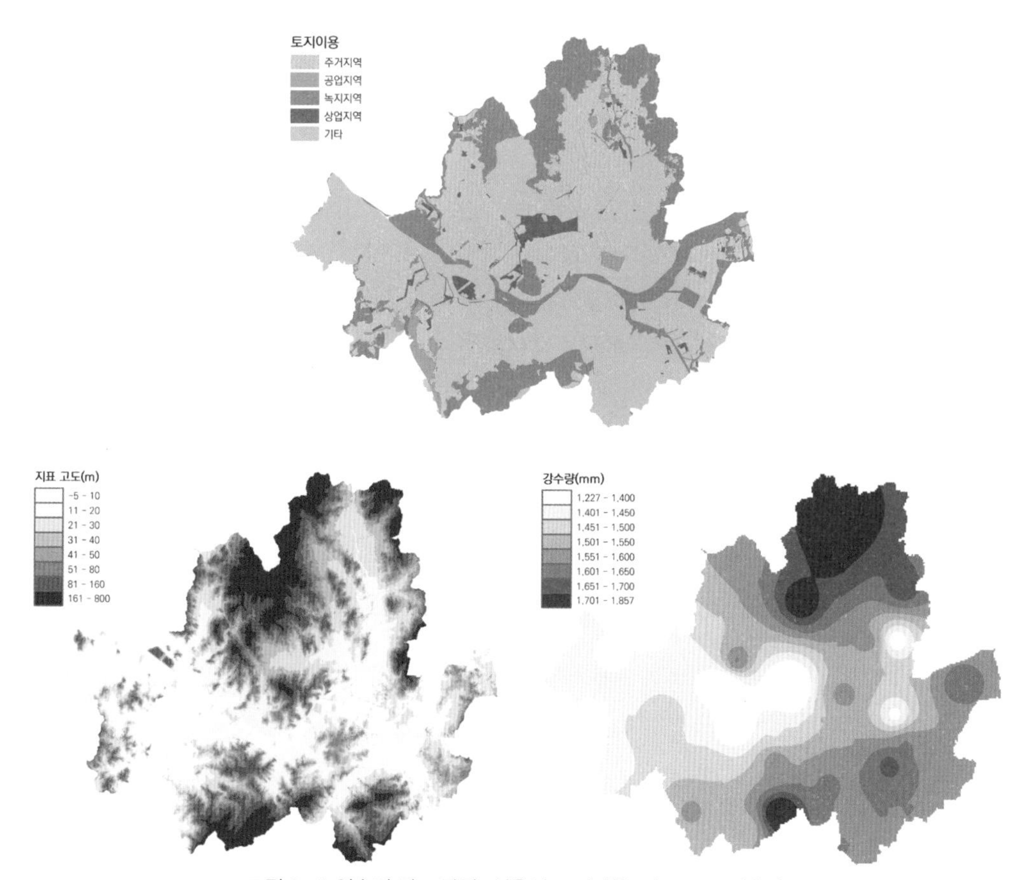

그림 1-4. 연속적 필드 관점: 서울시 토지이용, 지표 고도, 강수량

고 있다고 이야기할 수 있다(이상일 외 역, 2013). 나아가 강수량과 같은 현상은 일반적으로 지표 고도보다 공간적으로 더 완만하게 변화한다(그림 1-4). 다시 말해 강수량이 고도에 비해 더 강한 공간적 자기상관을 보이며, 이러한 공간적 변화 정도의 차이가 연속적 필드 관점에서 사상을 구분할 수 있는 또 다른 기준으로 활용될 수 있다.

연속적 관점은 지리적 사상을 공간상의 모든 지점에서 빈 공간 없이 재현한다는 점에서 명확하게 경계를 규정하기 어려운 공간적 객체도 표현 가능하다는 장점이 있다. 예를 들어 서해안의 해안선을 재현하고자 할 때 이산적 객체 관점에서는 주로 선의 형태로 해안선을 표현할 것이다. 물론 연속적 필드 관점에서도 이산적인 표현을 적용하여 바다와 육지를 구분하는 형태로 재현할 수도 있다. 하지만 우리나라 서해안은 조수간만의 차가 매우 커서 만조와 간조 시 해안선이 크게 달라진다. 이러한 해안선 설정의 애매함(vagueness)은 이산적 객체 관점보다 연속적 필드 관점에서 더욱 유연하게 표현할 수 있다. 예를 들어 바다와 육지를 이산적인 형태로 구분하지 않고, 지점마다 바다에 포함될 일종의 확률을 속성으로 표현한다면 더욱 효과적으로 해안선을 표현할 수 있을 것이다.

2) 공간 재현을 위한 데이터 모델

앞에서 공간 재현을 위한 개념적 관점을 통해 실세계의 상세성을 어느 정도 제한하였지만, 실세계를 데이터로 재현하기 위해서는 데이터 모델을 통한 추가적인 상세성의 제한이 필요하다. 구체적으로 이산적 객체 관점에서 객체 묘사와 연속적 필드 관점에서 재현 지점의 상세성 제한이 추가적으로 필요하다. 이는 다양한 데이터 모델을 통해 가능하지만, 본 장에서는 공간적 사상의 재현에 가장 널리 쓰이는 벡터(vector)와 래스터(raster) 데이터 모델을 중심으로 설명하고자 한다. 벡터와 래스터 데이터 모델은 이산적 객체 관점과 연속적 필드 관점 모두에서 적용 가능하나, 이산적 객체 관점은 벡터, 연속적 필드 관점은 래스터 데이터 모델과 더 강한 연관성이 존재한다. 따라서 본 장에서는 벡터 데이터 모델은 이산적 객체 관점, 래스터 데이터 모델은 연속적 객체 관점을 중심으로 설명한다.

(1) 벡터 데이터 모델

벡터 데이터 모델은 위치 정보를 차원성을 기반으로 분류하며, 위치(혹은 도형)는 포인트(point), 포인트를 직선으로 연결한 폴리라인(polyline), 그리고 폐합된 폴리라인으로 구성되는 폴리곤(polygon: 다각형)으로 표현한다. 속성정보는 주로 테이블의 형태로 저장되며, 고유한 인덱스 정보를 기반으로 위치 정보와 결합된다. 벡터 데이터 모델이 공간적 사물을 차원성에 기반하여 규정하고, 속성은 각 공간적 사물과 연계된다는 점에서 이산적 객체 관점과 높은 연관성을 지닌다. 예를 들어 그림 1-5와 같이 전신주나 맨홀과 같은 공간적 객체는 0차원인 점으로 표현하며 각 객체의 위치는 (x, y) 좌표로 저장하게 된다. 반면 도로와 같은 1차원 공간적 객체는 폴리라인으로 표현하며 각 객체는 (x_0, y_0), (x_1, y_1), …, (x_n, y_n)의 좌표로 저장된다. 마지막으로 호수와 같은 2차원 객체는 폴리곤으로 재현되며 각 객체는 (x_0, y_0), (x_1, y_1), …, (x_n, y_n), (x_0, y_0) 형태의 폐합된 폴리라인으로 표현된다(신정엽·이상일, 2008). 벡터 데이터 모델에서 선과 에어리어는 각각 폴리라인과 폴리곤으로 표현되며, 선과 에어리어의 곡선 부분은 대체로 해당 부분의 버텍스의 밀도를 높여서 표현한다. 최근 3차원 객체의 활용도 증가되고 있으며, 이 경우에는 (x, y, z) 좌표로 표현된 포인트를 기반으로 3차원 객체가 생성된다는 차이가 있다.

벡터 데이터 모델은 위치 정보를 표현하기 위해 포인트의 위치 정보, 혹은 이의 조합으로 구성된 폴리라인과 폴리곤에서의 포인트 위치 정보 조합만을 사용하기 때문에 래스터 데이터 모델에 비하

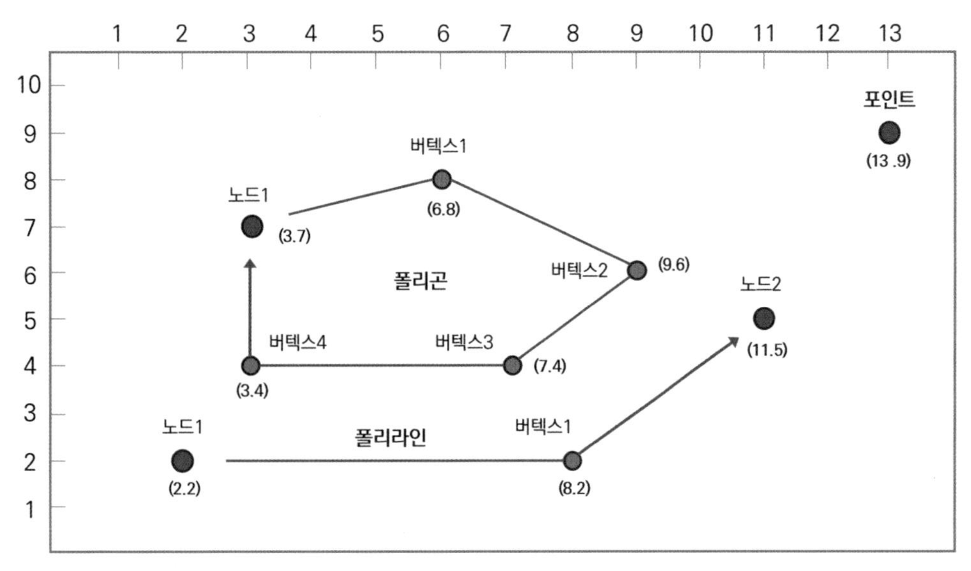

그림 1-5. 벡터 데이터 모델

여 위치 표현이 효율적이다. 또한 속성정보 역시 테이블의 형태로 구성되어 각 공간적 객체와 연관되고 각 객체는 여러 속성을 동시에 보유할 수 있어 속성 표현에도 효율적이다. 하지만 최근 컴퓨터 연산 속도의 향상으로 인하여 큰 차이가 발생하지는 않지만, 위상 구조(topology), 즉 공간적 사물 간의 공간 관계를 파악하는 것은 래스터 데이터 모델에 비하여 벡터 데이터에서 상대적으로 어렵다(이희연·심재헌, 2011).

(2) 래스터 데이터 모델

래스터 데이터 모델은 공간은 일련의 셀(cell), 혹은 그리드(grid)나 픽셀(pixel)이라고 불리는 주로 정사각형(직사각형, 육각형, 삼각형도 가능)으로 나누고 공간에 따라 변화하는 속성값을 해당 셀에 부여하는 형태로 표현된다. 가장 흔히 볼 수 있는 래스터 데이터 모델의 형식은 사진 혹은 이미지 파일이다. 구체적으로 사진 혹은 이미지 파일은 해상도로 표현되는 픽셀의 수로 나눠지며 각 픽셀은 색의 정보(흔히 빨강, 초록, 파랑)를 가진다. 공간정보에서의 가장 보편적인 형태는 인공위성 이미지이며, 인공위성 이미지는 공간 해상도라 불리는 셀의 크기로 전체 공간을 구획하며 각 셀은 각 인공위성 밴드에서의 측정값을 포함하고 있다.

연속적 필드 관점에서 공간적 사상을 공간적 변화 양상에 따라 유형화하듯이, 래스터도 정수형(integer) 래스터와 실수형(float) 래스터로 구분할 수 있다(그림 1-6). 구체적으로 정수형 래스터는 이산적인 공간적 사상을 표현하는 것에 활용된다. 예를 들어 토지이용을 래스터 데이터로 표현

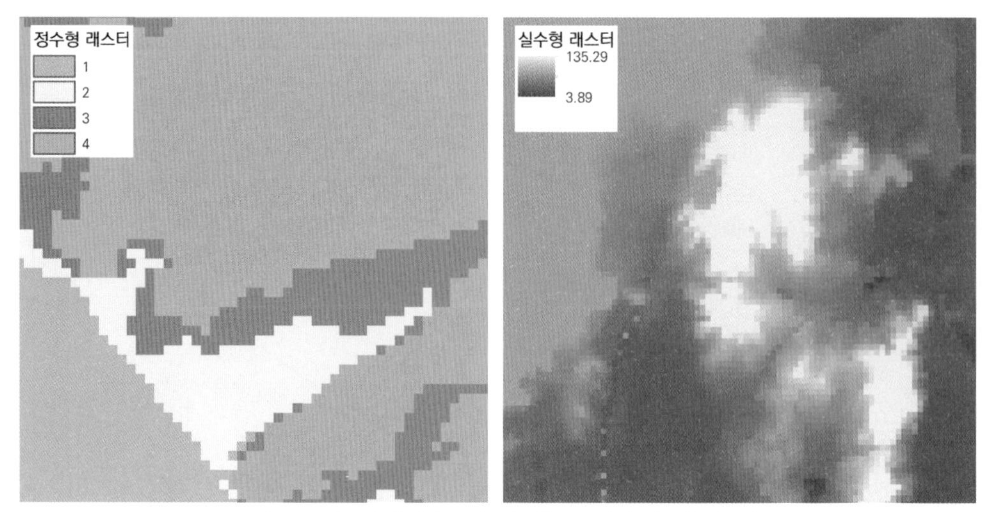

그림 1-6. 래스터 데이터 모델: 정수형 래스터와 실수형 래스터

하기 위하여 주거지는 0, 상업지는 1, 공업지는 2로 표현할 수 있다. 실수형 래스터는 지표의 고도와 같이 정수보다 연속적인 실숫값을 이용하여 표현할 수 있는 현상에 적용한다. 실숫값으로 표현되는 현상은 대체로 공간적으로 연속적인 사상인 경우가 많아 실수형 래스터는 공간적으로 연속적인 사상의 표현에 적합하다고 이야기할 수 있다.

래스터 데이터 모델은 다음과 같은 한계를 가진다. 먼저 공간을 셀로 분할하기 때문에 셀 내부에 존재하는 속성값의 변화를 재현할 수 없다. 셀 내부의 속성값을 보다 상세히 재현하기 위해서는 셀의 크기를 작게 만드는 방법이 가능한데, 이는 래스터 데이터 모델의 또 다른 단점을 부각시킬 수 있다. 벡터 데이터 모델이 객체별로 속성을 보유하는 것과 달리 래스터 데이터 모델은 각 셀의 위치에서의 속성값이 지정되어 있어 데이터의 양이 일반적으로 벡터 데이터 모델보다 방대하다. 만약 셀의 크기를 반으로 줄인다면 셀의 전체 개수는 4배 증가하는 것이기에 래스터 데이터 모델보다 재현의 효율성은 상대적으로 낮다(Longley et al., 2011). 하지만 최근 압축 기술의 발전과 함께 래스터 데이터 저장의 효율성도 크게 상승하여 이 래스터 데이터 모델의 단점은 어느 정도 극복되었다. 또한 셀별로 속성을 지정하는 방식은 위상구조, 그중 인접 셀 간의 비교가 용이하기에 다양한 공간 오퍼레이션들이 쉽게 적용될 수 있다는 장점이 있다(이상일 외 역, 2013).

1.3 공간정보의 특징

공간적인 것은 특별하다("Spatial is special", Anselin, 1989). 공간정보의 정의와 재현 과정에서 알 수 있듯이 공간정보는 다른 형태의 정보들과 구분할 수 있는 특징을 지닌다. 공간정보를 구축, 처리, 분석하기 위해서는 공간정보 재현의 특수성 외에도 공간정보의 다차원성, 빅데이터적 특성, 투영의 필요성 등 다양한 특징이 고려되어야 한다(Longley et al. 2011). 본 장에서는 공간정보의 특징 중 대표적인 두 가지, 공간적 스케일과 공간적 자기상관에 대해 간략히 설명한다.

1) 공간적 스케일

공간적 스케일(scale)은 공간정보의 구축, 가공, 분석에서 필수적으로 고려하여야 하는 개념이다. 하지만 공간적 스케일이라는 개념은 공간정보뿐 아니라 다양한 분야에서 널리 사용되고 있으며, 각 분야에서 같은 의미로 공유되기도 하지만 때때로 서로 정반대의 상황을 설명하기도 한다. 그림 1-7과 같이 어떤 공간적 스케일의 개념을 사용하는가에 따라 (A)가 더 큰 스케일, 혹은 반대로 (B)가 더 큰 스케일을 의미할 수도 있다. 그러므로 공간정보뿐 아니라 다양한 분야에서 사용되고 있는 공간적 스케일의 개념을 정확히 구분하고 사용하는 것이 명확한 의미 전달에 도움이 될 것이다. 본 장에서는 공간적 스케일을 크게 지리 스케일(geographic scale), 지도 스케일(map scale), 측정 스케일(measurement scale)로 구분하여 설명한다.

먼저 지리 스케일은 공간정보의 공간적 범위(extent)를 의미한다. 지리 스케일은 다른 분야에서도 종종 같은 의미로 사용하고 있다. 구체적으로 다른 분야에서 사용하는 스케일의 의미는 주로 프

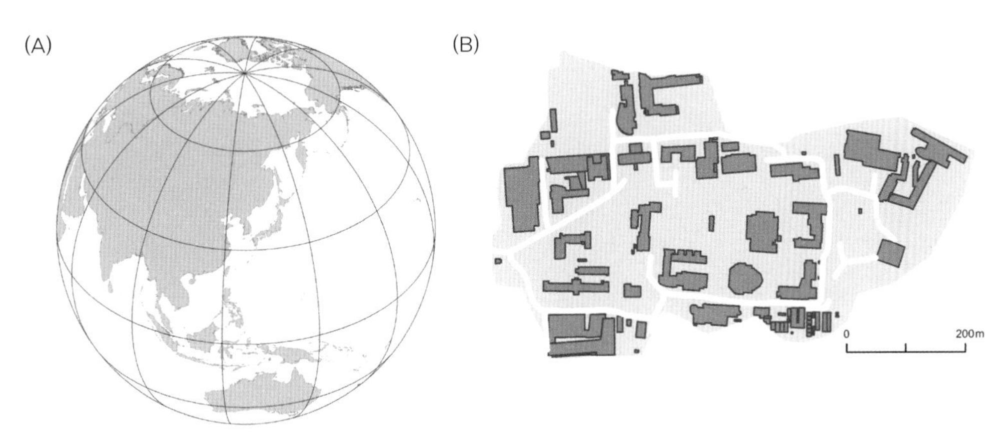

그림 1-7. 공간적 스케일: 지리 스케일과 지도 스케일

로젝트의 규모, 예를 들어 투입되는 예산이나 인원 수를 의미하며 이 경우 큰 스케일, 혹은 대규모 스케일은 프로젝트의 규모가 큰, 다시 말해 투입되는 예산이나 인원이 많은 경우를 의미한다. 공간적인 상황에서도 이 스케일의 개념은 더 넓은 공간적 범위를 의미하기 때문에 비공간적 스케일에서와 동일한 상황을 설명한다. 위 그림을 예로 들자면 비공간적, 공간적 스케일 모두 (A)가 더 큰 스케일이다.

다음은 지도 스케일이다. 공간정보 분야에서는 일반적으로 지리 스케일보다 지도 스케일이 공간적 스케일을 의미하는 경우가 많다. 이 지도 스케일은 축척이라고도 불리며 실제 지표상 거리에 대한 지도상 거리의 비율을 의미한다. 지도 스케일에서는 스케일 구분을 위해서 대축척, 혹은 소축척이라는 용어를 사용한다. 구체적으로 대축척은 대체로 더 좁은 공간적 범위에 더 세밀한 공간정보를, 소축척은 더 넓은 공간적 범위에 더 거친 공간정보를 포함하는 것을 의미한다. 공간적 스케일을 지도 스케일로 정의하는 경우, 스케일이 크다라고 표현하는 것은 일반적으로 타 분야에서 흔히 쓰이는 지리 스케일과 정반대의 상황을 말한다. 그림 1-7을 사례로 설명하면, 지도 스케일의 개념에서는 (A)가 아니라 (B)가 더 큰 스케일이다.

지도 스케일은 단순히 공간정보의 범위 차이를 표현하는 것을 넘어 공간정보의 구축과 가공 전 과정에 큰 영향을 미친다. 앞서 설명한 바와 같이 대축척으로 구축된 공간정보는 소축척의 공간정보에 비해 대체로 더 좁은 공간적 범위로 표현되는 경우가 많으나, 그것이 대축척으로 구축된 공간정보가 소축척 공간정보보다 정보의 양이 더 적음을 의미하는 것은 아니다. 오히려 대축척으로 구축된 공간정보가 소축척 공간정보보다 일반적으로 더 많은 공간정보, 즉 더 다양한 공간적 객체의 종류, 더 낮은 일반화(generalization) 수준의 공간정보, 그리고 위치적으로나 속성적으로 더 정확한 공간정보를 포함한다. 그림 1-8은 각각 1:25,000 지형도와 1:250,000 지세도의 일부를 보여 준

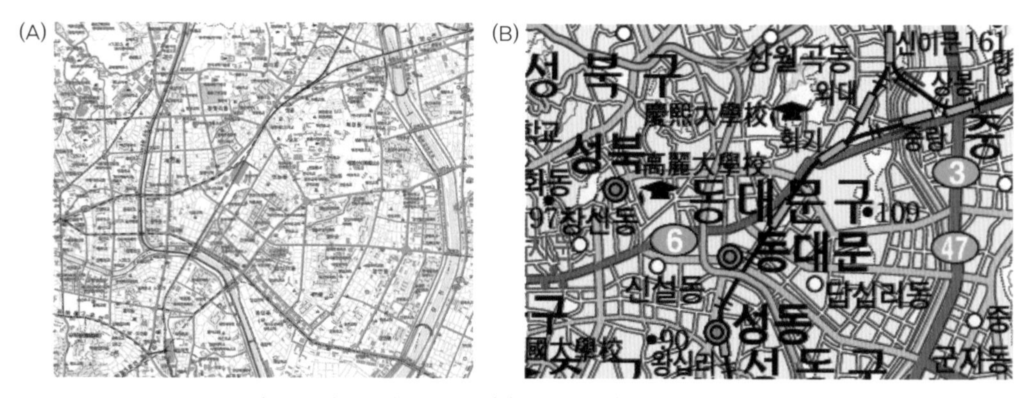

그림 1-8. 지도 스케일의 차이: (A) 1:25,000, (B) 1:250,000 지형도

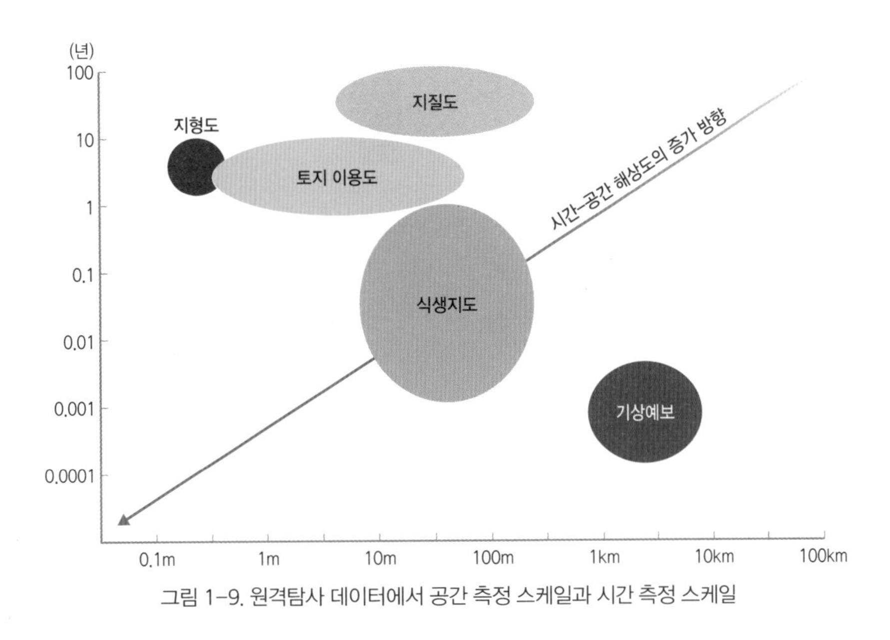

그림 1-9. 원격탐사 데이터에서 공간 측정 스케일과 시간 측정 스케일

다. 소축척인 1:250,000 지세도에는 주요도로와 대학 등의 간략한 공간정보만 포함하지만, 대축척인 1:25,000 지형도는 건물 토지이용 등 보다 상세한 공간정보를 포함한다.

마지막으로 측정 스케일이다. 측정 스케일은 공간적 해상도(spatial resolution)라고도 불리며, 공간정보의 공간적 상세성 수준을 의미한다. 원격탐사 분야에서는 일반적으로 이 측정 스케일을 공간적 스케일이라고 부른다(Jensen, 2009). 여기서 측정 스케일이 높다 혹은 세밀하다라는 의미는 공간적 해상도가 높은 경우, 즉 상대적으로 작은 공간적 측정 단위를 사용하는 것을 의미한다. 따라서 대체로 높은 측정 스케일에서 공간적 변화를 상세히 탐색하기에 용이하다. 하지만 원격탐사에서 특히 공간적 해상도의 향상은 원격탐사 이미지의 처리 용량 및 비용과 관련되기 때문에 모든 상황에서 높은 공간 측정 스케일이 요구되는 것은 아니다. 공간 측정 스케일보다 시간 측정 스케일이 더 중요한 기상 위성의 경우에는 높은 시간 측정 스케일을 보장하기 위해 낮은 공간 측정 스케일로 공간정보를 수집하기도 한다(그림 1-9).

원격탐사 이외의 다른 분야에서도 이 측정 스케일은 자주 쓰이며, 센서스 자료를 집계하는 공간적 단위도 측정 스케일의 일례이다. 여기서도 마찬가지로 더 좁은 공간적 단위를 사용하여 측정하는 것을 스케일이 높다라고 이야기하며, 센서스를 예로 들면 자치구 단위보다 행정동 단위로 집계한 것을 측정 스케일이 더 높다 혹은 세밀하다고 할 수 있다. 여기서 더욱 중요한 점은 측정 스케일의 변화에 따라 공간정보, 즉 공간적 사상의 분포가 크게 변화할 수 있다는 점이다. 이는 일반적으로 그림 1-10과 같이 센서스 집계 단위의 변화와 같이 구획설정 방법의 변화로 발생할 수 있으며,

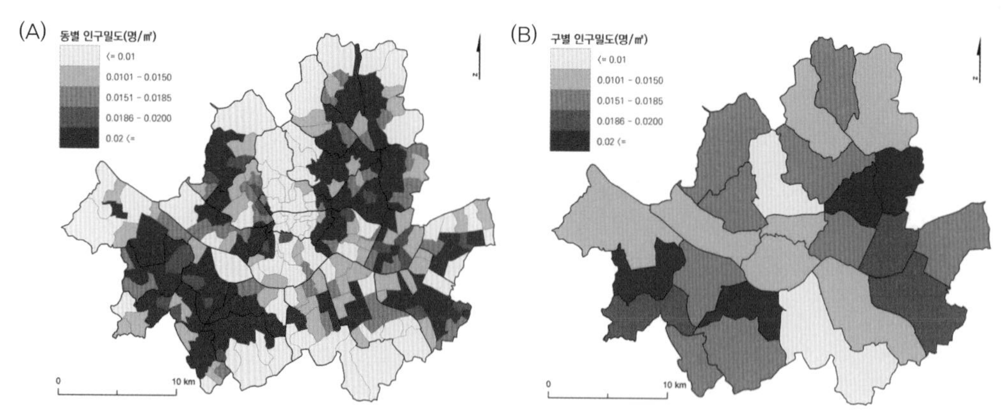

그림 1-10. 공간 단위 임의성의 문제

이러한 문제를 공간 단위 임의성의 문제(Modifiable Areal Unit Problem: MAUP)(Openshaw, 1984)라고 부른다. 그림 1-10에서와 같이 행정동 단위로 인구밀도를 집계하면 관악구와 동작구 사이의 높은 인구밀도를 확인할 수 있지만, 자치구 단위로 집계하면 관악구에는 관악산 등 낮은 인구밀도 지역이 존재하여 동작구에서만 높은 인구밀도가 확인된다. 이와 같이 측정 스케일 변화, 그리고 이와 관련된 공간 단위 임의성의 문제는 공간정보를 분석할 때 반드시 유의해야 할 특징이다.

2) 공간적 자기상관

공간정보를 특별하게 만드는 또 다른 특징은 공간적 자기상관(spatial autocorrelation)이다. 공간적 자기상관은 토블러의 지리학 제1 법칙(Tobler's First Law of Geography)과 연관 지어 설명되는데, 이는 공간적 사상은 공간상 무작위로 분포하지 않고 서로 영향을 주고받으며, 그 영향력은 공간적 사상 간의 공간적 인접성이 높을수록 커진다는 것이다. 다시 말해 공간적으로 인접한 공간적 사상의 속성은 서로 더 크게 영향을 주고받는다는 것이다. 구체적으로 공간적 자기상관은 크게 양의 공간적 자기상관과 음의 공간적 자기상관으로 구분할 수 있다. 양의 공간적 자기상관은 공간적으로 인접한 공간적 사상 간에 속성이 유사함, 즉 가까이 있는 공간적 사상들이 속성이 비슷함을 의미한다(그림 1-11-A). 반대로 음의 공간적 자기상관은 인접한 공간적 사상들끼리 속성의 차이가 큰 것을 나타낸다(그림 1-11-B). 공간적 자기상관의 측정은 공간 분석의 중요한 주제 중 하나이며, 이는 공간 분석과 관련하여 뒷부분에서 추가로 설명한다.

공간적 자기상관은 다음과 같은 공간적 현상의 특징 때문에 거의 모든 공간정보에서 확인할 수 있다. 구체적으로 먼저 공간적 현상들이 공간적 객체의 단위를 넘어, 다시 말해 측정 공간 단위를

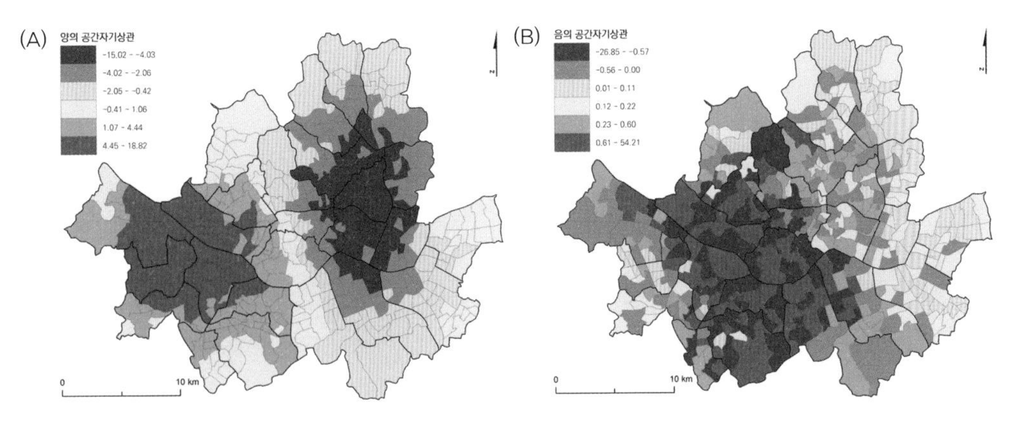

그림 1-11. 공간적 자기상관의 표현: (A) 강한 양의, (B) 강한 음의 공간적 자기상관

넘어서 인접 공간 단위들에 영향을 미치는 전이 효과(spillover), 혹은 파급 누출 효과 때문에 공간적 자기상관이 발생한다. 그림 1-12-A와 같이 지하철 등 교통수단의 발달로 서울의 영향력이 서울시 경계를 넘어 수도권으로 확장되고, 이로 인해 서울의 인구가 주변으로 확산되어 인구밀도에 높은 양의 공간적 자기상관이 관찰되는 것이 그 예라고 할 수 있다. 또 다른 공간적 자기상관의 원인은 공간적 상호작용(spatial interaction)이다. 공간적 사상들은 끊임없이 상호작용하며 한 장소에서 발생한 현상이 다른 장소에서의 현상에 영향을 끼친다. 그림 1-12-B와 같이 코로나19의 확산 초기 대구광역시에서 높은 코로나 발병률을 보였고, 대구광역시는 경상남도보다 경상북도와 더

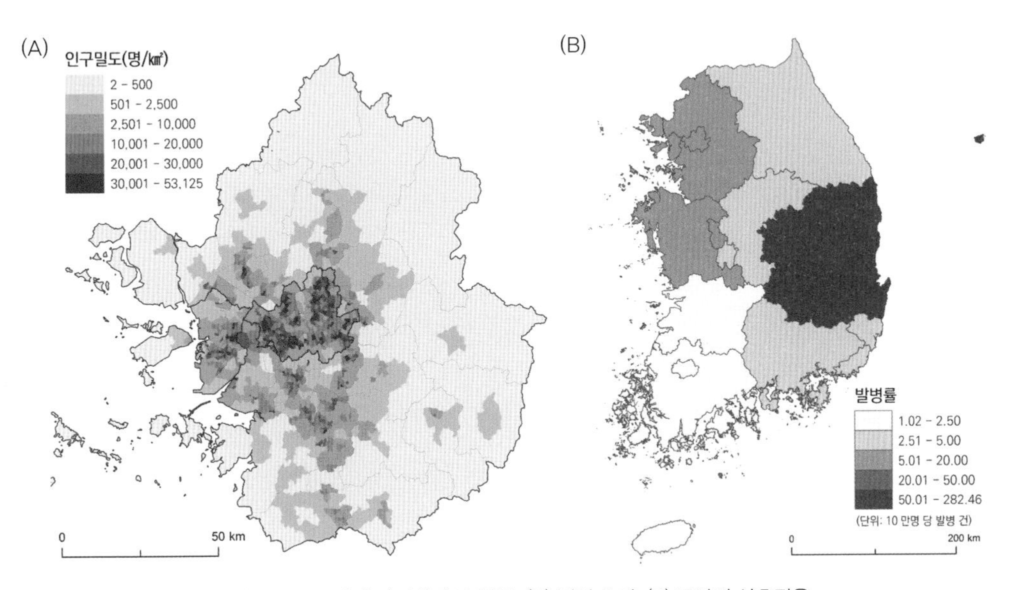

그림 1-12. 공간적 자기상관의 원인: (A) 전이 효과, (B) 공간적 상호작용

큰 공간적 상호작용을 보이기에 경상북도에서도 높은 코로나19 발병률이 확인되었다.

공간정보에 거의 필수적으로 내재한 공간적 자기상관으로 인하여 공간정보를 탐색하기에는 매우 유리하나, 공간정보를 기반으로 하는 예측 모형을 생성하기에는 어려움이 발생한다. 구체적으로 공간적 자기상관, 주로 양의 공간적 자기상관으로 인하여 우리는 공간정보를 시각적으로 분석하는, 즉 공간정보의 공간적 분포 패턴을 파악하는 것이 가능하다. 그림 1-12-A와 같이 인구밀도가 상대적으로 높은 지역들이 모여 있기 때문에 우리는 수도권의 확산 과정을 시각적으로 파악할 수 있다. 하지만 공간적 자기상관으로 인하여 공간정보들은 인접한 공간적 사상들 간 서로 영향을 주고받는, 즉 의존적인 특성을 지닌다. 이는 예측 모형 등의 작성에 기본적으로 사용할 수 있는 일반 통계학의 관측지 간의 독립성의 기본 과정을 지키지 못하는 결과를 초래한다. 따라서 공간정보를 기반으로 한 예측 모형 작성에는 뒷장에서 설명하고 있는 공간 회귀 모형과 같은 추가적인 방법론이 요구된다.

본 장에서는 공간정보의 정의와 재현, 그리고 특징을 설명하였다. 무엇보다 중요한 것은 공간정보는 그 대상이 특별하고, 재현의 방식에 따라 공간정보의 전 과정에 차이가 발생할 수 있으며, 공간적 스케일이나 공간적 자기상관이라는 고유한 특징을 가지고 있기 때문에 다른 형태의 정보와 큰 차이점을 가진다는 것이다. 따라서 다음 장에서 이어질 공간정보의 구축, 가공, 분석, 그리고 활용 전 분야에서는 적용되는 공간정보의 특수성에 대한 이해가 필요하다. 그러므로 "공간적인 것은 특별하다"라는 말은 아무리 강조해도 지나침이 없다.

참고 문헌

신정엽·이상일, 2008, 『GIS의 개념과 원리』, 다락방.

이상일·김현미·조대헌 역, 2013, 『짧은 지리학 개론 시리즈: GIS』, 시그마프레스(Schuurman, N., 2004, GIS: A Short Introduction, Oxford: Blackwell).

이희연·심재헌, 2011, 『GIS: 지리정보학 이론과 실습』, 법문사.

최윤수·강영옥·엄정섭·차득기·서동조·주용진·김재명, 2016, 『공간정보학』, 푸른길.

Anselin, L. 1989, What is special about spatial data? Alternative perspectives on spatial data analysis, *Technical Paper, 89-4.* National Center for Georaphic Information and Analysis University of California, Santa Barbara, CA.

Goodchild, M. F., 1992, Geographical information science, *International Journal of Geographical Information Systems*, 6, 31-45.

Jensen, J. R., 2009, *Remote sensing of the environment: An earth resource perspective.* second edition,. Pearson

Education India.
Longley, P. A., Goodchild, M. F., Maguire, D. J., and Rhind. D. W., 2011, *Geographical Information Systems and Science*, Third Edition, John Wiley & Sons: Hoboken, NJ.
Openshaw, S., 1984, *The Modifiable Areal Unit Problem,* Norwich, Geo Books: Ozonoff.

제2장

드론과 사진측량, 그리고 미래

2.1 사진측량의 정의와 산출물

사진측량은 단어 그대로 사진으로부터 측량하는 것을 의미한다. 스마트폰을 이용해 정확히는 스마트폰에 내장된 GPS를 이용해서 위치를 파악하는 것처럼 사진으로부터 단지 위치뿐만 아니라 거리, 면적, 방향이나 형상까지 측정한다. 더 나아가 아주 정교한 실제와 같은 3차원 모델을 만들어 디지털 트윈이나 메타버스의 기반 데이터로 활용한다.

사진측량의 가장 대표적이고 전통적인 산출물(product)은 우리가 일상에서 사용하고 있는 지도이다. 오래전부터 사용하던 2차원 종이지도에서부터 현재 주로 사용하고 있는 수치지도(디지털지

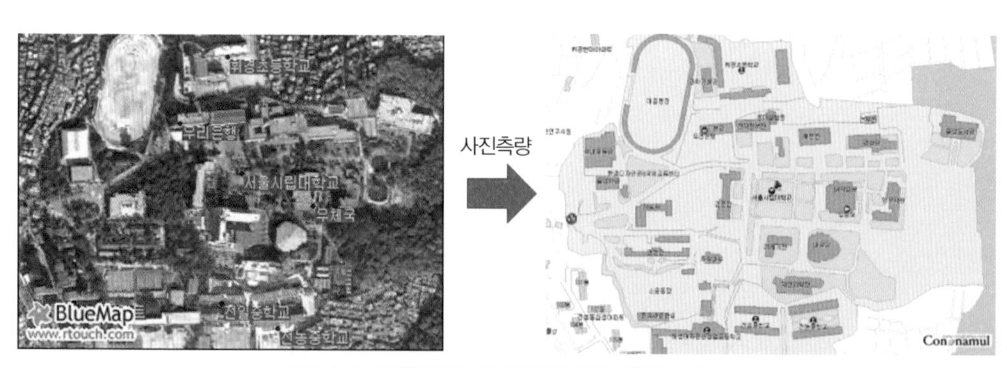

그림 2-1. 사진측량의 대표적인 입출력: 사진과 지도

도)이다. 우리나라에서는 국토지리정보원을 통해 1:1000과 1:5000 축척의 지형도를 주기적으로 만들고 있는데 바로 사진측량, 정확히는 항공사진측량을 통해 만들고 있다.

과연 사진과 지도는 얼마나 다른 것인가? 사진으로부터 지도를 만드는 과정이 얼마나 어렵고 복잡하길래 지난 100년 이상 학문 분야로 교육과 연구가 이어지고 관련 산업이 지속적으로 발전하고 있는 것인가? 사진과 지도의 차이점은 많지만 그중 핵심적인 두 가지 차별성을 소개한다. 첫째는 '투영법'의 차이다. 투영이란 차원을 낮추어 표현하는 것을 의미한다. 우리가 사는 세상은 3차원이지만 사진이나 지도 모두 2차원 평면이다. 3차원 세상을 2차원 평면에 나타내려면 투영은 필수적이다. 사진은 중심투영으로 표현되는 반면에 지도는 정사투영으로 나타낸다. 그림 2-2처럼 중심투영의 경우 3차원 세상에 존재하는 객체점(object point)들이 모두 하나의 중심을 지나 2차원 평면에 투영된다. 반면에 정사투영의 경우 객체점들이 평면에 정사방향, 즉 수직방향으로 투영된다. 지도의 경우 일반적으로 투영면을 수평면으로 정의하고 정사방향은 곧 연직방향과 일치하게 된다. 예를 들어 건물의 경우 건물의 지상점(B)과 이와 동일한 수평좌표를 갖는 옥상점(T)은 지도상에 동일한 점으로 투영된다. 지도에는 건물의 벽면이 표현되지 않는 이유다. 이에 비해 사진은 심지어 연직사진의 경우에도 높이에 따라 투영되는 위치가 달라진다. 즉 사진상에는 건물의 벽면이 표현될 수 있다. 이러한 투영법의 차이는 좌표변환 등의 복잡한 연산을 통해 극복될 수 있다. 일반적으로 사람보다는 컴퓨터가 훨씬 잘하는 일이다.

두 번째 차별성은 정보의 '명시성'이다. 지도의 경우 지도에 포함된 모든 객체는 명시적으로(explicitly) 스스로 무엇인지를 표출하고 있다. 객체마다 사전에 약속된 기호나 코드를 통해 건물인지,

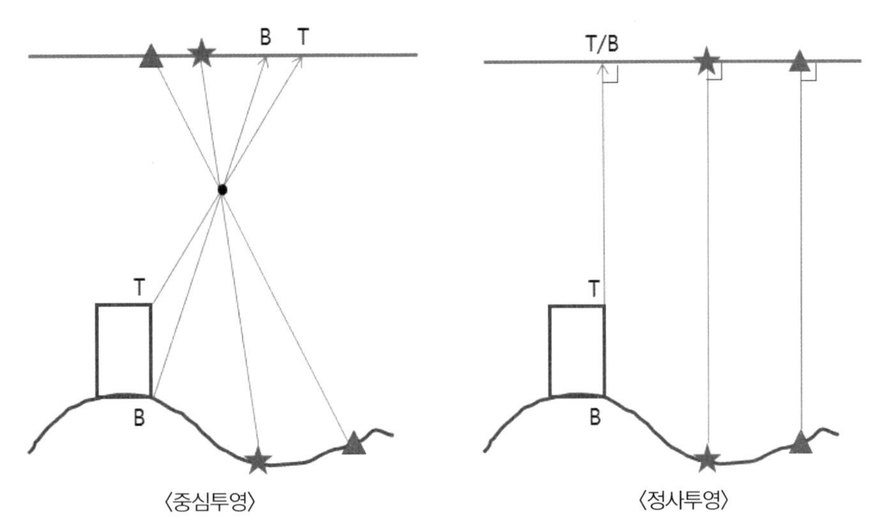

그림 2-2. 투영법의 차이: 중심투영(사진)과 정사투영(지도)

도로인지, 건물이라면 무슨 용도의 건물인지 등 객체의 의미에 대해 명시적으로 표현한다. 이에 비해 사진은 단지 서로 다른 색깔을 갖는 픽셀의 집합일뿐이다. 개별 픽셀은 단지 색깔을 지니고 있을 뿐이지 건물, 도로 등 어떤 종류의 객체에 소속되어 있는지 명시적으로 표출하고 있지 않다. 그럼에도 불구하고 사람은 사진을 살펴서 그러한 정보를 인지할 수 있다. 사진을 구성하는 픽셀들을 적절히 그루핑해서 개별 그룹들이 어떤 종류의 객체인지 파악하는 것은 그리 어렵지 않다. 결국 사진에는 어떤 종류의 객체를 포함하고 있는지에 대한 정보가 없는 것은 아니지만 명시적이지 않고 내재(implicit)되어 있는 셈이다. 내재된 정보는 인지과정을 통해 추출하게 된다. 인지는 컴퓨터에 비해 사람이 훨씬 잘하는 일이라 인공지능이 눈부시게 발전하고 있는 요즘에도 여전히 지도를 만드는 일에 사람의 개입이 많이 요구된다. 지도 제작 과정을 자동화하기 어려운 이유이다.

지도와 같은 전통적인 산출물 외에도 최근 십여 년간 가장 인기 있는 산출물은 바로 정사영상이다. 정사영상은 영상(사진)이지만 지도와 동일한 좌표체계와 투영법으로 만들어진 영상을 의미한다. 영상이지만 지도와 동일한 체계를 가지기 때문에 특별한 처리 없이 바로 지도와 중첩하여 가시화할 수 있다. 하얀 배경에 건물이나 도로의 윤곽을 선으로 표현하는 전통적인 벡터 지도와 달리 그러한 배경 대신에 정사영상을 깔고 그 위에 벡터 지도를 얹으면 훨씬 직관적으로 대상을 이해할 수 있게 한다. 예를 들어, 구글이나 카카오 등 포털 업체의 위성영상이나 항공영상 서비스에서 제공하는 영상은 정확히 표현하면 정사영상이다.

전통적인 지도나 정사영상이 2차원의 수평 위치나 형상에 대한 정보를 제공하는 데 또 다른 중요한 사진측량 산출물인 수치고도모델(Digital Elevation Model: DEM)은 지표면의 높이에 대한 정

〈정사영상〉

〈수치고도모델〉

〈3D실감모델〉

그림 2-3. 사진측량의 산출물

보를 제공한다. 대상 영역에 일정한 간격의 수평 격자를 정의하고 각 격자점에 해당하는 수평 위치에서 관측한 높이 정보를 저장한다. 지표의 높낮이를 바탕으로 분석하는 다양한 분야에 활용된다. 예를 들어, 장마철에 심한 강우에 의한 침수 영역을 예측하기 위해서 지표면의 고도와 경사도를 기반으로 해석할 때 수치고도모델의 활용은 필수적이다.

수치고도모델이 높이 정보를 제공하지만 실제 3차원 세상을 사실적으로 실감나게 표현하는 데에는 한계가 있다. 하나의 수평 위치, 즉 격자점에서는 하나의 고도 정보만 제공하기 때문에 건물 벽면처럼 경사가 아주 심한 표면을 정확히 표현하기 어렵다. 따라서 우리가 사는 실제 세상을 단지 축척만 줄여서 원래 있는 그대로의 형상과 색깔을 최대한 살려서 표현하여 실제와 거의 같은 3차원 실감모델을 구현하는데 이 또한 사진측량을 통해 만들어진다. 3차원 실감모델은 도시의 디지털 트윈이나 현실 세계 기반의 메타버스에 기반 데이터로 활용된다.

2.2 데이터 취득과 드론 활용

데이터 취득에서는 대상 지역의 사진 등 센서 데이터를 수집한다. 카메라와 같은 전통적인 2차원 영상 센서는 물론이고, 라이다 같은 비교적 최근에 개발된 3차원 센서, 열화상 센서나 마이크로웨이브 센서에 이르기까지 사진측량에서는 대상을 원격에서 관측하기 위한 다양한 센서들로 취득된 데이터를 복합적으로 포괄하는 입력 데이터로 다룬다.

센서는 스스로 움직이지 않는다. 항공기나 차량 같은 이동체에 탑재되어 이동하면서 데이터를 수집한다. 전통적으로 1:1,000 또는 1:5,000과 같은 대축척지도를 만들기 위해서 1900년대 초부터 현재까지도 지속적으로 항공사진을 이용해 왔다. 항공사진은 유인항공기에 고가의 고해상도 카메라를 탑재하여 촬영한다. 2000년대 이전에는 대부분 아날로그 항공측량용 필름 카메라를 이용해 왔었고 그 이후 디지털카메라로 빠르게 전환되어 오늘날에는 더 이상 아날로그 카메라를 사용하지 않는다.

유인항공기를 띄우기 힘든 지역에 대해서는 위성이 대안이다. 예를 들어, 우리나라의 경우 휴전선 근처에서는 비행이 금지된다. 이러한 지역에서는 어쩔 수 없이 다소 해상도가 떨어지더라도 고해상도 위성영상을 주로 활용해 왔다. 같은 이유로 우리가 비행 허가를 직접 받기 어려운 지역에 대해서 위성영상이 합리적인 대안이다. 다른 나라에서 우리가 항공 촬영을 위해 비행 허가를 받기는 쉽지 않은 일이다. 하지만 우주는 열려 있어 우리나라 위성으로 북한이나 중국을 촬영하더라도 해당국이 제한할 수 없다. 위성은 유인항공기의 비행이 어려운 경우나 높은 고도에서 넓은 범위를 동

〈유인항공기〉

〈위성〉

〈모바일매핑시스템〉

그림 2-4 센서 데이터 취득 수단: 유인항공기, 위성, 모바일매핑시스템

시에 관측하기 위한 효과적인 수단이다. 우리나라의 경우 공간정보 생성을 위한 전용 위성인 '국토위성'을 2021년에 발사하여 성공적으로 운영하고 있다.

위성이나 유인항공기를 통해 하늘에서 내려다본 사진을 촬영한다면 지상에서는 대상 객체에 훨씬 근접해서 자세한 사진을 확보했다. 예를 들어 오래된 석탑이나 사찰 같은 문화재에 근접한 다양한 축척의 사진을 촬영하여 정교한 3차원 모델을 만든다. 파이프라인들이 복잡하게 얽혀 있는 공장에서 파이프를 모니터링하기 위해 지상 근접 사진측량을 활용한다. 차량 등 지상 이동체에 카메라 등 다양한 센서를 탑재하여 도로를 주행하며 데이터를 취득하여 도로와 도로 주변 시설물의 정보를 추출한다. 최근에는 자율주행차량 등을 위한 정밀한 도로 지도를 생성하는데 차량에 다양한 센서를 통합적으로 탑재한 시스템인 모바일 매핑 시스템을 활용한다.

위성이나 유인항공기처럼 신속하고 유연하게 이동하면서 하늘에서 내려다본 사진을 지상에서 근접해서 촬영되는 자세한 수준으로 확보할 수 있다면 도시의 정교한 3차원 실감 모델과 같은 고품질 공간정보를 만들어 내는 데 매우 효과적이다. 바로 이러한 수단으로 드론의 활용 가능성이 돋보인다. 수백 킬로미터 고도의 위성이나 1~2km 고도로 운영되는 유인항공기에 비해 드론은 수십 미터에서 수백 미터까지 목적에 따라 얼마든지 고도를 바꿔가며 운영할 수 있다. 별로 걸리적거릴 것이 없는 하늘에서 신속하고 유연하게 비행하면서 필요하면 대상에 아주 근접하여 자세한 사진을 촬영할 수 있다. 기존에 항공사진이나 위성영상을 보완하거나 대체할 수 있는 대안으로 드론 영상이 떠오르고 있다.

드론(Drone)은 인간이 조종하지 않고 자동으로 비행하는 무인항공기(Unmanned Aerial Vehicle: UAV)를 말한다. 드론의 종류는 크기, 형태, 용도 등에 따라 다양하다. 일반적으로 고정익 드론과 회전익 드론으로 구분할 수 있다. 고정익(fixed-wing) 드론은 고정된 날개를 갖고 있어 비행기와 유사한 형태를 가지며, 긴 거리 비행이 가능하다. 미국의 글로벌호크나 프레데터 같은 드론이 이에 해당하며 감시, 탐지, 정찰 등 주로 군사 목적으로 많이 활용되고 있다. 이에 비해 회전익 드론

〈고정익무인기〉

〈무인헬리콥터〉

〈멀티콥터드론〉

그림 2-5 드론의 종류

은 회전하는 날개, 즉 로터를 갖는다. 크게 헬리콥터 형태와 멀티콥터 형태로 나뉜다. 현재 우리가 주변에서 자주 볼 수 있는 저가용 드론은 주로 멀티콥터 형태이다. 로터의 개수에 따라 쿼드콥터나 헥사콥터 등으로 불린다.

고정익 드론이나 무인헬리콥터가 과거에도 있었지만 효과적으로 사진측량이 가능한 수단으로써 드론은 바로 멀티콥터를 의미한다. 멀티콥터는 다양한 장점이 있다. 수직 이착륙이 가능하고 좁은 공간에서도 조정하기 쉽고 안정적인 비행이 가능하다. 비교적 크기가 작고 무게가 가벼워서 필요에 따라 쉽게 이동과 보관이 가능하다. 무엇보다도 적절한 성능의 드론을 비교적 저렴한 가격으로 구입할 수 있다. 이러한 장점에 따라 여러 가지 한계에도 불구하고, 일반적으로 고도가 낮고 짧은 거리에서 비행으로 촬영, 감시, 배달 등에 다양하게 이용된다. 특히 대부분의 멀티콥터 드론이 소형 카메라를 내장하거나 외부에 탑재할 수 있도록 지원하고 있어 저고도 고정밀 항공사진을 취득하는 데 매우 효과적이다.

멀티콥터 드론의 등장은 사진측량을 위한 데이터 취득에 일대 혁신을 가져왔다. 물론 여전히 서울시 전역과 같은 넓은 지역에 대한 항공사진 취득은 유인항공기가 훨씬 경제적이고 효율적이다. 그렇지만 보다 좁은 지역에 대해 훨씬 높은 정밀도로 원하는 시기에 즉각적으로 취득하기 위해서

〈디지털 아카이브〉

〈랜드마크 모델〉

그림 2-6. 디지털 아카이브(테크캡슐, 2022)와 랜드마크 모델(S-Map, 2023)

는 멀티콥터 드론이 독보적이다. 예를 들어, 재개발에 들어가기 전 오래된 동네에 대한 디지털 기록물을 만드는 경우에 드론을 이용한 정밀한 사진 촬영은 필수적이다. 새로 조성된 랜드마크 건물에 대한 정교한 3차원 실감모델을 만들어 디지털 트윈에 신속하게 반영하려면 드론이 아주 효과적이다.

이러한 장점에 힘입어 드론 사진측량의 활용은 점점 깊고 다양해진다. 대표적인 활용 분야는 다음과 같다.

1. 건설 현장 모니터링: 드론으로 건설 현장을 촬영하면 현장 상황을 더욱 정확하게 파악할 수 있다. 이를 통해 건설 중인 건물의 안전 여부를 판단하고, 작업 진행 상황을 확인할 수 있다.

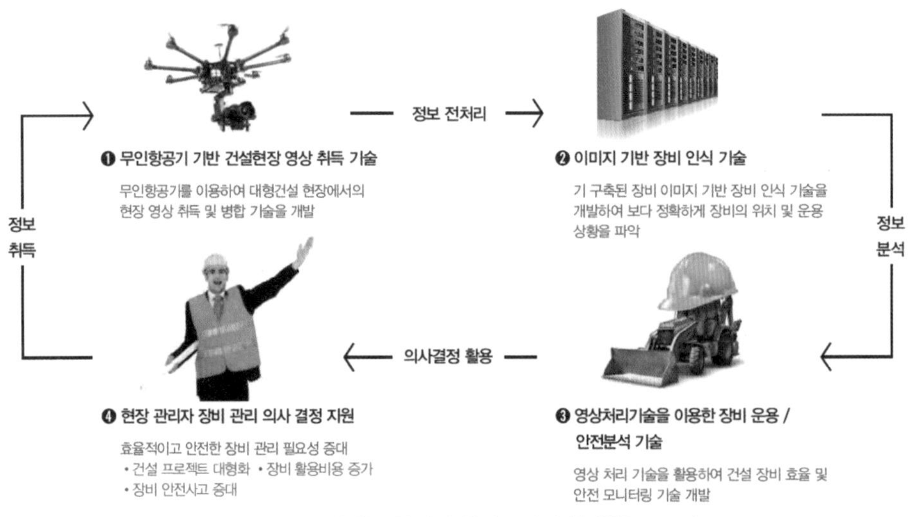

그림 2-7. 드론을 활용한 건설 현장 모니터링(김창윤, 2016)

2. 지리 정보 시스템(GIS): 드론 사진측량은 지리 정보 시스템(GIS)에 필수적인 자료를 제공한다. 드론으로 촬영한 공간정보를 바탕으로 지도 제작, 지형 분석, 자연재해 예측 등 다양한 분야에서 활용한다.

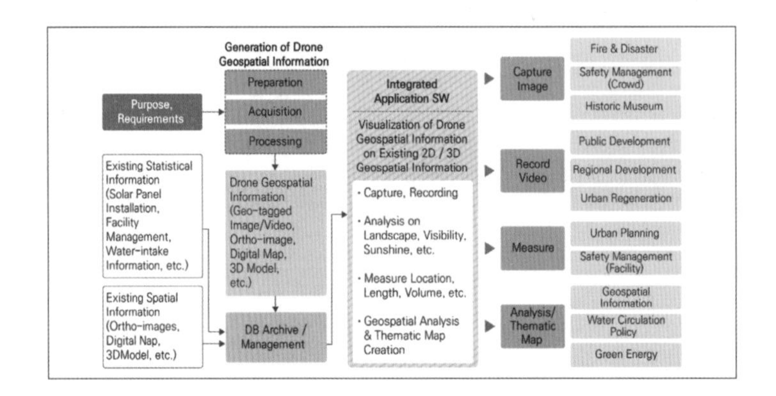

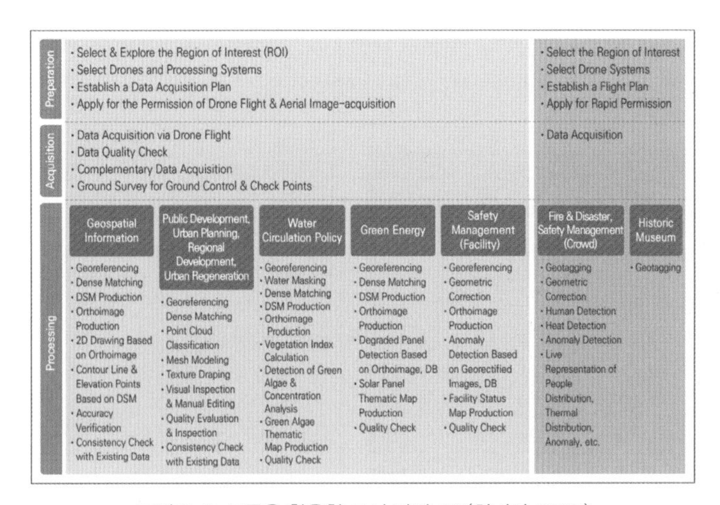

그림 2-8. 드론을 활용한 도시 관리 GIS(최경아, 2017)

3. 농업: 드론 사진측량은 농업 분야에서 많이 사용된다. 드론으로 농지를 촬영하면 작물의 상태를 빠르게 파악할 수 있다. 이를 통해 병해충 발생 여부, 작물 성장 정도, 수확 시기 등을 예측하여 농작물의 수확량을 높일 수 있다.

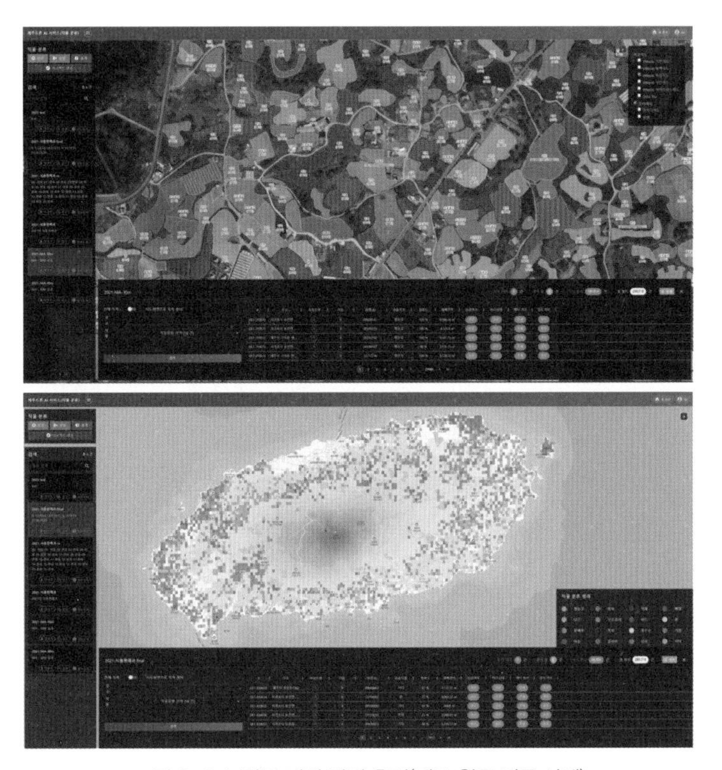

그림 2-9. 농작물 재배 면적 추정(제주 월동 작물 사례)

4. 환경 모니터링: 드론 사진측량은 환경 모니터링 분야에서도 활용된다. 드론으로 공기나 수질 등을 촬영하면 환경 오염의 발생 여부를 빠르게 파악할 수 있다.

그림 2-10. 드론을 활용한 해안가 쓰레기 모니터링

5. 건축물 검사: 드론으로 건물, 교량, 터널 등의 외부를 촬영해 사진측량하여 외부 손상, 노후, 유지보수 필요성 등을 파악할 수 있다. 이를 통해 건물이나 시설물의 안전성을 높일 수 있다.

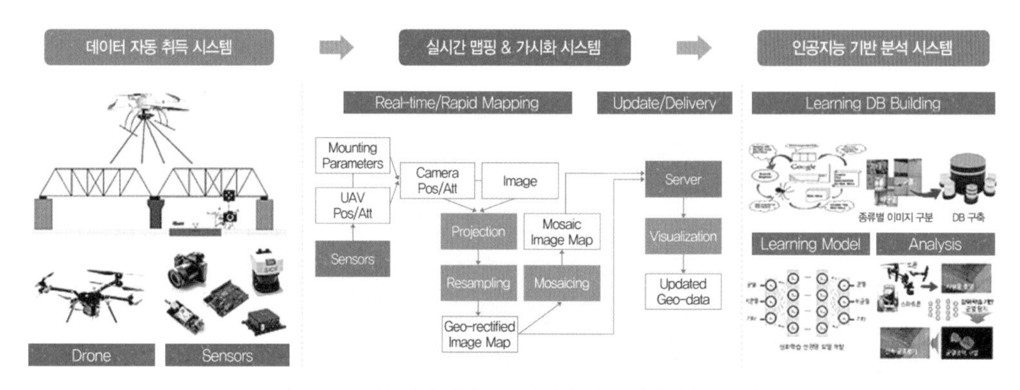

그림 2-11. 드론 기반 시설물 모니터링 시스템(최경아, 2018)

6. 영상 촬영: 드론은 높은 고도에서 촬영할 수 있기 때문에, 광활한 자연 경관이나 건물 등의 대형 구조물을 촬영하기에 용이하다. 이를 이용하여, 영화, 광고, 인테리어 등의 분야에서 활용된다.
7. 공공 안전: 경찰, 소방 등에서 대규모 군중 모니터링, 교통사고 현황 파악, 산불 예방과 감시, 홍수 피해 영역 파악 등에 활용된다.

그림 2-12. 재난 피해 지역 현황 파악

2.3 사진측량 데이터 처리

사진측량은 크게 사진 촬영 등을 통해 현장 데이터를 취득하는 단계, 이러한 데이터를 처리하여 지도 등 공간정보를 생성하는 단계로 구성된다. 데이터 취득에서는 앞서 살펴본 것처럼 항공사진측량의 경우 항공기나 드론과 같은 비행 장비를 사용하고, 지상의 경우 차량으로 이동하면서 촬영하거나 고정된 위치에 세워서 촬영한다. 한 장의 사진으로는 대상 지역을 자세히 관측하기 어렵기 때문에 다수의 사진을 촬영하게 되는데, 인접한 사진들이 충분한 중첩을 갖도록 계획한다. 예를 들어, 항공사진 촬영의 경우 비행기가 날아가는 방향으로 인접한 사진들이 60~80%의 중첩을 갖도록 설계한다. 경우에 따라 사진 촬영에 추가하여 대상 지역의 일부 지점에 대한 정확한 3차원 절대 좌표를 확보한다. 이러한 점들을 지상기준점(Ground Control Point)이라 부르는데 GPS 등을 이용해 현장을 측량해서 직접 확보하거나 기존 지도와 같은 공간정보를 통해 간접적으로 참조한다.

데이터 처리 단계에서는 먼저 촬영한 사진들을 서로 상대적으로 맞춰 준다. 상대적으로 맞추기 위해 중첩한 사진들로부터 상호 동일한 지점들을 파악한다. 높은 중복도로 촬영했기 때문에 지상의 동일한 지점들이 다수 영상에서 발견된다. 사진과 사진 사이에 동일한 지점이라고 파악되는 점들, 즉 공액점들을 최대한 많이 찾는다. 이러한 과정을 영상 매칭이라고도 한다. 대부분 경우에 컴퓨터를 통해 자동으로 수행된다. 상대적인 조정이 끝나면 중첩된 사진들로부터 3차원 세상을 구성할 수 있다. 마치 사람이 좌우 두 개의 눈을 통해 취득하는 것처럼 좌우 두 개의 사진으로부터 3차원 세상을 인지한다.

상대적인 조정을 통해 3차원 형상 정보는 얻을 수 있지만 지도를 보는 것처럼 위도, 경도와 같은 절대적인 위치정보는 확인할 수 없다. 이러한 정보를 얻기 위해서는 사진들을 절대적으로도 맞춰야 한다. 사진들을 우리가 사는 실제 공간과 절대적으로 연결해야 한다. 사진상에 일부 지점들이 실제 공간의 어디에 위치하는지 파악해야 한다. 데이터 취득 과정에서 확보한 지상기준점들이 사진상에 나타난 위치를 파악하여 절대적으로 조정한다.

위와 같은 공액점과 지상기준점들을 활용해서 사진들에 대한 상대적이고 절대적인 조정 과정을 수행하는 것을 지오레퍼런싱이라고 한다. 이 과정을 수행하면 각 사진이 실제 공간에서 참조될 수 있다. 정확히는 각 사진에 대해 실제 공간에서 그 사진을 촬영할 때 카메라의 위치와 자세를 추정하게 된다. 이러한 카메라의 위치와 자세를 사진의 '외부표정요소'라고 하며, 카메라와 카메라 외부 세상과의 관계를 의미한다. 사진으로부터 측량을 수행할 때 오차에 가장 큰 영향을 주는 요소이므로 외부표정요소를 정확하게 추정해야 하며 이를 위해서는 결국 정확한 다수의 공액점과 지상기준점들을 확보해야 한다.

지오레퍼런싱을 수행한 후에 사진과 사진 사이에 동일한 지점을 파악하는 과정, 즉 영상 매칭을 다시 수행한다. 앞에서 지오레퍼런싱을 위해 수행했던 영상 매칭과 달리 정확히 추정된 사진의 외

그림 2-13. 영상 매칭의 결과

부표정요소를 바탕으로 최대한 조밀하게 영상 매칭을 수행한다. 예를 들면 하나의 사진에서 모든 픽셀에 대해 상호 일치하는 지점들을 또 다른 사진에서 찾는다. 지오레퍼런싱을 위해서는 다소 듬성듬성해도 정확하게 일치하는 지점을 찾는 반면에 여기서는 지오레퍼런싱을 통해 정확히 추정된 외부표정요소를 바탕으로 다소 정확하지 않더라도 최대한 많이 조밀하게 매칭을 시도한다. 지오레퍼런싱을 위한 이와 같은 매칭을 희박한(sparse) 매칭이라하고, 이와 대비해서 조밀한(dense) 매칭이라 한다.

조밀한 매칭을 통해 엄청나게 많은 지상의 지점들이 각각 개별적으로 다수의 사진에서 파악된다. 하나의 지점이 두 장 이상의 사진에서 발견되면 그 지점에 대한 3차원 좌표를 계산할 수 있다. 삼각측량의 원리에 기반한다. 알고 있는 두 지점으로부터 모르는 한 지점을 바라본 두 개의 각을 측정하면 그 지점의 위치를 결정할 수 있다. 사진측량의 경우 여기서 알고 있는 두 지점은 두 장의 사진을 촬영한 각각 지점들에 해당하고 한 지점을 바라본 두 개의 각은 사진을 통해 결정한다. 사진상에 나타난 위치에 따라 바라본 각이 추정된다. 이런 방식으로 지상점들이 조밀하게 무수히 많이 결정된다. 이러한 점들의 집합을 점군(Point Cloud)이라 부른다.

점군은 조밀한 점의 집합으로 멀리 떨어져서 전체를 살펴보면 마치 연속된 표면을 이루고 있는

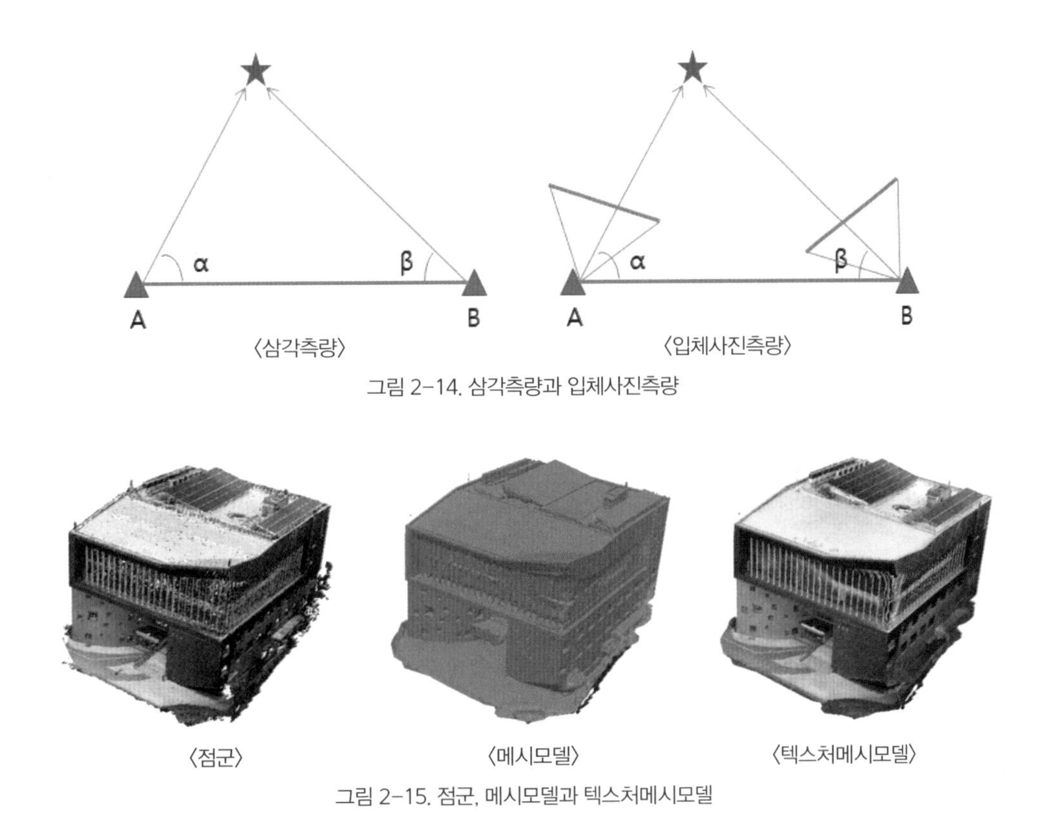

〈삼각측량〉 〈입체사진측량〉

그림 2-14. 삼각측량과 입체사진측량

〈점군〉 〈메시모델〉 〈텍스처메시모델〉

그림 2-15. 점군, 메시모델과 텍스처메시모델

듯하다. 실상은 확대하면 쉽게 확인되는 것처럼 점과 점 사이는 그냥 비어 있다. 마치 하늘에 떠 있는 별들처럼 서로 연속적으로 연결되어 있지 않다. 이렇게 서로 떨어져 있는 점들을 연결하여 연속된 면을 구성해야 한다. 이러한 면들로 대상 지역의 3차원 형상을 근사적으로 표현하는 메시(mesh) 모델을 만든다.

각각의 면에 해당하는 색깔 또는 텍스처를 대상면에 일치하는 사진으로부터 참조하여 입힌다. 이러한 텍스처를 입힌 메시 모델은 결국 대상에 대한 3차원 실감 모델에 해당한다. 이 모델을 연직방향으로 정사투영하여 영상을 생성하면 바로 정사영상이 된다. 또한 이 모델을 바탕으로 일정 격자 간격으로 높이 값을 샘플링하면 바로 수치고도모델이 생성된다.

2.4 기술혁신에 따른 사진측량 변천사

사진측량의 발전은 기술혁신과 줄곧 함께해 왔다. 사진측량을 설명하기에 앞서 1839년 데가르(Daguerre)와 니에프스(Niepce)에 의해 발명된 아날로그 필름 기반 사진기를 이야기해야 한다. 이들은 언덕이나 탑 등 높은 곳에 올라가 마을 전경 사진을 찍기 시작했다. 이런 사진은 마을을 개략적으로 스케치할 수 있게 도와 마을 지도를 만드는 데 일조했다. 현대적인 의미의 사진측량은 아니었지만 더 넓은 지역을 관측하기 위해 기구를 타고 좀 더 높이 올라가 사진을 촬영했다. 이런 시기를 1세대 사진측량이라고 한다.

사진의 발명에 이어 두 번째 혁신은 항공기이다. 1903년 라이트 형제에 의해 항공기가 발명되어 좀 더 편리하게 넓은 지역의 항공사진을 촬영할 수 있게 되었다. 비슷한 시기에 입체 사진측량의 기본 원리도 발명되었다. 중첩된 한 쌍의 입체 사진으로부터 삼각측량의 원리에 기반하여 대상의 3차원 정보를 얻을 수 있게 되었다. 사람이 좌우 눈으로 입체시를 통해 거리감을 느끼는 것처럼 하늘에서 일정한 간격으로 중첩하여 촬영한 사진으로부터 하늘에서 지표까지의 거리를 결정하고 이로부터 결국 지표의 고도를 결정할 수 있게 되었다. 2차원 사진으로부터 2차원 정보를 넘어 고도를 포함한 3차원 정보를 취득할 수 있게 되었다.

이러한 입체 사진측량 이론에 기반하여 지도를 생산할 수 있는 정밀한 기계광학 장비도 개발되었다. 도화기라고 부르는 장비인데 가격이 아주 비싸고 작동이 쉽지 않아 오랜 훈련이 필요했다. 항공기로 취득한 중첩된 항공사진들을 도화기를 통해 처리하여 지도를 만들기 시작했다. 항공사진 취득에서부터 도화기를 활용해 처리하는 전체 과정에 많은 비용이 들었지만 지도를 만드는 데 절실하고 적극적이었다. 왜냐면 제1·2차 세계대전을 거치면서 지도의 중요성이 더할 나위 없이 커졌기

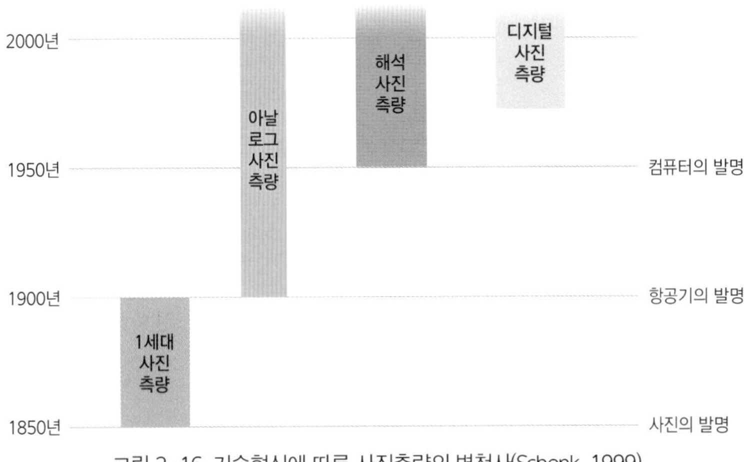

그림 2-16. 기술혁신에 따른 사진측량의 변천사(Schenk, 1999)

때문이다. 이러한 시기를 아날로그 사진측량 세대라고 부른다.

세번째 혁신은 1950년 전후 발명된 컴퓨터이다. 이전에는 기하보정이나 좌표변환 등 복잡한 연산이 필요한 경우 개략적이고 근사적인 기계광학적 방법으로 수행했다. 오늘날 우리가 생각하는 정교하고 복잡한 알고리즘을 적용하는 것이 불가능했다. 이를 가능하게 만든 것이 컴퓨터이다. 어느덧 컴퓨터가 보편화되어 도화기마다 입체시를 위한 기계광학장비 곁에 자그마한 컴퓨터가 위치하게 되었다. 이제 연산은 컴퓨터가 담당한다. 오차를 최소화되도록 정밀하게 조정하는 알고리즘을 포함해 다양한 해석학적 이론이 정립되어 적용되었다. 동일한 사진들이라도 이전보다 정확하고 정교한 결과를 얻을 수 있게 되었다. 이 시기를 해석(analytical) 사진측량 세대라고 한다.

1990년대에 들어 디지털 혁신이 일어났다. 복잡한 연산은 컴퓨터가 담당했지만 여전히 기계광학장비가 필요했다. 이러한 장비로 아날로그 사진들, 종이나 필름 형태로 인화된 사진들을 입체로 가시화했다. 오늘날 디지털 사진 또는 영상이 보편화된 것과 비교할 때 아날로그 카메라로 아날로그 사진을 취득해서 이를 광학장비로 가시화하는 아주 생경하고 불편한 환경이었다. 이를 혁신하여 디지털카메라로 디지털 영상을 직접 취득하고 이를 광학장비가 아니라 컴퓨터를 통해 입체로 가시화할 수 있게 되었다. 디지털 센서 기술과 컴퓨터 성능의 눈부신 발전으로 가능하게 되었다. 이러한 시기를 디지털 사진측량 세대라고 한다.

2.5 디지털 사진측량의 미래

디지털 혁명에 기반한 디지털 사진측량 세대는 현재를 넘어 미래까지 지속될 예정이다. 데이터 취득과 처리에서 디지털화의 목적을 이미 달성한 현시점에 추구하는 미래 가치는 무엇일까? 바로 자동화와 실시간화이다.

사진측량의 산출물은 다양한 형태나 종류의 공간정보이다. 이 중에서 가장 높은 품질인 3차원 실감모델, 미래에 사용될 디지털 트윈이나 메타버스에 사용되는 기초 데이터들이 우리가 특별히 의도하거나 지시하지 않아도 언제나 어디든지 실시간으로 항상 최신으로 유지·갱신되는 세상을 꿈꾼다. 마치 스마트폰이나 컴퓨터에 명시적으로 명령하지 않아도 백그라운드에서 다양한 일들이 벌어지고 그로 인해 좀 더 편리한 활용이 가능해지는 것과 같다. 누군가 의도를 가지고 산소를 생산하지 않아도 우리 주변에는 숨 쉬는 데 충분한 산소가 항상 존재한다. 지구라는 거대한 생태계에서 자연스럽게 자동으로 언제나 산소가 소비되고 다시 생산되는 것과 같다. 누군가 의도하지 않더라도 자연스럽게 자동으로 생명 유지에 필수적인 산소가 항상 존재하는 것처럼 다양한 산업 활동에 필수적인 높은 수준의 공간정보가 자동으로 유지·갱신되는 세상을 말한다.

이러한 산소 같은 공간정보를 위한 세상을 만들기 위해 크게 세 가지 단계의 혁신이 필요하다. 첫 번째는 변화 탐지다. 광범위한 범위에 대한 실시간적인 변화 탐지가 필요하다. 공간정보가 없어서라기보다는 공간정보가 있지만 대상이 간헐적으로 변화되기 때문에 최신성을 유지하기 위해 공간정보를 구축 또는 갱신한다. 변화를 탐지하기 위한 포괄적이고 즉각적인 체계가 필요하다. 언제 어디서 어떤 변화가 발생하더라도 신속하게 파악해야 한다. 다양한 센싱 수단을 통해 수집되는 데이터를 크라우드 소싱하여 최대한 신속하게 자동으로 검토해서 변화를 탐지한다. 우리가 일상에서 사용하는 스마트폰은 물론이고 위성, 차량, 드론, 보트 등 우주, 지상, 공중, 수상을 누비는 다양한 종류의 이동체에 탑재된 카메라 등 다양한 센서 데이터로부터 크라우드 소싱한다.

두 번째 단계는 데이터 취득의 혁신이다. 우리가 특별히 지시하지 않아도 필요한 시기에 필요한 대상 지역에 드론이나 차량이 자동으로 움직여 사진 등 센서 데이터를 확보한다. 앞선 변화 탐지 단계에서 대상 지역을 파악하고 크라우드 소싱된 데이터의 품질을 평가해서 추가·보완적으로 수집할 데이터를 스스로 결정한다. 이러한 데이터를 가장 효율적으로 수집할 수 있도록 이동체 특성, 센서 규격 등을 고려해서 이동 경로 등 데이터 취득 계획을 자동으로 수립한다. 수립된 계획에 따라 데이터를 수집하면서 이를 실시간으로 모니터링하여 계획 대비 실제 상황을 비교하여 필요한 경우 자동으로 조정하며 데이터 취득의 신뢰성과 완전성을 높인다.

세 번째 단계는 데이터 처리다. 이전 단계를 통해 효율적으로 자동 수집되는 센서 데이터는 가능

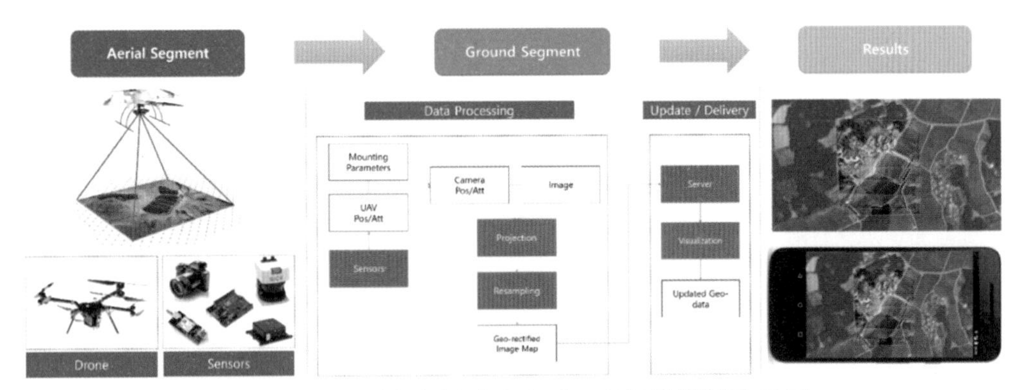

그림 2-17. 드론 기반 실시간 매핑 시스템 - 라이브론맵(최경아, 2017)

한 빠르게, 실제 이동체가 현장에서 데이터를 취득하고 있는 동안에도 실시간으로, 현재 5G를 넘어 6G 이동통신이나 스타링크와 같은 저궤도 고속 위성통신망을 통해 클라우드로 전송된다. 전송되는 센서 데이터를 실시간으로 처리하여 공간정보를 갱신한다. 예를 들어, 재난 상황에서 현장 상황을 모니터링하는 경우 재난으로 변화되고 있는 대상 지역 공간정보의 실시간적인 파악은 필수적이다. 이런 경우처럼 다소 정확도 등 품질이 떨어지더라도 실시간 공간정보가 필요한 경우도 많다. 산불 모니터링을 생각해 본다면 수시간을 들여 10cm 이내 정확도를 확보하는 것보다 수 미터 오차가 있더라도 실시간으로 제공하는 것이 훨씬 필요하다는 것은 명백하다. 물론 실시간 제공이 끝난 후에는 당일 수집된 데이터의 자동 후처리 과정을 통해 갱신하여 좀 더 정교한 공간정보를 만들어 낸다.

참고문헌

김창윤, 2016, 건설현장의 안전지킴이, 드론, 건설기술동향, 한국건설기술연구원.

김휘영·최경아·이임평, 2018, 드론 영상 기반 시설물 점검 - 기준 영상을 활용한 자동 처리 중심으로, 한국지형공간정보학회지, 26(2), 21-32.

배수현·함상우·이임평·이규필·김동규, 2022, 딥러닝 기반 터널 콘크리트 라이닝 균열 탐지, 한국터널지하공간학회 논문집, 24(6), 583-598.

정동기·이명화·김휘영·박정용·이임평, 2020, 장기체공형 태양광 드론과 딥러닝을 이용한 산불 감시 시스템 개발, 대한공간정보학회지, 28(2), 29-38.

정동기·이임평, 2021, 드론 영상으로부터 월동 작물 분류를 위한 의미론적 분할 딥러닝 모델 학습 최적 공간 해상도와 영상 크기 선정, 대한원격탐사학회지, 37(6), 1573-1587.

천장우·최경아·이임평, 2018, 실시간 재난 모니터링을 위한 무인항공기 기반 지도생성 및 가시화 시스템 구축, 대한원격탐사학회지, 34(2-2), 407-418.
최경아·이임평, 2016, 드론기반 공간정보산업의 가능성과 전망, 국토, 420, 11-16.
최경아·이임평, 2017, 드론기반 실시간 재난현장 매핑을 위한 Live Drone Map 기술 개발, 재난안전, 19(4), 43-53.
최경아·이임평, 2018, 공간정보 생산방식의 새로운 변화 - 데이터가 아닌, 가치의 구축, 국토, 32-39.
최경아·이임평·이효상, 2017, 효율적 행정업무를 위한 드론 공간정보 활용기반 구축방안: 서울시 사례를 중심으로, 국토연구, 94, 65-81.
한승연·이임평, 2021, 유·무인 항공영상을 이용한 심층학습 기반 녹피율 산정, 대한원격탐사학회지, 37(6), 1757-1766.
테크캡슐, 2022, 반포주공의 마지막 가을 그리고 봄 https://www.youtube.com/watch?v=AXW_6HoXm2U
Schenk, T., 1999, Digital photogrammetry, TerraScience, Laurelville, Ohio, USA.
S-Map(서울시), 2023, https://smap.seoul.go.kr

제3장

원격탐사 데이터 처리 및 분석

3.1 원격탐사의 정의, 배경 및 필요성

1) 원격탐사의 정의

원격탐사란 탐사하려는 대상물을 직접 접촉하여 관측하는 방식이 아닌 원거리에서 관측하는 방식을 의미한다. 이 정의에 따르면 항공영상에 의한 관측, 드론영상에 의한 관측도 모두 원격탐사에 해당하나 본 장에서는 인공위성에 의한 원격탐사만을 다루기로 한다.

2) 원격탐사의 필요성

인공위성은 우주 상공에서 정해진 궤도를 따라 공전하며 지구관측, 우주관측, 통신중계, 항법신호 전송 등 다양한 임무를 수행할 수 있다. 특히 인공위성이 지표면의 특정지점을 항상 동일한 시간에 관측할 수 있도록 인공위성의 궤도를 설계할 수 있기 때문에 인공위성의 여러 임무 중에서도 지구관측은 인공위성으로 수행하기에 매우 유용한 임무이다.

아울러 인공위성에서 관측한 영상은 촬영폭이 10~수백 km에 이르며 항공영상 및 드론영상에 비해서 넓은 지역을 한꺼번에 촬영할 수 있다는 장점이 있다. 또한 같은 지역을 주기적으로 방문할 수 있기 때문에 오랜 기간 지표면을 관측할 수 있다는 장점이 있다. 다만, 인공위성은 궤도면을 공전하기 때문에 인공위성 1기만을 이용할 경우 원하는 시간에 원하는 지역을 촬영하지 못하는 한계점, 광학 카메라가 장착된 인공위성의 경우 구름 등의 영향으로 지표면 촬영이 불가능한 한계점 등이 존재한다. 이러한 인공위성의 장단점을 잘 이해하여 인공위성영상을 지상관측 자료, 항공영상 및 드론영상과 잘 보완하여 사용할 경우 큰 시너지를 얻을 수 있을 것으로 생각된다.

과거 인공위성영상은 접근이 어려운 지역이나 넓은 지역의 3차원 지형정보 추출, 정밀지도 제작 등과 같은 정적 공간정보를 생산하기 위한 수단으로 사용되어 왔다. 점점 공공 및 민간산업에서 요구되는 공간정보의 수요가 농작물 작황 현황, 재난재해 대응, 국토 현황 모니터링 등의 동적 공간정보로 발전하게 됨에 따라서 인공위성영상이 넓은 영역에 대한 지표면의 최신 상태 및 변화 탐지를 자동으로 판독해 낼 수 있는 매우 유용한 수단으로 주목받고 있다.

3) 우리나라 원격탐사 위성개발 연혁

해외의 경우 대표적인 지구관측 위성인 Landsat 1호가 1972년 미국에서 발사된 이래로 지속적으로 지구관측 위성들이 개발되고 있다. 현재 Landsat 8·9호, 유럽의 Sentinel 위성 시리즈* 등 다양한 위성들이 정부 주도 프로그램으로 개발되고 있고 Worldview 위성, Capella 위성 등이 민간기업에 의해서 개발되어 서비스되고 있다. 특히, 최근에는 향상된 위성 및 카메라 제작 기술을 바탕으로 위성 130개를 동시에 운영하는 Planetscope 프로그램, 위성 21개를 동시에 운영하는 Skysat 프로그램 등 많은 위성을 동시에 활용한 지구관측이 활발히 이루어지고 있다.

우리나라는 최초의 인공위성인 우리별 1호를 1992년에 발사한 이후 다양한 인공위성 시리즈들을 성공적으로 개발해 왔다. 우리별 위성 시리즈에서는 우리별 1호에 이어서 2호를 1993년에 발사하였고 1999년에는 지구관측 카메라를 탑재한 우리별 3호를 발사하였다. 우리별 위성 시리즈는 국내 최초 인공위성 개발이라는 쾌거와 국내 독자기술로 원격탐사 인공위성 개발의 가능성을 보여주었다.

이후에 추진된 아리랑 위성 시리즈는 국적위성에 의한 본격적인 지구관측임무를 개시하게 된 매우 성공적인 인공위성 사업으로 현재도 진행 중에 있는 사업이다. 아리랑 시리즈에서는 6.5m 공간해상도를 가지는 다목적실용위성 1호를 1999년에 발사하였고 이어서 1m 공간해상도를 가지는 다목적실용위성 2호를 2006년에 발사하였다. 2012년 70cm 공간해상도를 가지는 다목적실용위성 3호와 2014년 50cm 공간해상도를 가지는 다목적실용위성 3A호를 발사하여 현재도 고해상도 원격

* 유사한 사양 및 유사한 임무를 가지고 순차적으로 발사되는 인공위성들을 시리즈로 부른다.

그림 3-1. 우리나라의 인공위성 개발 현황

탐사 데이터 획득에 사용되고 있다. 2013년에는 1m 공간해상도를 가지는 레이더 영상을 취득할 수 있는 다목적실용위성 5호를 발사하여 운영 중에 있다.

정지궤도 위성은 항상 한반도 주변 지역을 상시관측할 수 있는 위성으로 기상관측 및 예보에 필수적인 위성이다. 우리나라는 정지궤도 위성인 천리안 위성 시리즈를 개발하여 2010년에 천리안 1호, 2018년에 천리안 2A호, 2020년에 천리안 2B호를 발사하였다. 천리안 1호는 기상관측 및 한반도 주변의 해양관측에 사용된 위성으로 성공적으로 임무를 수행하고 2021년에 임무수명을 종료하였다. 천리안 2A호는 향상된 성능의 기상관측임무, 천리안 2B는 향상된 성능의 해양관측 및 환경관측 임무를 수행 중에 있다. 천리안 위성 시리즈는 원격탐사 데이터를 기상, 해양 및 환경분야 현업에 적용할 수 있도록 기여한 위성사업이다.

차세대 중형위성 시리즈는 공공 및 민간부분 활용과 우주산업 육성을 목적으로 새롭게 시작한 위성사업이다. 차세대 중형위성시리즈의 첫 번째 위성은 2021년에 발사한 국토위성으로 50cm의 공간해상도를 가지는 위성이다. 동일한 사양을 가지는 국토위성 2호기가 2024년도에 발사될 예정이다. 국토위성은 한반도 지역의 국토모니터링, 국토공간정보 구축 및 변화 탐지 등의 임무에 활용되어 원격탐사 및 공간정보 산업에 크게 기여할 것으로 예상된다.

4) 향후 발사 예정인 국적 원격탐사위성들

현재 공공 및 민간부문에 활용할 수 있는 위성은 앞 절에서 설명한 대로 아리랑 위성 시리즈의 아리랑 3호, 아리랑 3A호, 아리랑 5호와 차세대 중형위성 시리즈의 국토위성 1호가 있다. 그러나 현재 운영 중인 위성 이외에도 많은 국적 위성들이 개발되고 있다.

국토위성 1호와 동일한 사양을 가지는 쌍둥이 위성인 국토위성 2호가 2024년에 발사될 예정이다. 이 위성이 국토위성 1호와 동시에 운영될 경우 대폭 향상된 한반도 관측주기, 준실시간 입체영상 촬영 등이 가능해질 것으로 예상되어 보다 다양한 국토공간정보 분야에 적용될 수 있을 것으로 기대된다.

30cm와 25cm의 매우 높은 공간해상도를 가지는 아리랑 7호와 아리랑 7A호 위성이 2025년에 발사될 예정이다. 이 위성들이 발사되면 항공영상과 비교할 만한 수준의 공간해상도를 가지는 영상 취득이 가능해지며 따라서 인공위성영상의 활용 범위가 크게 확대될 것으로 기대된다.

차세대중형위성 4호기*는 농업과 임업분야에 적용하기 위해서 공간해상도 5m에 촬영폭 120km를 가지도록 개발된 위성으로 '농림위성'으로 명명되어 2025년에 발사될 예정이다. 농림위성은 특히 한반도를 매일 촬영 가능하며 120km의 큰 촬영폭을 이용하면 3일 만에 한반도의 90%에 달하는 영역을 촬영할 수 있게 된다.

여러 대의 위성을 동시에 운영하면서 한반도를 상시관측할 수 있는 개념의 소형군집위성 시리즈도 진행 중에 있다. 2024년에 1기를 발사하고 2027년까지 총 11기의 위성을 발사하여 1m 공간해상도의 위성영상을 촬영할 계획이다.

공간해상도	전정색: 0.5m 컬러: 2m
파장대역	450-900nm (전정색, 적색, 녹색, 청색 및 근적외 대역)
운용궤도	태양동기(500km)
관측폭	12km 이상
방사해상도	12비트

그림 3-2. 국토위성 모형과 국토위성 1·2호 제원

* 차세대 중형위성 3호기는 우주관측 임무를 가지는 위성으로 여기서는 자세히 다루지 않음

표 3-1. 현재 운영 중 및 향후 발사 예정인 우리나라 인공위성 현황

현재 운영 중	향후 발사 예정
아리랑 3호(2012년, 70cm 해상도) 아리랑 3A호(2015년, 50cm 해상도) 아리랑 5호(2013년, 1m 해상도 레이더 영상) 국토위성 1호(2021년, 50cm 해상도)	국토위성 2호(2024년, 50cm 해상도) 아리랑 7호(2025년, 30cm 해상도) 아리랑 7A호(2025년, 25cm 해상도) 농림위성(2025년, 5m 해상도) 소형군집위성 11기(2024~2027년, 1m 해상도) 다수 초소형위성 프로그램 기획 중

3.2 원격탐사 데이터의 특징

1) 원격탐사 데이터 취득과정

인공위성에서 촬영된 원격탐사 영상데이터를 취득하게 되는 과정에 대해서 그림 3-3에서 간단히 설명하였다. 먼저 광원(태양)으로부터 출발하여 지표면(①번)에 도달한 빛에너지는 지표면의 고유한 특성에 따라서 파장대역별로 각기 다른 반사율로 반사된다(②번). 지표면에 의해서 반사된 신호는 대기효과로 인하여 신호의 크기가 감쇄되면서 인공위성의 카메라에 도달하게 된다. 이렇게 인공위성 카메라에 도달된 신호를 입력복사량 또는 입력복사에너지(③번)라고 한다.

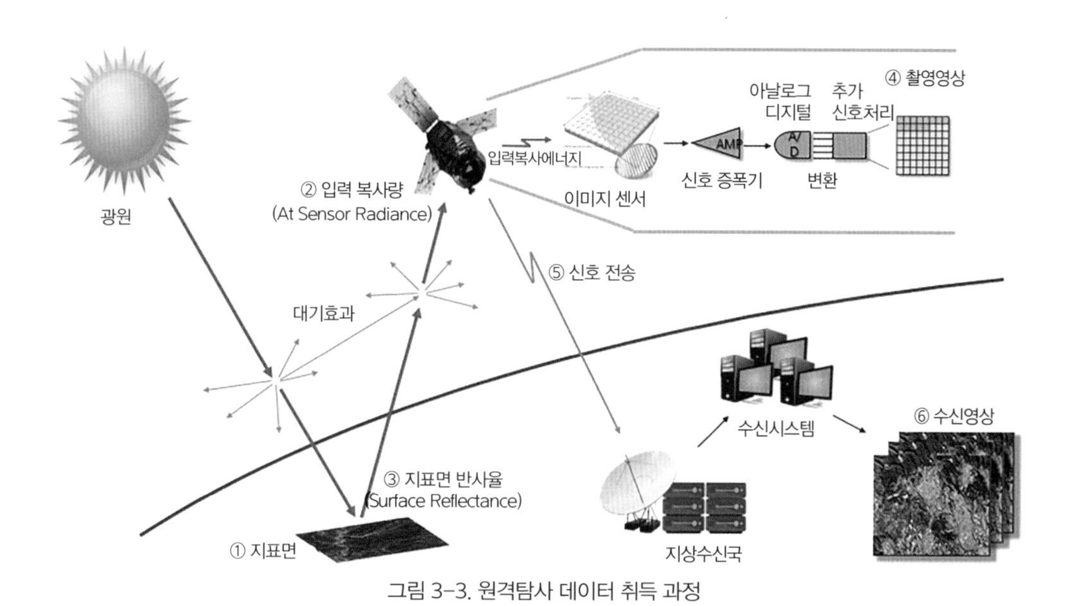

그림 3-3. 원격탐사 데이터 취득 과정

입력복사에너지는 카메라 내부의 신호처리 과정을 거쳐서 디지털 영상의 형태로 변환된다(④번). 이 과정을 영상촬영 과정이라고 한다. 촬영영상은 지상수신국과 통신을 하기 위한 고주파신호에 변조되어 지상으로 전송되며(⑤번) 지상수신국에서는 수신된 고주파신호를 복조하여 전송된 영상을 복원하여 수신영상을 생성하게 된다(⑥번).

원격탐사의 궁극적 목적은 수신영상에 기록된 특정 픽셀의 밝기값으로부터 특정 픽셀에 대응되는 정확한 지점의 지표면 반사율을 복원하는 것이라고 볼 수 있다. 이를 위해서 수신영상에 포함된 여러 가지 에러들을 제거하는 과정이 필요하며, 이를 전처리 과정이라고 부른다.

2) 원격탐사 영상데이터의 특징

(1) 공간해상도

전통적으로 영상 또는 카메라의 해상력을 나타내는 다양한 척도가 사용되어 왔다. 대표적으로 점확산함수(Point Spread Function) 또는 복조전달함수(Modulation Transfer Functoin) 등이 있다. 인공위성영상의 경우에는 카메라와 피사체의 거리가 일정하고 고가의 카메라 렌즈 및 소자를 사용하므로 공간해상도(Spatial Resolution)로 지상표본거리(Ground Sampling Distance: GSD)가 주로 사용된다. 지상표본거리는 다음의 공식으로 산출할 수 있다.

$$GSD = \Delta P \times H/f$$

이때 ΔP는 카메라 소자의 크기, 즉 검출기표본거리(Detector Sampling Distance)이며 H는 인공위성의 촬영고도, f는 카메라의 초점거리에 해당된다. 인공위성의 경우 정해진 궤도를 공전하게 되므로 촬영고도 H가 일정하게 유지된다.

(2) 방사해상도

방사해상도(Radiometric Resolution)는 영상에 기록된 밝기값의 분해능을 표현하는 지표로 가장 어두운 신호부터 가장 밝은 신호를 몇 단계의 신호값으로 구분하는지를 의미한다. 이는 영상 한 픽셀의 밝기값을 몇 개의 비트(Bit)로 표현하는지를 의미하기도 한다. 즉, 만약 영상의 밝기값을 1비트를 이용하여 표현한다면 0과 1만으로 밝기값을 표현하게 되어 검은색과 흰색만을 표현하는 이진영상을 의미하게 된다. n개의 비트 수를 이용할 때 표현되는 밝기값 레벨(L)은 아래의 공식으로 결정된다.

$$L = 2^n$$

우리가 일상생활에서 흔히 사용하는 디지털카메라나 휴대전화용 카메라는 밝기값을 1바이트, 즉 8비트로 표현하며 이 경우 표현할 수 있는 밝기값 레벨은 총 256레벨을 사용한다. 원격탐사 영상의 경우 더 넓은 범위의 신호를 표현하고 특히 그림자 지역 등 어두운 곳의 음영을 더 정확히 표현하기 위해서 한 픽셀을 8비트 이상 사용하는 것이 일반적이다. 일례로 국토위성 1호기 영상의 경우 한 픽셀을 12비트로 표현하고 있으며 0부터 4095까지의 숫자로 밝기값이 표현된다.

(3) 분광해상도

인공위성 카메라에 도달하는 입력신호는 자외선으로부터 가시광영역 및 적외선까지 넓은 파장대역으로 분포되어 있는 전자기파 신호이다. 이러한 넓은 파장대역 신호 중에서 특정 대역별 지표면 반사율과 대기 투과율은 지표면과 대기의 특성에 따라서 서로 다르게 된다. 따라서 원격탐사 데이터는 그 목적에 따라서 입력신호의 파장대역을 세분하여 특정 파장대역의 신호들을 저장하여 영상으로 만들게 된다. 이때 얼마나 많은 파장대역 신호를 수집하여 영상으로 구성했는지를 분광해상도(Spectral Resolution)로 표현한다.

우리가 흔히 사용하는 스마트폰 카메라는 가시광대역 중에서 적색대역, 녹색대역 및 청색대역의 3개 파장대역으로 영상을 구성한다. 그러나 원격탐사 카메라는 정밀한 지표면 특성관측을 위해서 가시광대역뿐 아니라 다른 대역의 신호도 함께 저장한다. 아래의 표는 Landsat 8호와 국토위성 1호 영상의 파장대역 및 공간해상도를 보여 준다.

표 3-2. Landsat-8호 및 국토위성 1호 영상의 파장대역

명칭	Landsat-8 파장대역 (μm)	공간해상도 (m)	국토위성 1호 파장대역 (μm)	공간해상도 (m)
에어로졸	0.433-0.453	30		
청색	0.450-0.515	30	0.450-0.515	2.0
녹색	0.525-0.600	30	0.515-0.600	2.0
적색	0.630-0.680	30	0.630-0.680	2.0
근적외	0.845-0.885	30	0.760-0.900	2.0
단파적외1	1.360-1.390	30		
단파적외2	1.560-1.676	30		
전정색	0.500-0.680	15	0.450-0.900	0.5
구름	2.100-2.300	30		
열적외1	10.6-11.2	100		
열적외2	11.5-12.5	100		

(4) 시간해상도

인공위성영상의 시간해상도는 엄밀히 말하면 영상 자체의 특성은 아니며 특정한 인공위성이 지표면의 동일한 지역을 얼마나 자주 촬영할 수 있는지를 나타내는 척도이며 인공위성의 재방문 주기로 나타낸다. 재방문 주기는 인공위성의 궤도를 어떻게 설계했는지, 그리고 직하방향 대비 인공위성을 얼마나 회전시켜서 촬영할 수 있는지에 따라서 결정된다.

흔히 특정 지역을 같은 시간에 방문하고 지구 전역을 촬영하도록 설계된 태양동기궤도를 공전하는 인공위성의 경우, 대략 25일 내외의 주기로 동일지점을 방문하게 된다. 이 경우 재방문 주기는 25일이 된다. 만약 인공위성을 궤도면 대비 좌우로 회전하여 촬영할 수 있다면 최대 회전각도에 따라서 재방문 주기는 3~4일로 단축될 수 있다. 만약 동일 궤도를 공전하는 인공위성을 1기가 아닌 2기를 이용한다면 재방문 주기는 1기를 운용할 때의 재방문 주기의 1/2로 단축될 수 있다.

인공위성의 임무에 따라서 지구 전역을 촬영하기보다 특정한 지역을 반복적으로 방문하여 촬영하도록 궤도를 설계할 수 있다. 2025년에 발사예정인 차세대중형위성 4호기(농림위성)는 매일 한반도를 방문하는 동일한 궤도로 지나가게 되는 위성이다. 농림위성은 궤도면 대비 좌우 방향으로 회전이 가능하므로 한반도 지역의 재방문 주기는 1일이다.

그러나 재방문 주기와 관심영역을 모두 촬영할 수 있는 자료획득 주기는 다른 개념이므로 혼동하여 사용해서는 안 된다. 자료획득 주기는 위성의 지상궤적과 위성촬영폭 대비 관심영역의 폭에 의해서 결정될 수 있다. 관심영역이 매우 넓은 지역인 경우는 인공위성을 어떻게 운영하는지에 따라서 결정될 수도 있다. 만약 한반도 전역이 관심영역인 경우, 한반도를 매일 방문하는 농림위성이 3일을 촬영하면 한반도의 90% 영역이 촬영될 수 있다. 그러나 위성지상궤적과 한반도의 모양을 고려하면 한반도 지역의 100%를 촬영하기 위해서는 최대 5일이 소요된다. 그러나 실제 농림위성의 운영방식에 따라서 위성궤적상 맨 가장자리에 놓이는 지역(예: 함경북도 북동부)을 자주 찍지 않고 한반도 중심부를 자주 찍는 경우 자료획득 주기는 5일보다 길어지게 된다.

3.3 원격탐사 데이터 전처리기술

1) 원격탐사 데이터의 처리 레벨

앞서 3.2절에서 설명한 절차에 따라서 지상에서 수신된 원격탐사 데이터를 활용하기 위해서는 여러 단계의 처리과정을 거치게 된다. 각 단계별 처리과정을 거친 원격탐사 데이터를 구분하기 위해서 처리레벨을 정의하여 사용한다. 처리레벨은 인공위성영상 종류별로 서로 상이하나 고해상도 지구관측 영상의 경우 대개 표 3-3과 같은 레벨명칭 및 정의를 사용한다.

표 3-3. 인공위성영상의 처리레벨

레벨명	정의	설명
레벨 0	원시영상 자료	위성전송 신호로부터 영상 자료를 분리하여 저장한 데이터
레벨 1	기본영상 자료 표준영상 자료	카메라 특성정보 및 위성체/궤도정보를 이용하여 처리된 영상 데이터
레벨 2	정밀영상 자료	부가정보(기준점, 대기자료 등)를 이용하여 처리된 영상 데이터
레벨 3	활용산출물	레벨 2 영상을 이용하여 생산된 활용산출물
레벨 4	복합활용산출물	위성자료와 부가정보를 합성하여 생산된 활용 산출물

레벨 0 자료는 위성에서 전송되어 지상수신국에서 수신된 고주파신호로부터 영상신호를 추출하여 저장한 데이터로 원시영상자료에 해당하는 데이터이다. 레벨 1 자료는 원시영상자료를 카메라 특성정보 및 위성체의 자세정보 및 궤도정보를 이용하여 보정처리한 데이터로 기본영상자료 또는 표준영상자료로 부른다. 인공위성별로 레벨 1을 다시 세부단계로 구분하여 부르기도 한다. 국토위성영상의 레벨 1과 레벨 2의 세부단계 및 간단한 설명을 표 3-4에 나타내었다.

레벨 2 자료는 지상기준점, 대기자료 등 부가정보를 이용하여 기본영상자료에 존재하는 기하학적 오차 및 신호오차를 제거한 데이터로 정밀영상자료에 해당한다. 레벨 3자료는 레벨 2 영상을 이용하여 생산된 활용산출물로 영상의 격자구조는 유지하되 활용분야에 맞는 물리량이 기록된 자료를 의미한다. 영상의 밝기값 대신 식물활력도를 표현한 식생지수가 기록된 식생지수 지도, 복수 개의 영상을 병합하여 관심영역에 대해서 구성한 정밀영상지도가 레벨 3 자료에 해당된다.

레벨 4는 복합활용산출물로 원격탐사 데이터와 부가정보를 활용하여 활용분야에 맞게 산출한 자료를 의미한다.

앞서 설명한 여러 단계의 처리 과정 중에서 영상에 존재하는 오차 요소를 제거하여 잘 활용할 수

표 3-4. 국토위성용 세부 처리레벨

레벨(명칭)	세부 단계	설명
레벨 1(표준영상)	레벨 1R	복사보정 적용된 영상
	레벨 1G	궤도정보 기반 기하보정 및 개략 DEM 기반의 정사보정 적용된 영상
레벨 2(정밀영상)	레벨 2R	지상기준점을 이용한 정밀기하 수립 영상
	레벨 2G	정밀 DEM을 이용한 정사보정 영상
	레벨 2A	대기보정을 적용하여 지표면 반사율로 변환한 영상

있도록 처리하는 단계를 전처리라고 명하며 이 단계에 적용되는 여러 보정기술을 전처리기술이라고 칭한다. 여러 처리 레벨 중에서 레벨 1 및 레벨 2단계의 처리를 전처리로 볼 수 있다. 레벨 3 및 레벨 4단계는 통상적으로 활용처리 또는 활용기술로 구분할 수 있다.

2) 위성영상 기하보정

위성에서 촬영된 영상에는 기하학적 왜곡, 즉 지표면에서의 실제 사물의 위치와 크기와 형상이 영상에서 다르게 되는 왜곡이 필연적으로 발생한다. 위성영상에 나타나는 기하학적 왜곡의 원인은 표 3-5와 같이 분류할 수 있다. 왜곡의 필연적 발생으로 위성영상 기하보정(Geometric Correction)을 해야 한다.

표 3-5에 보인 왜곡 원인에 의해 각각 발생되는 왜곡의 특성은 이미 알려진 왜곡인 정오차(systematic error)와 이미 알기 어려운 우연오차(random error)로 구분할 수 있다. 센서의 내부표정요소 오차, 파노라믹 효과, 밴드 간 오차, 지구곡률 및 지구자전 오차 등이 정오차에 해당한다. 그림 3-4에 지구곡률효과에 의한 왜곡 및 지구자전효과에 의한 왜곡을 예시로 나타내었다. 이러한 정오차는 대개 앞서 설명한 레벨 1R 처리과정에서 보정되어 사용자에게 제공된다.

우연오차는 GPS 수신기오차, 센서자세값 오차, 관측장치의 시간동기오차 등이 있으며 우연오차는 일반적으로 왜곡원인별로 오차를 제거하기는 어렵다. 이는 우연오차 요소들은 서로 결합된 형태로 나타나며 영상별로 서로 상이한 형태로 나타날 수 있기 때문이다. 이러한 이유로 우연오차들은 개별적으로 제거하지 않고 우연오차를 보정할 수 있는 오차보정식을 추정한다. 오차보정식 추

표 3-5. 위성영상에서 왜곡이 발생하는 원인 분류

왜곡 발생 주체	왜곡 원인
플랫폼	위성 궤도 변화, 속도 변화, 자세 변화, 고도 변화 위성에 장착된 GPS 수신기 정확도 오차
센서	센서 자세 변화, 센서 운동에서의 변화(scan rate) 내부표정요소 오차(초점 거리, 주점 위치, 렌즈 왜곡) IFOV, 파노라믹 효과 센서 간 또는 밴드 간 위치 오차(밴드 offset 오차)
관측 장치	시간 변화 또는 drift, 시간 동기 오차
대기	대기굴절, 대기 불안정
지구	지구 자전, 지구 곡률, 지형 기복
지도	지오이드, 기준타원체, 평면지도 간의 좌표변환(지도 투영)

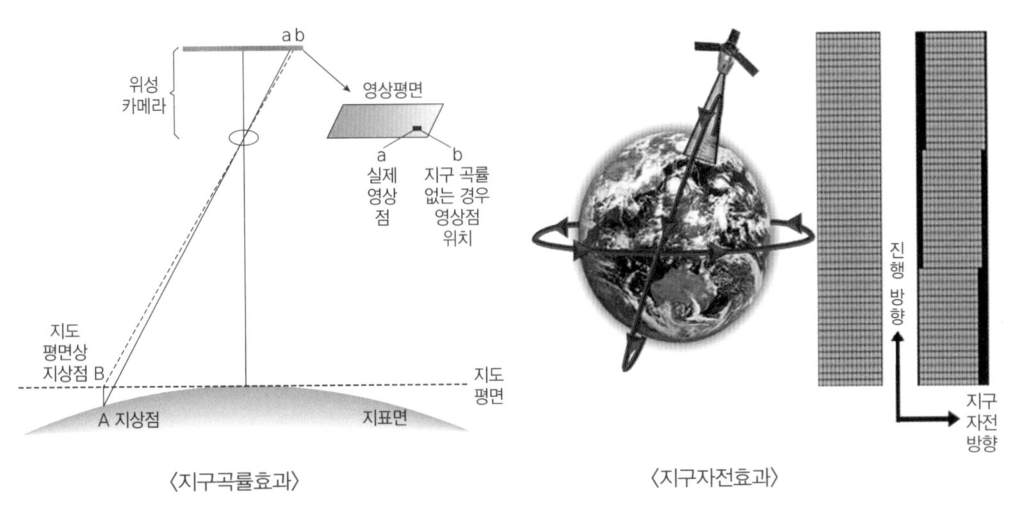

〈지구곡률효과〉 〈지구자전효과〉

그림 3-4. 지구곡률효과에 의한 왜곡과 지구자전효과에 의한 왜곡

정을 위해서 정확한 지상좌표를 알고 있는 지상기준점과 이 지상기준점이 촬영된 영상점 위치를 이용하게 된다. 이러한 지상기준점을 이용한 정밀 위치오차 추정이 앞서 설명한 레벨 2R의 정밀기하보정 과정에 해당한다.

정밀기하보정을 위한 지상기준점과 이에 상응하는 영상점 추출을 수동으로 진행할 경우, 정밀기하보정에 많은 시간과 비용이 발생하게 된다. 이를 개선하기 위해서 사전에 지상기준점을 중심으로 영상패치를 구성하고 영상패치와 입력영상을 자동 매칭하는 방식으로 영상점을 자동으로 추출할 수 있다. 이렇게 자동으로 추출된 영상점 좌표를 이용하면 정밀기하보정을 자동으로 수립할 수 있게 된다. 그림 3-5는 국토위성영상에 적용된 정밀기하보정 과정을 설명한다.

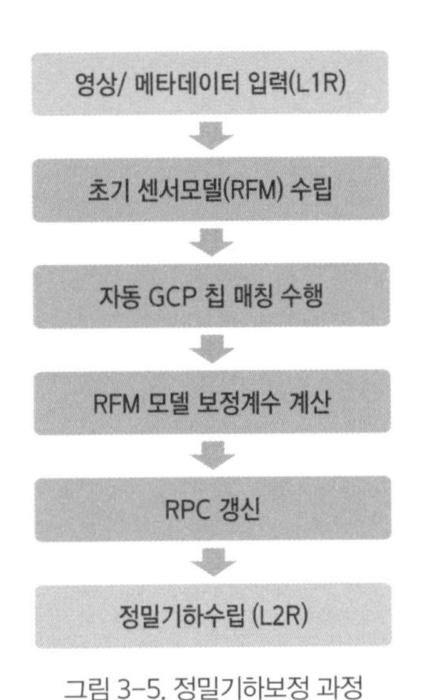

그림 3-5. 정밀기하보정 과정

먼저 L1R 레벨의 영상과 유리다항식 계수가 기록되어 있는 메타데이터를 입력받고 이로부터 초기 센서모델을 수립한다. 이후, 영상의 촬영영역 내에 존재하는 GCP 칩을 데이터베이스로부터 읽고 GCP 칩별로 입력 영상과 자동매칭을 수행한다. 자동매칭의 수행결과로 GCP 칩에 해당하는 입력영상의 영상좌표값을 구할 수 있으며 이 정보가 입력영상의 정밀기하수립을 위해서 자동으로 추출한 기준점에 해당된다. 다음은 자동 기준점을 이용하여 초기 센서모델의 보정계수를 추정하여 정밀 센서모델을 수립한다. 다음은 보정계수를 이용하여 유리다항식 계수를 갱신하게 된다.

이러한 과정을 거치면 초기 센서모델에 내포된 위치오차를 갱신할 수 있다. 국토위성의 경우 초기 센서모델은 약 50m 이내의 위치정확도를 가지고 있으며 자동 기준점 추출을 통한 자동 정밀기하보정 과정을 거치고 나면 위치정확도가 1~2m 수준으로 개선되게 된다.

3) 위성영상 정사보정

앞서 설명한 기하보정 과정을 거치면 사전에 알려진 정오차가 제거되며 우연오차 요소를 정확하게 모델링할 수 있지만 지표면의 높낮이에 따른 영상의 왜곡은 제거되지 않는다. 정사보정(Ortho-rectification)은 지표면 높낮이에 따른 왜곡을 보정하여 영상의 각 픽셀이 정사투영방식에 따라 지상 기준면상의 참 위치에 배치하도록 보정하는 과정을 의미한다.

정사보정과정이 완료된 영상을 정사영상(ortho image)이라고 한다. 이상적인 정사영상은 각 영상화소가 지상 기준면상에서의 참 위치를 나타내게 되는데, 어떠한 센서 왜곡, 기하 왜곡, 지형 왜곡도 없는 상태를 말한다. 정사보정은 위성영상 왜곡 보정 최종 단계의 보정이다. 정사영상은 각 지점의 표고와 상관없이 전체 영역에 걸쳐 축척이 일정하다. 즉, 정사영상은 지도와 같은 특성을 가지며 영상지도(Image map)라고 부르기도 한다. 위성영상을 GIS자료로 활용하기 위해서는 정사영상이어야 하며, 위성영상의 높은 공간해상도와 주기성의 장점을 살린 빠른 공간정보 취득을 위해서도 정사영상으로의 보정이 되어야 한다. 따라서 정사보정은 위성영상 처리의 최종 단계로서 반드시 필요한 과정이다.

그림 3-6에서 중심투영과 평행투영 및 정사투영의 개념에 대해서 도시하였다. 중심투영은 그림에서 화살표로 표현된 가시선(Line of sight)들이 투영중심점을 기준으로 방사형으로 퍼지는 투영방식으로 우리가 흔히 사용하는 일반 카메라가 해당 투영방식을 따른다. 평행투영은 투영중심이 무한대의 위치에 있어서 가시선들이 서로 평행한 경우를 의미한다. 정사투영은 관측벡터가 지상 기준면에 수직을 이루는 평행투영을 의미한다. 푸시브룸(push broom) 방식으로 촬영되는 위성영

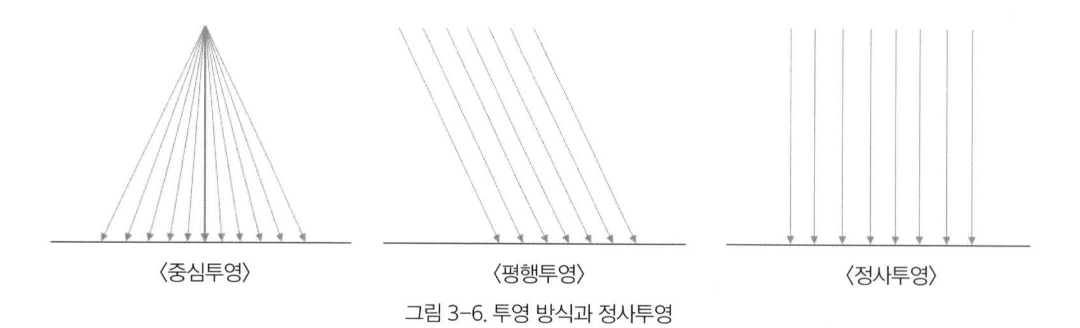

그림 3-6. 투영 방식과 정사투영

상의 경우 센서방향으로는 중심투영이 적용되며 위성 진행방향으로는 평행투영이 적용된다. 중심투영 및 평행투영 모두 지표면의 높낮이에 따라 영상점의 위치가 변경되게 된다. 정사투영은 이러한 지표면의 높낮이에 따른 위치 변이가 발생하지 않는 특징이 있다.

지상점의 지상 기준면으로부터의 높이 때문에 발생하는 영상점의 위치 왜곡을 기복변위(Releif Displacement)라고 한다. 기복변위는 센서 중심축을 중심으로 방사 방향으로 발생한다. 그림 3-7에서, 기준면으로부터 높이를 가진 점 A의 기준면(평면)상의 위치가 A_{datum}이라고 할 때 점 A는 영상점 a에 나타났으나 실제는 A_{datum}의 영상점에 해당하는 a'에 위치되어야 한다. 이렇게 지상점 높이 때문에 발생하는 영상면상에서의 길이 $\overline{a'a}$가 기복변위이다. 정사보정은 영상에서 지표면의 높이 차이에 따른 기복변위를 제거하는 과정이다. 즉, A에 대한 정사영상을 제작하기 위해서는 A에 해당되는 영상 a 위치의 DN을 a' 위치로 보정하여야 하며 이것이 영상면에서의 정사보정이다. 정사보정을 하지 않는 경우 영상점 a는 지상점 A'에 해당하는 DN인 것으로 왜곡되게 된다.

정사보정 과정을 그림 3-8에서 설명하고 있다. 먼저 원본 영상의 촬영영역에 해당하는 지상좌표계상에서 최대 및 최소 좌표값을 산출한다(과정 ①). 다음은 이 정보를 바탕으로 생성하고자 하는 정사영상의 범위를 설정한다(과정 ②). 아울러 생성하고자 하는 정사영상의 해상도(혹은 그리드 간격)를 설정한다(과정 ③). 이 과정을 거치고 나면 정사영상의 각 픽셀에 대응하는 지상좌표계(X, Y) 값을 계산할 수 있게 된다.

다음은 정사영상의 픽셀별로 해당 지상점에서의 3차원 좌표값(X, Y, Z)를 추출한다. 정사영상에서의 픽셀은 그림 3-7에서 점 a'에 해당된다. 점 a'의 평면좌표값(X, Y)는 정사영상의 픽셀좌표로

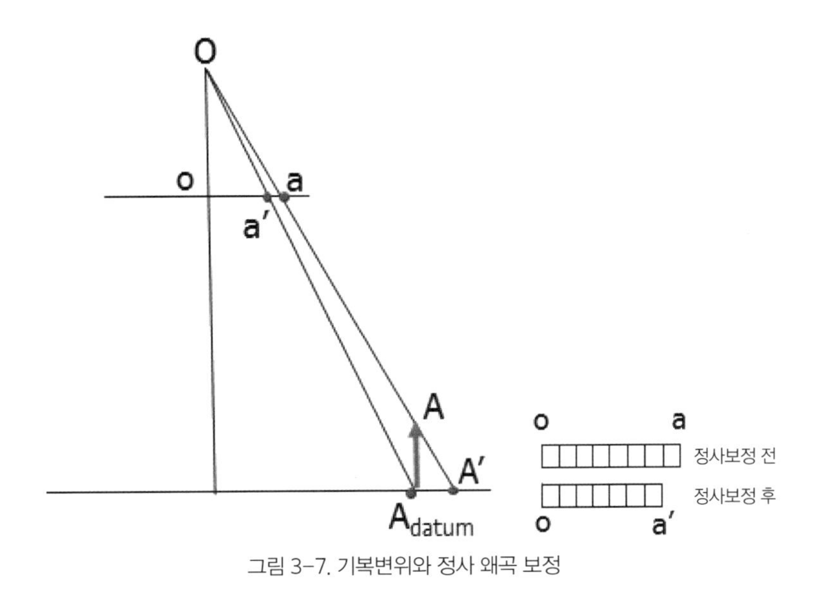

그림 3-7. 기복변위와 정사 왜곡 보정

부터 직접 변환할 수 있고 높이값 Z는 수치표고모델 등 지표면의 높이값을 가지고 있는 자료로부터 읽어들인다(과정 ④). 해당 지상점의 원본 영상에서의 위치를 앞 절에서 설명한 센서모델식 등을 이용하여 계산하고 나면(과정 ⑤) 계산된 영상점이 그림 3-7에서 점 a에 해당된다. 원본 영상에서의 영상점 a의 밝기값을 정사영상에서의 영상점 a'의 밝기값으로 사용하게 되면 기복변위가 발생한 영상점 a를 기준면상의 정위치 영상점 a'로 배치하게 되어 정사보정이 이루어진다. 이 과정을 정사영상의 모든 픽셀에 대해서 적용하면 정사영상을 생성할 수 있다.

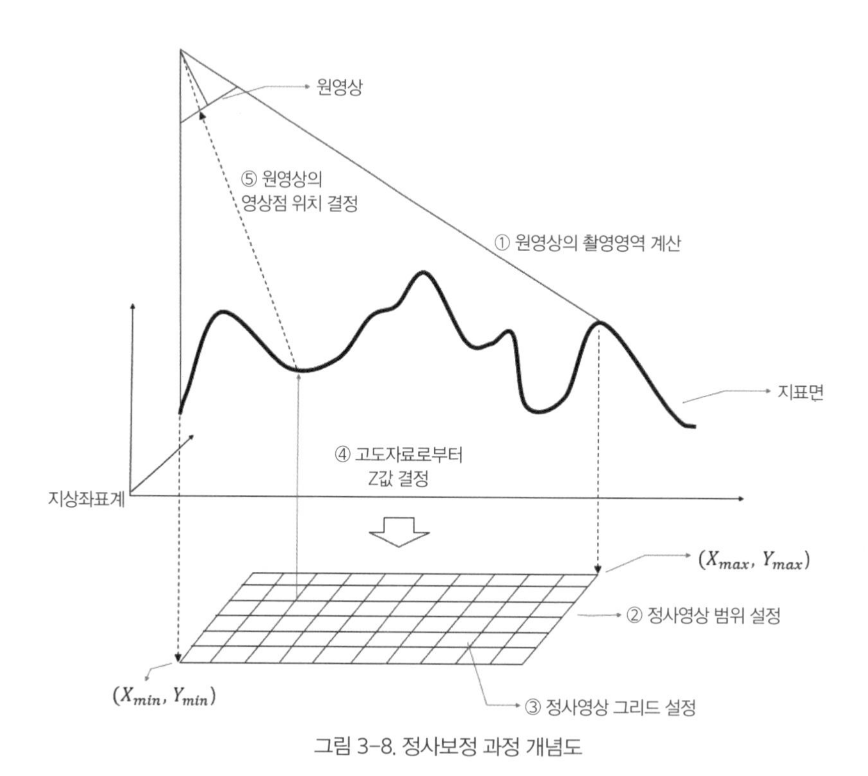

그림 3-8. 정사보정 과정 개념도

그림 3-9. 원본 위성영상(좌) 및 정사보정 후의 위성영상(우)

4) 위성영상 방사보정

이상적으로 인공위성영상에 기록된 값은 관측파장 대역에 따라서 태양광이 지표면으로부터 반사된 신호값이거나 지표면으로부터 방사된 에너지 값이어야 한다. 그러나 실제 영상에 기록된 값은 카메라 내부의 전자장치에 의한 잡음, 대기상태 및 지형에 따른 오차가 포함되어 있다. 따라서 인공위성영상으로부터 지표면의 정량적인 속성정보를 추출하기 위해서는 이러한 잡음과 오차요인을 제거하여 인공위성영상의 신호값이 지표면의 특성만을 반영하도록 보정하는 과정이 반드시 필요하게 된다. 예를 들어 토양의 수분함량, 하천 및 호수의 클로로필 함량, 농작물의 생장량 등과 같은 정량적 정보는 해당 물체에서 반사된 정확한 신호값을 통하여 얻어질 수 있기 때문에, 영상 신호값에 센서 또는 대기에 의한 오차가 포함될 경우 추출된 속성정보는 상대적으로 정확도가 떨어지게 된다.

넓은 의미의 방사보정은 인공위성영상에 기록된 신호값으로부터 잡음요인 및 오차요인을 제거하여 지표면의 특성으로부터 얻어진 이상적인 신호값을 복원하는 과정을 의미한다. 이 과정은 인공위성 카메라의 특성뿐 아니라 촬영당시의 대기의 수증기량, 에어로졸 농도 등이 필요한 복잡한 과정이다. 따라서 전체의 신호값 복원 과정을 흔히 정수값(Digital Number: DN)으로 표현된 영상의 신호값을 카메라에 도달한 입력복사량으로 변환하는 과정과 입력복사량으로부터 지표면 반사율을 추정하는 과정으로 구분한다. 이때 DN값을 입력복사량으로 변환하는 과정을 좁은 의미의 방사보정이라고 칭하며 입력복사량으로부터 지표면 반사율을 추정하는 과정을 대기보정이라고 칭한다. 이 절에서 의미하는 방사보정은 좁은 의미의 방사보정을 지칭한다.

영상에 기록된 신호값 DN과 입력복사량 L 간의 변환관계는 아래와 같은 식으로 표현된다.

$$L = aDN + b$$

L: 입력복사량
DN: 영상 화소값
ab: 방사보정계수

상기 수식 자체는 간단한 선형식으로 구성되어 있으나 정확한 방사보정을 위해서 신호값을 물리적 입력복사량, 또는 복사휘도로 변환할 수 있는 정확한 방사보정계수가 필요하다. 실제 인공위성영상의 밴드별로 정확한 방사보정계수를 산출하는 작업은 매우 어렵고 정밀한 측정이 요구되는 작업이며 영상공급자는 정확한 방사보정계수를 주기적으로 산정하여 사용자에게 공급하여야 한다.

방사보정계수의 산출은 이미 알고 있는 지표물의 반사도를 이용하여 위성센서에 도달하는 복사휘도를 간접적으로 추정한 후 실제 영상의 화소값과의 관계식을 통하여 구하는 방법으로 얻어진다. 정확한 방사보정계수를 산출하는 과정이 방사보정에서 가장 중요한 과정에 해당되나 원격탐사 분야의 전문지식이 요구되므로 본 절에서 자세히 다루지는 않는다.

5) 위성영상 대기보정

대기보정은 방사보정을 거쳐 산출된 입력 복사량을 지표면 반사율로 변환하는 과정을 의미한다. 광원에서 출발하여 지표면에 반사된 신호는 인공위성 카메라에 도달되기까지 대기 구성 입자에 의해 발생한 산란 및 흡수 등 대기영향을 받게 된다. 따라서 대기보정은 대기영향으로 왜곡이 발생한 입력 복사량으로부터 대기영향을 왜곡을 보정하여 지표면 복사량을 산출한 뒤, 이를 다시 지표면 반사율로 전환하는 과정을 거치게 된다. 이를 통해서 정수값으로 표현된 영상의 신호값으로부터 대상 지표물의 생물리적 특성에 직접적으로 연관이 있는 반사율 값으로 변환된다. 위성영상의 대기보정은 해양이나 대기와 관련된 정보를 추출하는 활용 분야에서는 매우 중요한 처리 단계이다. 육상 원격탐사에서도 식물, 토양, 수면의 생물리적 인자와 관련된 정량적 속성정보를 추출하는 경우에는 반드시 필요하다.

아래의 식과 같이 인공위성 카메라에 도달된 입력복사량(L_{sensor})은 지표에서 반사된 복사량(L_{target})에 추가하여 대기로부터 추가된 복사량(L_{path})을 포함하고 있다.

$$L_{sensor} = L_{target} + L_{path}$$

대기보정은 입력복사량으로부터 대기복사량을 제거하여 지표면 복사량만을 추출하고 이를 다시 태양으로부터 입력된 신호값으로 나누어서 지표면 반사율을 계산하는 과정이다.

대기보정은 절대대기보정과 상대대기보정으로 나누며, 각 방식은 보정을 위하여 필요한 자료 및 처리 과정에서 많은 차이가 있다. 절대대기보정은 대기복사량을 산출하기 위한 영상 촬영시점의 태양과 카메라의 기하학적 관계와 에어로졸 구성, 에어로졸광학두께, 대기수증기량 등의 대기모델 및 밴드별 분광반응함수 등의 정보를 모두 사용하여 물리적인 복사전달모델을 통해서 보정을 수행하는 방식이다. 절대대기보정에 사용되는 복사전달모델은 미국에서 개발된 MODTRAN 모델과 유럽에서 개발된 6SV모델 등이 있다.

상대대기보정은 절대대기보정을 위한 물리적인 인자없이 영상 내에서 관측가능한 개체를 이용하여 대기보정을 수행하는 방식이다. 이 방식은 영상 내에 이미 반사율을 알고 있는 지표면을 식별하고 이 지표면의 밝기값을 기준으로 영상의 다른 위치의 밝기값을 반사율로 변환하게 된다. 상대

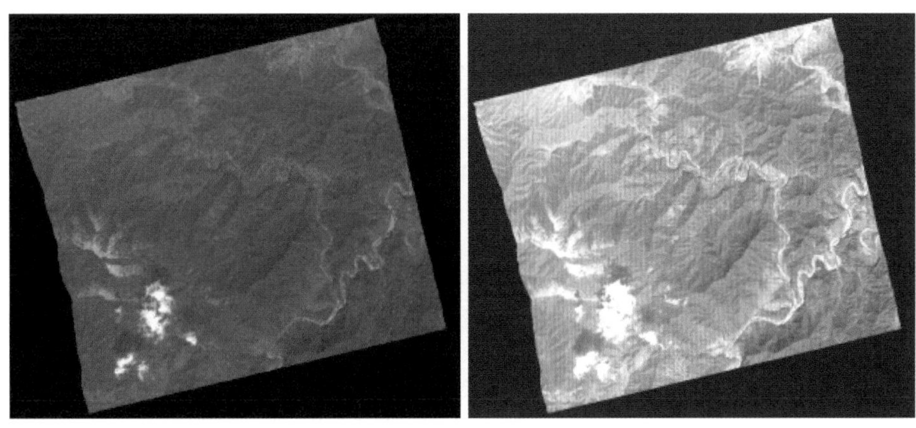

그림 3-10. 대기보정 전(좌)과 대기보정 후(우) 국토 위성영상 예시

대기보정 방식은 절대대기보정 방식보다 정확도는 떨어지나 손쉽게 적용할 수 있고 별도의 입력자료가 필요하지 않아 꾸준히 연구되고 있는 방식이다.

국토위성영상의 경우에도 정밀정사보정된 영상(레벨 2G)에 대해서 추가로 방사보정 및 대기보정을 적용하여 표면반사율 정보로 변환된 대기보정 영상(레벨 2A)을 생산한다. 그림 3-10은 국토위성영상으로부터 생성된 대기보정 영상의 예시이다.

6) 분석준비자료

앞서 설명한 기하보정, 정사보정, 방사보정 및 대기보정에 이르는 일련의 위성영상 전처리 과정은 상당한 수준의 전문지식이 요구되며 지상기준점, 수치표고모델, 대기정보, 지형정보 등 기반 공간정보를 필요로 한다. 이 과정은 특정한 활용분야에 위성영상을 사용하고자 하는 사용자가 직접 수행하기는 어려운 과정이다. 또한 이러한 과정을 거친 영상이라 할지라도, 위성영상의 촬영방식 때문에 같은 지역을 촬영한 영상들도 서로의 지상좌표값이 달라서 변화 탐지 등에 즉시 활용되기 어려운 실정이다.

이러한 어려움을 개선하기 위하여 필요한 모든 전처리를 마치고 사전에 정의된 지상지표값에 맞게 편집한 영상자료를 생산하게 되었다. 이러한 자료를 분석준비자료라고 부른다. 분석준비자료(Analysis Ready Data)가 사용자에게 제공될 경우 사용자는 별도의 전처리과정 없이 즉시 영상을 활용할 수 있다 또한 서로 다른 위성에서 촬영된 분석준비자료들 간의 비교와 영상과 기반 공간정보와의 비교를 쉽게 할 수 있어 인공위성 자료의 상호운용성을 확보할 수 있다.

이러한 장점 때문에 분석준비자료는 현재 여러 인공위성들의 전처리 과정에 채택되어 사용자에게 공급되고 있다. 분석준비자료의 국제표준화를 위해서 지구관측위원회(CEOS) 산하의 육상관측 실무작업반(Working Group for Land)에서는 분석준비자료가 충족해야 하는 요구사항을 표 3-6과 같이 4가지로 정의하였다. 아울러 기하보정 및 방사보정 정확도 기준을 제시하였다. Landsat 영상과 Sentinel 위성영상의 경우는 CEOS에서 제시한 기준에 충족하는 분석준비자료를 생산하여 사용자에게 제공하고 있다.

표 3-6. CEOS에서 제시한 분석준비자료 요구사항

항목	요구사항
영상 메타데이터	위치정보, 좌표계, 영상 촬영 일시 등 총 17개의 영상별 메타데이터를 포함할 것
기하보정	기하보정 및 정사보정을 하고 적용 기술 및 위치정확도를 제시할 것
방사/대기보정	방사보정 및 대기보정을 하고 적용 기술 및 방사정확도를 제시할 것
픽셀 메타데이터	픽셀별로 해당 픽셀이 구름, 구름그림자, 수계, 지형그림자 등 총 13개의 종류에 해당하는지를 나타내는 픽셀별 메타데이터를 포함할 것

Landsat 또는 Sentinel과 같은 다양한 밴드를 가지고 있는 중해상도 위성영상과 달리 고해상도 위성영상은 밴드 수가 적고 중해상도 영상과 같은 수준의 기하보정 정확도를 확보하기는 어려운 실정이다. 그러나, 고해상도 위성영상의 경우도 사용자 편의성과 상호운용성의 확보를 위해서 점점 더 많은 수의 위성영상이 분석준비자료의 형태로 제공되고 있다.

국토위성의 경우도 기하보정, 정사보정, 방사보정 및 대기보정을 거친 후, 국가기본도인 1:5,000 지형도의 도엽에 맞게 영상을 편집한 분석준비자료를 사용자에게 제공할 계획이다. 이를 계기로 국내에서 개발된 여러 위성영상의 활용성이 더욱 증대되고 기반 공간정보와의 연계활용이 활성화될 수 있을 것으로 기대된다.

7) 전처리에 사용되는 공간정보

이 절에서는 위성영상의 전처리에 사용되는 기반 공간정보에 대해서 간략히 설명한다.

(1) 지상기준점 칩

앞서 설명한 대로 인공위성영상의 자동 정밀기하수립을 위해서 지상기준점(GCP) 칩이 사용된다. 지상기준점 칩은 그림 3-11과 같이 정확한 지상좌표값을 알고 있는 지점을 중심으로 획득된 작은 영상조각에 해당한다. 영상조각과 영상조각의 공간해상도, 그리고 영상 중심 픽셀에서의 지상좌표

그림 3-11. 지상기준점 칩 예시

값을 함께 저장하여 데이터베이스화하여 사용한다. 이때 지상기준점 칩으로 사용되는 영상조각은 정밀정사보정을 마친 영상이라야 한다. 이는 위성영상이 다양한 각도로 촬영되어 경사촬영에 의한 기복변위가 발생한 경우에도 자동 칩 매칭을 원활히 수행하기 위한 목적이다.

국토위성용으로 제작된 지상기준점 칩의 경우, 남한지역은 항공영상으로부터 추출한 항공정밀정사영상으로부터 영상조각을 추출하여 제작하였다. 북한지역은 항공영상이 존재하지 않아 위성영상에서 제작된 정사영상으로부터 영상조각을 추출하여 제작하였다.

(2) 수치고도모델

수치고도모델은 높이값을 2차원 격자공간상에 배치한 디지털 형태의 높이데이터를 의미한다. 지형에 대한 수치고도모델은 위성영상으로부터 기복변위를 제거하고 정밀정사영상을 만들기 위해 반드시 필요한 공간정보이다. 수치고도모델은 다시 지형의 높이에 해당하는 수치지형모델(Digital Terrain Model)과 인공물의 높이를 포함한 수치표면모델(Digital Surface Model)로 구분할 수 있다.

우리나라의 경우 수치지형모델은 국토지리정보원에서 생산하고 있다. 남한지역의 경우는 5m 간격의 수치지형모델이 제작되었으며 북한지역의 경우는 10m 간격의 수치지형모델이 제작되었다. 현재 남한지역에 대해서 1m 간격의 고정밀 수치지형모델의 제작을 추진 중이다. 그림 3-12는 수치지형모델의 예시이다.

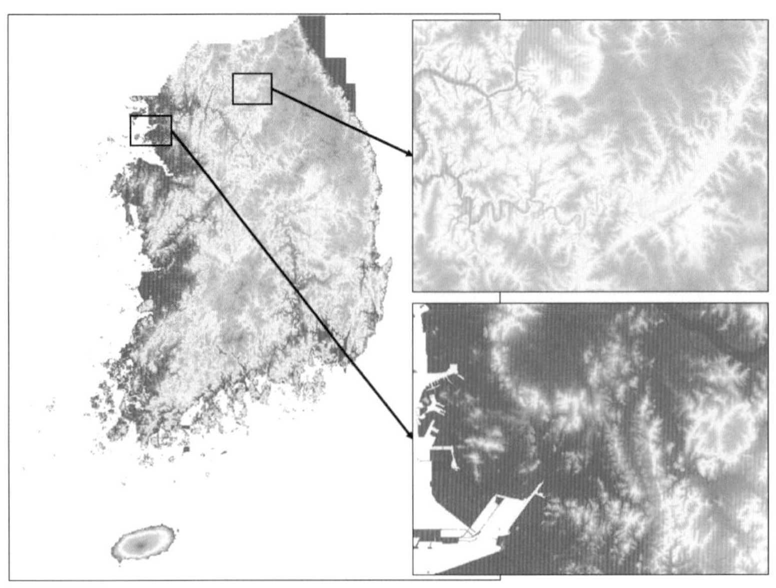

그림 3-12. 수치지형모델 예시

인공지물의 높이에 의한 기복변위까지 제거된 정사영상은 실감정사영상(True Ortho-image)이라고 명칭한다. 인공지물의 높이불연속면의 선형성이 유지되는 높은 수준의 실감정사영상을 만들기 위해서는 매우 정밀한 수치표면모델과 수치지형모델이 동시에 필요하다. 현재 남북한 지역에 적용할 수 있는 수치표면모델은 제작되어 있지 않다. 이러한 제약사항으로 현재 실감정사영상을 자동화된 방법으로 생산되고 있지는 못한 실정이다.

(3) 기타 공간정보

위성영상의 처리와 분석을 위해서는 이외에도 여러 공간정보가 사용된다. 특히 위성영상을 정사보정하게 되면 영상의 각 픽셀이 지도좌표에 직접 대응될 수 있으므로 수치지형도, 토지 피복도, 지적도 등을 중첩하여 영상분석에 활용할 수 있다.

수치지형도의 여러 레이이들을 잘 편집하면 위성영상으로부터 특정 개체들의 현황파악에 유용하게 사용될 수 있다. 그림 3-13은 수치지형도에서 추출한 수계 레이어를 편집하여 작성한 수계 공간정보의 예시이다. 이 정보를 위성영상과 중첩처리하면 위성영상으로부터 수계 지역을 파악하고 수체 변화 탐지 등에 유용하게 활용될 수 있다.

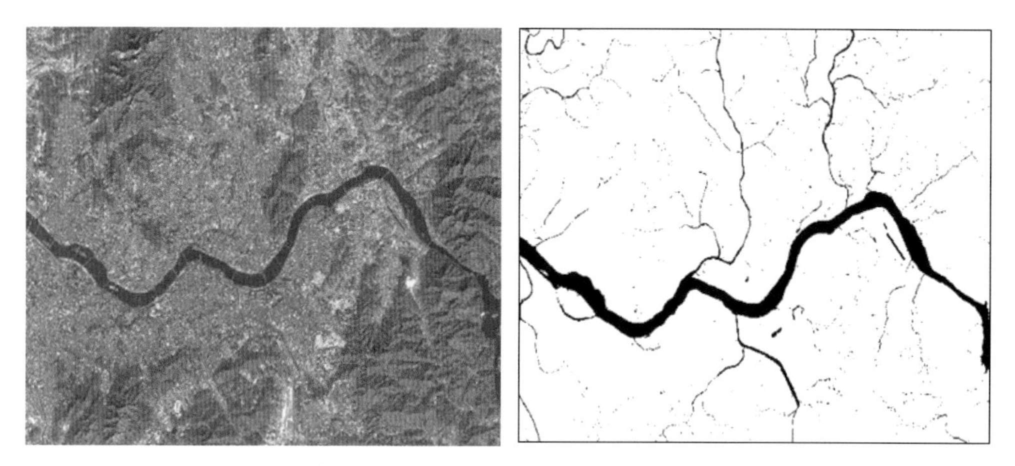
그림 3-13. 위성영상 및 해당지역의 수계레이어 예시

3.4 원격탐사 데이터 활용분석 기술

이 절에서는 원격탐사 데이터를 활용하기 위한 활용분석 기술에 대해서 소개한다. 인공위성영상을 활용하기 위해서는 활용분야별로 전문적인 기술이 적용되나 이 책에서는 개론 수준으로 간단히 정리한다.

1) 영상지도 제작

영상지도는 벡터 형태로 제작된 수치지형도와 달리 지형의 색상과 질감이 잘 표현되어 전문가가 아닌 일반 사용자도 쉽게 이해할 수 있는 장점이 있다. 앞서 설명한 정사보정과정을 거치면 지도좌표계와 일치하는 정사영상을 생성할 수 있다. 이렇게 생성된 정사영상을 병합하고 원하는 경계로 잘라내어 관심 영역에 대한 영상지도를 생산할 수 있다.

이때 여러 영상을 병합하여 영상지도를 제작하는 경우, 두 영상 간의 접합선 추출, 및 밝기값 일치 과정이 필요하게 된다. 이를 위해서 두 영상 간의 밝기값 차이를 최소화하는 접합선을 자동으로 추출하기 위한 여러 기술이 개발되어 왔다. 그림 3-14에서 좌측영상은 두 장의 서로 다른 시기에 촬영된 영상에서 자동으로 추출한 접합선의 모습을 나타낸 예재이며 우측영상은 밝기값 보정을 마친 병합결과 영상이다.

그림 3-14. 영상병합결과 예시

2) 수치고도모델 제작

인공위성에 경사각을 주어 지표면을 촬영하면 스테레오 영상을 획득할 수 있다. 위성영상의 스테레오 촬영은 프랑스에서 발사한 SPOT 위성시리즈에 처음 채택되어 널리 사용된 개념이다. 스테레오 위성영상을 이용하면 항공촬영이 어려운 지역에 대해서도 3차원 지형정보를 추출할 수 있다.

자동으로 3차원 지형정보를 추출하기 위한 기술로는 자동영상정합 기술이 있다. 자동영상정합은 좌우 스테레오 영상에서 좌측 영상의 각 픽셀에 대응되는 우측영상 픽셀을 자동으로 찾아내는 기술이다. 자동영상정합을 거치면 3차원 점군 데이터를 만들 수 있고 보간하여 수치고도모델을 생성할 수 있다.

인공위성영상은 수목, 건물 등의 지형지물이 포함된 형태로 촬영이 되므로 인공위성영상으로부터 추출되는 수치고도모델은 수치표면모델에 해당된다. 수치지형모델을 생산하기 위해서는 수치

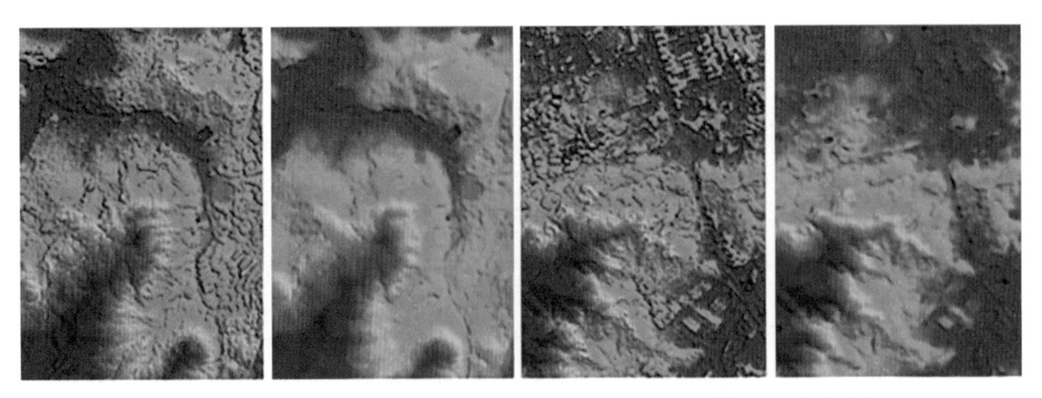

그림 3-15. 자동생성된 수치표면모델(1, 3번 영상) 및 수치지형모델(2, 4번 영상) 예시

표면모델로부터 인공지물에 의한 높이로 추정되는 높이값을 제거하는 과정이 필요하다. 그러나 이러한 과정을 거쳐서 생성된 수치지형모델은 영상처리 및 통계적 처리를 통해 얻어진 것이므로 정확한 지형 고도값을 반영한 모델이라고 보기는 어렵다. 그림 3-15에서 첫 번째, 세 번째 영상은 스테레오 인공위성영상에서 자동추출된 수치표면모델이며 두 번째 및 네 번째 영상은 각각의 수치표면모델로부터 자동추출된 수치지형모델에 해당한다.

3) 지표정보 추출기술

지표정보는 지표면의 상태 및 속성정보를 의미한다. 인공위성영상에 기록된 지표면 반사율 특성을 이용하여 여러 가지 지표정보를 자동으로 추출할 수 있다. 대표적인 지표정보로 지표면에 존재하는 식물들의 활력도를 나타내는 식생정보가 있다. 식생정보를 나타내는 대표적인 지수로 정규식생지수, 적변식생지수, 향상식생지수가 있으며 각각에 대한 설명은 표 3-7과 같다.

표 3-7. 다양한 식생지수 종류

식생지수 명칭	산출식	설명
정규식생지수 (NDVI, Normalized Difference Vegetation Index)	$\frac{N-R}{N+R}$	- 식생의 생장량을 확인하기 위한 가장 보편적인 지수 - 근적외선 밴드의 높은 반사율과 적색밴드의 낮은 반사율 대비를 사용
적변식생지수 (NDRE, Normalized Difference Red-Edge Index)	$\frac{N-RE}{N+RE}$	- 적색경계 밴드를 이용하여 식생의 활력도에 민감하다고 알려진 지수 - 클로로필 농도와 엽면적지수, 생체량, 질소함유량, 수관 엽록도 등 생물리적 인자 추정에 효과적
향상식생지수 (EVI, Enhanced Vegetation Index)	$G\frac{N-R}{N+C_1R+C_2B+L}$	- NDVI에서 나타나는 대기 에어로졸으 영향과 배경에서 나타나는 토양반사율의 효과를 완화한 식생지수 - 다른 식생지수보다 식생의 생장시기에 민감

표 3-7에서 N, R, RE, B는 각각 근적외선, 적색, 적경색 및 청색밴드의 반사율값이며 G, C_1, C_2, L은 영상별로 강화식생지수에 적용되는 상수값이다.

식생지수 외에 사용되는 지표정보로 영상의 픽셀이 저수지 내지 하천에 해당하는 지를 나타낼 수 있는 정규수분지수(Normalized Difference Water Index)가 있다. 정규수분지수는 아래의 공식에 의해서 산출된다. 이외에도 엽록소지수, 정규화재비율지수, 정규빙하지수 등 다양한 지수들이 사용되고 있다.

$$NDWI = \frac{G-N}{G+N}$$

4) 변화 탐지 기술

인공위성의 지속적인 발전에 따라 특히 위성영상의 시간해상도가 크게 향상되었다.

국내의 경우에도 아리랑위성 시리즈, 국토위성, 농림위성, 초소형군집위성 등 많은 위성들이 발사되었거나 발사될 예정이므로 사용가능한 가능한 위성영상의 수량이 많아질 것이다. 위성영상의 시간해상도 향상으로 인해 인공위성영상에 의한 변화 탐지의 활용성이 점점 더 커지고 있다.

변화 탐지의 주요 관측 단위는 화소와 객체로 나뉘어진다. 화소기반 변화 탐지는 변화 전후의 화소값의 차분연산을 통해서 빠른 시간에 직관적인 변화량을 관측할 수 있다. 그러나 화소의 밝기값에 의한 오탐지와 미탐지가 많이 발생할 수 있고 잡음에 의한 정확도 하락이 발생할 수 있다.

이러한 화소 기반 변화 탐지를 보완하고 화소기반 방식보다 향상된 변화 탐지 결과를 제공하기 위해 객체기반 변화 탐지가 수행되었다. 객체기반 변화 탐지를 수행하기 위해서는 먼저 영상에서 객체를 탐지해야 한다. 객체 탐지기법으로 템플릿 매칭, 토지 피복도 등의 기반 공간정보 활용, 영상분류, 기계학습 등의 방법이 사용된다. 변화 전후의 영상에 대해서 객체 탐지를 수행하고 나면, 탐지된 객체의 속성정보를 분석하여 객체단위의 변화 유무를 판별하게 된다. 분석에 사용되는 속성정보로는 식생지수, 주성분 요소, 형태적 특성 등이 있다.

위성영상을 이용한 변화 탐지 및 시계열 분석에 영향을 주는 중요한 요소 중의 하나로 분석에 사용되는 영상들의 상대적인 기하정확도가 있다. 변화 탐지 및 시계열 분석에는 영상별로 대응되는 픽셀의 신호값을 비교하게 된다. 따라서, 영상별로 비교되는 각 픽셀들은 모두 동일한 지표면을 나타내야 한다. 위성영상이 정밀정사보정을 거쳤다고 하더라도 2-3픽셀의 위치오차가 남아있을 수 있다. 특히, 서로 다른 위성에서 촬영한 위성영상을 비교하는 경우는 5픽셀 이상의 위치오차가 발생하는 경우도 있다. 따라서, 변화탐지를 위해서는 여러 위성영상 간의 위치를 일치시키는 상대기하보정이 반드시 선행되어야 한다.

제4장

공간정보시스템과 데이터 컴퓨팅

4.1 공간정보시스템의 기술적 역사

1) 공간정보시스템의 기술적 발전

전통적으로 정보시스템과 소프트웨어의 가장 큰 목적과 응용들은 '현실 세계의 사실(fact)'들을 저장하고 관리하고 분석하는 것이다. 그렇다면 컴퓨팅 기술의 측면에서 현실 세계의 '사실'들이란 무엇일까? 컴퓨터에서 사실을 표현하는 방법은 매우 다양한데 아주 단순화해서 표현한다면 육하원칙의 형태라고 할 수 있다. 즉 사람들은 누가(who), 언제(when), 어디서(where), 무엇을(what), 왜(why), 어떻게(how)라는 육하원칙을 이용해서 단순 명료한 형태로 현실세계의 과거나 현재 발생하고 있는 사실들을 기억하거나 이 기억을 기반으로 다양한 분석이나 예측을 할 수 있다고 생각하고 있다. 그리고 기술의 발전에 따라 이 여섯 가지의 정보들을 사람들이 활용하는 형태나 방법과 최대한 비슷하게 표현하고 관리하고 분석할 수 있도록 정보시스템을 진화시켜오고 있다.

초기의 정보시스템들도 누가, 언제, 어디서, 무엇, 왜, 어떻게 했는지에 대한 정보를 저장하고 분석할 수 있었다. 단지 각각의 정보들은 단순한 텍스트의 형태로 표현하여 저장됐고 검색될 수 있었다. 예를 들면 공연정보시스템에 'BTS 콘서트가 2022년 3월 12일 오후 8시에서 10까지 잠실종합운동장에서 있었다'라는 형태의 공연정보들이 저장되어 있다고 가정해 보자. 초기의 정보시스템 사용자들은 BTS의 공연이 언제 어디에서 있었는지 검색해 볼 수 있었고, 2022년에 잠실종합운동장에서 열린 모든 공연을 검색해 볼 수 있을 것이다. 그러나 잠실종합운동장이 위치한 송파구에서 있었던 모든 공연을 검색해 보거나 내 거주지 주변 20km 이내에서 최근 1년 이내에 있었던 공연을 검색해 볼 수는 없었을 것이다. 초기의 정보시스템들이 '어디서'라는 공간적인 정보를 단순히 텍스트나 우편번호와 같은 매우 큰 단위의 2차 정보로 저장되었고 이 정보들을 공간적으로 변환하거나 분석할 수 있는 기술이 없었기 때문이다.

초기의 정보시스템에서 실제적인 공간정보를 표현하기 어려웠던 이유 중 하나는 공간정보시스템의 융합 학문적 특성 때문이라고 할 수 있다. 초기의 정보시스템을 개발하는 입장에서는 그 당시 토목공학에서 사용되는 측량의 형태로 실측되어 종이 지도에 표현된 정보들을 컴퓨터에 옮겨놓기도 어려웠을 뿐만 아니라, 2차원 좌표의 형태로 컴퓨터에 옮겨놓는다 해도 실제 지구의 면을 고려하여 광범위한 지역을 대상으로 한 정확한 공간 검색이나 분석을 지원하기는 어려웠다. 공간정보시스템은 컴퓨터 기술의 보편화와 다양한 산업 분야에서의 컴퓨터 응용 기술의 보급과 함께 발전하게 되었다. 먼저 평면이기는 하지만 실세계의 공간에서 위치를 특정할 수 있는 공간 좌표계를 이용하여 점이나 선, 그리고 다각형의 형태로 표현하게 되었으며, 다양한 공간 분석을 해 볼 연산자를 지원할 수 있게 되었고, 그 이후 GPS 시스템과 같은 기술이 등장하면서 전 지구를 포괄할 수 있는 좌표계로 발전하게 되었다.

최근 공간정보시스템 기술은 웹 서비스 기술과 모바일 컴퓨팅 기술, 그리고 인공지능 기술의 발전에 따라 큰 변화의 시기를 맞고 있다. 가장 큰 변화의 단초는 스마트폰이라고 할 수 있다. 기존의

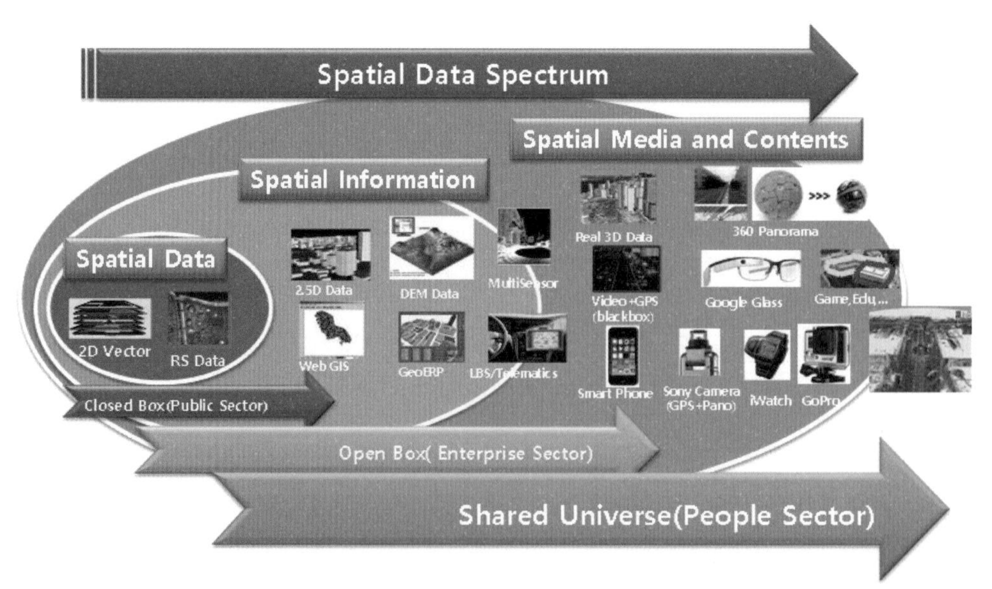

그림 4-1. 공간데이터에서 공간 미디어 컨텐츠로의 진화

소수의 전문가와 정부기관과 같은 특수 응용의 영역이던 공간정보 SW들이, 기존 소비자적 입장의 사용범위를 넘어서서 일반인들도 간단히 스마트폰에 내장된 GPS와 카메라를 이용하여 공간정보를 생성하고 배포할 수 있는 시대가 도래한 것이다. 일반일들도 오픈스트리트맵(OpenStreetMap)과 같은 오픈 크라우드 소싱 기반의 지도 구축 서비스를 이용하여 지도를 구축하는 데 직접 참여할 수 있으며, 이 지도를 서로 공유해서 사용할 수 있게 되었다.

스마트 기기의 GPS 정보가 태깅된 사진이나 비디오들도 다양하게 생성되어 배포되고 있으며, 기존의 지도 정보와 함께 사용되면서 단순한 2차원 평면 공간정보를 음성이나 색, 질감, 비디오 정보까지 확장할 수 있게 되었다. 이러한 멀티미디어 형태의 공간정보들을 공간 미디어라고 할 수 있다. 구글맵이나 네이버, 카카오 등의 엔터프라이즈 영역에서는 일반인들이 구축하기 힘든 360도 파노라마 영상 기반의 스트리트뷰와 실내 공간영상을 국가 단위의 광역적인 범위에서 이미 서비스를 하고 있고, 향후 보편화되고 있는 라이다(LiDAR)와 함께 입체적인 정보도 제공할 수 있을 것으로 기대된다.

향후 공간정보시스템 기술의 진화에서 가장 큰 원인을 제공할 수 있는 기술은 인공지능이라고 할 수 있다. 공간정보시스템이 '언제'와 '어디서'에 대해 사용자에게 폭넓은 기술적 정보를 제공한다면, 인공지능은 사용자에게 더 근본적인 질문인 '어떻게'와 '왜'에 대한 답을 할 수 있기 때문이다. 기존의 공간정보시스템은 제공되는 정보를 이용해서 사용자가 직접 검색과 분석을 해야 알 수 있기 때문에, 고수준의 정보는 어느 정도 수준에 올라선 전문가들만이 도출해 낼 수 있었다. 최근의 chatGPT와 같이 인공지능이 결합된 공간정보시스템은 단순히 공간적으로 '왜' 또는 '어떻게' 이렇게 되었는지 알려달라는 사용자의 질문에 대한 답을 제공해 줄 수 있을 것으로 기대된다.

2) 공간정보시스템 소프트웨어 개발의 역사

'무엇'과 '어디서'를 연결하는 공간정보 분석의 첫 번째 예는 영국의 존 스노 박사가 1854년 런던의 콜레라 발병의 원인을 공간적으로 분석한 것이다. 1854년의 콜레라로 처음 3일간 127명이 사망하고 최종적으로 600명이 넘는 큰 사건이었다. 기술이 발전하지 않았던 그 당시로는 현미경으로도 세균을 발견할 수 없었기 때문에 의사를 포함한 거의 모든 사람은 질병이 나쁜 공기나 악취 때문이라고 믿고 있었다. 그러나 진취적인 영국 의사인 존 스노 박사는 발병의 원인이 물에 의한 수인성이라고 생각했고, 그의 이론을 입증하기 위해 역학조사를 통해 발병 위치, 도로, 재산 경계, 우물 양수기의 위치를 표시한 지도를 만들었다. 그리고 이 지도를 이용하여 콜레라 발병의 원인이 우물이라는 점을 이해시키는 데 사용했다.

그림 4-2. 1854년 존 스노가 그린 콜레라 점 지도(X는 우물, 점은 발병자)

이것은 공간 분석의 시작이었을 뿐만 아니라 완전히 새로운 연구 분야인 전염병학, 질병의 확산 연구의 시작이었다. 단순히 상황 묘사뿐만 아니라 지리적으로 의존적인 현상들의 군집을 분석하기 위해 지도 제작 방법을 사용했다는 점에서 지금과도 유사하다고 할 수 있다.

영국육지측량부(Ordnance Survey)는 1850년대에 식물을 위한 레이어와 물을 위한 레이어와 같이 다양한 레이어로 나누어 지도를 인쇄하는 사진아연철판 기법을 사용한다. 이는 특히 노동 집약적인 작업인 윤곽선을 별도의 레이어에 배치함으로서 도면 작성자를 혼란스럽게 할 레이어를 배제하여 쉽게 작업할 수 있게 했으며, 모든 레이어가 완성되면 대형 공정 카메라를 이용해 하나의 이미지로 결합해서 지도를 완성할 수 있었다. 이러한 레이어 사용은 훨씬 후에 현대 GIS의 전형적인 특징 중 하나가 되었다.

1960년 캐나다 연방 임업 및 농촌 개발부는 응용으로 적용해서 운용이 가능한 최초의 GIS 소프트웨어를 개발하였다. 로저 톰린슨 박사가 개발한 이 시스템은 캐나다 지리정보시스템(CGIS)으로 명명되었으며, 토양, 농업, 레크리에이션, 야생동물, 물새, 임업 및 토지에 대한 공간정보를 컴퓨터에 매핑하여 캐나다 농촌의 토지를 분석하기 위해 수집된 데이터를 저장·분석 및 관리하는 데 사용되었다. CGIS는 현대적인 GIS 소프트웨어들에서도 사용되고 있는 데이터 저장, 레이어들의 오버레이, 측정, 디지털화/스캔 기능을 제공함으로써 기존의 단순한 공간정보를 컴퓨터로 매핑해서 사용하던 응용 프로그램에 비해 월등한 기능을 가지고 있었다. 이 밖에도 CGIS는 대륙에 걸쳐 있는 국가 좌표계를 지원했고, 컴퓨터화된 선들은 진정한 공간 토폴로지를 가진 위치정보인 선의 형태로 일반적인 속성들과 별도의 파일에 저장되었다. CGIS는 1990년대까지 대규모 디지털 토지 자원 데이터베이스를 구축하는데 사용되었는데, 캐나다의 연방 및 지방정부의 전대륙규모의 자원 계획이나 관리를 위한 메인프레임 기반의 시스템으로 개발되었다.

미국에서 컴퓨터화된 공간정보시스템의 시초는 미국의 인구조사 통계를 위한 DIME(Dual Independent Map Encoding) 프로그램이라 할 수 있다. DIME은 1960년대 후반 미국 센서스국이 1970년 인구 총조사를 수행하는 데 사용될 도구로서 개발되었다. DIME은 속성정보로 저장된 주소로 위치를 확인하고 지도화할 수 있도록 개발되었으며, 이후 현재까지 사용되고 있는 TIGER(Topologically Integrated Geographic Encoding and Referencing) 파일 포맷을 지원하는 시스템으로 진화되었다.

하버드대학교의 컴퓨터 그래픽 및 공간 분석 연구소가 개발한 SYMAP은 최초의 자동화된 지도 제작 프로그램이다. 1964년에 개발하기 시작하여 1966년에 완료되었으며, 1960년대 후반에 플로터와 3차원 출력이 가능했고, 그리드(GRID)를 개발함으로써 최초로 래스터 데이터의 모델링 및 분석을 지원하게 되었다. 1970년대 초반에는 POLYVRT를 개발하여 면형 벡터 데이터에 대한 사용이 가능해졌고, 이후 ODYSSEY를 개발하여 중첩 분석 등 면형 벡터 데이터를 처리할 수 있게 되는 등 현대 공간정보시스템의 원형이 SYMAP에서 개발되었다 해도 과언이 아니다. 1980년에 출시된 ESRI Arc/Info와 같은 상용 소프트웨어에도 매우 큰 영향을 주었다.

1970년대 후반과 1980년대 초반은 본격적인 공간정보시스템들의 태동기라고 할 수 있다. 오픈소스 공간정보시스템 분야에서는 현재까지도 활발히 사용되고 있는 GRASS GIS의 개발이 시작되면서 다양한 오픈소스 GIS 소프트웨어들의 출발점이 되었다. 또한 Intergraph, ESRI, MapInfo, CARIS 및 ERDAS 등의 상업용 GIS 소프트웨어들이 공간 및 속성 정보를 분리해서 처리하는 1세대 접근 방식을 극복하고, 공간정보와 속성 데이터를 데이터베이스에 통합해서 지원하는 2세대 접근 방식의 제품들을 개발해내면서 본격적인 GIS 소프트웨어의 시대를 열게 되었다.

1986년 최초의 데스크톱 GIS 제품인 MIDAS(Mapping Display and Analysis System)가 도스 운영 체제용으로 출시되었다. 1990년에 마이크로소프트 윈도우 플랫폼으로 포팅되면서 맵인포(MapInfo)로 이름이 바뀌었다. 이는 GIS가 연구 부서에서 비즈니스 환경으로 옮기는 과정이 시작된 것이라 할 수 있다.

20세기 말 인터넷과 웹의 발달과 함께 다양한 시스템들이 급속하게 성장하면서 표준화가 진행되었으며, 공간정보시스템들은 대형화된 소수의 회사들로 통합되었다. 또한, 사용자들이 특정 시스템에 독점적인 환경보다 인터넷과 웹과 같은 개방적인 사용 환경을 활발히 사용하게 되면서 공간데이터 포맷과 공간데이터 교환 표준의 문제가 중요하게 대두되었다. 최근에는 다양한 운영 체제에서 실행되는 무료 오픈소스 GIS 패키지의 수가 증가하고 있으며, 오픈소스 시스템을 사용해서 사용자가 특수한 분석작업들까지 처리할 수 있는 정도가 되었다. 21세기에는 GeoAI, 디지털 트윈, 공간정보 클라우드 컴퓨팅, 서비스형 공간정보 소프트웨어(SAAS) 등의 최신 공간정보 컴퓨팅 기술과 AR/VR 통합 시스템이 등장할 것으로 예상된다.

4.2 공간정보는 어떻게 컴퓨터에서 표현되는가

1) 벡터 기반 공간데이터 모델

과거 공간정보시스템 기술 개발 초기 단계에는 다양한 벡터 기반의 공간 표현 모델이 제안되어 통합된 모델이 존재하지 않았다. 그중 2차원 벡터 데이터의 경우1999년 개방형 공간정보 국제 표준 단체인 OGC(Open Geospatial Consortium)의 단순 피처(Simple Feature)로 표준화가 시작되었으며, 2005년 1.1 버전이 현재 명실상부한 국제 표준으로 승격되어 ISO 19125 표준이 되었다. 이 표준은 공간 속성의 저장이나 전송, 검색 등의 질의 수행을 위해 PostgreSQL/PostGIS나 QGIS와 같은 오픈소스 시스템부터 Oracle과 같은 상용 시스템까지 대부분 공간정보시스템에서 매우 포괄적으로 사용되고 있다. 이 절에서는 이 표준을 기준으로 공간데이터가 어떻게 컴퓨터에서 표현되고 연산되는지 개념적으로 설명하고자 한다.

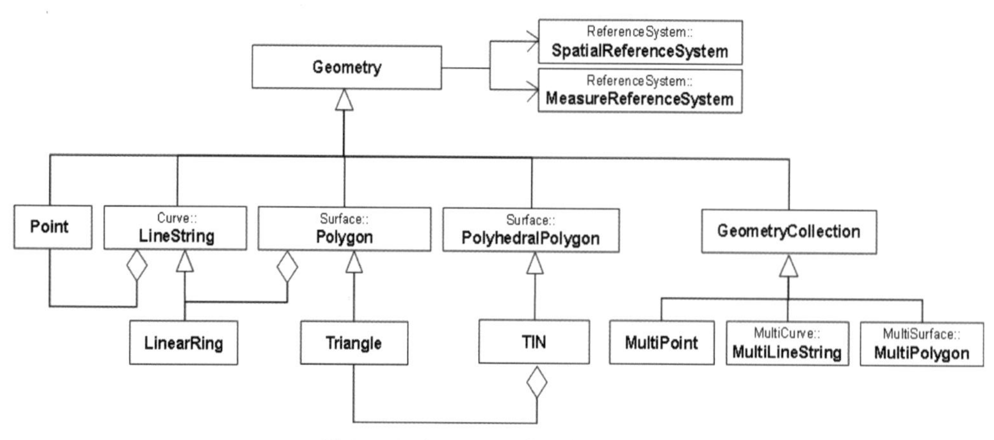

그림 4-3. ISO/OGC 표준의 공간정보의 계층도

그림 4-3에서 보이는 것과 같이 계층 구조의 최상위에는 모든 공간객체를 포괄할 수 있는 추상 타입인 Geometry 클래스가 있고, 각각의 Geometry 객체는 단순한 숫자의 나열이 아니라, 그 좌표공간이 정의되는 공간 참조 체계를 분리하여 표현할 수 있게 되어 있다. 즉 아주 단순한 점 좌표 'POINT(38, 128)'가 있다고 할 때, 이 점 좌표를 지구 평면 좌표 원점에서의 거리로 표현한 것일 수도 있고, GPS에서 획득되는 위경도 좌표를 표현한 것일 수도 있다. 더 나아가서는 모니터 화면이나 사진에서의 픽셀 단위에서 특정 점의 좌표를 의미할 수도 있다. 이렇게 전 세계적으로 다양한 공간 참조 체계들이 복잡하게 사용될 수 있기 때문에 공간정보시스템의 초기 시절에는 파일로 주고받은 공간정보 데이터들에 공간 참조 체계에 관한 정보가 없어 큰 혼란이 있기도 했으며, 시스템 간의 상호 운용에 큰 걸림돌이 되기도 했다. 현재는 EPSG(European Petroleum Survey Group)에서 사실상 국제 표준으로 정의된 공간 참조 체계별로 단일한 번호를 부여하고, 체계 내에서 서로 변환할 수 있도록 많은 시스템이 지원하고 있어 어느 정도 해결되고 있다. 참고로 GPS에서 기본적으로 사용하는 WGS84는 EPSG 4326이고, 우리나라 지적도는 EPSG 5174, 도로명지도는 EPSG 5179로 할당되어 있다.

Geometry 클래스의 하위 타입으로 Point, Curve, Surface, GeometryCollection 클래스들이 있다. 이 중 Point, Curve, Surface는 단일의 공간객체에 대한 공간 타입이며, 하위 타입으로 LineString과 Polygon 등의 공간데이터를 정의하는 데 사용된다. GeometryCollection과 그 하위의 클래스들은 다수의 공간객체가 모일 수 있는 집합을 저장할 수 있도록 하기 위한 클래스 정의이며, 하위 타입으로 MultiPoint, MultiCurve, MultiSurface가 있고 하위에 MultiLineString과 MultiPolygon을 두고 있다. 한 가지 이 표준 계층도에서 특이한 점은 Triangle과 TIN 타입이다. TIN은 3차원의 표면을 불규칙한 삼각형으로 분할하여 입체적인 공간정보를 표현할 수 있어 불규칙 삼각망(triangulated irreuglar network)이라고 불리며, 수치 지면 데이터(DEM)를 이용하여 쉽게 구축이 가능해 많은 응용에서 사용되는 모델이다. 단순 피처 모델이 벡터 데이터를 표현하기 위한 모델이지만 이를 확장하면 3차원 데이터를 표현하기 위해서도 사용할 수 있다는 좋은 예라고 할 수 있다. 이렇게 다양한 모델을 표현하고 있지만 공간정보를 컴퓨터에서 표현하고 연산을 하기 위해 일반인이 기존에 점, 선, 면을 바라보는 수학적인 상식과는 약간 다른 특수한 부분을 갖고 있다. 이 절에서는 컴퓨터에서의 공간정보 표현을 이해하는 데 가장 기본이 되는 Point, LineString 그리고 Polygon 클래스에 대해서 살펴봄으로서 어떻게 다른지 살펴본다.

일반인의 상식과 다른 단순 피처 표준의 큰 특징 중 하나는 공간데이터 타입을 정의할 때 내부(interior), 외부(exterior)와 경계(bounary)라는 개념을 이용해서 정의하고, 이 개념을 이용해서 겹침이나 포함 영역과 같은 공간정보 간의 연산을 수행한다는 것이다. 일반인의 관점에서 점, 선, 면

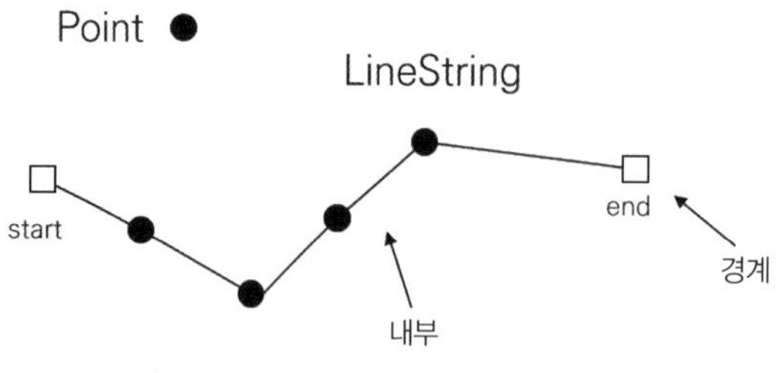

그림 4-4. Point와 LineString의 내부와 경계

이라는 가장 기본적인 공간객체들이 아주 단순해 보이며 연산도 간단할 것으로 생각될 수 있다. 그러나 이렇게 복잡해 보이는 개념을 적용하는 이유는 공간객체가 단순해 보이는 만큼 특정한 연산에 대해 사람들마다 기대하는 연산 결과에 대한 생각에 차이가 있고 경우에 따라 모호한 부분도 있기 때문이다. 단순 피처 모델에서는 오해 없이 명확히 이해할 수 있으면서 컴퓨터에서 구현하기 용이한 형태로 정의하기 위해 객체의 내부, 외부, 경계라는 개념을 사용하고 있다.

관심지점(POI)과 같은 공간상의 점을 표현하기 위한 Point 객체는 0차원 객체로 일반적으로 모양은 고려하지 않고 개체의 특정 위치만을 나타내기 위해 사용된다. 즉 공간상의 무한히 작은 특정 위치만을 점유하고 있어 표준의 개념적 표현으로 보았을 때는 그림 4-4와 같이 경계가 없고 점의 내부만 존재하는 것으로 정의된다. LineString 클래스는 일반적으로 도로 중심선이나 수계 네트워크와 같은 선형을 표현하기 위해 사용하는 컴퓨터상의 표현 클래스이다. 사람의 일반적인 인식에서 보았을 때 선에는 내부만 존재하고 경계는 없다고 생각할 수 있다. 그러나 컴퓨터상의 표현에서는 그림 4-4와 같이 선의 두 끝점을 경계로 보며, 안쪽의 점들로 이어지는 선들을 내부로 정의한다.

다소 복잡해 보이는 정의이지만 내부와 경계라는 개념을 이용해서 공간객체들 간에 '포함된다(contain)' 또는 '접한다(touch)'와 같은 관계의 정의가 더 명쾌하게 정의될 수 있다. 예를 들면 어떤 점이 있다고 할 때 이 점이 또 다른 어떤 선 또는 다각형과 접하는 경우를 생각해 보자. 인간이 이해하는 '접한다'라는 관계를 컴퓨터에서 구현하려면 매우 복잡한 경우를 처리하도록 프로그래밍하여야 한다. 인간적인 관점에서 점이 다각형과 접한다는 것은 두 객체가 바로 옆에 간극 없이 붙어 있는 경우로 생각할 수 있지만, 수치로 표현되는 두 공간객체 간의 간격은 무한히 나누어질 수 있으므로 점과 다른 공간객체가 융합되어 하나의 좌표를 공유하지 않는 이상 물리적인 관점에서 딱 붙어 있는 경우란 존재할 수 없기 때문이다. 이러한 문제 때문에 공간객체 간의 관계를 정의하기 위해서는 새로운 개념적 정의가 필요하다.

표준에서는 공간객체를 내부와 경계라는 개념으로 분리해 정의함으로써 이 문제를 해결한다. 즉 서로 다른 두 객체가 물리적으로는 공간을 점유할 수 없지만, 실제 세계에는 존재하지 않고 컴퓨터

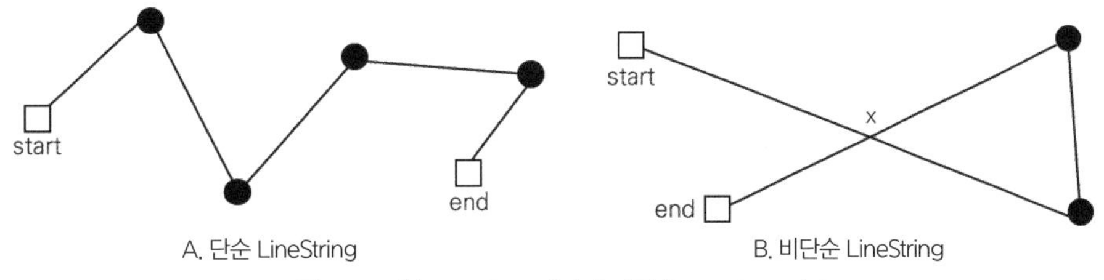

그림 4-5. 단순 LineString(A)과 비단순 LineString(B)

적인 표현에서만 존재하는 '경계'라는 개념을 제시하고 이 공간이 동시 점유될 수 있게 함으로써 '접한다'라는 관계를 인간이 이해하기 쉬우면서도 컴퓨터로 구현할 수 있게 하고 있다.

앞에서 설명한 것과 같이 LineString은 시작점과 끝나는 점, 그리고 그 사이에 있는 점들의 모음으로 구성된다. 표준은 사용자가 응용에 따라 다양하게 제한해서 사용할 수 있도록 LineString의 특성별로 구분해 놓았다. 예를 들면 LineString 중에서 정확하게 두 점을 가지는 LineString을 Line이라 하고, 그림 4-5-A와 같이 구성하는 선들 사이의 교차부분이 없는 LineString을 특히 단순 LineString이라고 한다. 그림 4-5-B와 같이 LineString을 구성하는 선들 사이에 X와 같은 교차하는 부분이 있다면 비단순 LineString이라고 한다.

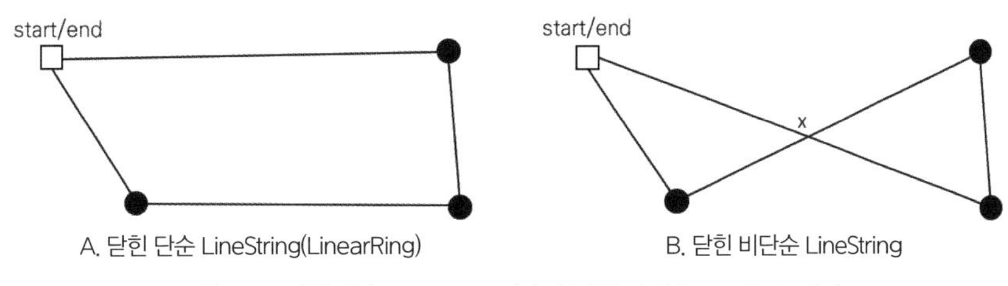

그림 4-6. 닫힌 단순 LinearRing(A)과 닫힌 비단순 LineString(B)

위의 그림 4-6-A와 같이 LineString의 시작점과 끝점이 같아 선을 기준으로 외부와 내부를 구분할 수 있게 되는데 이것을 닫혀 있다(closed)라고 하며, 닫혀 있으면서 단순 LineString인 경우를 LinearRing이라고 하는 별도의 하위 타입으로 정의하며 Polygon을 구성하는 요소 중 하나가 된다. 그림 4-6-B는 닫혀 있기는 하지만 선이 서로 교차하는 부분이 있으므로 LinearRing이 아닌 닫힌 비단순 LineString이다.

Point와 LineString 데이터들을 어떻게 WKT의 형태로 표현하는지 알게 되면 좀 더 복잡한 벡터 데이터 모델을 이해하는 데 도움이 된다. 앞에서 쉽게 설명하기 위해 2차원 데이터를 기준으로 설명했지만, 실제 응용을 위해서 공간정보는 3차원이나 4차원의 공간정보를 표현할 수 있어야 한다. 이를 위해 표준 모델에서는 X와 Y로 표현되는 2차원을 기본 차원으로 하고, 가장 기본이 되는

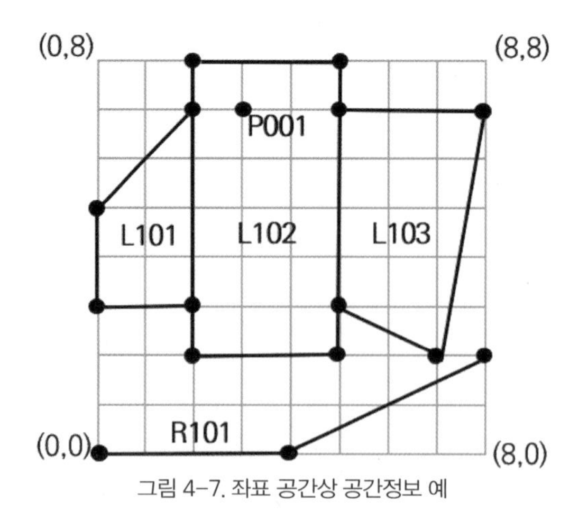

그림 4-7. 좌표 공간상 공간정보 예

Point 데이터를 표현해 X 좌표 및 Y 좌표와 함께 선택적으로 Z 좌표 차원과 M 좌표 차원을 추가해서 사용할 수 있도록 하고 있다.

- Z 좌표: 점의 3차원 고도를 표현하기 위해 사용되는 좌표
- M 좌표: 점과 연관된 측정값(measure)을 표현하기 위해 사용되는 좌표로서 측정시간이나 에러율, 컬러, 그리고 신호강도 등과 같은 응용의존적인 속성값을 위해 사용

둘 다 선택적인 차원이지만 M 좌표는 사용자나 응용에 따라 개별적인 해석을 필요로 하기 때문에 Z 좌표와 M 좌표를 명시적으로 구분하여 표기하도록 하고 있다. 다음은 그림 4-7에 있는 P001 데이터와 Z 좌표와 M 좌표를 사용하여 확장된 WKT 표현의 예이다.

'Point (3 7)' \\ P001의 x, y 좌표
'Point Z (3 7 50)' \\ P001의 x, y, z 좌표
'Point M(3 7 1683280800)' \\ P001의 x, y 좌표와 측정시간
'Point ZM (3 7 50 1683280800)' \\ P001의 x, y, z 좌표와 측정시간

위의 예에서 'Point (3 7)'은 X와 Y 좌표를 이용한 일반적인 WKT이며, 'Point Z (3 7 50)'은 고도 50의 Z 좌표값을 갖도록 확장된 표현이다. 'Point M (3 7 1683280800)'에서 1683280800은 정수형으로 시간을 표현할 수 있는 유닉스 타임스탬프 값으로 2023년 5월 5일 오전 10시 정각을 의미하며 해당 2차원 점 좌표가 측정된 시간값을 표현하고 있다. M 좌표는 시간값 만이 아니라 다양한

응용 표현으로 활용 가능하다. 마지막으로 'Point ZM'으로 시작하여 Z 좌표와 M 좌표를 함께 사용할 수도 있다.

'LineString (0 0, 4 0, 8 2)' \\ R101의 x, y 좌표
'LineString M (0 0 20, 4 0 15, 8 2 20)' \\ R101의 x, y 좌표와 도로 넓이
'LinearRing (0 5, 0 3, 2 3, 2 7, 0 5)' \\ L101의 LinearRing 표현

위의 예에서 첫번째 WKT는 그림 4-4에서 도로중심선을 표현하고 있는 R101의 WKT 표현이다. 만약 이 도로중심선을 기준으로 도로의 넓이를 표현하고 싶다면 M 좌표를 이용해서 확장될 수 있다. 'LineString M (0 0 20, 4 0 15, 8 2 20)'은 각 점에서 M 좌표를 이용하여 20m, 15m, 20m의 도로 넓이를 함께 표현하고 있는 예이다. 마지막은 L101을 시작점과 끝나는 점이 같은 LinearRing을 표현한 예이다.

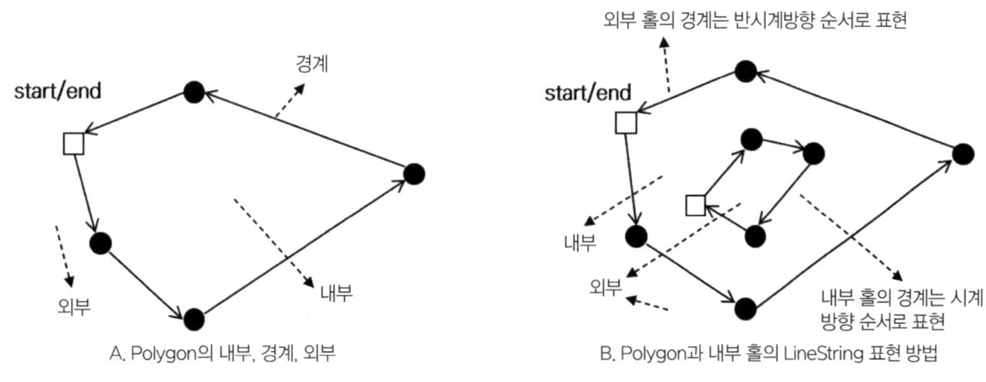

그림 4-8. Polygon 모델과 내부 홀의 표현 방법

공간정보를 표현하기 위해 가장 많이 사용되는 데이터 타입이 토지나 공간적 경계선을 표현하기 위한 다각형이다. 다각형을 이용하여 공간적 경계선을 표현할 때 가장 어려운 부분은 내부의 홀(hole)을 어떻게 표현하는가이다. 이탈리아 로마의 도시 영역 경계선을 표현한다고 가정해 보자. 그림 4-8-A는 로마의 도시 영역을 표현하고 있는 그림이다. 이 그림에서 보이는 것과 같이 로마시의 도시 경계선은 LinearRing을 경계로 하여 로마의 영역 내부와 로마가 아닌 외부로 나누어진다. 로마 영역을 표현한 다각형 표현에서 한 가지 더 고려해야 할 점은 많은 사람이 알고 있는 것과 같이 바티칸시국은 로마 안에 위치하고 있지만 로마의 도시 영역에 포함되지 않는다. 즉 바티칸시국의 영역은 로마의 영역이 아니므로 외부의 영역이라고 할 수 있으며, 다각형의 내부에 도넛과 같

이 홀이 있는 형태의 표현 방법이 필요하다는 것을 알 수 있다. 그림 4-8-B는 로마시의 외부 경계선의 안쪽에 위치하는 바티칸시국의 내부 홀을 표현한 예이다. 이러한 내부 홀은 응용에 따라 없을 수도 있고 여러 개 존재할 수도 있다. 이때 외부 경계와 내부 경계를 구성하는 링들 사이의 좌표체계상 모호성을 줄이기 위해 그림 4-8-B에서 보이는 것과 같이 외부 경계는 반시계방향(counter clockwise)으로 내부 홀들은 시계방향(counter clockwise)으로 서로 다르게 표현되고 저장되도록 정의되어 있다.

다각형을 표현하기 위한 Polygon 클래스는 면을 표현하기 위한 Surface의 하위 클래스이며, 앞에서 설명한 것과 같이 최소한 외부 경계를 표현하는 1개 이상의 LinearRing과 내부 홀을 표현하기 위한 0개 이상의 LinearRing들로 구성된다. 즉 Polygon은 기본적으로 0개 이상 다수 개의 LinearRing들을 표현할 수 있도록 배열과 같은 형태로 표현되며, 외부 경계선 1개만 존재하더라도 배열의 첫 번째 원소만 갖는 배열이라 할 수 있다.

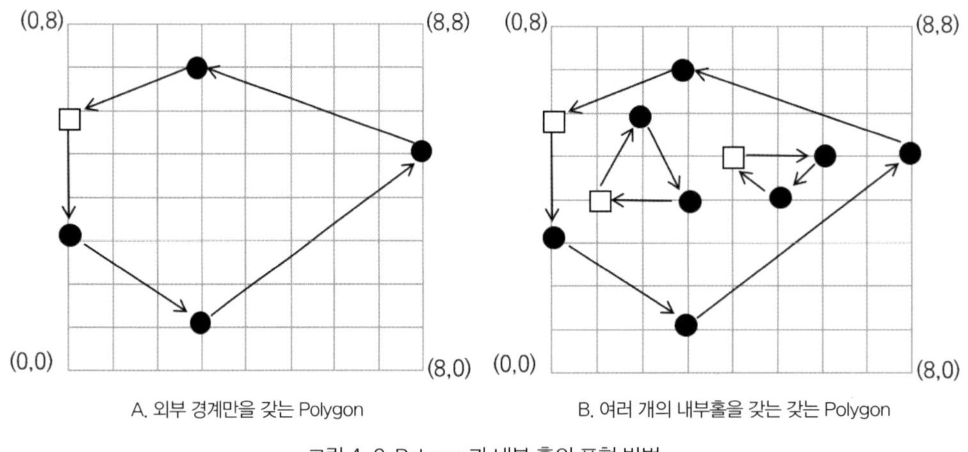

그림 4-9. Polygon과 내부 홀의 표현 방법

예를 들면 그림 4-9-A와 같이 단일 외부 경계선만을 갖는 단순 다각형이라 할지라도 아래 첫번째 WKT 표현과 같이 괄호 안에 다시 LinearRing을 표현하기 위한 괄호가 필수적으로 요구된다.

'Polygon((0 6, 0 3, 3 1, 8 5, 3 7, 0 6))'

'Polygon((0 6, 0 3, 3 1, 8 5, 3 7, 0 6), (1 4, 2 6, 3 4, 1 4), (4 5, 6 5, 5 4, 4 5))'

위의 WKT 표현에서 두 번째 다각형 표현은 그림 4-9-B에서 보이는 여러 개 홀을 가진 다각형의 WKT 표현을 보이고 있다. 이 WKT에서 '(0 6, 0 3, 3 1, 8 5, 3 7, 0 6)' 부분은 외부 경계선이므로 반

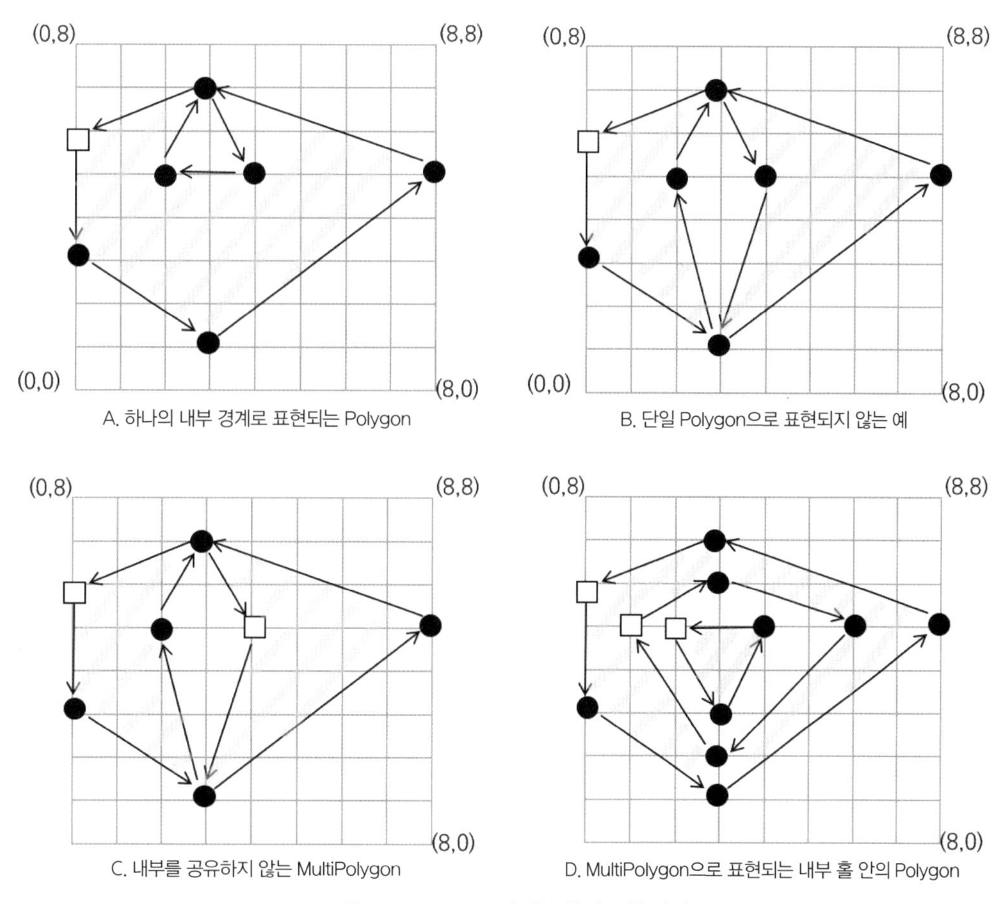

그림 4-10. Polygon과 내부 홀의 표현 방법

시계방향으로 표현되어 있으며, 이어지는 '(1 4, 2 6, 3 4, 1 4), (4 5, 6 5, 5 4, 4 5)' 두 개의 내부 홀을 표현하기 위한 부분으로 시계방향으로 표현되어 있는 것을 볼 수 있다.

Polygon 내부 홀의 표현 방법은 다소 복잡한 생각할 거리를 포함한다. 그림 4-10-A는 내부 홀인이 외부 경계선의 한 부분에서 접하고 있는 Polygon을 보인다. 이 Polygon은 하나의 외부 경계와 하나의 내부 경계로 표현할 수도 있겠지만 그림에서 보이는 것과 같이 내부 공간이 단일하게 연결되어 있으므로 단일 외부 경계선을 갖는 단일 Polygon이라 할 수 있다. 그림 4-10-B는 내부의 홀이 외부경계선과 두 점에서 접하는 다각형이다. 이 Polygon의 경계는 접해 있지만 내부는 서로 연결되어 있지 않은 두 부분으로 나뉘어 있으므로 단일 Polygon으로는 표현할 수 없으므로, 그림 4-10-C와 같이 Polygon의 모음을 표현하는 MultiPolygon으로 표현되어야 한다.

'Polygon((0 6, 0 3, 3 1, 8 5, 3 7, 4 5, 2 5, 3 7, 0 6))' \\ 그림 4-10-A

'MultiPolygon(((0 6, 0 3, 3 1, 2 5, 3 7, 0 6)), ((4 5, 3 1, 8 5, 3 7, 4 5)))' \\ 그림 4-10-C

'MultiPolygon(((0 6, 0 3, 3 1, 8 5, 3 7, 0 6), (1 5, 3 6, 6 5, 3 2, 1 5)), ((2 5, 3 3, 4 5, 2 5))) \\
그림 4-10-D

그림 4-10-D는 한 Polygon의 내부 홀 안에 다시 포함 영역이 있는 Polygon이다. Polygon의 정의에서 하나의 내부 경계선과 다수의 내부 홀 경계선을 갖는다고 정의하였으므로 내부 홀까지만 단일 Polygon으로 표현 가능하다. 그러므로 홀 안의 영역은 위의 WKT에서 보이는 것과 같이 두 개의 Polygon으로 구성되는 MultiPolygon으로 표현되어야 한다.

2) 필드 기반 공간데이터 모델

필드기반(field-based) 공간데이터 모델은 공간을 다수의 공간영역으로 분할하고 각 공간 영역을 대표하는 각각의 점에 하나 또는 그 이상의 속성값을 갖도록 하는 데이터 모델이다. 예를 들면 어떤 지역을 특정 크기의 작은 셀들로 구성되는 그리드로 나눈 후 각 셀의 중앙점을 기준으로 각 점의 해발 고도 값을 모든 셀에 적어놓았다고 가정해 보자. 이 그리드의 해발 고도 값에 따라 연속된 색을 이용하여 보여 준다면 결과적으로 매우 3차원적인 지표면 가시화를 할 수 있을 것이다. 해발 고도뿐만 아니라 강우량, 온도, 오염도, 식생과 같은 다양한 정보를 셀에 매칭하여 공간정보를 저장하고 표현할 수 있을 것이다. 이렇게 공간분할과 연속적인 필드를 이용하여 공간의 시각화가 가능하다는 점은 점, 선, 면의 집합으로 공간정보를 구축하는 벡터기반 모델(vector-based model)과는 큰 차이가 있다고 할 수 있다.

가장 일반적으로 많이 사용하는 방법을 앞에서 설명한 것과 같이 평면을 모자이크와 같은 셀(cell)로 구성하여 분리해 표현하는 것으로 테셀레이션(tesselation)이라고 한다. 테셀레이션에서 공간은 단순한 사각형뿐만 아니라 삼각형이나 육각형과 같은 다양한 기하학적인 표현을 이용하여 공간을 분리하여 표현한다. 이때 공간이 겹치지 않도록 분리하여 모델링하므로 이산(discrete) 모델이라 하며, 컴퓨터 그래픽 분야에서 3차원 데이터를 표현하기 위해 많이 사용된다. 공간 해상 모델(spatial resolution model), 타일링(tiling), 또는 메시(mesh)라고도 한다.

좀더 깊이 들어가 보면, 정규형과 비정규형 테셀레이션 모드로 구분된다. 정규형 모델은 같은 크기의 다각형 단위의 집합으로 이루어진 래스터나 정규적인 크기의 그리드를 사용하는 데 비해 비정규형 모델은 여러 크기의 분리된 단위를 갖고 표현된다. 그림 4-11은 세 가지 경우의 정규형 테셀레이션을 나타내고 있다. A는 헥사고날 셀들을 이용한 테셀레이션이며, B는 사각 그리드 셀을 이

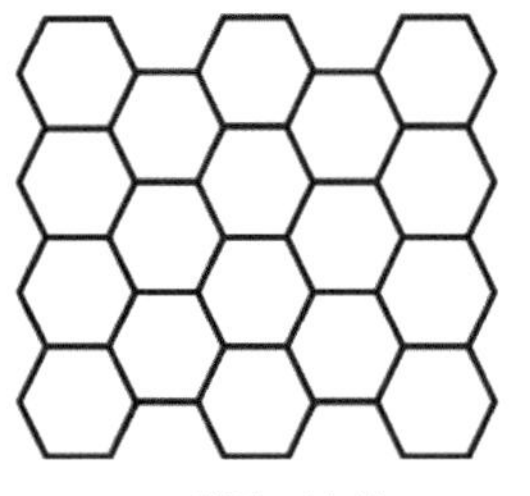
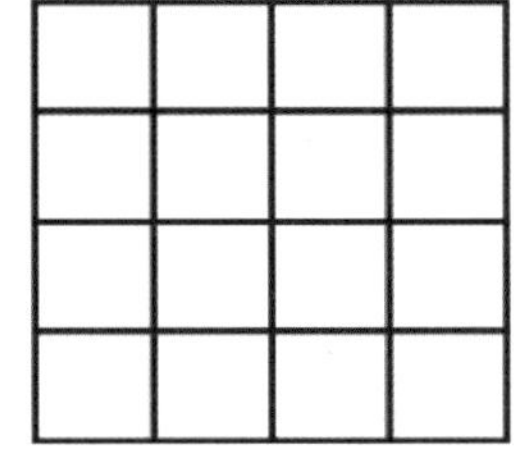
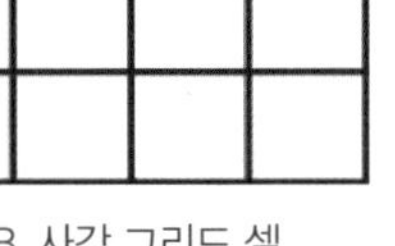
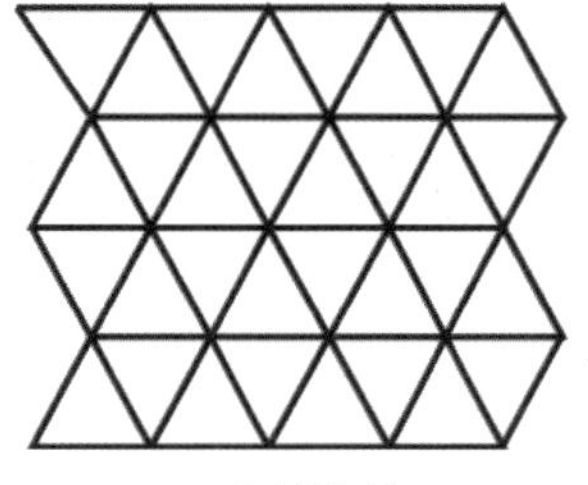

A. 헥사고날 셀　　B. 사각 그리드 셀　　C. 삼각 셀

그림 4-11. 정규형 테셀레이션

용한 것이다. C는 삼각형 셀들로 분할된 공간을 표현하고 있다.

그림 4-12는 세 가지 경우의 비정규형 테셀레이션을 나타내고 있다. 첫 번째 A는 매우 불규칙한 도형으로 구분된 행정구역이나 지적의 예이며, 두 번째 B는 티센 폴리곤(Thiessen polygon)이라는 다각형으로 각 셀의 점을 기준으로 동일 영향력을 갖는 구역으로 구분될 것을 볼수 있다. C는 3차원 표면을 표현하기 위해서 많이 사용되는 부정형삼각네트워크 모델인 TIN에 의해 테셀레이션된 예를 보이고 있다.

벡터기반 공간데이터 모델에서 하나의 공간객체는 점, 선, 면과 같은 다양한 공간데이터타입을 이용하여 어떻게 공간을 점유하는지 모양의 형태로 표현하는 데 비해, 필드기반 모델에서는 전체 공간을 미리 분할한 후 분할된 공간 중에서 공간객체가 어느 부분들에 존재하는지를 기술하는 형태로 공간정보를 표현하므로 단일한 데이터 타입만으로 표현된다는 것이 가장 큰 차이점이라 할 수 있다. 그림 4-13은 그리드 셀을 이용하여 분할된 공간상에 위치한 다양한 공간객체의 예를 보이고 있다. 일반적으로 이러한 그리드상의 셀들의 위치를 표현하기 위하여 (x, y) 좌표를 사용하는데, 여기서는 쉽게 설명하기 위하여 각 셀에 정수 식별자를 부여하여 사용하였다.

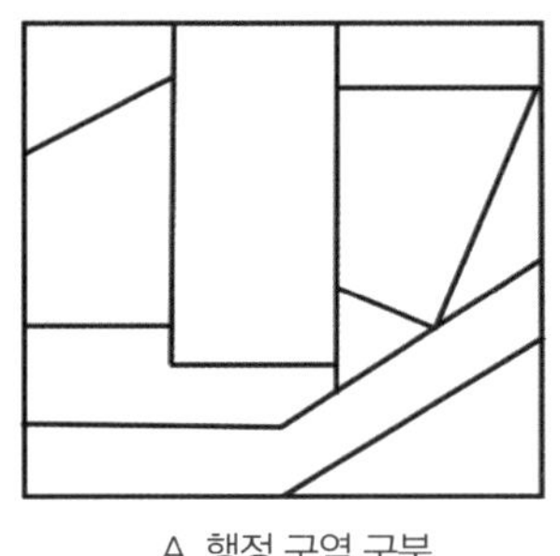
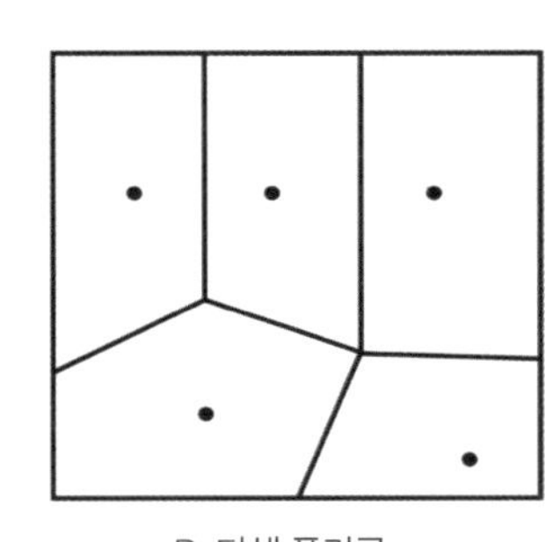
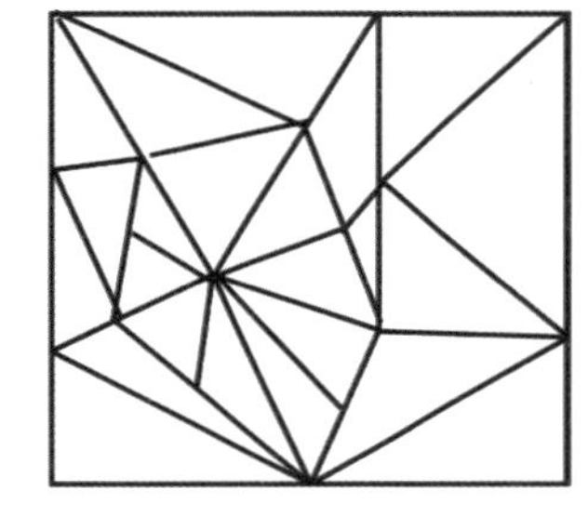

A. 행정 구역 구분　　B. 티센 폴리곤　　C. 부정형삼각네트워크

그림 4-12. 비정규형 테셀레이션의 예

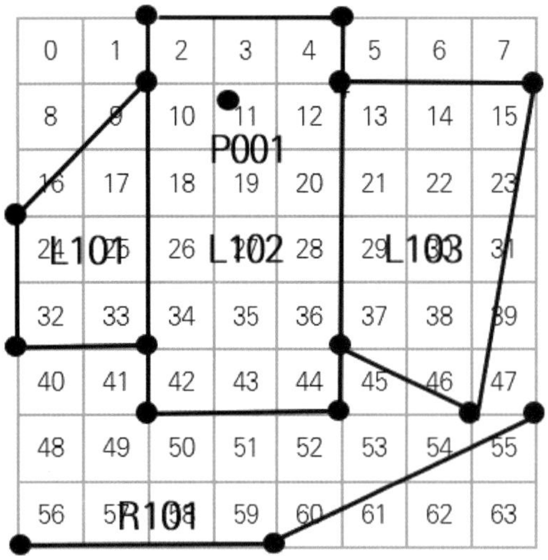

그림 4-13. 그리드상의 공간정보 표현

P001: 〈11〉

R101: 〈53, 54, 55, 56, 57, 58, 59, 60, 61〉

L101: 〈9, 16, 17, 24, 25, 32, 33〉

L102: 〈2, 3, 4, 10, 11, 12, 18, 19, 20, 26, 27, 28, 34, 35, 36, 42, 43, 44〉

L103: 〈13, 14, 15, 21, 22, 23, 29, 30, 31, 37, 38, 39, 45, 46, 47〉

위의 예는 그림 4-13에 있는 각 공간정보를 그리드 테셀레이션에서 어떻게 표현되는지를 보인 것이다. 앞에서 설명한 것과 같이 모든 공간정보가 분할된 셀상에 표현되어야 하므로 P001이나 R101과 같이 점이나 선 공간데이터도 다각형 표현과 동일하게 셀들의 모음으로 표현된다. 테셀레이션 모드에서는 사전에 정해진 유한 개의 셀에 의해 공간객체를 표현하게 되는데 그리드의 해상도가 높아지면, 즉 하나의 셀당 포함 영역의 크기가 작아질수록 공간객체의 실체 공간정보의 모양을 세밀하게 표현할 수 있어 정밀도가 높아지는 데 비해 각 공간객체에 할당된 셀의 크기가 기하급수적으로 커지므로 많은 메모리(memory) 공간을 요구하게 되며, 운영에 있어서 많은 컴퓨팅 시간을 소요하게 된다. 예를 들면 그리드 셀의 축당 두 배로 정밀도를 높이면 4배의 공간이 필요한데, 이러한 단점을 보완하기 위해 실제 시스템에서는 데이터의 압축이나 쿼드트리와 같은 방법을 사용하여 계층적으로 표현하여 데이터가 있는 부분에서만 정밀도를 높이는 방법 등을 사용하고 있다.

이렇게 계층적인 형태의 색인을 사용함으로 색인을 사용하지 않을 때보다 예제의 R 트리 색인을 사용할 때 검색시간이 Log_2N 수준으로 빨라지게 되는 효과를 얻을 수 있게 된다.

4.3 공간정보는 컴퓨터에 어떻게 저장되고 검색되는가

실세계의 공간정보가 컴퓨터에서 저장되고 처리되기 위해서는 컴퓨터가 효율적으로 저장하고 처리할 수 있는 형태로 변환될 필요가 있다. 즉 사람이 일반적으로 인식하는 말이나 글을 통해 주고받는 공간정보를 컴퓨터가 이해할 수 있으며 처리하기에 적합한 '공간데이터'로 변환하는 과정이 필요하며, 이때 컴퓨터에서 어떻게 표현되고 저장되며 사용되는지 정의한 것을 공간데이터 모델이라고 한다. 인간이 컴퓨터 없이 특정 지역의 땅 모양과 소유권에 대한 공간정보를 저장해서 모아놓고, 이 정보를 주고받으며 활용하는 것을 가정해 보자. 누구나 알고 있는 것처럼 우리는 종이를 이용해 땅의 공간정보를 저장하고 주고받는 데 사용한다. 좀 더 구체적으로 두 장의 종이가 필요하다. 한 장의 종이는 해당 지역의 땅들의 소유권에 따른 땅의 모양을 그림으로 표현하여 지도로 그려서 표현하고, 단일 소유권 단위마다 지번이라는 번호를 붙여서 땅의 모양을 그린 다각형 위에 적어놓는 종이지도이다. 이 종이 지도 위에 각 땅의 현 소유자의 이름 정도는 깨알 같은 글씨로 적어놓을 수도 있겠지만 소유자를 특정할 수 있는 구체적인 정보까지 적어놓기는 여백이 부족할 수밖에 없다. 그래서 우리는 다른 한 장의 종이가 더 필요하며, 이 종이에 해당 지번을 적고 소유자의 구체적인 정보들을 적어놓게 된다. 누구나 알고 있듯 전자와 후자는 각각 지적도와 부동산 등기부 등본이라는 인간형 정보 저장 장치들이라 할 수 있다. 이제 이 정보들을 컴퓨터에 옮겨 놓는 방법을 생각해 보자. 부동산 등기부 등본의 내용은 텍스트와 숫자 정보들로 구성되어 있으니 쉽게 옮겨 놓을 수 있지만, 지적도를 컴퓨터에 그림 형태 그대로 옮겨 놓는다면 그림에서 지번의 숫자를 인식하고 해당 지번이 어떤 땅인지 사람이 관여하지 않고는 정확하게 처리하기 힘들다.

컴퓨터에서 공간정보를 저장하고 표현하는 방법도 비슷하다. 앞에서 설명한 것과 같이 특정한 토지, 건물, 또는 도로와 같이 실세계 공간상에 있는 지리적 객체를 컴퓨터의 데이터로 저장한다고 가

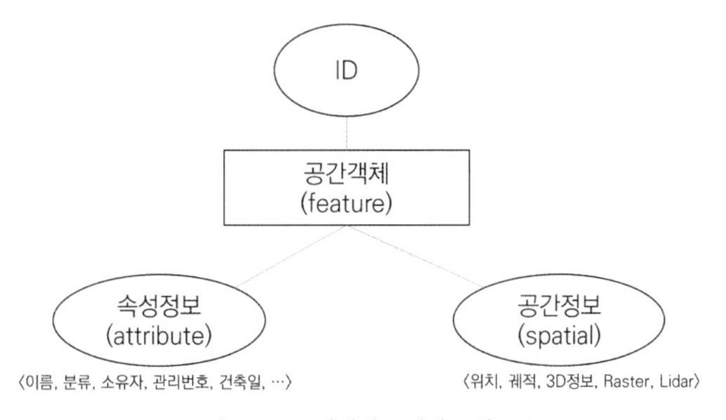

그림 4-14. 공간객체 모델의 구성 요소

정해 보자. 이 객체에 대한 정보들은 개념적으로 크게 세 부분으로 구분될 수 있다. 첫 번째는 지번이나 소유자 정보와 같이 공간객체에 대한 다양한 비공간적 정보를 묘사하기 위한 속성정보 부분이고, 두 번째는 해당 공간객체가 점유하고 있는 공간에 대한 정보를 저장하기 위한 공간정보 부분이며, 세 번째는 속성정보와 공간정보 부분의 데이터를 단일한 객체가 될 수 있도록 연결해 주면서 해당 공간객체를 다른 객체로부터 구분할 수 있게 하는 공간객체 식별자(ID) 부분이다. 공간정보를 크게 세 부분으로 구분할 수 있지만 실제 컴퓨터에 저장되는 방법은 응용에 따라 매우 다양하게 존재한다. 경우에 따라서 하나의 객체식별자와 속성정보, 공간정보를 하나의 공간객체 단위로 묶어서 함께 저장하기도 하며, 속성정보 없이 객체 식별자와 공간정보 하나의 파일 형태로 구성되는 경우도 있다. 또한 필요에 따라 속성정보와 공간정보를 분리된 형태로 저장하고 실제 사용될 때 ID를 이용해서 결합해서 사용하기도 한다. 현재 일반적으로 많이 사용되는 방법은 관계형 데이터베이스에 벡터 형태의 공간정보를 객체별로 묶어서 저장하는 방법이 많이 사용되며, 이렇게 공간정보를 저장하고 관리할 수 있게 지원하는 데이터베이스들을 공간 데이터베이스(spatial database)라고 한다. 현재 오라클, DB2와 같은 상용 DBMS뿐만 아니라 PostgreSQL과 MySQL과 같은 오픈소스 DBMS들도 공간 데이터베이스를 지원하고 있다. 그림 4-15는 다양한 실세계 좌표상의 공간객체들을 공간 데이터베이스 테이블에 저장하는 예이다.

그림 4-15-A는 실세계 좌표공간상에서 벡터 형태로 표현된 토지와 도로, 관심지점 등의 공간객체들의 예를 보여 준다. B는 이 공간객체 중에서 L101, L102, L103 등의 토지 객체들이 관계형 데이터베이스 내에 저장된 예를 보여 준다. 즉 공간 데이터베이스에서 하나의 공간객체는 구성하는 속성 공간정보와 일반 속성정보들이 테이블에서 동일한 행에 저장된다. 그림 4-15에서는 이해를 돕기 위해 개념적인 형태로 설명하고 있지만 실제 컴퓨터에서 저장할 때는 기술적으로 더 복잡한 고려가 필요하다.

첫 번째로 고려해야 할 것은 실제 공간정보를 표현하고 저장하는 방법이다. 그림에서 개념 설명을 위해 토지객체의 벡터 공간정보를 사람들이 이해하고 실제 질의 등에 쉽게 사용할 수 있도록 'POLYGON((0 5, 0 3, , 2 3, 2 7, 0 5))' 형태의 텍스트 표현 방법을 사용했지만, 텍스트 그대로 공간정보를 저장하기 위해서는 너무 많은 저장공간과 처리시간을 필요로 한다. 그래서 컴퓨터에서 실제 공간정보를 저장할 때는 일정한 형식을 정해놓고 0과 1을 사용하는 이진 바이너리의 형태로 변환해서 저장하게 됩니다. 사람이 컴퓨터를 통해 공간정보를 다루기 위해서는 텍스트 표현과 이진표현 둘 다 필요하며, 가장 많이 사용되는 벡터 공간정보는 각각 WKT(Well-Known Text)와 WKB(Well-Known Binary)라는 ISO/OGC 국제표준 규격을 사용하고 있다. 벡터 공간정보의 표현 모델에 대해서는 앞의 절에서 자세히 설명하였다.

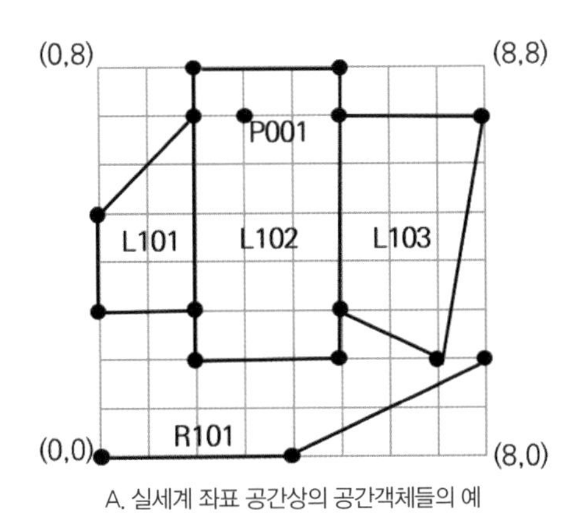

A. 실세계 좌표 공간상의 공간객체들의 예

geos

공간객체식별자	지번	소유자	공간정보(geom)
1	P001	Kim's Restaurant	POINT(3 7)
2	R101	Seoul City	LINESTRING(0 0, 4 0, 8 2)
3	L101	Lee	POLYGON((0 5, 0 3, 2 3, 2 7, 0 5))
4	L102	Park	POLYGON((2 8, 2 2, 5 2, 5 8, 2 8))
5	L103	Nam	POLYGON((5 7, 5 3, 7 2, 8 7, 5 7))

공간색인

B. 공간 데이터베이스에 저장된 토지 공간객체의 예

그림 4-15. 실세계 벡터 공간정보와 공간 데이터베이스의 예

두 번째로 고려되어야 할 것은 공간정보의 형태가 매우 다양하다는 것이다. 벡터 데이터 외에도 위성영상이나 LiDAR, GPS태깅사진과 같이 다양한 데이터 형태를 포함하며 데이터의 형태에 따라 다양한 모델이 요구된다. 벡터 데이터 모델은 공간정보를 점선면의 형태로 표현할 수 있어 비교적 크기가 작은 특성 때문에 일반 속성정보와 함께 객체 단위로 테이블에 저장될 수 있다. 그에 반해 위성영상과 같이 래스터(raster) 데이터들은 영상별로 이미지 파일의 형태로 저장되며, LiDAR에서 취득되는 포인트 클라우드 데이터들도 격자 배열에 숫자가 저장된 형태로 크기가 매우 크므로 보통 별도의 외부 파일로 저장된다. 이렇게 파일의 모음 형태로 되어 있는 공간정보들은 파일 숫자가 많아질수록 관리나 검색이 매우 어려워진다. 예를 들면 파일형 공간정보의 수가 커지면 관리를 위해 목적별로 구분된 다수의 디렉터리로 구성되는 저장소에 파일을 분산해서 저장하게 되며, 이 저장소에서 특정 지역이나 특정 시기에 촬영한 파일들을 검색하고자 할 때 각각의 디렉터리와 파일을 열어서 파일 내 메타정보를 일일이 검색하는 것은 매우 많은 컴퓨팅과 시간 비용이 필요하다. 공간 데이터베이스를 기반으로 한 공간영상 관리 시스템은 대량의 파일형 공간정보들이 포함하고 있는 메타데이터와 각 파일이 포함하고 있는 공간정보들을 벡터 데이터화하여 공간 데이터베이스에 저장하여 관리함으로써 이러한 문제를 해결한다. 그림 4-16은 위성영상을 공간 데이터베이스에서

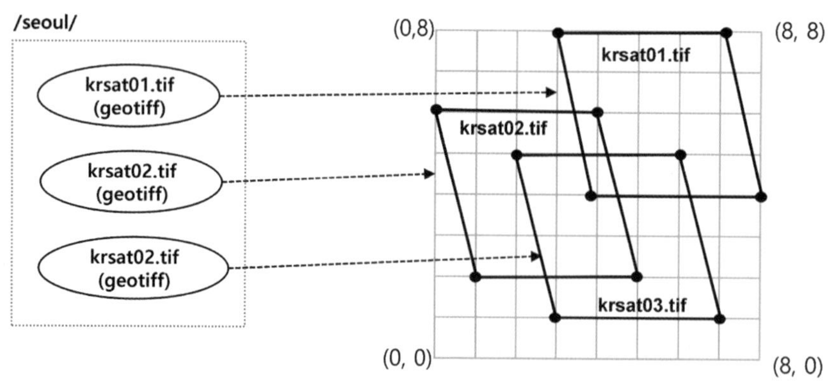

A. 위성영상 파일들과 실세계 좌표 공간 대상의 예

satelliteimages

공간객체식별자	파일명	촬영시기	공간정보(geom)
1	/seoul/krsat01.tif	23/05/01	POLYGON((3 8, 4 4, 8 4, 7 8, 3 8))
2	/seoul/krsat02.tif	23/05/02	POLYGON((0 6, 1 2, 5 2, 4 6, 0 6))
3	/seoul/krsat03.tif	23/05/03	POLYGON((2 5, 3 1, 7 1, 6 5, 2 5))

B. 공간 데이터베이스에 저장된 위성영상 공간 객체 메티데이터의 예

그림 4-16. 위성영상 저장소와 공간 데이터베이스의 예

관리하는 예를 보여 준다. 그림에서 보이는 것과 같이 geotiff 포맷의 위성영상들이 seoul이라는 디렉터리에 저장되어 있으며, 메타데이터와 함께 각각의 위성영상이 포함하고 있는 공간정보 영역의 벡터 정보가 공간 데이터베이스의 geom 속성으로 저장된 예를 보여 준다. 이렇게 사용자에 의해 위성영상에 대한 특정 지역 촬영 영상 검색과 같은 공간정보 질의가 필요할 때 테이블의 geom 속성에 대한 공간질의를 수행함으로써 직접 파일에 접근하는 것보다 빠르게 검색할 수 있도록 한다.

세 번째 고려되어야 할 것은 일반 데이터보다 훨씬 큰 규모이면서 2차원 또는 3차원적 특성을 갖는 공간데이터들에 대해 빠른 검색을 지원하는 방법이다. 기존의 데이터베이스 시스템은 검색 속도 향상을 위해 색인 기술을 이용한다. 일반적으로 색인이란 책에 등장하는 단어를 본문 내에서 빠르게 찾기 위해 책의 뒷부분에 단어와 그 단어가 등장하는 페이지들을 정리해놓은 것이다. 컴퓨터에서 사용되는 색인 기술도 비슷한 방법을 사용한다. 예를 들면, 대량의 데이터가 저장된 테이블 내에 존재하는 특정 이름이 포함된 데이터를 찾고자 할 테이블 내의 모든 데이터를 일일이 검색하는 것은 비효율적이므로, 이름들만을 따로 모아 등장하는 위치와 함께 별도의 트리 모양의 특화된 자료구조로 구성된 색인파일에 저장하고 이 색인파일을 이용하여 빠르게 검색할 수 있도록 한다. 일반 데이터베이스 시스템에서 가장 많이 사용되는 색인은 텍스트 데이터나 숫자 데이터와 같이 1차원으로 정렬이 가능한 데이터들에 특화된 B+ 트리 색인과 그 변형들이다. 공간정보 데이터는 최소 x축과 y축을 갖는 2차원 이상의 데이터로 구성되며 전통적인 일반 색인 기법들을 그대로 사용할 수 없어 다양한 공간색인 기법들이 별도로 제안되었다. 공간 데이터베이스에서 가장 많이 사용되는 색인 기술은 R 트리 색인이다. R 트리 색인은 공간정보를 최대한 단순화한 공간객체 외곽을 감싸고 있는 최소경계사각형(Minimum Bounding Rectangle: MBR)을 기본 단위로 빠르게 색인할 수 있도록 지원하는 색인 기술이다. R 트리 색인은 호수와 같이 공간 데이터베이스 내의 공간객체가 매우 복잡한 모양을 갖는 공간정보라 할지라도 이를 감싸고 있는 MBR을 추출하여 색인에 사용한다.

그림 4-17-A는 선형 공간정보인 R101과 복잡한 모양을 갖는 다각형 공간정보인 L101의 MBR을 보여 준다. 이렇게 추출된 각 공간객체의 MBR을 포함하는 상위 노드를 계층적으로 구축할 수 있는데, 특히 하나의 노드가 특정 개수 이하만큼의 MBR만 포함하도록 제한하여 그림 4-17-C와 같이 트리모양의 계층적인 자료 구조를 구축하고 모든 리프 노드의 높이가 1 이상 차이 나지 않게 균형을 유지하도록 하는 공간색인이 R 트리 색인이다. 그림 4-17-B와 C는 하나의 노드 내에 MBR 개수 제한이 2일 때 MBR의 공간적 계층 구조와 색인의 예를 보여 준다.

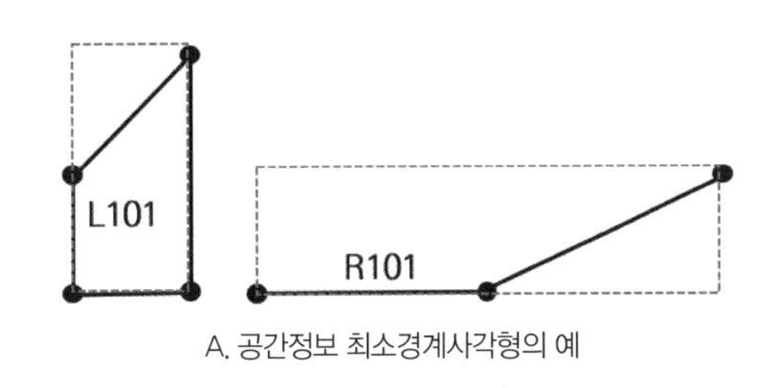

A. 공간정보 최소경계사각형의 예

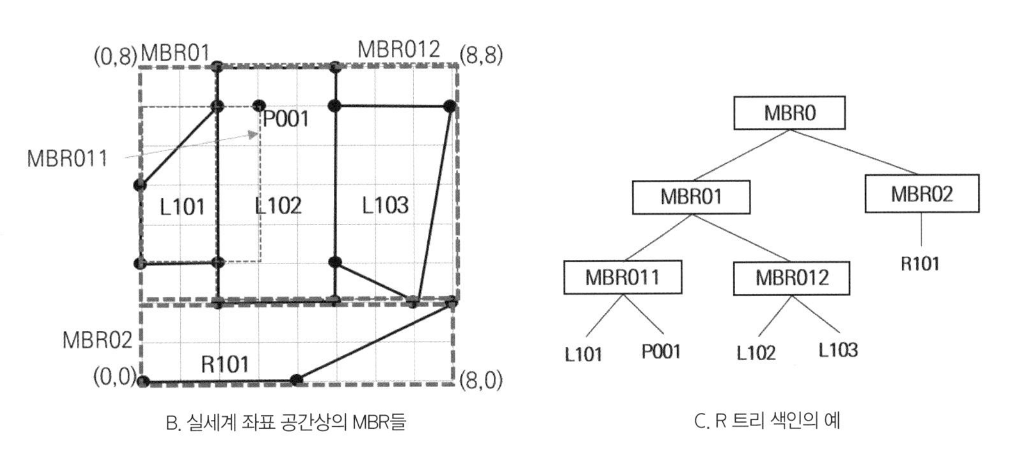

B. 실세계 좌표 공간상의 MBR들

C. R 트리 색인의 예

그림 4-17. 공간객체의 최소경계사각형과 R 트리 색인의 예

본 장에서는 공간정보시스템의 기술적 발전과 소프트웨어 개발의 역사, 그리고 데이터로서 공간정보가 컴퓨터에서 어떻게 표현되고 저장되며 검색되는지에 대하여 설명하였다. 컴퓨팅 기술의 발전과 지도정보가 공간정보와 공간데이터로 확대된 것과 같이 인공지능과 모바일 장치 기술의 발전과 함께 다시 한번 AR/VR 공간정보 콘텐츠로 도약하는 시기가 오고 있다. 머지않은 시기에 컴퓨터에서 AR/VR 공간정보 콘텐츠가 어떻게 표현되고 저장되며 검색되고 관리되는지에 대한 설명도 지면을 통해 해볼 수 있기를 기대한다.

참고 문헌

최윤수·강영옥·엄정섭·차득기·서동조·주용진·김재명, 2016, 『공간정보학』, 푸른길.

Güting, R. H., 1994, An introduction to spatial database systems, *the VLDB Journal*, 3, 357-399.

Longley, P. A., Goodchild, M. F., Maguire, D. J., and Rhind. D. W., 2011, *Geographical Information Systems and Science*, Third Edition, John Wiley & Sons: Hoboken, NJ.

Rigaux, P., Scholl, M. and Voisard, A., 2002, *Spatial databases: with application to GIS*, Morgan Kaufmann.

Shekhar, S., Feiner, S. K., & Aref, W. G., 2015, *Spatial computing. Communications of the ACM*, 59(1), 72-81.

Shekhar, S., & Vold, P., 2020, *Spatial computing*, Mit Press.

제5장

포인트를 이용한 다양한 공간 분석

5.1 실세계의 이해와 모델

1) 다양한 현상을 이해하려는 노력

공간상에서 나타나는 현상은 셀 수 없이 종류가 많다. 물리적인지, 사회경제적인지, 자연현상인지, 한순간의 특징인지, 시간에 따라 변하는지, 미시적인지, 거시적인지 등 보고자 하는 측면에 따라서 매우 다양하다. 우리가 언론, 보고서, 논문 등에서 접할 수 있는 공간적인 현상 중 몇 가지 예를 들면 다음과 같다.

- 팬데믹 상황에서 코로나19 다발 지역, 코로나19의 확산 경로, 선별검사소의 위치, 교통량과 코로나 확산과의 관계 등
- 산불이나 홍수 발생 시 피해지역 파악 및 예측
- 온라인 쇼핑과 이륜차 교통사고 집중 지역 간의 상관관계
- 문화행사장에서 보행자들의 움직임과 밀집 구간 등

이처럼 공간에서 발생하는 사건이나 현상들은 무수히 많다. 또한 이러한 현상을 이해하기 위한 노력과 방법들도 매우 다양하게 존재한다. '현상을 이해하기 위한 과정'을 뭉뚱그려서 '분석'이라고

흔히 얘기한다. '분석'의 의미는 문서마다 다양하게 정의하고 있다. 그중 위키피디아의 정의를 보면 다음과 같다.

"the process of breaking a complex topic or substance into smaller parts in order to gain a better understanding of it"

이 외에도 많은 정의가 있으나 공통적인 의미는 '어떤 현상을 이해하기 위해 복잡한 것을 더 작은 것으로 분해하는 과정' 또는 '분해하여 어떤 현상을 자세히 조사하는 행위'로 정리할 수 있다. '분석'의 목적은 현상의 이해이며, 이를 위해서 복잡한 요소(실세계, 시스템, 문제)를 더 단순한 부분(parts, sub systems)으로 분해하는 것이다.

2) 세상을 보는 두 가지 시각과 모델

지리학 또는 GIS 분야에서는 실세계를 보는 시각(view)에는 두 가지가 있다(Longley et al., 2015). 하나는 이산적인 개체(discrete objects)로 되어 있다는 시각이고, 또 다른 하나는 연속적인 필드(continuous field)로 되어 있다는 시각이다. 실세계를 이산적인 개체로 본다는 의미는 실세계는 따로 떨어져 있고, 셀 수 있으며, 외형이 상대적으로 명확하게 정의되는 개체들로 구성된다는 의미이다. 예를 들면 사람, 자동차, 건물, 가로등, 나무, 철도 등을 들 수 있다.

한편 세상이 연속된 필드로 구성된다는 의미는, 실세계는 빈틈없이 연속된 값, 또는 현상으로 채워져 있다는 의미이다. 예를 들면, 표고, 온도, 기압, 토지의 비옥도 등이다. 워보이(Worboys, 2004)는 연속적 필드 시각은 공간상의 위치(spatial framework)에서 속성 필드(attribute domain)로의 함수(function)라고 했다. 함수는 두 변수 x, y에 대해서, x가 정해지면 그에 따라 y 값이 오직 하나로 결정될 때, y를 x의 함수라고 한다. 우리가 움직이면 무엇이 변하는가? 위치가 변한다. 이것이 x라 하면 하나의 x에 대해 단 하나의 속성값(표고, 온도 등), 즉 y가 결정된다. 따라서 공간상의 위치에서 속성 필드로의 함수(a mapping from space to a value of an attribute)라고 하는 것이다.

분석은 실세계의 어떤 측면을 대상으로 한다. 코로나 검사소의 위치를 결정하는 문제에서는 위치들을 점으로 표현해야 하고, 코로나가 확산되는 경로가 관심이라면 도로와 같은 선형적인 요소가 필요하다. 또한 밀집된 지역들에 대한 통계가 필요할 때는 행정구역과 같은 면으로 된 요소가 필요하다. 분석의 목적과 대상에 따라서 실세계를 표현할 수 있는 모델, 또는 데이터 모델이 필요하다.

모델(model)은 이러한 특정 부분, 또는 측면을 단순화(simplify) 또는 추상화(abstract)해서 표현한 것을 말한다. 특히 개체들 간의 관계를 단순화하여 심볼이나 수식으로 표현한 것을 데이터 모델이라 한다.

GIS 분야에서는 데이터 모델을 일반적으로 벡터(vector)와 래스터(raster)로 나눈다. 이산적 개체 시각과 연속적 필드 시각은 실세계를 보는 두 가지의 개념적인 틀이고, 벡터와 래스터는 개념적 틀을 컴퓨터에 저장하기 위한 방법이므로 데이터포맷이라고 하기도 한다. 벡터는 점, 선, 면, 그리고 래스터는 격자셀을 이용해서 현상을 표현한다. 일반적으로 이산적 개체 시각은 벡터와 어울리고, 연속적 필드 시각은 래스터와 어울리지만 서로 반대로 표현할 수도 있다. 예를 들어, 행정구역이나 토지이용은 벡터 데이터인 폴리곤을 이용해서 표현할 수도 있고 래스터 셀로도 표현할 수도 있다.

5.2 포인트를 이용한 분석들

본 절에서는 실세계의 요소 중 포인트로 나타내는 현상과 분석에 초점을 맞춘다. 포인트는 벡터 데이터 중 가장 기본적인 요소이다. 포인트가 연결되어 선이 되고, 선이 연결되어 폴리곤이 되기 때문이다. 실세계의 현상 중에서 포인트로 나타낼 수 있는 것이 매우 많다. 그중 몇 가지 예를 들면 다음과 같은 것들이 있다.

- 점 같은 것들: 전봇대, 소화전, 건물, 도시 등

그림 5-1. 점 같은 작은 영역의 현상이나 개체들을 포인트로 표현

• 면의 대표점

• 선의 시작점과 끝점

• 샘플값을 얻어낸 공간상의 포인트

그림 5-2. 면의 대표점

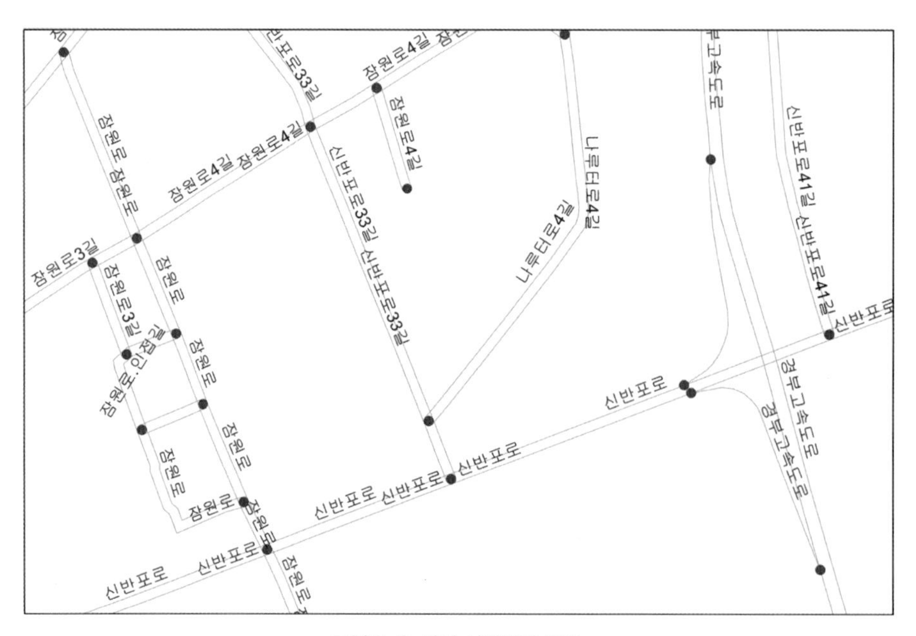

그림 5-3. 선의 시작점과 끝점

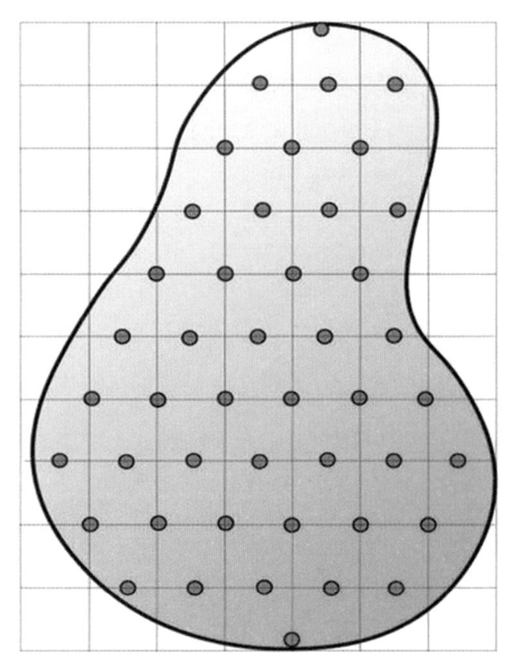

그림 5-4. 샘플 포인트로서의 포인트

포인트로 표현할 수 있는 현상과 문제 중에서 몇 가지 예를 들어보면 다음과 같다.

- 학교들의 중심은 어디인가? 또한 학교들의 크기를 고려했을 때의 중심은 어디인가?
- 학교들은 얼마나 흩어져 있는가? 흩어져 있는 방향은 어떤 방향인가?
- 학교들이 랜덤하게 분포되어 있는가? 유사한 간격을 두고 있는가? 아니면 서로 모여 있는가?
- 학생 성적이 좋은 학교들이 서로 모여 있는가? 어떤 지역이 그러한가?
- 지가가 높을수록 학교 성적이 우수하다 할 수 있는가? 어떤 지역이 그러한가?
- 학교들을 모두 포함하는 가장 작은 영역은 무엇인가?
- 학군으로 분할한다면 가장 효과적인 방법은 무엇인가?
- 학교들을 모두 방문하는 최단 루트는 무엇인가?
- 학교들을 가까운 학교들끼리 그루핑하는 최적의 방법은 무엇인가?
- 지하철역에서 300미터, 공원에서 500미터 이내에 있는 학교들은 무엇인가?
- 학교성적, 지하철역에서의 거리, 공원에서의 거리를 동시에 고려했을 때 상위 3개의 학교는 무엇인가?
- 건물 내의 사람들이 가장 빠르게 대비하는 방법은 무엇이고 시간은 얼마나 걸리는가? 대피 시 어디가 병목현상이 일어나고 얼마나 위험한가?

포인트로 모델을 해서 분석하는 대상과 방법은 매우 많다. 이들은 지리학이나 GIS 영역뿐 아니라 건축, 교통, 컴퓨터공학, 수학, 물리학 등에서 발전시킨 분야들도 있다. 이들 중 몇 가지를 소개하고 예시와 함께 단순하게 요약하고자 한다. 어떤 현상을 이해하기 위해서 어떤 분석 방법이 왜 필요한지 이해하는 데 도움을 주는 것이 목적이다.

5.3 통계적 관점에서의 포인트

일반 통계는 목적에 따라 크게 두 가지로 구분한다. 하나는 기술통계(descriptive statistics), 그리고 다른 하나는 추론통계(inferential statistics)이다. 기술(description)은 '묘사'의 의미이다. 데이터가 얼마나 집중되어 있는지(central tendency), 또는 얼마나 퍼져 있는지(variation)를 표현하는 기법들을 말한다. 기술통계에서는 평균, 중앙값, 분산과 같은 통계량을 이용해서 데이터를 요약한다. 추론(inference)은 샘플을 이용해서 모집단의 특성을 추출해 내는 것을 말한다. 주로 가설검정을 이용해서 모수를 판단하는 과정이 포함된다. 공간적인 현상도 기술통계와 추론통계의 영역에 해당하는 대상이 있다. 먼저 기술통계, 즉 데이터의 요약 부분을 살펴보자.

1) 기술통계

(1) 평균 중심

예를 들어 학교들을 몇 개의 포인트로 표현했다고 가정하자. "이 학교들의 중심은 어디인가?"를 알고 싶다고 하자. 일반 통계에서는 평균, 중앙값 등을 이용해서 중심 경향치(central tendency)를 구한다. 학교들의 공간적인 중심도 평균을 구하는 공식과 유사하게 구할 수 있다. (x 좌표값들의 평균, y 좌표값들의 평균)을 구하면 된다. 이를 평균 중심(mean center)이라고 한다.

$$\left(\overline{x_{mc}}, \overline{y_{mc}}\right) = \left(\frac{\sum_{i=1}^{n} x_i}{n}, \frac{\sum_{i=1}^{n} y_i}{n}\right)$$

그림 5-5. 평균 중심

(2) 가중 평균 중심

만약 가중치를 고려한 중심은 어디인지 알고 싶다면 어떻게 할까? 이때 가중치는 학교의 학생 수나 건물의 크기 등을 들 수 있다. 가중치가 학생 수라면, 각 좌표에 학생 수를 곱하여 합한 값을 전체 학생 수로 나누어서 가중 평균 중심(weighted mean center)을 구할 수 있다.

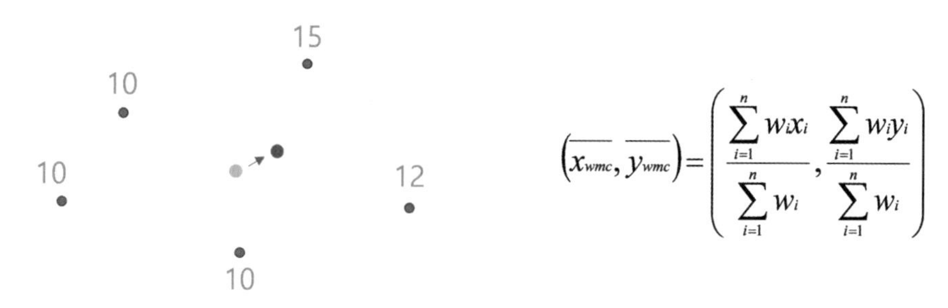

$$\left(\overline{x_{wmc}}, \overline{y_{wmc}}\right) = \left(\frac{\sum_{i=1}^{n} w_i x_i}{\sum_{i=1}^{n} w_i}, \frac{\sum_{i=1}^{n} w_i y_i}{\sum_{i=1}^{n} w_i} \right)$$

그림 5-6. 가중 평균 중심

(3) 총거리를 최소화하는 중앙점

"총거리를 최소화하는 중앙점은 어디인가?"의 문제도 가능하다. 이때는 일반 통계의 중앙값(median)과 유사한 개념의 중앙점(median center)을 구한다. 중앙점은 각 학교까지의 거리(또는 가중거리)의 합을 최소화하는 지점이 된다. 즉, 대상 지역의 중앙점으로부터 각 학교까지의 모든 거리의 합이 최소가 된다. 중앙점은 한 번에 공식을 이용해서 구할 수 없다. 우선 평균 중심, 또는 가중 평균 중심을 구한 후 이 점으로부터 각 학교까지 거리들의 합이 최소화되도록 반복적으로 중앙점을 업데이트해 나간다. 이전의 중앙점의 위치와 업데이트된 중앙점의 거리가 미리 정의한 임계값 이하가 되면 반복을 멈춘다.

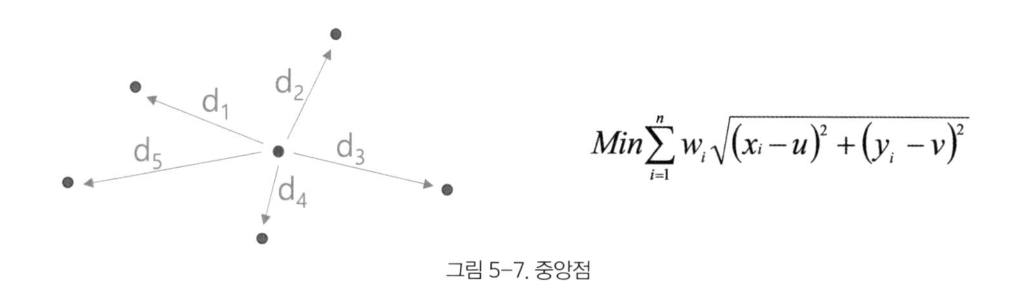

$$Min \sum_{i=1}^{n} w_i \sqrt{(x_i - u)^2 + (y_i - v)^2}$$

그림 5-7. 중앙점

(4) 표준 거리

"학교들은 얼마나 흩어져 있는가?"를 알고 싶다면 일반 통계의 표준 편차의 개념을 확장한 표준 거리(standard distance)를 구할 수 있다. 각 학교들이 평균 중심으로 부터 흩어져 있을수록 표준 거리는 길어진다. 표준 거리는 표준 편차와 유사하게, 평균 중심으로부터 각 학교까지의 x, y 성분 편차들의 제곱합들의 평균을 구한 후 다시 제곱근을 씌워서 구한다. 이때, 가중치(예를 들어, 학생 수나 건물의 크기)를 고려했을 때 얼마나 흩어져 있는지를 알고 싶다면 x, y 성분들과의 제곱합을 구할 때 가중 평균을 구한 후 제곱근을 구한다. 만약 흩어져 있는 주 방향까지 고려한다면 타원의 공식을 응용하여 장축과 단축 방향을 구한다.

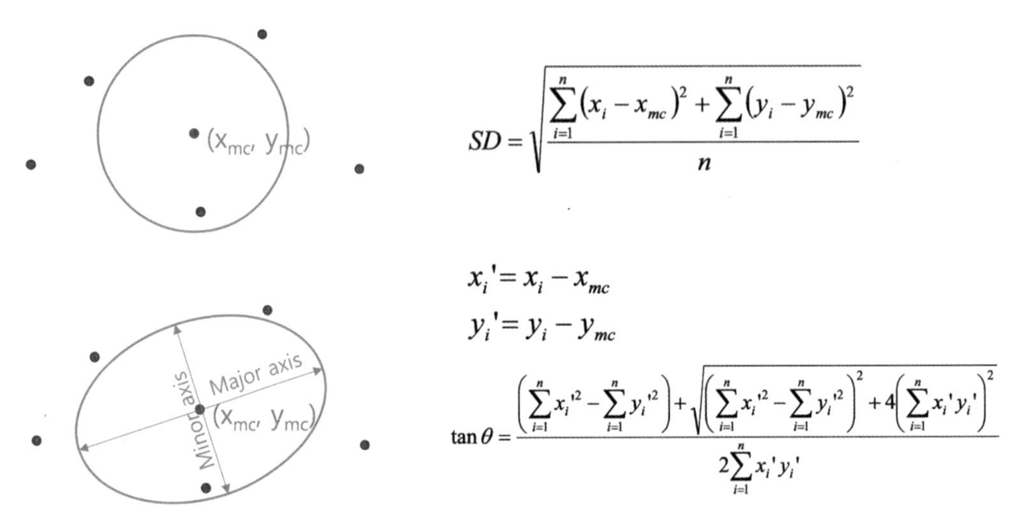

그림 5-8. 점들의 표준 거리와 방향까지 고려한 표준 거리 타원

2) 추론 통계

포인트의 패턴을 분석할 때 일반 통계의 추론 통계를 응용하는 경우도 있다. 추론 통계는 주어진 데이터가 전체(population)의 일부인 표본(sample)으로 간주하고 가설검정 과정을 통해서 모수를 추정한다. 만약 추정하고자 하는 모집단의 모수가 평균이라면, 표본들의 평균들의 분포인 표본 분포를 가정한다. 우리가 추출한 표본이 모평균 u인 분포에서 추출한 집단이라고 하기에 매우 특이하다면(일반적으로 1%, 5%의 값을 사용한다) 모평균이 u가 아니라고 판단한다. 이러한 가설검정의 과정과 유사한 과정을 포인트 패턴을 판단할 때 적용한다.

우리가 가진 데이터는 하나의 셋이지만 이러한 데이터셋이 무수히 많이 있다고 가정하고 이들 표본이 분포를 이룬다고 가정한다. 우리가 가진 데이터셋이 임의적 과정에서 기대되는 분포에서 추출된 표본이라면, 얼마나 극단치에 있는 표본인지 판단한다. 포인트가 임의적으로 분포할 때 기대되는 값과 관찰된 분포의 차이가 얼마 나지 않는다면 어떠한 패턴이 있다고 판단하지 않고 무작위로 분포해 있다고 판단한다. 만약 우리의 표본이 극단치에 있다면 이 포인트들은 클러스터되어 있거나 서로 일정 간격을 두고 떨어져 있는 표본이라고 판단한다.

예를 들어, 대상 지역에 여러 개의 학교가 분포해 있다고 가정하자. 이때, 우리의 관심은 다음과 같다. 이 학교들은 서로 모여 있다고 할 수 있는가? 아니면 서로 일정한 거리를 두고 고르게 분포해 있는가? 아니면 어떤 패턴도 없이 무작위로 흩어져 있는가? 이렇게 포인트들의 군집 여부를 판단하기 위한 분석 방법에도 여러 가지가 있다. 그중 몇 가지 예를 들어보면 다음과 같다.

(1) 방격 분석

방격 분석(Quadrat analysis)은 연구대상 지역을 등간격의 격자로 나누어 각 방격(grid) 안에 놓여 있는 점의 수를 세어서 분석한다. 만일 각 방격 안에 놓여 있는 점의 수가 동일한 규칙적(regular, dispersed) 분포일 경우 분산/평균의 비율인 VMR(variance−mean ratio)이 0에 가깝게 된다. 반면에 집적화(clustered)된 경우 VMR은 1보다 커지게 된다.

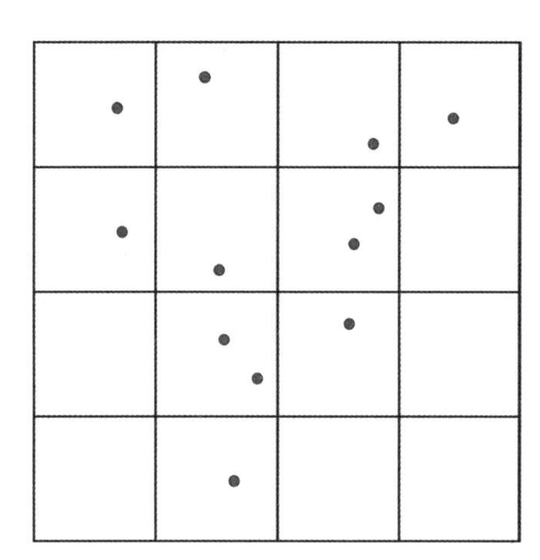

그림 5-9. 방격 분석

(2) 최근접 이웃 분석

최근접 이웃 분석(Nearest neighbor analysis)은 각 지점에서 가장 가까운 다른 지점까지의 평균 거리와 임의적 과정에서 형성된 점 분포패턴으로부터 기대되는 평균 최근접 거리를 비교한다. 실제 관측된 점분포가 임의적일 때의 이론적으로 기대되는 분포로부터 얼마나 벗어났는가를 계산하여 군집 여부를 판단한다.

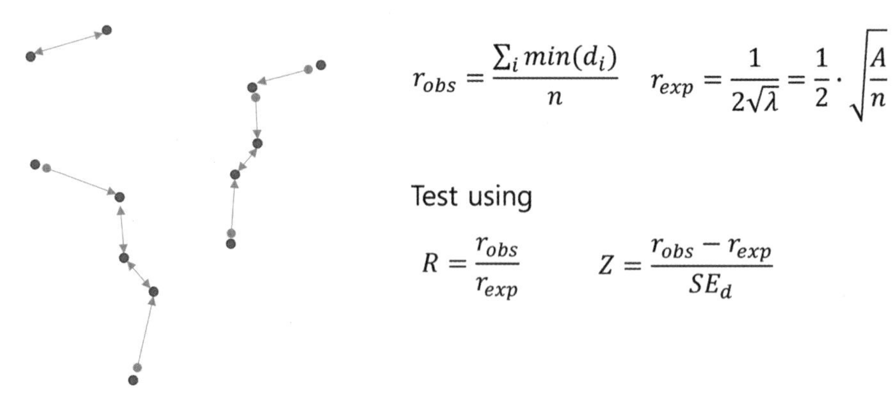

그림 5-10. 최근접 이웃 분석

(3) 순차적 이웃 분석

순차적 이웃 분석(Ordered neighbor analysis)은 최근접 이웃 분석을 확장한 분석 방법이다. 최근접 이웃 분석은 각 점에서 가장 가까운 하나의 점까지의 거리만 계산하는 반면, 순차적 이웃 분석은 각 점에서 k번째로 가까운 지점까지의 거리가 임의적인 분포 패턴하에서의 k번째 지점까지의 기대되는 거리와의 차이가 유의한가를 검정하는 방법이다.

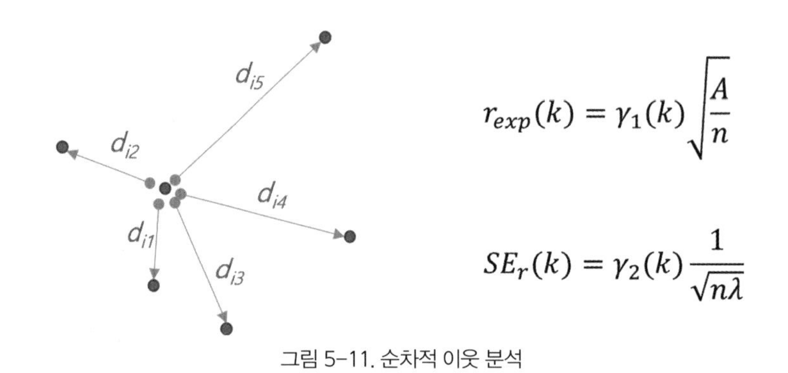

그림 5-11. 순차적 이웃 분석

(4) K함수

K함수(K-function)는 순차적 이웃 분석을 확장한 분석법으로서 리플리(Ripley, 1976)가 제안하였다. 각 점에서 주어진 거리 내의 점들을 모두 센 다음, 이들을 모두 더한다. 이 값이 랜덤한 분포라 가정했을 때의 값보다 크다면 군집 패턴을 보인다고 판단한다. 이때 'K'는 각 점 주위에 설정한 거리(간격)로 만들어지는 띠(distant band)를 의미한다.

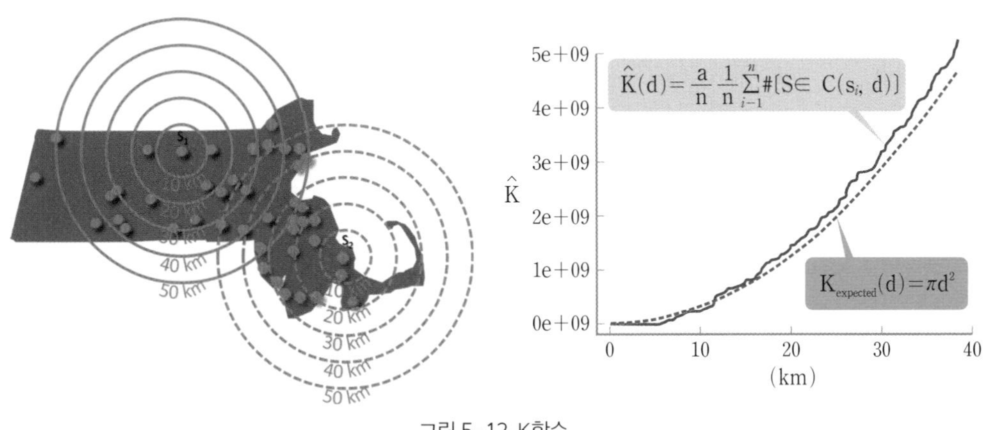

그림 5-12. K함수

(5) 공간적 자기상관

지금까지는 포인트들이 가지는 속성은 고려하지 않고 포인트들의 위치만을 이용해서 군집 여부를 판단하였다. 그러나 위치뿐 아니라 속성값을 함께 고려해야 의미 있는 분석이 되는 경우가 있다. 점들이 학교를 나타낸다면 속성값은 학생 수, 학교 크기, 학생 성적 등이 될 수 있다. 속성값까지 고려한 군집 여부라면 "학생 성적이 높은 학교들끼리 군집하여 있는가?"와 같은 문제이다. 만약 면(폴리곤)으로 구성된 데이터라면 "범죄율이 높은 행정동들이 서로 모여 있는가"와 같은 문제이다.

이러한 문제는 지리학 또는 GIS 분야에서 공간적 자기상관(spatial autocorrelation)이라는 분석법으로 설명한다. 공간적 자기상관은 하나의 개체가 주변 개체들과 얼마나 유사한가를 나타내는 인덱스이다. 이 중 Moran's I가 많이 알려진 인덱스이다. 이 식을 보면 피어슨 상관계수를 구하는 공식과 유사하다. 차이점은, 피어슨 상관계수에서는 서로 다른 x, y 변수값이 각 평균으로부터의 차이를 곱하는 데 반해, Moran's I에서는 동일한 x값을 사용한다. 예를 들어, x값이 범죄율이라면 현재 점(또는 면)의 범죄율의 편차와 주변 범죄율의 편차들을 곱하여 전체 지역에 대해 합하는 과정을 반복한다. 피어슨 상관계수와 마찬가지로 Moran's I 인덱스 값도 −1에서 1의 값을 가진다. 현재 지점의 편차와 주변 지역의 편차의 곱의 부호가 (+)라면 유사한 속성이 인접해 있다는 것을 의미하고, (−)라면 서로 다른 속성이 인접해 있다는 것을 의미한다. 현 지점의 범죄율과 주변 지역의 범죄율, 즉, 하나의 변수값의 상관관계를 계산한다고 해서 '자기(auto)' 상관(correlation)이라고 한다.

Moran's I 값은 대상 지역 전체에 대해 유사한 값들이 모여 있는 정도를 판별하는 인덱스이다. 따라서 어떤 지역에 얼마나 유사한 값들이 인접되어 있는지는 알 수 없으며, 지도로 표현할 수도 없다. 전체 지역에 대해 하나의 통계량을 계산한다고 해서 전역적(global) 통계량이라고 한다.

안셀린(Anselin, 1995)은 전역적 자기상관계수를 확장하여 지역적(local)인 응집을 계산할 수 있

$15,033
$14,374
$15,474
$17,801
$15,796
$14,119
$16,945
$18,520
$17,438
$19,809
$18,734
$19,981
$23,949
$20,760
$20,378
$21,225

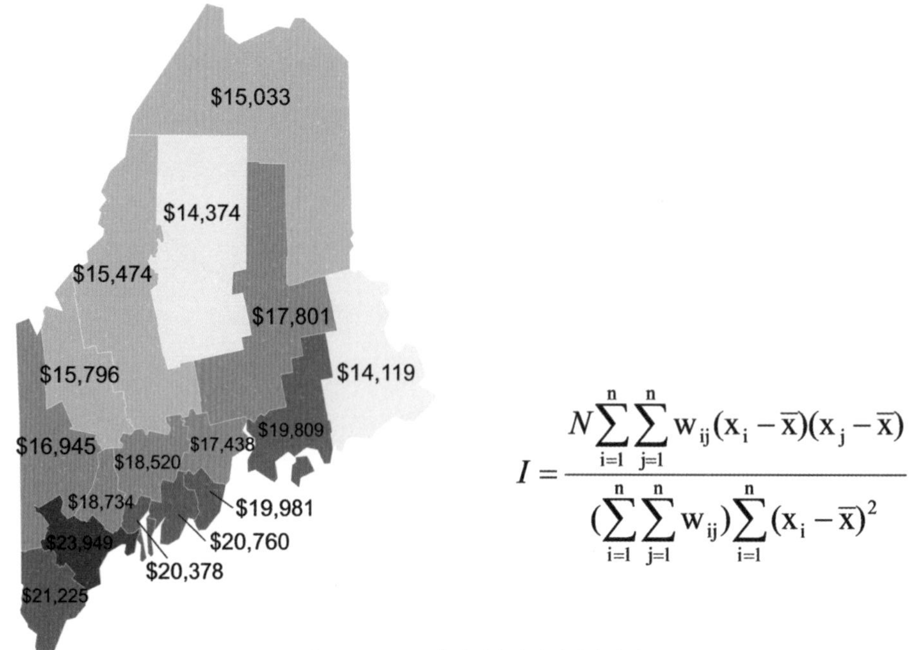

$$I = \frac{N\sum_{i=1}^{n}\sum_{j=1}^{n} w_{ij}(x_i - \bar{x})(x_j - \bar{x})}{(\sum_{i=1}^{n}\sum_{j=1}^{n} w_{ij})\sum_{i=1}^{n}(x_i - \bar{x})^2}$$

그림 5-13. Moran's I(전역적 자기상관계수)

$$I_i = z_i \sum_j w_{ij} z_j$$

$$z_i = \frac{x_i - \bar{x}}{SD_x}$$

Population density in Puerto Rico
Moran's I = 0.49
Lag-X
WY
Low
surrounded
by low
High
surrounded
by high
X
Y

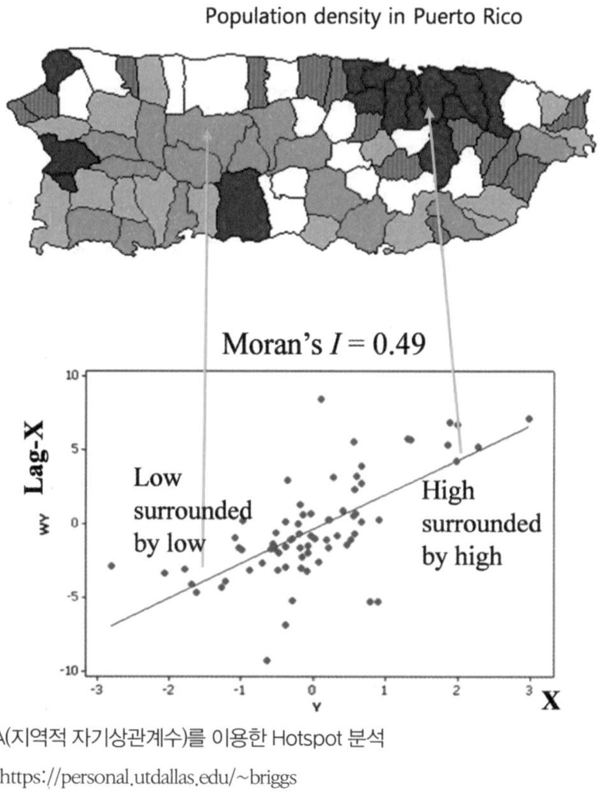

그림 5-14. LISA(지역적 자기상관계수)를 이용한 Hotspot 분석

출처: https://personal.utdallas.edu/~briggs

는 인덱스를 제시하였다. 이를 LISA(Local Indicators of Spatial Association)라고 한다. LISA는 모든 지점(또는 지역)마다 하나씩 계산되며, 따라서 지도로 가시화할 수 있어서 GIS 분야 연구에 자주 사용된다. 유사한 지역적 자기상관 인덱스로서 Getis-Ord G*가 있다. 이들 지역적 자기상관 인덱스를 이용한 분석을 흔히 핫스팟 분석(Hot spot analysis)이라고 한다. 핫스팟 분석에서는 핫스팟 지역과 콜드스팟(cold spot) 지역을 표시할 수 있다. 핫스팟은 높은 값 주변에도 높은 값이 위치하는 경우를 의미하며, 콜드스팟은 반대로 낮은 값 주위에 낮은 값이 위치하는 경우를 의미한다. 예를 들어, 범죄율이 높은 지역이 높은 범죄율을 가진 지역들로 둘러싸여 있다면, 이를 핫스팟 지역이라고 하고, 범죄율이 낮은 지역이 낮은 범죄율을 가진 지역들로 둘러싸여 있는 경우를 콜드스팟이라고 한다.

(6) 회귀와 지리가중회귀

일반 통계를 이용한 연구에서 흔히 상관관계나 회귀분석을 언급하는 경우가 많다. 상관관계는 X와 Y의 관계의 강도와 방향을 나타낸다. 예를 들어, X가 유흥주점의 수이고, Y가 범죄 건수라고 가정하자. X와 Y 모두 포인트로 얻어지는 데이터이다. 이러한 포인트 데이터는 동일 위치에서 X, Y 데이터가 얻어질 가능성도 낮을 뿐 아니라 충분한 데이터를 얻기 위해 보통 행정구역이나 격자와 같은 면(폴리곤)으로 집계하여 계산하는 경우가 많다. 그림 5-15의 격자들을 서울시의 구라고 가정하자. 숫자들은 각 구의 유흥주점 수와 범죄 건수이다. 이렇게 얻어진 데이터는 엑셀과 같은 표로 정리할 수 있으며, 상관계수를 구하거나 그래프로 나타낼 수 있다. 또는 X(독립변수)의 한 단위 증가가 Y(종속변수)에 어느 정도 영향을 미치는지를 알기 위한다면 회귀식을 도출한다. 이 예시는 독립변수로서 유흥주점 수 하나만을 고려했기 때문에 단순회귀(simple regression)라고 한다. 만약 둘 이상의 독립변수(예를 들어 유흥주점의 수, CCTV의 수, 경찰서의 수 등)를 고려하는 경우, 다중회

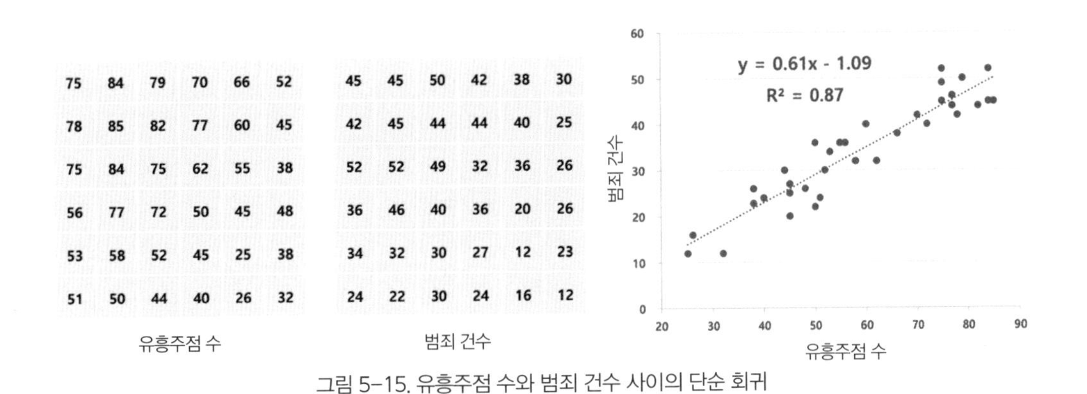

그림 5-15. 유흥주점 수와 범죄 건수 사이의 단순 회귀

귀(multiple regression)라고 한다.

Moran's I가 전체 지역에 대해서 하나의 인덱스를 산출하기 때문에 전역적 통계라고 했던 것과 마찬가지로, 상관계수나 회귀식의 도출도 전체 지역에 대해 하나만 도출되므로 전역적 통계이다. 따라서 지도로 가시화할 수도 없다. 일반 통계에서 상관관계나 회귀식은 전체 지역에 대해 동일한 강도나 관계라고 가정한다. 그러나 공간 내에서의 변수 간의 강도는 지역에 따라서 다를 수 있다. 그림 5-15에서 유흥주점 수와 범죄 건수 사이의 단순 회귀 모델로 예측된 값과 실제 범죄 건수 사이의 차이를 잔차(residual)라고 한다. 일반 통계에서는 이 잔차가 독립이어야 하는데, 실제로 공간적인 현상에서는 이 잔차가 지역적으로 편중되어 나타나는 경우가 많다.

지리학에서는 지역에 따라 변수 간의 관계가 변화되는 특성을 비정상성(non-stationarity)이라고 한다. 지역적으로 변하는 변수 간의 강도를 반영한 회귀분석 모델들이 개발되어 왔으며, 그중 자주 적용되는 방법이 지리적 가중회귀(geographically weighted regression: GWR)이다. GWR은 지역적(local)으로 독립변수와 종속변수 간의 관계식을 도출한다. 만약 행정구역이 10개라면 10개의 회귀식이 도출된다. 이때 지점마다 해당 지점을 중심으로 어느 정도의 반경 내의 데이터를 이용해서 회귀식을 세우는데, 이 반경을 bandwidth라고 한다. Moran's I의 local 버전인 LISA가 지도에 표현할 수 있는 것과 마찬가지로, GWR도 지도에 표현할 수 있기 때문에 GIS 분야에서 빈번하게 사용된다.

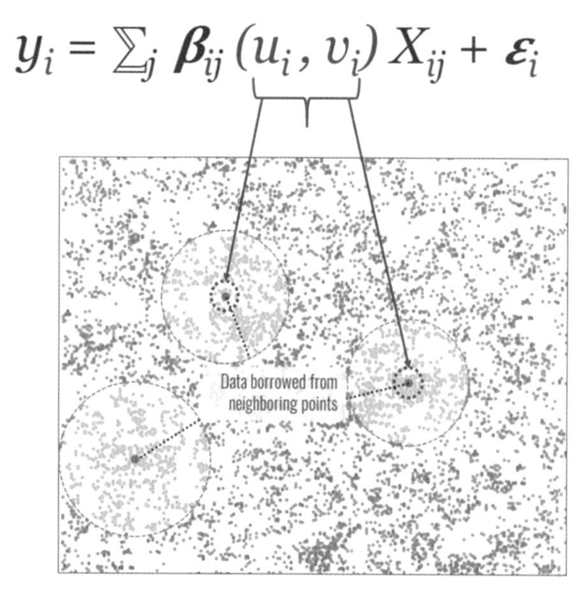

그림 5-16. 지리적 가중회귀
출처: https://deepnote.com/@mehak-sachdeva)

5.4 포인트들의 밀도와 표본으로서의 포인트

통계적인 분석법을 사용하는 또 다른 영역은 포인트 분포의 밀도를 구하는 것과 보간이다. KDE(Kernel Density Estimation)는 전자에 속하는 방법이며, IDW(Inverse Distance Weighting)나 크리깅(Kriging)은 후자에 속하는 방법이다. 지도로 표현하면 이 두 가지가 유사하게 가시화되기 때문에 언제 어떤 방법이 적용되는지 혼돈될 때가 많다. 두 가지 예를 들어서 설명하겠다.

1) KDE

코로나 발생 지점들을 나타내는 포인트 데이터가 있다고 가정하자. 어떤 지역에 코로나 확진자들이 밀집되어 있는지 알고 싶을 때가 있다. 물론 포인트를 지도에 표현하는 것만으로도 어느 정도 공간상의 분포를 알 수 있다. 그러나 이들 포인트를 이용해서 부드럽게 연속된 지도를 그릴 수 있다. 이들 각 데이터 포인트를 중심으로 주변에 커널(kernel)이라는 함수를 적용해서 각 포인트의 영향을 산출한다. 이를 전체 지역에 나타내면 포인트가 밀집된 곳은 진하게, 드문드문 있는 곳은 연하게 가시화할 수 있다. 그림 5-17은 튀르키예 지진 발생지에서 SNS를 통해 도움을 요청하는 지점들의 밀도를 KDE(Kernel Density Estimation)로 표현한 것이다. 도움을 요청하는 지점이 많을수록 더

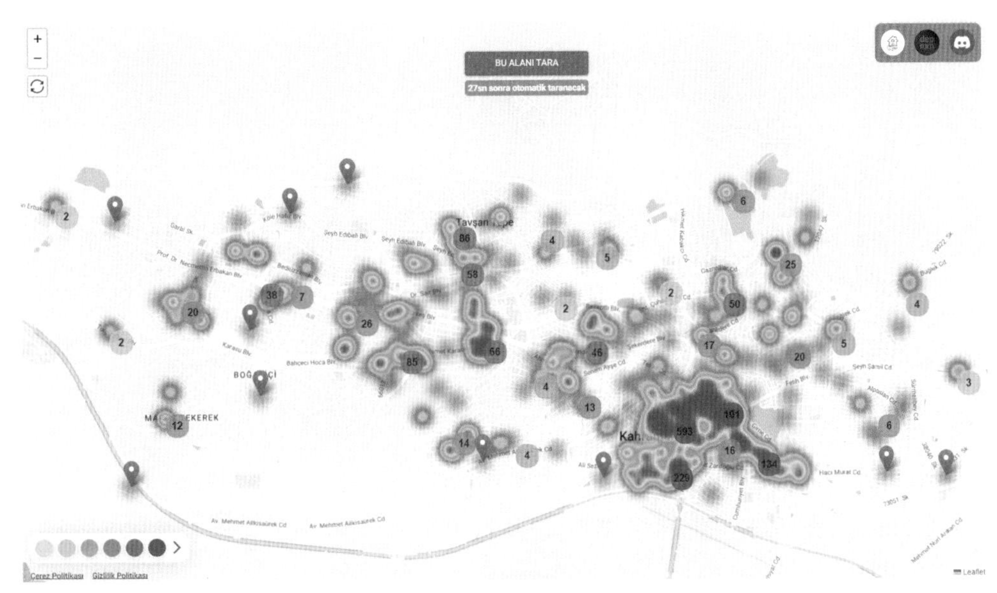

그림 5-17. 튀르키예 지진 피해자들의 SNS상의 구조 요청 지도

출처: afetharita.com

진한 색으로 표현된다.

2) 보간

또 다른 예를 들어 보자. 서울시에 여러 지점에서 미세먼지를 측정하였다고 가정하자. 우리가 알고 싶은 것은 이들 지점의 미세먼지뿐 아니라 측정 지점이 없는 곳의 미세먼지량도 포함한다. 어떤 지역에 미세먼지량을 알고자 한다면 해당 지점에 측정소를 설치하면 되지만, 서울시 전역에 촘촘하게 측정소를 설치할 수는 없다. 이때 공간 보간(spatial interpolation) 방법이 사용된다. 보간(interpolation)은 아는 값들을 이용해서 미지의 값을 알아내는 방법을 말한다. 공간 보간은 알고 있는 지점의 값을 이용해서 미지의 위치의 값을 산출하는 방법을 말한다. 표고값, 온도, 기압, 강우량, 미세먼지 등의 현상은 공간 내에서 연속적으로 변하는 값을 가진다. 이러한 값들은 전체 지역에 대해 측정하는 것은 불가능하기 때문에 표본(sample)을 이용해서 측정하지 않은 지점의 값을 산출한다. 이때 사용되는 IDW는 해당 지점으로부터 먼 지점일수록 작게, 가까운 지점일수록 크게 가중치를 적용하여 미지의 값을 산출한다. 따라서 IDW는 측정값과 거리만으로 정해지기 때문에 결정론적(deterministic) 방법이다. 반면 크리깅(Kriging)은 근접한 표본점들 간의 유사성, 즉 공간적인 자기상관을 이용한 통계적인 방법이다. IDW보다 더 합리적인 방법으로 알려져 있으나 다소 복잡

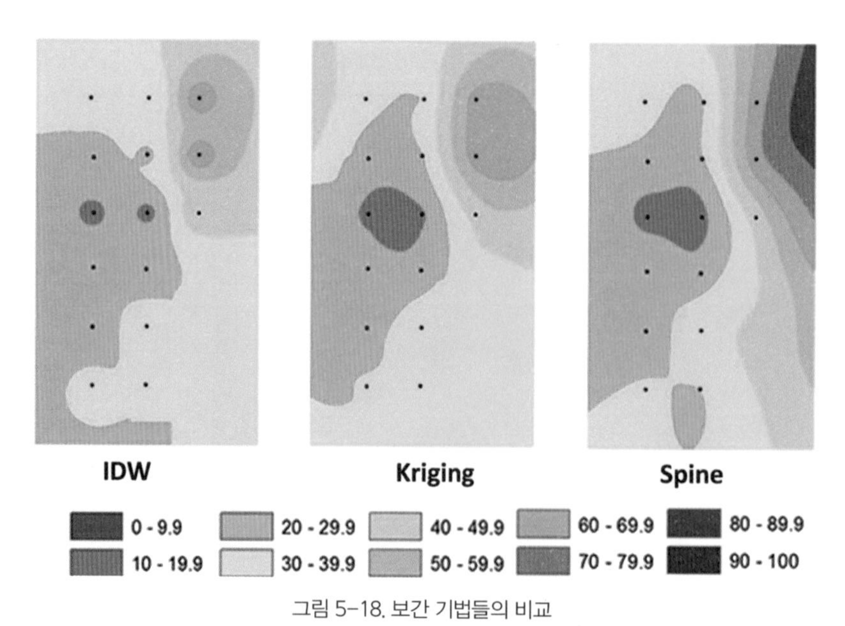

그림 5-18. 보간 기법들의 비교

출처: https://www.intechopen.com/chapters/52704

하여 해당 분야의 전문지식이 필요하다.

여기에서 KDE와 보간을 명확히 구분할 필요가 있다. KDE의 소스가 되는 포인트들은 연속된 현상의 일부분인 표본(sample)들이 아니다. 반면 미세먼지 측정소, 표고 측정점에서 측정되거나 관찰된 값들은 연속된 현상을 알기 위해서 표본으로 선택된 점들이다. 코로나 발생 지점의 위치를 나타내는 점들을 이용해서 그 사잇값을 알아내야 할 필요는 없다. 부드럽게 연속된 KDE 지도에서는 점들의 집중 정도를 나타내었을 뿐, 점들이 위치하지 않은 곳의 값들은 의미가 없다. 반면, 미세먼지 측정소에서 얻어낸 값들은 측정되지 않은 위치들의 값들을 유추하는 데 사용하기 위한 것이 주 목적이다.

5.5 다양한 알고리즘으로 푸는 포인트

현재까지 알아본 분석 방법들은 지리학 또는 공간통계 분야에서 자주 다루어지는 내용들이다. 포인트로 표현된 개체들에 대해 가질 수 있는 궁금증과 문제들을 해결하고자 하는 노력들은 지리학뿐 아니라 그 외의 다양한 분야에서 발전되어 왔다. 컴퓨터 공학, 교통, 수학 등의 분야에서 다루어지는 내용도 있고 이 중 어떤 기법들은 GIS 소프트웨어에 내장되어 우리가 쉽게 사용하는 기능이 되기도 했다.

1) 포인트를 둘러싸는 최소 영역 문제

예를 들어 사회복지사가 독거노인을 관리하기 위해 영역을 설정해야 한다고 가정하자. 그림의 점들이 독거노인들이 사는 집이라면, 이 점들을 둘러싸는 최소 폴리곤은 무엇인가 하는 문제가 된다.

(1) MBB

우선 주어진 포인트들을 둘러싸는 최소한의 직사각형을 생각할 수 있다. 이 사각형을 MBB(minimum bounding box) 또는 MBR(minimum bounding rectangle)이라고 한다. 데이터베이스에 공간데이터를 저장할 때 사용하는 용어이기도 하다.

(2) 컨벡스 헐

이번에는 직사각형보다도 더 딱 맞게 포인트들을 둘러싸는 다각형을 생각해 볼 수 있다. 이 점들을 나무판에 박힌 못들이라고 가정하자. 외부에 고무줄을 드리운 후 손을 놓으면 고무줄은 모든 못을 둘러싸는 최소 길이의 볼록 다각형이 된다. 이를 컨벡스 헐(convex hull)이라고 한다. 볼록 다각형이라는 의미는 어떤 꼭짓점의 내각도 180°를 넘지 않는다는 의미이다.

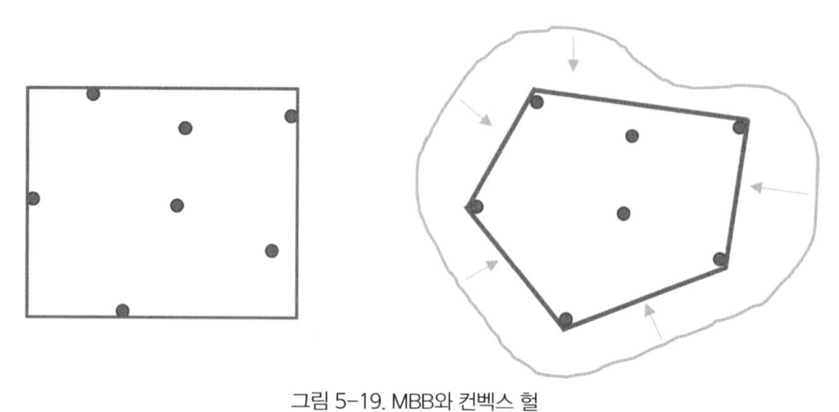

그림 5-19. MBB와 컨벡스 헐

2) 포인트를 중심으로 한 공간의 분할 문제

주어진 포인트들을 이용해서 공간을 분할하는 문제도 종종 거론된다. 예를 들어, 몇 개의 학교가 있다고 가정하자. 이들 학교마다 하나씩의 학군을 구성하는 최적의 방법은 무엇일까?

(1) 보로노이 다이어그램

이를 이해하기 위해서는 먼저 델로네 삼각분할(Delaunay triangulation)을 이해해야 한다. 델로네 삼각분할은 주어진 점들을 꼭짓점으로 하는 삼각형들로 공간을 채우는 방법 중 하나이다. 각 삼각형의 외접원을 그렸을 때 원의 내부에 어떤 꼭짓점도 위치하지 않도록 삼각형을 구성하는 방법이다. 이렇게 삼각형을 그리면 모든 삼각형의 최소 내각들이 최대화되도록 그려지며, 길고 가느다란 삼각형들이 최소화되게 된다.

보로노이 다이어그램(Voronoi diagram)은 티센 폴라곤(Thiessen polygon)이라고 부르기도 하며, 1908년 우크라이나 수학자 보로노이(Georgy Voronoy)에 의해 정의된 다이어그램이다. 보로노이 다이어그램은 평면을 특정 점까지의 거리가 가장 가까운 점의 집합으로 분할한 다이어그램이다. 델로네 삼각분할에서 각 삼각형 외접원의 중심들을 연결하면 보로노이 다이어그램이 된다.

파란색 점들이 학교라고 가정하자. 보로노이 다각형 내의 어떤 위치도 다른 어떤 학교보다도 해당 다각형의 학교와 가장 가깝게 된다. 따라서, 점들로 표현할 수 있는 장소들(예를 들어, 학교, 소방

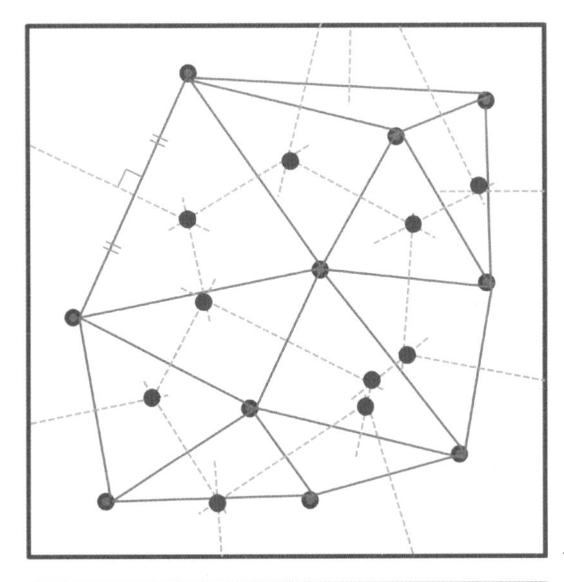
그림 5-20. 델로네 삼각분할

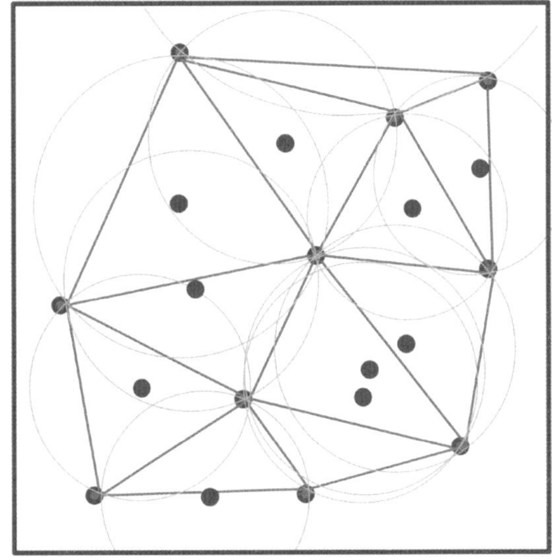
그림 5-21. 보로노이 다이어그램

서, 코로나 검사소 등)을 중심으로 균형 있게 영역을 분할하는 문제에 빈번하게 사용된다.

(2) TIN

델로네 삼각분할은 3차원 표면의 분할에도 이용된다. 3차원 표면을 델로네 삼각분할 방법을 적용하여 삼각형으로 구성한 것을 TIN(Triangular Irregular Networks)이라고 한다. 따라서 3차원 표면이 인접하면서도 서로 겹치지 않는 삼각형으로 채워지며, 계곡, 산등성이와 같은 주요 형태를 표현할 수 있게 된다. 삼각형의 크기를 변화시켜서 더 상세하거나 더 단순한 3차원 표면을 모델링할

그림 5-22. TIN을 이용한 3차원 지형 표면의 표현

수 있다.

3) 관계와 흐름을 나타내는 노드와 링크

(1) 네트워크와 노드

네트워크는 인간의 활동에서 다양한 형태의 흐름을 나타내는 데 사용되는 데이터 모델이다. 가장 흔하게는 교통의 흐름을 들 수 있다. 이외에도 정보, 물류, 재화, 질병 등 다양한 흐름의 형태를 포함할 뿐만 아니라 생물, 의학, 공정 문제 등 매우 다양한 분야에서 활용된다. 이때 네트워크의 양 끝을 구성하는 포인트는 노드(node)라고 부르며, 이러한 흐름의 시작과 끝, 연결점, 교차점을 나타낸다. 즉, 교통, 정보, 물류, 재화, 질병 등의 시작과 끝의 위치, 또는 집결지를 나타낸다. 네트워크에서의 흐름은 노드를 경유하여 링크(link)를 통해 이루어진다.

(2) 최단 거리 분석

네트워크 분석에서 가장 흔하게 활용되는 분석 기법 중 하나는 최단 거리 분석이다. 최단 거리 알고리즘을 이용해서 시작점에서 목적지까지 최단 거리나 최소 시간이 소요되는 경로를 찾을 수 있다. 최단 거리 분석을 위한 알고리즘 중 가장 잘 알려져 있는 알고리즘은 다익스트라(Dijkstra) 알고리즘이다. 이 알고리즘은 시작점(소스 노드)에서 목적지까지 경로의 비용(cost)을 최소화하는 알고리즘이다. 이때 비용은 경로상 링크의 길이 또는 경로를 이동하는 시간이 될 수 있다.

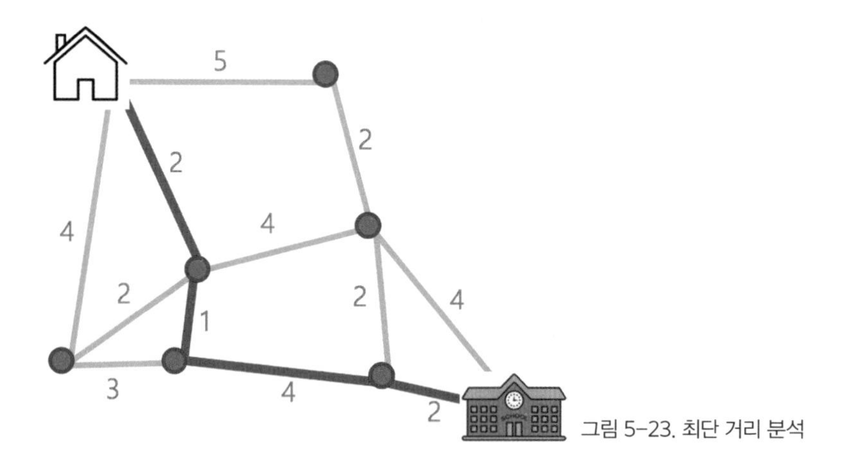

그림 5-23. 최단 거리 분석

(3) 모든 포인트를 돌고 오는 최단 거리는?

최단 거리는 시작점에서 종점까지의 최소 비용의 경로이다. 만약 배송 기사가 몇 개의 집에 배송을 하고 다시 원위치로 돌아와야 한다면 어떤 경로가 최적일까? 이와 같은 문제는 TSP(traveling salesman problem)라고 한다. 점과 각 점을 연결하는 링크가 있을 때 TSP는 모든 점을 한 번씩 방문하면서 다시 시작점으로 돌아오는 최소 비용의 경로를 계산한다.

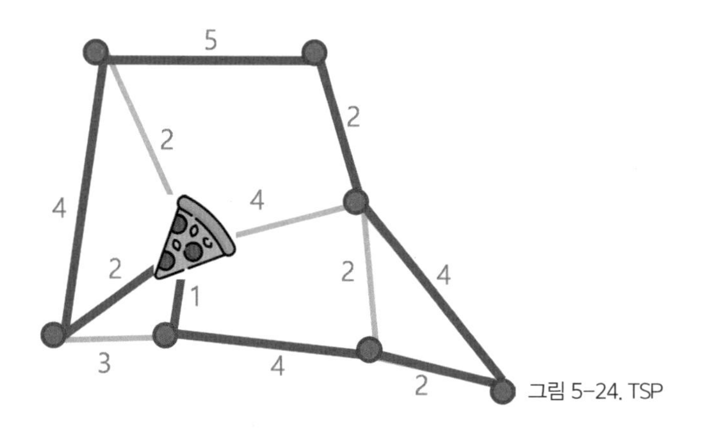

그림 5-24. TSP

(4) 질병의 확산

네트워크는 질병의 확산 예측에도 사용된다. 전염병은 사람에서 사람으로 전염된다. 따라서, 교통, 특히 사람들이 밀접한 대중교통 네트워크를 타고 전염병이 확산되는 것을 예측할 수 있다. 질병 확산을 예측하는 데 사용되는 네트워크는 교통의 흐름만 가능한 것이 아니다. 사람과 사람의 관계도 일종의 네트워크로 볼 수 있다. 즉, 사회적 네트워크를 이용해서 질병의 확산을 예측할 수 있다. 그림 5-25는 사회적 네트워크를 이용해서 질병의 확산과 질병의 근원을 추적하는 예시이다.

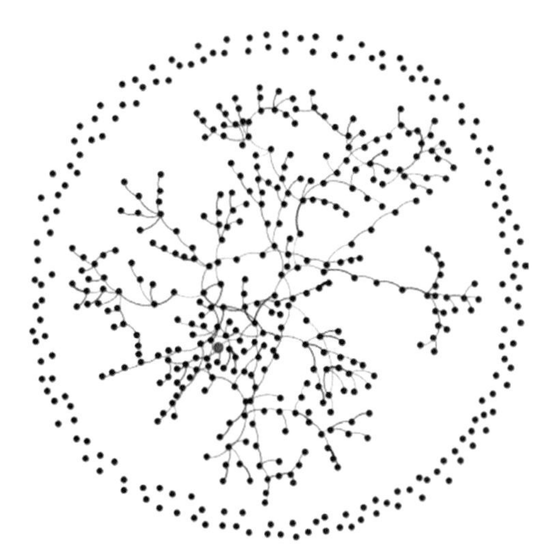

그림 5-25. 질병의 확산 모델

출처: https://bmcpublichealth.biomedcentral.com/articles/10.1186

(5) 이 공간들은 서로 어떻게 연결되어 있는가?

포인트와 네트워크는 공간의 연결 관계를 분석하는 데에도 사용된다. 힐러 외(Hillier et al. 1976)가 개발한 스페이스 신택스(space syntax) 이론은 건축이나 도시공간의 연결 관계를 모델링하거나 이에 기반한 인간 활동을 분석하는 데 효과적으로 사용된다. 예를 들어 그림 5-26과 같이 유사한 두 개의 건물 평면이 있다고 가정하자. (1)과 (2) 평면의 다른 점은 진입구와 공간 간의 연결이다. 예를 들어 (1)에서 사람이 E로 진입했을 경우, F를 통해서만 A, B, C, D로 이동할 수 있다. (2)에서 F로 진입한 사람은 A, C, E로 이동할 수 있으나, B와 D는 직접 이동할 수 없다.

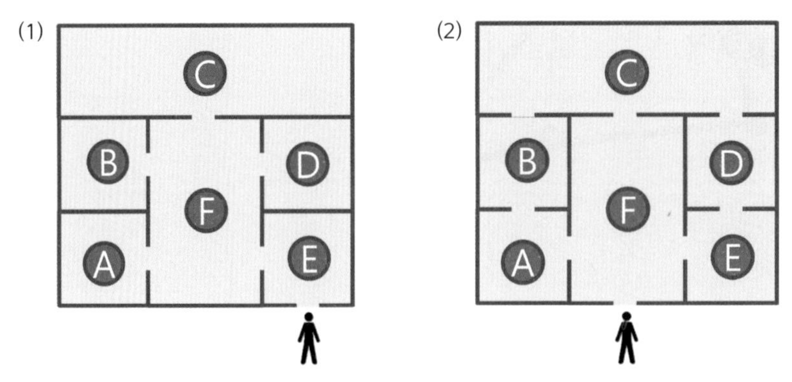

그림 5-26. 스페이스 신택스의 사례

스페이스 신택스에서는 깊이(depth)라는 개념으로 공간의 구성을 비교한다. 그림 5-27의 (1)을 예로 들면 1단계 깊이에 방 1개(E), 2단계 깊이에 방 1개(F), 3단계 깊이에 방 4개(A, B, C, D)가 위치한다. 각 단계와 방의 개수를 곱하여 합을 구하면 총 깊이를 구할 수 있다. 평면 (1)의 총 깊이는 15, 평면 (2)의 총 깊이는 13이 되어 평면 (2)의 구성이 공간 연결에 더 유리한 것으로 판단할 수 있다. 스페이스 신택스는 건축 공간뿐 아니라 도시의 도로나 골목의 깊이를 분석할 때도 사용된다. 깊이가 깊은 곳에 있는 상점은 그만큼 꺾임이 많다는 의미이고, 접근이 상대적으로 어려운 것으로 판단할 수 있다.

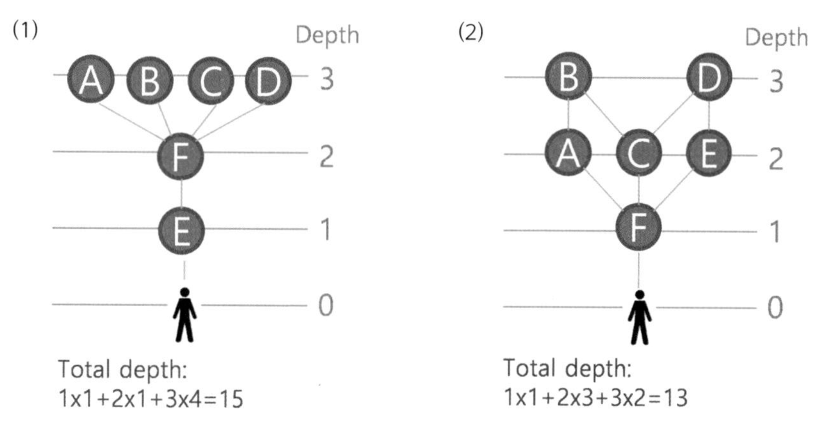

그림 5-27. 스페이스 신택스의 공간 깊이

4) 계산 기하학의 포인트

(1) 공간에 필요한 최소한의 경비원은 몇 명인가?

계산 기하학(computational geometry) 분야에서 발달한 미술관 문제(art gallery problem)라는 유명한 알고리즘이 있다. 이는 미술관을 지키는 데 몇 명의 경비원(guard)이 필요한지를 구하는 문제이다. 이는 박물관 문제(museum problem)라고도 한다. 이 문제는 컴퓨터공학 교수였던 슈바탈

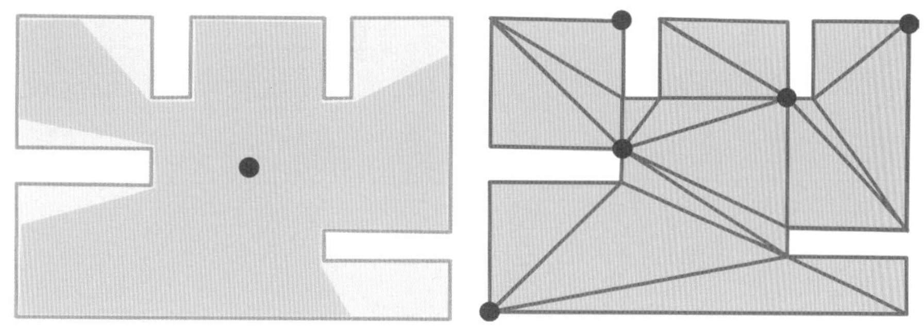

그림 5-28. 미술관 문제

(Chvatal, 1975)이 논문에 소개하면서 알려진 이론이다. 슈바탈은 n개의 벽을 가지는 다각형 모양의 공간에는 n/3명의 경비만 있으면 충분하다는 사실을 증명했다. 이후 피스크(Fisk, 1978)는 삼각형으로 공간을 조각내는 방법을 이용한 보다 쉬운 풀이 방법을 제안했다. 그림 5-28과 같은 공간에서는 모든 공간을 관찰하기 위해서는 최소 5명의 경비가 필요하다. 공간을 삼각형을 이용해서 분할한 후 어떤 꼭짓점에 경비를 위치시키면 해당 위치에서 경비가 가능한 가시권을 쉽게 파악할 수 있다. 이 문제는 경비가 움직이는 경우, 여러 층으로 개방되어 있는 경우 등 다양한 상황에 대해서 확장된 모델이 개발되어 왔다.

(2) 점들을 어떻게 그루핑 할 수 있는가?

포인트들을 몇 개의 그룹으로 나누어야 하는 경우가 있다. 만약 10개의 학교를 세 개의 학군으로 나누어야 한다든지, 사회복지사 몇 명이 관할해야 하는 주택들을 사회복지사의 사람 수만큼 그루핑 해야 한다든지, 버스정류장들을 권역으로 그루핑하는 문제와 같은 예를 들 수 있다. K-means나 DBSCAN과 같은 클러스터 알고리즘이 이러한 경우에 사용된다.

■ K-means

K-means는 K개의 그룹으로 나눈다고 해서 이름이 붙여졌다. 그림의 포인트들이 학교들이라고 가정하자. 이들 학교를 3개의 학군으로 나눈다고 가정하자. 1단계에서는 무작위로 세 개의 점이 선택된다. 2단계에서는 이 세 점을 기반으로 보로노이 다이어그램을 만든다. 앞에서 설명한 바와 같이 어떤 보로노이 다각형 내에 있는 모든 학교는 1단계에서 선택된 세 학교 중 다른 두 학교보다도

Demonstration of the standard algorithm

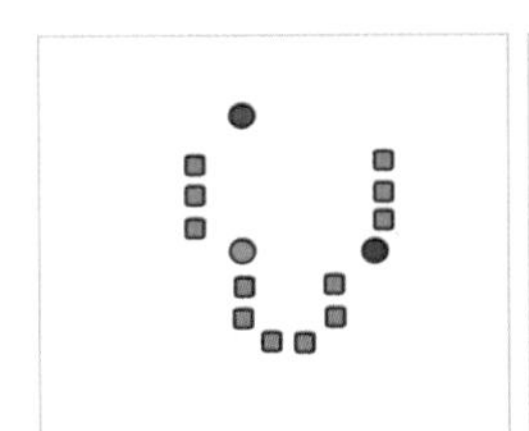

1. *k* initial "means" (in this case *k*=3) are randomly generated within the data domain (shown in color).

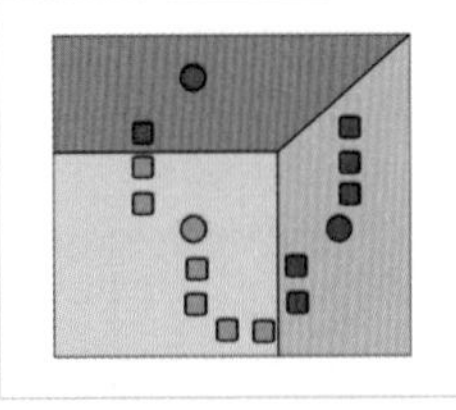

2. *k* clusters are created by associating every observation with the nearest mean. The partitions here represent the Voronoi diagram generated by the means.

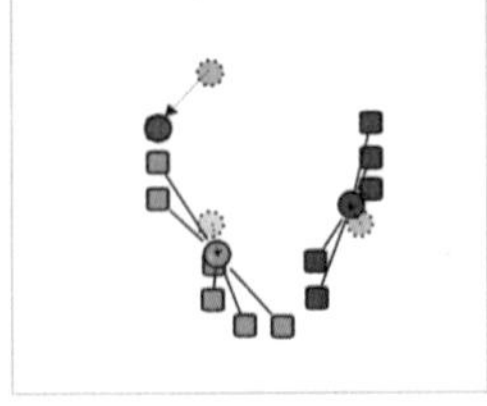

3. The centroid of each of the *k* clusters becomes the new mean.

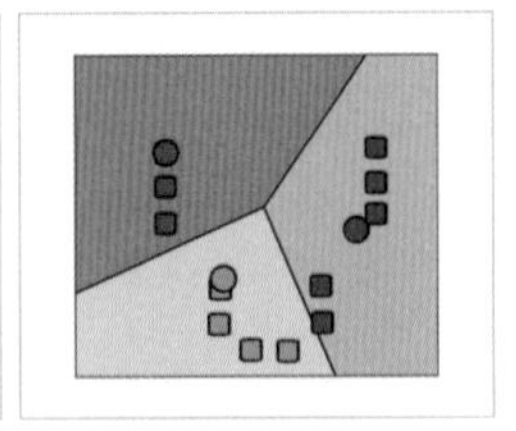

4. Steps 2 and 3 are repeated until convergence has been reached.

그림 5-29. K-means

출처: https://brilliant.org/wiki/k-means-clustering

해당 다각형 중심의 학교와 가깝게 된다. 3단계에서는 각 다각형 내의 학교 중 중심(centroid, 도심)에 해당하는 학교가 선택된 후, 2, 3단계를 반복한다. 이 반복은 정해진 수렴값 내에 도달할 때까지 지속된다.

■ DBSCAN

K-means가 K개의 군집 숫자를 정해야 하는 데 비해, DBSCAN(Density-based spatial clustering of applications with noise)은 밀집해 있는 포인트들을 서로 모여 있는 정도에 따라서 알아서 묶어 준다. 그래서 밀도기반(density-based)이라는 이름이 붙었다. 나누어야 할 클러스터의 개수를 사전에 알 수 없을 때 유용하게 사용될 수 있다. DBSCAN에서는 반경의 크기(eps)와 군집의 크기(MinPts)를 사전에 정해야 한다. 반경의 크기는 포인트끼리 얼마나 가까우면 같은 클러스터로 볼 것이냐이다. 최소 군집의 크기는 몇 개가 모이면 군집으로 볼 것이냐, 즉 하나의 군집으로 묶이는 최소한의 포인트의 개수이다. 다시 말해 MinPts가 6이라면, 5개의 포인트가 아무리 조밀하게 밀집해 있더라도 하나의 그룹으로 보지 않고 노이즈(noise)로 판단한다. 1단계는 무작위로 포인트를 방문한다. 2단계에서는 그때마다 그 포인트에서 다른 모든 포인트까지의 거리를 계산한다. 이때 내가 정한 eps보다 작은 다른 포인트가 내가 정한(MinPts-1) 이상 있다면 이 포인트는 중심점(core point)이 된다. 그렇지 않다면 임시로 노이즈(noise)로 판단한다. 3단계에서는 동일 클러스터 내에 복수 개의 중심점이 있다면 동일 클러스터로 분류한다. 임시 노이즈가 다른 클러스터에 가깝다면 해당 클러스터에 편입된다. 모든 포인트가 클러스터이거나 노이즈로 판단될 때까지 반복한다.

예를 들어 서울시립대학교에서 시청까지 버스로 이동하는 프로그램을 작성한다고 가정하자. 서울시립대학교 앞에는 약 5~6개의 정류장이 모여 있다. 이들 중 어떤 정류장에서 시작하더라도 서

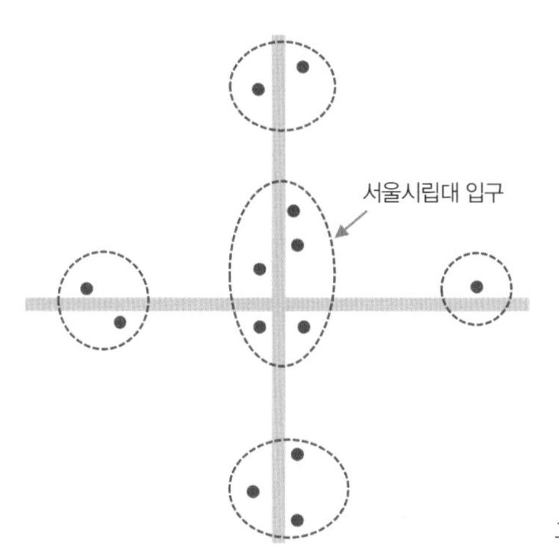

그림 5-30. DBSCAN을 이용한 버스정류장 그루핑

울시립대학교에서 출발했다고 할 수 있다. 따라서 가까운 정류장들을 하나의 클러스터로 묶는 방법이 필요한데, 이때 DBSCAN이 유용하게 사용될 수 있다.

(3) 선의 꺾임을 나타내는 점의 개수를 줄이는 방법은 무엇인가?

GIS를 이용한 지도에서는 곡선을 나타낼 때 선과 점의 연속으로 표현한다. 부드러운 곡선을 나타내기 위해서는 더 많은 직선과 점을 이용하게 된다. 그렇지만 많은 수의 점과 직선을 사용하면 그만큼 데이터 크기가 커지는 문제가 있다. 대축척지도에서는 해안선을 부드럽게 표현하기 위해 많은 선과 점을 사용하지만 소축척지도에서는 그렇게 많은 수의 선과 점을 사용할 필요가 없다. 어차피 우리의 눈이 상세한 굴곡을 인지할 수 없는 정도의 스케일에서는 상세한 지도에 사용한 굴곡 포인트를 모두 사용할 필요가 없다. 데이터 크기만 커질 뿐이다. 이때 형태를 어느 정도 유지하면서 꺾인 지점의 포인트 수를 줄이는 알고리즘이 사용된다. 이 중 유명한 알고리즘이 더글라스 포이커 알고리즘(Douglas-Poiker algorithm)이다. 이 알고리즘은 원래의 경계와 유사한 형태이면서 불필요한 꺾인 점들의 수를 제거해 주는, 벡터 데이터의 단순화 알고리즘이다. 이 알고리즘에서 먼저 정해야 하는 것은 한계 거리 ε 이다. 그림 5-31을 예를 들어 설명한다. 1단계에서 양 끝점을 연결하는 선을 긋고 여기에서 ε 보다 크면서 가장 먼 점을 선택한다. 해당되는 점이 있다면 이 점은 최종 집합에 포함되고 2단계로 진행한다. 2단계에서는 이 점과 1단계의 양 끝점까지 각각 선을 긋고 이 선에 대해 1단계를 반복한다. 이 단계를 더 이상 최종 집합에 점이 추가되지 않을 때까지 반복한다.

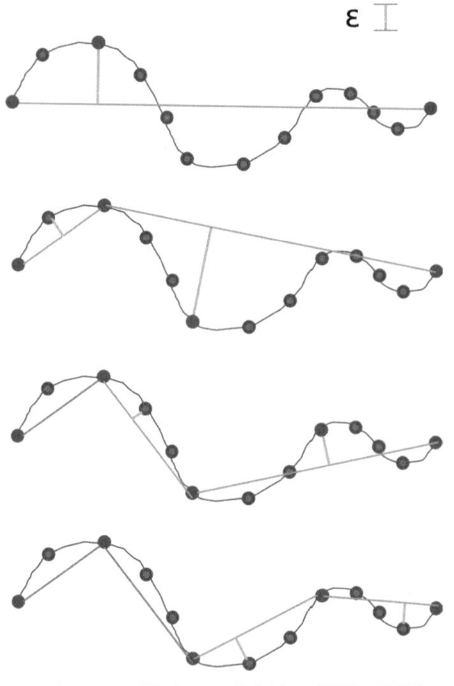

그림 5-31. 더글라스 포이커 알고리즘을 이용한 선 굴곡의 단순화

5) 시뮬레이션의 포인트

지금까지의 모델은 어떤 한 시점에서의 실세계를 표현한 것이다. 따라서 해결해야 할 문제도 한 시점에 국한되어 있다. GIS에서 일반적으로 다루는 벡터와 래스터모델도 지리적 현상의 어떤 시점의

상태를 나타낸 것이다. 벡터 데이터의 예를 들면, 전봇대를 포인트로, 도로를 선으로, 필지를 면으로 나타낼 때 이들의 위치나 속성값은 고정되어 있다고 가정한다. 래스터 데이터를 이용한 모델에서도 표고, 온도, 기압을 표현할 때 한 시점에서 고정되어 있는 현상을 모델링한다.

그러나 실세계의 현상이 고정되어 있는 경우는 드물다. 지형, 건물, 전봇대처럼 상대적으로 오랫동안 위치나 상태가 고정된 개체나 현상도 있지만, 시간에 따라 빠르게 변화하는 개체나 현상도 존재한다. 연속적인 현상 중에는 온도, 기압, 바람과 같은 현상이 있고, 이산적인 개체에는 사람, 차량 등을 예로 들 수 있다.

이같이 움직임을 가진다는 것은 시간적인 요소를 가진다는 의미이다. 시간에 따라 변화하는 요소들은 전통적인 정적인 데이터 모델을 사용해서는 표현하기 어렵다. 또한 결정론적인 수학적인 모델을 사용해서도 풀기 어렵다. 이러한 경우에 시뮬레이션을 사용한다. 시뮬레이션은 시간적으로 변화하는 현상을 반복과 시행착오 과정을 거치면서 해를 찾아가는 방법이다. 시뮬레이션은 매우 다양한 영역에서 사용되며, 정의도 다양하다. 하지만 공통적인 것은 시간에 따라 변화하는 현상을 해결하는 방법이라는 것이다. 공간적인 분야에서 시뮬레이션을 사용하는 분야 중 몇 가지 예를 들면 다음과 같다.

- 질병, 산불, 홍수, 오염, 미세먼지 확산
- 온도, 기압, 기후변화
- 교통, 항공, 선박, 물류의 이동
- 화재, 지진, 홍수 시 실내외의 대피

내비게이션 앱의 예를 들어서 시뮬레이션이 왜 필요한지 생각해 보자. 우리가 운전할 때 내비게이션 소프트웨어를 사용해서 최단, 또는 최소 시간이 소요되는 경로를 확인하는 경우가 많다. 이때 최적 경로는 주어진 정보를 이용해서 결정된다. 주어진 네트워크와 주어진 네트워크의 비용(거리 또는 시간)을 이용해서 운행을 시작하기 이전에 결정할 수 있다. 그런데 운전하다가 내비게이션 앱에서 '재계산'을 하는 경우를 경험했을 것이다. 운행 중에 도로를 달리는 차량의 수와 이동 시간이 바뀌기 때문이다. 비용, 즉 경로에 할당된 이동 시간이 변했기 때문이다. 이렇게 운행 중에 경로마다 할당된 이동 시간이 시시각각 달라진다면 처음에 결정된 최적 경로는 큰 의미가 없어진다. 시뮬레이션은 이러한 경우에 필요하다. 움직여 가면서 지금까지의 히스토리를 기억하고, 현재 상태를 반영해서 이후의 움직임을 정한다. 이는 결정론적인 수학모델이나 확률적인 통계모델을 이용해서는 해결하기 어렵다.

또한 링크와 노드를 이용한 네트워크 모델로 미시적인 움직임을 묘사하기도 어렵다. 예를 들어, 건물의 각 방을 하나의 노드로, 복도를 링크로 모델링했다고 가정하자. 방 안에 있는 사람들은 모두 동질한(homogeneous) 하나의 덩어리로 취급하고 다른 방으로 이동할 때도 복도의 중심선을 따라 동시에 움직이거나 일렬로 움직인다고 가정한다. 이와 같은 모델은 현실을 지나치게 단순화시킨 모델이다. 실제 사람들이 움직일 때는 서로 빈 공간을 경쟁적으로 점유하거나 남들을 따라가거나 피하거나 부딪치거나 하면서 움직여 간다. 많은 사람이 좁은 복도를 지날 때는 병목이나 끼임과 같은 현상도 발생한다. 저자와 저자의 연구진은 이와 같은 현상을 반영하여 대피 시뮬레이션을 개

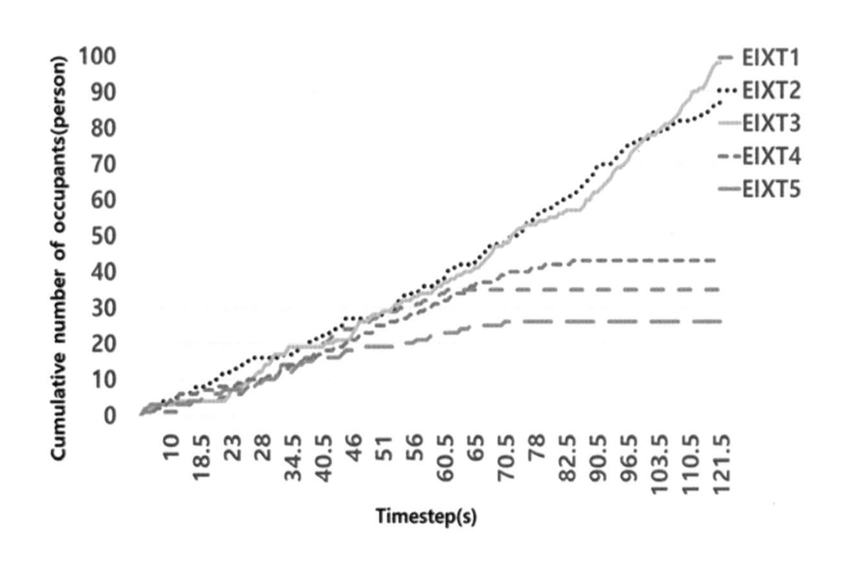

그림 5-32. 대피 시뮬레이션을 이용한 대피 시간 분석

발한 바 있다(Lee, M, et al., 2017). 이 시스템은 CA(Cellular automata)라는 셀 기반의 모델을 사용하였으며, 각 셀을 점유하는 사람들이 시간에 따라 변화하는 모델을 정의하였다. 어떤 셀을 점유하는 사람은 특정 시간 t에 비어 있는 공간으로 특정 확률에 따라 움직인다.

이 확률은 몇 개의 필드를 조합하여 구성한다. 그중 하나는 내가 있는 위치로부터 출구까지의 거리에 기반한 값이다. 또 다른 하나는 다른 사람이 움직일 때 이 사람에 얼마나 영향을 받는지 나타낸다. 이 원리를 제안한 사람은 개미가 짝짓기할 때 꼬리에서 발산하는 페로몬이라는 향기에 착안했다고 한다. 대피할 때도 사람들이 얼마나 친숙한 사람들인지, 또는 나이대가 어린지 많은지에 따라서 다른 사람을 따라가려는 경향이 다르다고 알려져 있다. 이같이 타인을 따라가려는 성질도 모델에 반영할 수 있다. 또한 저자의 최근 연구에는 화재 시 공간에 연기가 확산되거나, 사람들이 밀집되어 있어서 최단 출구로의 대피가 어렵거나 더 오랜 시간이 소요될 때 다른 길로 우회하는 알고리즘을 추가하였다(Lee, M, et al., 2017).

대피 알고리즘은 오랫동안 연구되어 온 분야임에도 불구하고, GIS나 지리학을 응용하는 영역에서는 다소 생소한 영역이다. 그러나 기존의 정적인 모델, 예를 들어 벡터 모델을 이용해서 건물이나 골목의 데이터를 만들고 이를 다시 셀로 변환하는 과정을 거친다면 미시적 시뮬레이션을 위한 데이터 구조를 만들 수 있다. 여기에 보행자나 차량과 같은 개체의 움직임의 원리를 추가하여 GIS의 정적인 모델에서는 구현할 수 없는, 미시적인 움직임을 재현할 수 있다. 그림 5-33은 이태원 일대의 GIS 데이터를 셀로 된 구조로 변환한 후 이태원 역에서 나온 사람들이 주변으로 확산해 가는 과정을 직접 개발한 시뮬레이터로 실험한 예이다.

공간적인 현상을 이해하는 방법은 매우 여러 분야에서 발전해 왔다. 분석 대상의 측면, 요소, 스케일 등에 따라 다양한 방법론이 존재한다. 지리학이나 GIS 분야에서 흔히 거론되는 분석법 이외에도

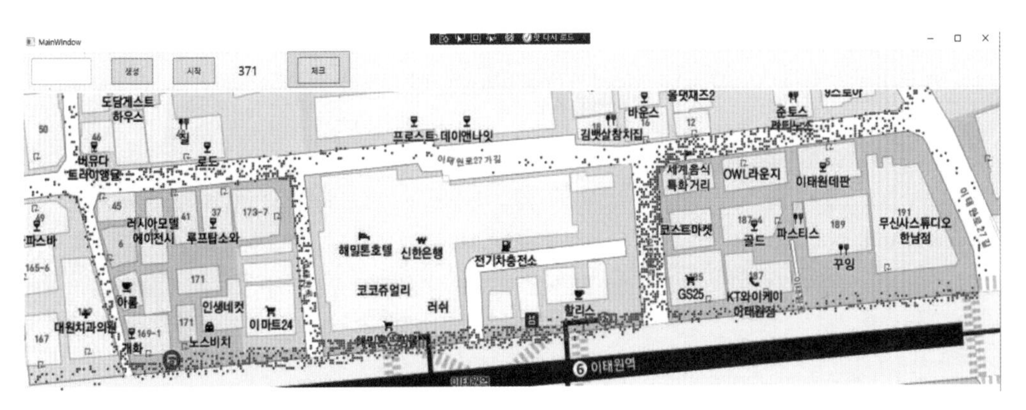

그림 5-33. 이태원 역 주변의 보행 흐름 시뮬레이션

컴퓨터, 수학, 물리학 등의 영역에서도 공간과 관련된 많은 알고리즘과 기법들을 발전시켜 왔다.

최근에는 AI와 관련된 방법들이 많이 거론되고 있다. 특히 정형적인, 결정론적인 방법으로 해결할 수 없는 현상들에 대한 해결의 대안으로 크게 각광받고 있다. GIS의 벡터와 래스터 모델, 그리고 전통적인 방법들만을 이용해서는 복잡한 공간상의 현상들을 효과적으로 표현하거나 분석하기는 어렵다. 무수히 많은 방법론의 홍수 속에서 어떤 방법이 왜 언제 필요한지 이해하는 것이 더욱 필요한 시기인 듯 하다.

참고 문헌

Anselin, L., 1995, Local indicators of spatial association-LISA, *Geographical Analysis*, 27, 93-115.

Chou, Y., 1996, *Exploring Spatial Analysis in Geographic Information Systems*, Onword Press.

Chowdhury, D. *et. al.*, 2002, A cellular-automata model of flow in ant trails: Non-monotonic variation of speed with density, *Journal of Physics A, Mathematical and General,* 35(41), L575-L577.

Chvâtal, V., 1975, A combinatorial theorem in plane geometry, *Journal of Combinatorial Theory, Series B*, 18(1), 39-41.

Fisk, S., 1978, A short proof of Chvâtal's Watchman Theorem, *Journal of Combinatorial Theory, Series B*, 24(3), 374.

Getis, A. & J.K. Ord., 1992, The analysis of spatial association by use of distance statistics, *Geographical Analysis*, 24, 189-206.

Haining, R., 2004, *Spatial Data Analysis-Theory and Practice*, Cambridge University Press.

Hillier, B, et. al., 1976, Space syntax, *Environment and Planning B*, 3(2), 147-185.

Kondo, K., 2016, Hot and cold spot analysis using Stata, *The Stata Journal*, 16(3), 613-631.

Lee, J. & D. Wong, 2001, *Statistical Analysis with ArcView GIS*, John Wiley & Sons.

Lee, M., H. Nam & C. Jun, 2017, Multiple exits evacuation algorithm for real-time evacuation guidance, *Spatial Information Research*, 25(2), 261-270.

Lee, M., J. Lee & C. Jun, 2021, An extended floor field model considering the spread of fire and detour behavior, *Physica A*, 577(1), 1-11.

Longley. P., *et al.*, 2015, *Geographic Information Science and Systems*, 4th Ed., Wiley.

O'Sullivan, D. & D. Unwin, 2010, *Geographic Information Analysis*, 2nd Ed., John Wiley & Sons.

Oyana, T. and F. Margai, 2016, *Spatial Analysis*, CRC Press.

Ripley, B., 1976a, The second-order analysis of stationary point processes, *Journal of Applied Probability*, 13, 255-266.

Ripley, B., 1977, Modelling spatial patterns, *Journal of the Royal Statistical Society: Series B* (Methodological), 39, 172-192.

Varas, A. et. al., 2007, Cellular automaton model for evacuation process with obstacles, *Physica A*, 382(2),

631-642.
Wong, D. & J. Lee, 2005, *Statistical Analysis of Geographic Information with ArcView GIS And ArcGIS*, Wiley.
Worboys, M. & M. Duckham, 2004, GIS: *A Computing Perspective*, 2nd Ed., CRC Press.

제6장

공간정보 기반 디지털 트윈 개념과 특성

6.1 디지털 트윈의 등장

디지털 트윈(digital twin)이라는 용어는 1997년 '도시 계획 및 고속도로 설계에 대한 디지털 3차원 모델 적용'이라는 컨퍼런스 발표 자료(Hernández and Hernández, 1997)에서 처음 언급되었다. 발표 자료에 언급된 디지털 트윈은 물리적 개발을 위한 설계 단계에 3차원 모델을 이용해 사전에 다양한 설계안을 시뮬레이션하여 최적의 설계안을 찾아내는 용도로 활용하였다. 이 당시는 현대적 개념의 디지털 트윈보다는 디지털화된 3차원 모델을 이용한 설계 시뮬레이션이라 할 수 있다. 현대적 개념의 디지털 트윈이 가장 먼저 적용된 분야는 제조 및 우주·항공산업이다. 일각에서는 1970년 4월 미국이 달 착륙 임무를 위해 쏘아 올린 아폴로(Apollo) 13호가 최초의 디지털 트윈을 활용한 사례라고 주장하기도 한다.

당시 아폴로 13호는 달 탐사 임무 중 산소탱크 폭발로 인한 기체 손상으로 우주인의 생환을 담보하기 어려운 상황이었다. 미항공우주국(NASA)은 우주인들의 훈련과 비상 상황에 대비해 휴스턴 지상관제센터에 우주선과 똑같이 기능하는 15개의 시뮬레이터를 마련해 두고 있었다. 미항공우주국은 지상관제 센터의 시뮬레이터를 이용해 다양한 상황을 실험하고, 시뮬레이션 결과를 바탕으로 지구로부터 330,000km 떨어져 있는 우주인을 지구로 귀환시키는 데 성공하였다. 그러나 이 사례는 디지털이 아니라 실제 우주선과 동일하게 만든 물리적인 시뮬레이터를 이용했다는 점에서 엄밀히 말해 디지털 트윈이라고 할 수는 없다.

그림 6-1. 휴스턴 지상관제 센터의 아폴로 13호 시뮬레이터들

이후 2010년 미항공우주국이 발간한 기술로드맵 초안(Vickers et al., 2010)에도 디지털 트윈이 언급되었다. 이 당시 미항공우주국은 디지털 트윈 기반 비행 시뮬레이션이 우주선과 항공기의 안전하고 지속적인 임무 수행에 중요한 미래기술이 될 것이라고 내다보았다. 또한, 2012년 제53차 구조 역학 및 재료 컨퍼런스 특별 세션에서 미항공우주국과 미 공군은 차세대 비행체의 요구를 만족하기 위해 전통적 방식의 비행체 인증 및 유지관리의 한계를 극복할 수 있는 대안으로 디지털 트윈의 도입을 발표하였다(Glaessgen and Stargel, 2012). 이 발표에는 2010년 미항공우주국의 기술로드맵에 제시된 디지털 트윈이 미국 우주·항공기의 미래를 위한 새로운 패러다임임을 다시 한번 강조하였다.

근래 유행어처럼 떠오른 디지털 트윈이 본격적으로 알려진 것은 가트너(Gartner)가 2017년부터 2019년까지 3년 연속으로 10대 전략기술 트렌드에 디지털 트윈을 포함하면서부터이다(그림 6-2 참고). 이는 미국의 제조업체 제너럴 일렉트릭사(General Electric)가 2016년 프리딕스(Predix)라는 디지털 트윈 플랫폼을 개발하여 자사 제품에 전사적으로 적용해 제조업 분야에서 성공하면서 기술 트렌드로 자리 잡게 되었다. 제너럴 일렉트릭사는 2023년 4월 현재 항공기용 제트엔진, 풍력발전용 터빈, 오일 굴착 장비, 발전용 장비, 펌프 등 120만 개가 넘는 제품을 디지털 트윈으로 구축하였다. 그리고 프리딕스 플랫폼을 이용해 판매된 자산을 실시간 원격 모니터링함으로써 자사 제품을 이용하는 고객사의 운영·관리비용을 16억 달러(약 2조 원)가량 절감했다고 공시하고 있다.

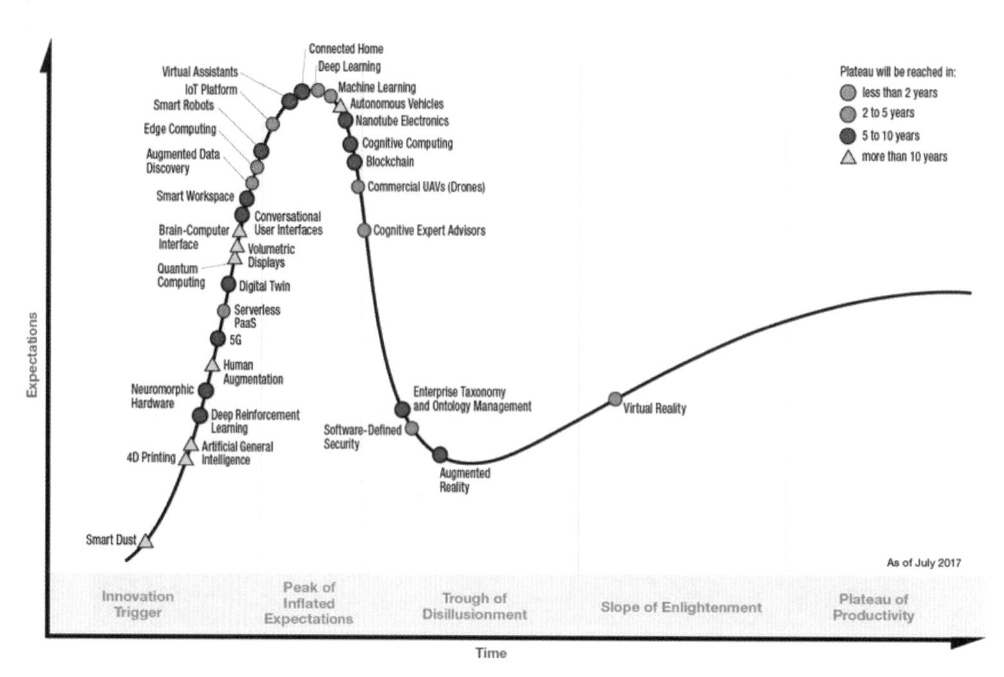

그림 6-2. 가트너(2017) 전략기술 하이프 사이클

이 밖에도 전력망 디지털 트윈을 이용해 30%의 비용을 절감하였고, 수요 기반의 제조 절차 최적화를 통해 최대 75%의 제품 폐기물을 절감할 수 있었다. 이제 디지털 트윈은 우주·항공 산업, 스마트 제조 및 공장을 뛰어넘어 보건·의료, 문화, 환경, 국방, 국토·도시에 이르는 다양한 분야로 적용 범위를 넓혀가고 있다(표 6-1 참고).

표 6-1. 디지털 트윈 구축 분야(예시)

분야	주요 내용	
도시 교통	ㅇ도시 내 교통 체계 지능화와 연계하여 교통흐름 개선 및 사고 모니터링, 도로 정비 등 시뮬레이션 기반 도시 교통 정책 수립 - 중국 선전시는 디지털 트윈으로 고속도로 설계	
환경	ㅇ대기오염 심각 지역의 지형, 기상, 교통, 유동인구 데이터 등의 통합분석으로 오염물질 배출량 최적 저감 시뮬레이션 분석 - 영국은 공공데이터를 활용해 대기오염 시뮬레이션 프로젝트 추진	

산단	ㅇ국가산단 전반의 통합관리 및 운영 최적화를 통해 산업 생산성 향상, 유해가스 유출 등 사고 예방 및 주민 생활 환경 개선 - 중국 산업 집적단지인 난징 장베이신구에 디지털 트윈 적용	
문화 유산	ㅇ국가적으로 보존가치가 높은 문화재의 재해·재난 예측 및 대응 시뮬레이션으로 위험요인 선제대응 및 문화재 관리체계 강화 - 파리 노트르담 대성당 복원사업에 디지털 트윈 활용	
의료	ㅇ환자데이터를 활용하여 디지털 트윈을 구현하고, 가상환경 내 가시화를 통해 가상수술·시뮬레이션 등 의료현장 적용 - 오클라호마대는 디지털 트윈으로 종양표적 약물전달 효율성 향상	
공항	ㅇ항공기, 물류, 이용객, 시설물 등 다양한 데이터가 수집·표시하여 복잡한 공항 운영상황 종합 판단 및 의사결정 최적화 - 스키폴·코펜하겐·미국 동부 공항 등은 디지털 트윈 테스트 중	
국방	ㅇ주요 무기체계(전투기, 군함, 잠수함 등) 및 주요 군사 시설(비행장, GOP 등)을 통합관리하고 교육훈련 시뮬레이션 활용 - 미군은 잠수함, 항공모함 등 주요 무기체계 운용 훈련에 활용	
스마트 시티	ㅇ건물, 유동인구, 기후 등 종합적인 시뮬레이션을 통해 다양한 도시문제를 해결하는 지능형 행정서비스 확산 - 싱가포르, 핀란드, 아일랜드는 도시 문제 해결을 위해 도입	
건설	ㅇ건축 설계부터 운영·유지보수까지 전단계에 디지털 트윈을 적용하여 시행착오 감소, 건축품질 향상 및 실시간 안전관리 - 상해 하수처리장에 디지털 트윈을 적용, 공사기간 및 비용 절감	

출처: 관계부처합동, 2021

6.2 디지털 트윈 개념과 구성 요소

1) 디지털 트윈 개념

현대적 개념의 디지털 트윈을 처음으로 정립한 사람은 플로리다 공과대학교 마이클 그리브스(Michael Grieves) 교수이다. 2002년 당시 마이클 그리브스 교수는 디지털 트윈이라는 용어 대신 PLM

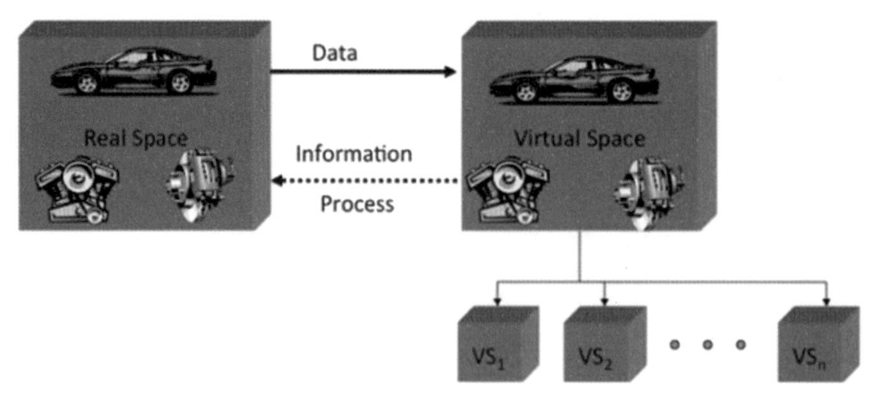

그림 6-3. 프로덕트 라이프사이클 매니지먼트(PLM) 개념

출처: Michael Grieves, 2016.

(Product Lifecycle Management)이라는 용어를 사용하였다. PLM은 제품의 디자인과 설계, 제조 및 판매, 유지관리 및 서비스, 최종 폐기 단계에 이르는 생명 주기 전반을 통합된 정보(데이터) 기반으로 관리하는 체계라고 정의하였다(그림 6-3 참고). PLM은 그리브스 교수의 동료 중 한 명인 존 비커스(John Vickers)에 의해 미항공우주국 기술로드맵(2010)의 디지털 트윈 개념으로 이어졌다.

2010년 미항공우주국의 기술로드맵은 비행체에 대한 디지털 트윈을 "플라잉 트윈의 생애를 반영하기 위한 최상의 물리적 모델, 센서 업데이트, 선단 이력 등을 사용하는 비행체 또는 통합 시스템의 다중 물리, 다중 규모, 확률론적 시뮬레이션"이라고 정의하였다. 이 외에도 다양한 학술논문에서 "디지털 트윈은 수명 주기 전반에 걸쳐 성능을 모니터링, 분석 및 최적화할 수 있는 물리적 개체 또는 시스템의 가상 표현", "센서, 시뮬레이션 및 기타 소스의 데이터를 사용하여 물리적 자산 또는 프로세스의 가상 모델을 생성하는 사이버-물리 시스템", "성능을 모니터링, 제어 및 최적화하는 데 사용할 수 있는 물리적 자산의 실시간 디지털 복제본" 등으로 정의되었다(Liu et al., 2020). 이들 정의에서 디지털 트윈은 가상이라는 특성과 실시간 데이터 통합, 성능 모니터링 및 최적화와 같은 주요 기능을 강조하고 있다.

글로벌 기술 컨설팅 그룹 가트너는 "디지털 트윈은 실제 개체 또는 시스템의 디지털 표현으로 디지털 트윈의 구현은 고유한 물리적 개체, 프로세스, 조직, 사람 또는 기타 추상화를 반영하는 소프트웨어 개체 또는 모델"이라고 정의하였다. 우리 정부는 디지털 트윈이라는 세계적 기술 트렌드에 정책적으로 대응하기 위해 관계부처 합동으로 '디지털 트윈 활성화 전략'을 마련하였다. 이 전략에서는 디지털 트윈을 "가상 세계에 실제 사물의 물리적 특징을 동일하게 반영한 쌍둥이를 3차원 모델로 구현하고, 실제 사물과 실시간으로 동기화한 시뮬레이션을 거쳐 관제·분석·예측·최적화 등 해당 사물에 대한 현실 의사결정에 활용하는 기술"이라고 정의하였다(그림 6-4 참고).

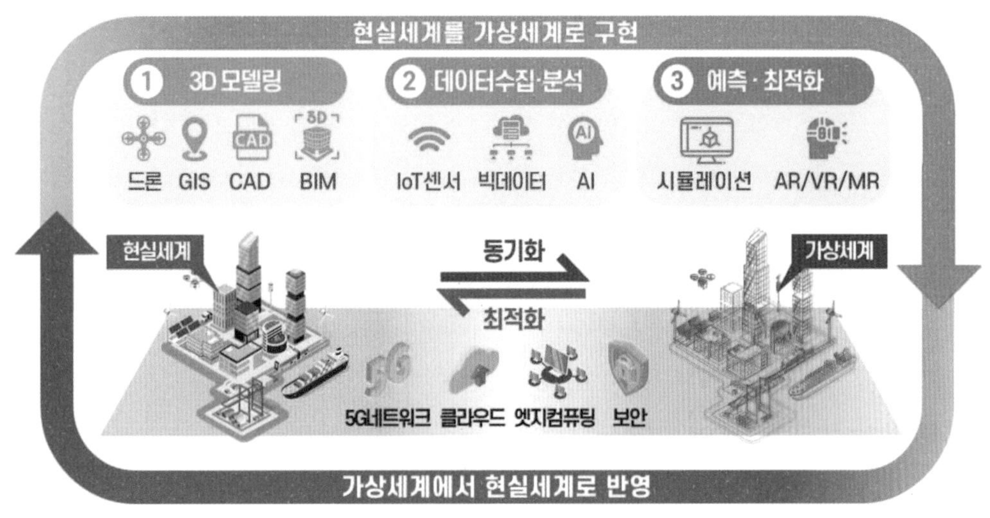

그림 6-4. 요소 기술 기반 디지털 트윈 개념

출처: 관계부처 합동. 2021. 디지털 트윈 활성화 전략. p.10.

전술한 바와 같이 디지털 트윈에 대한 개념은 분야별로 다양하게 나타난다. 특히, 1997년 '도시계획 및 고속도로 설계에 대한 디지털 3차원 모델 적용' 컨퍼런스 발표와 같이 일부에서 디지털 트윈을 단순히 3차원 데이터 모델로 인식하는 경향이 있다. 실세계 객체를 3차원으로 디지털화(데이터화)하고, 3차원 데이터를 기반으로 실세계를 분석 및 시뮬레이션해 예측이나 최적화를 한다는 측면에서 디지털 트윈과 3차원 데이터 모델의 활용은 유사성이 있는 것이 사실이다. 실제로 디지털 트윈의 정의에서 공통적인 특성을 보면 현실 세계의 모사나 복제가 포함되어 있다. 즉 현실 세계의 객체를 복제하여 현상을 실감 나게 관측하고, 제어하기 위해 3차원 데이터 모델로 구현하는 것이 필요하다. 이런 측면에서 기존의 3Ds Max, BIM(Building Information Modeling), 3D GIS 등에서 사용되는 3차원 데이터 모델과 디지털 트윈은 유사한 점이 있다. 그러나 현실 세계를 디지털로 복제하는 것은 디지털 트윈을 정의하는 여러 구성 요소 중 일부분에 지나지 않는다.

여러 분야에서 정의한 디지털 트윈을 분석해 보면 3가지 핵심 구성 요소로 특징지을 수 있다. 첫째, 물리적 현실(physical reality), 둘째, 물리적 현실에 대한 가상화(virtual representation), 셋째, 물리적 현실과 가상화 사이의 정보를 교환하는 상호 연결(interconnection)이다(VanDerHorn and Mahadevan, 2021). 3가지 핵심 요소 중 기존의 3차원 데이터 모델은 현실에 대한 가상화에 해당한다. 기존의 3차원 GIS, BIM, 3D Max 등에서는 물리적 현실과 가상화된 데이터 모델을 실시간으로 연결해 상호 정보를 교환하는 요소는 찾아볼 수 없다. 특히, 디지털 트윈은 IoT 센서와 통신 기술(5G/6G), 대용량 데이터처리 및 인공지능 활용 능력의 향상으로 실시간 데이터 분석과 시뮬레이션 및 자동화를 추구하고 있다.

영국 국가 디지털 트윈 정책 추진의 핵심 기관인 영국 디지털 트윈 센터(Center for Digital Built Britain)도 "디지털 트윈과 다른 디지털 모델을 구분하는 것은 물리적 트윈과 디지털 트윈의 연결성(connection)에 있다"고 주장하였다. 또한, 호주 BIM 자문위원회(Australasian BIM Advisory Board)에서도 물리적 트윈과 디지털 트윈 사이의 양방향 데이터 교환이 기존의 3차원 데이터 모델과 디지털 트윈의 차이점이라 보았다. 즉 기존의 3차원 데이터 모델은 디지털 트윈을 구성하는 하나의 요소로 다음에 기술한 디지털 트윈 구성 요소와 발전단계를 보면 그 차이를 알 수 있다.

2) 디지털 트윈 구성 요소와 성숙도

영국 정부 지원으로 설립된 비영리 연구개발 센터 캐터풀트(HVM Catapult)는 현실 세계의 객체 또는 시스템에 대한 데이터 모델, 현실과 가상 세계 객체 및 시스템의 연결을 통한 데이터 교환, 현실 세계에 대한 실시간 모니터링 능력을 디지털 트윈의 3가지 필수 구성 요소로 보았다. 여기에 선택 요소로 분석 및 시뮬레이션 기능을 포함하였다(Catapult, 2018). 디지털 트윈에 대한 다양한 정의를 고려할 때 디지털 트윈을 구성하는 공통적인 기술 구성 요소는 현실 세계와 이에 대응하는 가상 데이터 모델, 실시간 연결성을 위한 IoT 센서, 초고속 통신망(5G/6G), 분석 및 시뮬레이션 모형, 자동화를 위한 인공지능, 빅데이터 처리를 위한 클라우드 기반 플랫폼 등으로 구성될 수 있다(표 6-2 참고).

표 6-2. 디지털 트윈 기술 구성 요소

구성 요소	설명
현실 세계	• 디지털 트윈의 구축 대상이 될 현실 세계에 존재하는 자산/프로세스/시스템
데이터 모델	• 2D · 3D 형태로 현실 세계의 대상을 모사한 데이터 모델(객체 관련 속성 데이터 포함)
사물인터넷 센서 (IoT sensor) 및 센서 데이터	• 실세계와 디지털 세계를 연결하는 장치로 실세계 객체에 부착하여 현상 데이터를 실시간으로 수집하는 사물인터넷 장치 • IoT sensor와 Network를 통해 수집된 현상 데이터
초고속 통신망 (5/6G network)	• 현실 세계의 현상 데이터와 가상 세계의 분석/시뮬레이션 결과를 전달하기 위한 통신망
분석 및 시뮬레이션 모형/알고리즘(A.I.)	• 의사결정지원, 예측 및 최적화를 위한 분석 및 시뮬레이션 모형 또는 자동화를 위한 인공지능 알고리즘
클라우드 기반 플랫폼	• 디지털 트윈 데이터와 센서 데이터(빅데이터)가 수집 · 저장되고, 분석 · 시뮬레이션을 통한 예측 및 최적화 기능을 탑재한 클라우드 기반 플랫폼

출처: HVM Catapult, 2018 자료를 기초로 저자 작성

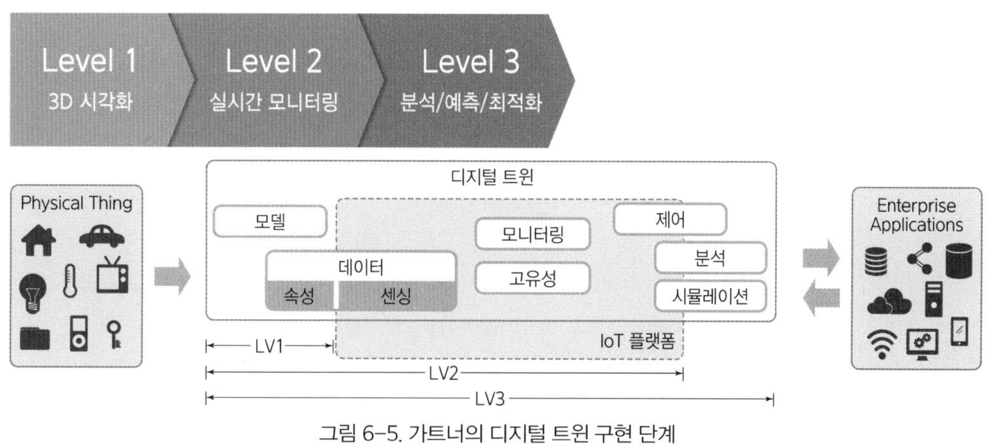

그림 6-5. 가트너의 디지털 트윈 구현 단계

출처: https://blog.lgcns.com/1864

디지털 트윈의 구축에는 2·3차원 데이터 모델, IoT 센서, 초고속 통신망, A.I. 클라우드 기반 플랫폼 등 다양한 기술 요소가 필요하고, 이 기술을 통합적으로 활용할 수 있어야 제대로 된 디지털 트윈을 구현할 수 있다. 또한 디지털 트윈은 구축 대상과 목적에 따라 요구되는 기술이 달라질 수 있으며, 디지털 트윈을 구현하기 위한 각각의 요소 기술 성숙도에서도 차이가 나기 때문에 단계적 접근이 필요하다. 가트너는 그림 6-5와 같이 디지털 트윈의 구현을 위한 성숙도를 3단계 모델로 정리하였다. 1단계는 현실 객체를 3차원으로 복제 및 가시화하는 단계이다. 2단계는 IoT 센서로부터 현실 객체의 속성과 상태정보를 수집해 실시간으로 모니터링하는 단계이다. 3단계는 A.I.를 포함한 분석 및 시뮬레이션 모형을 이용해 현실 세계를 예측 및 최적화하는 단계로 비로소 디지털 트윈이 완성되는 단계이다.

디지털 트윈의 성숙단계는 보는 관점에 따라 다소 차이가 있다. 예를 들어 정보통신기획평가원은 2021년 연구에서 디지털 트윈 기술 발전단계를 표 6-3과 같이 5단계로 정의하였다. 1단계에서 3단계까지의 단계별 특성은 가트너의 3단계 모델과 유사하다. 여기에 더해 4단계 개별 디지털 트윈 간의 연합을 포함하고 있는데, 각기 다른 도메인에서 구현한 디지털 트윈을 연합해 더 복잡한 문제의 해결이나 최적화를 이룰 수 있다고 보았다. 5단계는 디지털 트윈 간 실시간으로 통합되고, 자율적으로 동기화되어 인간의 개입 없이 디지털 트윈이 작동하는 단계가 될 것이라 내다보았다.

표 6-3. 디지털 트윈 기술 발전단계별 내용

기술 발전단계		내용
5단계	자율 (Autonomous)	• 디지털 트윈 간 실시간 자율협력 – 디지털 트윈 간 실시간, 통합적, 자율/자동 동기화 동작 – 사람의 개입 불필요
4단계	연합 (Federated)	• 복합 디지털 트윈 연계·동기화 및 상호작용 – 이종 도메인이 상호 연계되는 디지털 트윈 간의 연합적 동작 모델 – 디지털 트윈 간의 연계, 동기화 및 상호작용작업(동작 수행을 위해 사람의 개입이 요구)
3단계	모의 (Modeling & Simulation)	• 디지털 트윈 모의 결과를 적용한 물리대상 최적화 – 현실 대상에 대한 동작 모델기반 시뮬레이션 – 현실에서 발생하는 데이터를 통해 문제를 재현하고 원인을 분석
2단계	관제 (Monitoring)	• 실시간 관제 및 부분자동제어 – 행동 및 역학 모델 없이 프로세스 논리가 적용되어 운영 – 실시간 모니터링, 부분적 자동제어가 있으나, 주로 인간의 개입을 통한 동작을 수행
1단계	모사 (Mirroring)	• 현실 세계 디지털 모사 – 2D 또는 3D로 모델링되어 시각화된 현실

자료: 정보통신기획평가원. 2022. p.19.

6.3 공간정보 기반 디지털 트윈 개념과 특성

1) 디지털 트윈 vs 국토·도시 디지털 트윈

공간정보 기반 디지털 트윈을 살펴보기에 앞서 디지털 트윈의 개념 및 특성, 기술 구성 요소와 성숙도 등을 살펴보았다. 디지털 트윈과 공간정보 기반 디지털 트윈은 기술적 측면에서는 큰 차이가 없으나 디지털 트윈을 구현하는 대상과 관점에 따라 다소 차이를 나타낸다. 제조업에서는 디지털 트윈의 대상이 비교적 단순하고, 구현 목적도 분명하다. 일반적으로 제조업에서 디지털 트윈의 대상은 기업의 자산이나 제품이다. 예를 들어 제너럴 일렉트릭의 경우 자사가 생산하는 항공기의 엔진이나 수력 및 풍력 발전소의 터빈과 같은 제품이 디지털 트윈의 대상이다. 자사가 판매한 엔진과 터빈으로부터 수집되는 실시간 상태정보를 프리딕스(Predix) 플랫폼에서 분석 및 시뮬레이션하여 수리나 부품 교체 시기를 예측한다. 이를 통해 고객사가 운용 중인 제품의 고장 및 수리시간을 최소화하거나 제품의 유지·관리 효율화를 통해 편익을 발생시킨다. 제조업 디지털 트윈의 구축에 필요한 3차원 데이터 모델은 공간적 맥락에서의 위치정보(절대위치)를 중요한 요소로 다루지 않는다. 플랫폼상의 상대적 위치만으로도 디지털 트윈 구축 목적을 달성할 수 있기 때문이다.

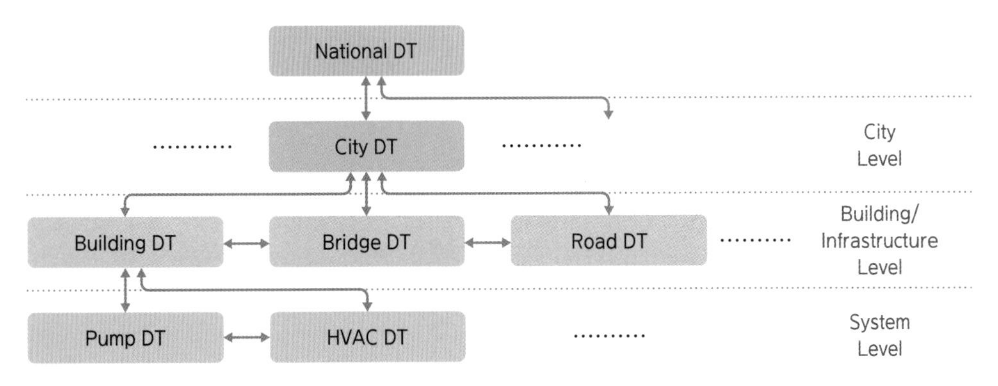

그림 6-6. 공간적 위계에 따른 디지털 트윈의 구성 및 관계

출처: Lu et al., 2020

이에 반해 국토·도시와 같은 공간정보 기반 디지털 트윈은 인문 및 자연환경과 관련한 문제의 해결을 위해 현실 세계와 똑같은 환경에서 분석, 시뮬레이션, 예측 및 최적화를 해야 한다. 이때 현실 세계의 절대 위치정보는 매우 중요한 요소이다. 국토나 도시는 사회·환경적 측면에서 매우 복잡하게 연계된 종합적인 시스템이다. 국토와 도시는 건조환경을 구성하는 개별 시스템(건물 내 배관, 냉난방 시스템, 건물, 교통 및 공공시설과 같이 국토·도시를 구성하는 인프라)들이 자연환경 위에 통합되어 있다. 다시 말해 도시를 구성하는 각각의 구성 요소별로 목적에 따른 디지털 트윈을 구축할 수도 있고, 도시를 구성하는 요소별 디지털 트윈을 연합(federation)해서 하나의 디지털 트윈 도시를 구축할 수도 있다는 의미이다. 따라서 그림 6-6과 같이 국토·도시를 구성하는 하위 계층의 여러 단계별 디지털 트윈을 통합해 단계적으로 디지털 트윈 도시 또는 디지털 트윈 국토가 된다는 점에서 제조업이나 여타 디지털 트윈과는 차이가 있다(Lu et al., 2020). 국토·도시 디지털 트윈은 위치정보를 기반으로 연합되며, 공간적 위계가 높은 상위계층으로 갈수록 더 많은 하위 디지털 트윈을 포괄해 더 복잡하고 광범위한 문제 해결에 이용될 수 있다.

2) 공간정보 기반 디지털 트윈의 특성

공간적 스케일과 디지털 트윈을 구축하는 목적에 따라 디지털 트윈의 기본요소인 3차원 데이터 모델의 정밀도(Level of Detail, LOD)는 달라진다. 앞서도 언급한 바와 같이 제조업의 3차원 데이터 모델은 대상이 주로 자산 또는 제품 등이 된다. 자산이나 제품 자체에 대한 모니터링, 관리 및 최적화를 위해 최대한 물리 객체를 모사한 높은 수준의 정밀한 데이터 모델이 필요하다. 이에 반해 국토·도시와 같이 넓은 공간을 대상으로 하는 디지털 트윈은 국토·도시를 구성하는 자연환경에서부

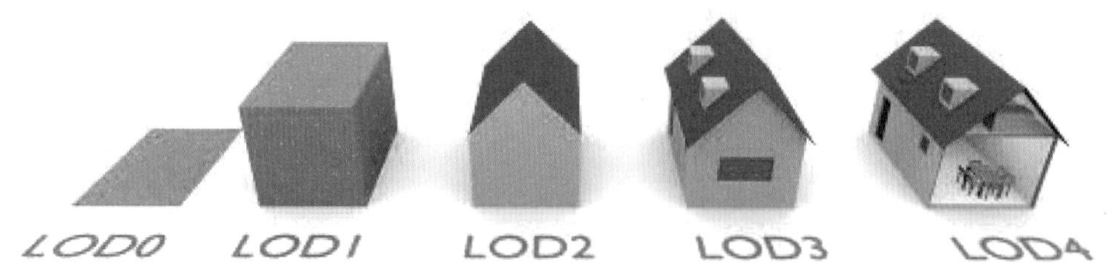

그림 6-7. CityGML 2.0의 3차원 데이터 모델 정밀도
출처: Biljeck et al., 2016

터 인간이 만들어 놓은 인공환경(예: 도로, 철도, 교통시설물, 건물, 교량, 터널, 기타 도시시설물)에 이르기까지 너무도 광범위한 대상을 모델링 해야 하는 어려움 있다. 그림 6-6의 하위 계층(level)일수록 제조업과 같이 높은 정밀도의 데이터 모델이 요구되는 것이 일반적이다. 공간적 위계상 도시나 국토 같은 광범위한 대상은 낮은 정밀도로도 할 수 있는 분석이나 시뮬레이션이 있다. 예를 들어 도시의 바람길 시뮬레이션을 위한 3차원 지형과 건물 데이터는 그림 6-7의 LOD1 또는 LOD2 수준에서도 충분히 할 수 있다. 그러나 건물에서 발생한 화재 상황에서 소방관이 화재진압을 위해 건물 내의 최적 이동 경로나 시민들에 대한 대피 경로를 시뮬레이션해야 한다면 LOD4와 같이 실내 정보까지 포함한 정밀한 건물 데이터가 요구될 것이다. LOD3나 LOD4와 같이 높은 정밀도의 데이터를 구축하는 데에는 많은 시간과 비용이 소요되기 때문에 디지털 트윈의 구현 대상과 목적에 따라 적절한 데이터 모델의 정밀도를 정해야 한다.

공간정보 기반 디지털 트윈 데이터의 또 다른 특징 중 하나는 제조업 제품이나 스마트 공장처럼 제품과 디자인 생산라인에 변화가 없으면 데이터 모델의 갱신이 필요 없는 것과 달리 국토·도시는 지형이나 도로, 건물 등의 자연 및 건조환경(natural and built environment)이 시간 경과에 따라 계속 변화한다는 것이다. 그리고 변화하는 현실 세계가 시의적절하게 데이터 모델로 갱신되지 않는다면 국토·도시의 디지털 트윈은 제대로 된 기능을 할 수 없다. 따라서 데이터 모델의 구축뿐만 아니라 효과적인 데이터 갱신과 관리 방안에 대한 고려가 필요하다. 디지털 트윈 데이터의 효과적인 갱신 방법으로 다음에 기술하고 있는 BIM의 활용은 매우 유용한 수단이 될 수 있다.

3) BIM과 공간정보 기반 디지털 트윈

디지털 트윈이 유행하기 훨씬 전부터 국토·도시 인프라(지형, 건물, 도로 및 도로 기반 시설물) 디지털화를 위해 정부는 공간데이터를 구축해 왔다.* 지금까지의 공간데이터는 정적인 데이터가 중

* 우리나라는 1995년부터 5년 단위의 '국가공간정보정책 기본계획'을 수립해 관련 정책을 추진해 오고 있다. 2023년 제7차 국

심이었다면, 4차 산업혁명 기술의 발전과 함께 실시간 동적 데이터를 활용하는 방향으로 기술이 발전하고 있다. 건설과 건축 분야에서도 CAD 기반 데이터에서 BIM을 이용한 생애주기 데이터를 활용하는 방향으로 발전하고 있다. BIM은 건축 및 건설을 위한 기획, 설계, 시공, 운영 및 유지보수 전 과정에 혁신을 가져오고 있다. 기획·설계 단계에서는 3차원 가시화를 통해 고객과의 소통을 원활하게 해 설계 시간을 단축할 수 있다. 시공 및 유지관리 단계에는 사전에 발생할 만한 문제점을 검토할 수 있다. 시공 시에는 가상 시공을 통해 공정이나 비용 및 품질관리를 최적화해 공사 기간을 단축할 수 있으며, 건설 현장의 안전 향상에도 기여할 수 있다. 준공 후에는 IoT 센서로부터 수집한 데이터를 인공지능 알고리즘으로 분석해 건설 인프라의 운영 및 유지관리를 효율화함으로써 경제적 편익을 가져올 수 있다.

BIM과 디지털 트윈은 현실 세계의 객체(예시: 건축물, 지형, 도로 및 도로시설물, 지하시설물 등)를 디지털로 모사해 3차원 데이터 모델을 기반으로 생애주기 전반을 관리한다는 점에서 유사하다. BIM은 디지털 트윈에 비해 건설 및 건축분야가 요구하는 훨씬 더 정밀한 데이터를 구축하여 활용한다. 앞서 그림 6-6과 같은 위계 구조에서 BIM은 국토·도시 인프라에 해당하는 건물, 교량, 도로, 철도 디지털 트윈을 위한 핵심 데이터 모델을 제공할 수 있다. 국토·도시 인프라를 위한 BIM 데이터의 활용은 데이터 모델 갱신에 있어서 의미하는 바가 크다. 건물, 교량, 도로 및 철도 등을 일반적인 공간데이터 구축방식인 항공측량이나 LiDAR(라이다) 등을 이용할 경우 데이터의 최신성 유지에 한계가 있다. 반면, BIM 데이터는 건물, 교량, 도로 및 철도 등의 구조적 변화가 있을 때 BIM 데이터를 생성하고, 인허가 업무와 연계해 즉각적인 갱신이 가능하다. 국토교통부는 BIM 데이터 구축 및 활용과 관련해 2020년 '건축 BIM 활성화 로드맵(2021~2030)'과 '건설산업 BIM 기본지침'을 마련하였다. 2021년에는 'BIM기반 건설 산업 디지털 전환 로드맵'을 마련하였다. 이를 기반으로 2020년대 후반에는 건축 및 건설 산업에서 BIM 데이터의 활용이 일반화할 될 것으로 예상된다.

이런 이유로 BIM과 GIS 데이터의 통합을 위한 노력이 다양하게 추진되고 있다. ESRI와 Autodesk 같은 기업들을 중심으로 전문가, 설계자 및 엔지니어가 GIS와 BIM을 통합하여 프로젝트 수명 주기 전반에 걸쳐 협업할 수 있는 환경을 제공하기 위해 표준을 개발하는 등 GIS 소프트웨어에 BIM 데이터를 불러와 통합된 환경을 제공할 수 있도록 협력하고 있다(그림 6-8 참고).

즉, 국토도시 디지털 트윈의 데이터를 제공하는 GIS와 BIM은 상호보완적인 관계가 있다. BIM으로 제작된 건축물 객체 데이터는 데이터 변환을 통해 디지털 트윈 도시를 구성하는 건축물 데이터로 활용할 수 있어 국가 차원에서 데이터 생산에 소요되는 비용의 절감을 기대할 수 있다. 건설 분

가공간정보정책 기본계획이 확정되었다.

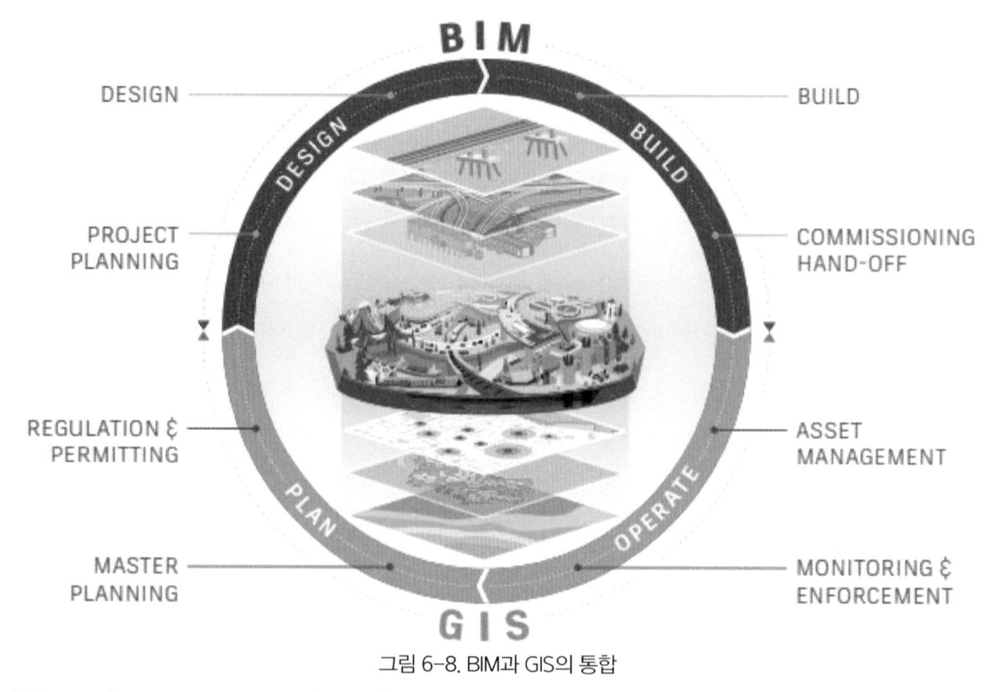

그림 6-8. BIM과 GIS의 통합

출처: https://damassets.autodesk.net/content/dam/autodesk/www/solutions/bim/docs/autodesk_bring_together_bim_gis_ebook_v18.pdf

야는 반대로 디지털 트윈 도시의 구현을 위해 구축한 지형 데이터를 활용할 수 있다. 드론 및 LiDAR를 이용한 3D 객체 및 지형 모델링은 이 두 분야에 공통으로 활용되는 중요한 데이터이다.

영국은 'Digital Built Britain'이라는 국가 인프라 전략에서 BIM과 디지털 트윈의 관계를 잘 보여준다. 영국의 경우 국가 인프라 및 건설 산업의 디지털화를 통해 생성되는 데이터 공유를 통해 노후 인프라에 대한 효율적 관리와 예산 절감 등 사회·경제적 편익을 추구하고자 했다. 이를 위해 특정 인프라를 대상으로 BIM 시범사업을 수행해 얻은 경제적 편익을 원 단위로 국가 인프라 전반에 투영해 경제적 편익을 추정하였다. 그 결과 연간 약 500억 파운드의 편익이 도출되었으며, 건설 및 인프라 BIM을 국가 디지털 트윈의 기초 데이터로 활용하여 얻을 수 있는 편익이 기대 이상으로 클 것이라고 내다봤다.

인류의 기술은 시간과 공간의 제약을 극복하여 인간을 더욱 이롭게 하는 방향으로 발전해 왔다. 정보통신 기술의 발전이 그러했고, 4차 산업혁명 기술과 디지털 트윈의 등장도 이러한 맥락에서 나타난 기술 발전의 과정이다. 디지털 트윈은 앞으로도 더 많은 분야에서 적용될 것이다. 특히, 국토와 도시의 자연 및 인공환경을 구성하는 수많은 구성요소에 대한 디지털 트윈(공간정보 기반 디지털 트윈)의 구축은 계속해서 확대되고 고도화될 것이다. 전문가들은 기술 발전의 방향이 디지털 트원을 넘어 메타버스 세상으로 이어질 것이라 전망하고 있다. 변화는 부지불식간에 스며들듯 찾아온다. 이러한 변화에 대비해 정부의 정책적 대응과 학자들의 연구개발에 대한 더 많은 노력이 요구되는 시기이다.

참고 문헌

관계부처 합동. 2021. "한국판 뉴딜 2.0, 초연결 신산업분야의 핵심" 디지털 트윈 활성화 전략. p.10.

이관도. 2021. 지자체 디지털 트윈 활용 및 시사점: 전주시 사례. 특집국토. 제474호. p.35.

정보통신기획평가원. 2022. 디지털 트윈 기술 K-로드맵.

정영준, 조일연, 이정우, 김범호, 이성호, 임창규, 이천희, 백의현, 진기성, 김영철 and 이상민, 2021. 디지털 트윈 기술의 도시 정책 활용사례(세종시 도시행정 디지털 트윈 프로젝트를 중심으로). [ETRI] 전자통신동향분석, 36(2), pp.43-55.

한국전자통신연구원. 2021. 디지털 트윈 기술의 도시 정책 활용사례(세종시 도시행정 디지털 트윈 프로젝트를 중심으로).

ABAB. 2021. Digital Twins An ABAB position paper. p.6.

Biljecki, F., Ledoux, H. and Stoter, J., 2016. An improved LOD specification for 3D building models. Computers, *Environment and Urban Systems*, 59, pp.25-37.

Bob Piascik, John Vickers, Dave Lowry, Steve Scotti, Jeff Stewart, and Anthony Calomino. (2010). Draft Materials, Structures, Mechanical Systems, and Manufacturing Roadmap. *Technology Area* 12. NASA.

Catapult. 2018. Feasibility of an Immersive digital twin: The definition of a digital twin and discussions around benefit of immersion, p.22.

CDBB. 2018. The Gemini Principles: Guiding values for the national digital twin and information management framework, p.10.

Glaessgen, E. and Stargel, D. 2012, April. The digital twin paradigm for future NASA and US Air Force vehicles. In 53rd AIAA/ASME/ASCE/AHS/ASC structures, structural dynamics and materials conference 20th AIAA/ASME/AHS adaptive structures conference 14th AIAA (p.1818).

Hernândez, L. A. and Hernândez, S. 1997. Application of digital 3D models on urban planning and highway design. *Trans Built Environ* 33: 391-402.

John Vickers, et al. 2010. Draft Materials, Structures, Mechanical Systems, and Manufacturing Roadmap. *Technology Area* 12. NASA.

Liu, Mengnan, ShuiliangFang, HuiyueDong, and CunzhiXu. 2020. "Review of digital twin about concepts, technologies, and industrial applications". *Journal of Manufacturing Systems*. p.6.

Lu, Q., Parlikad, A., Woodall, P., Xie, X., Liang, Z., Konstantinou, E., Heaton, J., Schooling, J. 2020. Developing a dynamic digital twin at building and city levels: A case study of the West Cambridge

campus. *Journal of Management in Engineering*. 36(3): 05020004.
MacEachren, A. M., and D. R. Fraser Taylor (eds.). 1994. *Visualisation in Modern Cartography*. Oxford: Pergamon.
Michael Grieves. 2016. Origins of the Digital Twin Concept. page 1.
Semeraro, C., Lezoche, M., Panetto, H. and Dassisti, M., 2021. Digital twin paradigm: A systematic literature review. *Computers in Industry,* 130, p.103-469.
VanDerHorn, E. and Mahadevan, S., 2021. Digital Twin: Generalization, characterization and implementation. *Decision support systems*, 145, p.113524.
https://www.ge.com/digital/applications/digital-twin
https://www.gartner.com/en/information-technology/glossary/digital-twin#:~:text=A%20digital%20twin%20is%20a,organization%2C%20person%20or%20other%20abstraction.
https://blog.3ds.com/industries/cities-public-services/rebuilding-ukraines-cities-using-virtual-twins/
https://damassets.autodesk.net/content/dam/autodesk/www/solutions/bim/docs/autodesk_bring_together_bim_gis_ebook_v18.pdf
https://blog.lgcns.com/1864
https://www.nrf.gov.sg/programmes/virtual-singapore
http://news.kbs.co.kr/news/view.do?ncd=4174908
https://www.smartcitiesworld.net/digital-twins/digital-twins/3d-and-digital-twin-tech-to-help-rebuild-cities-in-ukraine

제7장

환경공간정보의 기본 개념과 특징

7.1 환경공간정보의 개념과 범위

환경 문제는 현대 사회 및 미래 사회에서 피할 수 없는 문제가 되고 있다. 대기오염, 수질오염, 폐기물 등의 전통적인 환경 문제뿐 아니라 최근에는 기후변화, 생물다양성 등과 같은 다양한 문제들이 등장하면서 환경 문제의 범위는 계속해서 확대되고 있다. 특히 미세먼지, 기후 위기, 화학 물질 등 국민의 건강, 안전, 생활 등에 직접적인 영향을 미치는 환경 난제 또한 등장하고 있다. 이와 함께 국민 소득의 증가로 환경 문제에 대한 관심은 점차 증대되고 있다.

본격적으로 환경공간정보에 대해 다루기 전에 '환경'이라는 단어에 대해 먼저 생각해 볼 필요가 있다. 환경은 일상생활 속에서도 빈번하게 쓰이는 단어이다. 표준국어대사전에 따르면 환경이란 "생물에게 직접, 간접으로 영향을 주는 자연적 조건이나 사회적 상황"을 의미하며, 좀 더 일상적인 의미로는 생활하는 주위의 상태를 뜻하기도 한다.

학술적, 법적 의미에서의 환경은 약간 차이가 있다. 국내 환경을 다루는 가장 기본적인 법령인 환경부의 「환경정책기본법」에서는 환경을 크게 자연환경과 생활환경으로 나누어서 정의하고 있다. 자연환경은 지하, 지표 및 지상의 모든 생물과 이들을 둘러싸고 있는 비생물적인 것을 포함한 자연의 상태를 의미한다. 생활환경은 대기, 물, 토양, 폐기물, 소음·진동, 악취, 일조, 인공조명, 화학물질 등 사람의 일상생활과 관계되는 환경을 의미한다.

환경 분야에서 공간정보는 중요한 역할을 한다. 「환경정책기본법」 제24조에서는 환경정보의 보급과 관련된 내용이 서술되어 있다. 해당 법조문에서는 환경부장관은 모든 국민에게 환경보전에 관한 지식, 정보를 보급하고, 국민이 환경에 관한 정보를 쉽게 접근할 수 있도록 노력하여야 하며, 이러한 지식, 정보의 원활한 생산, 보급을 위해 환경정보망을 구축하도록 하고 있다. 해당 법령에 따라 국내에서는 다양한 유형의 환경정보를 구축 및 제공하고 있다.

환경정보는 그 범위에 따라 다양하게 해석될 수 있다. 가장 좁게 해석하자면 환경부에서 생산하고 유통하는 정보를 환경정보라고 정의할 수 있다. 하지만 환경이라는 것은 굉장히 넓은 범위를 포괄하고 있어 다른 분야와의 밀접한 연계가 필요하다. 때에 따라서는 산림청, 농림축산식품부, 국토교통부 등 인접 부처에서 제작한 정보들도 넓은 의미에서 환경정보의 범위 내에 포함되기도 한다.

본 장에서는 대표적인 환경공간정보의 예시 위주로 서술할 것이다. 먼저 대표적인 환경공간정보의 사례로 토지 피복지도, 생태·자연도, 도시생태현황지도, 국토환경성평가지도와 관련된 내용에 대해 살펴볼 것이다. 후반부에는 이러한 환경공간정보를 활용하고 있는 대표적인 사례인 환경영향평가 정보시스템에 대해 서술할 예정이다.

7.2 환경공간정보의 대표적 예시

1) 토지 피복지도

(1) 토지 피복지도의 필요성

토지 피복 자료는 많은 환경 연구에서 기초 자료로 활용된다. 다수의 인간 행위들이 토지에서 발생되는 만큼, 환경 문제의 해결 측면에 있어서도 토지 피복의 분석과 활용은 필수적이라 할 수 있다. 원격탐사 기술의 발달로 인해 다양한 위성영상과 항공 사진은 더 정밀한 토지 피복지도를 만드는데 활용되고 있으며, 최근에는 인공 지능의 발달로 인해 인공지능과 공간연산 기법을 활용한 지능형 토지 피복 자동분류를 활용한 토지 피복지도를 생산하기도 한다.

(2) 토지 피복지도의 의미

토지 피복지도는 지구 표면 지형지물의 형태를 과학적 기준에 따라 분류하고 동질의 특성을 지닌 구역을 지도 형태로 표현한 환경 주제도이다. 이 개념은 1985년 유럽환경청에서 추진된 CORINE (Coordination of Information on the Environment) 프로젝트에서 정립되었으며, 유럽연합 회원국들의 토지현황에 대한 방대한 정보를 종합적으로 수집하고 관리하기 위해 추진되었다.

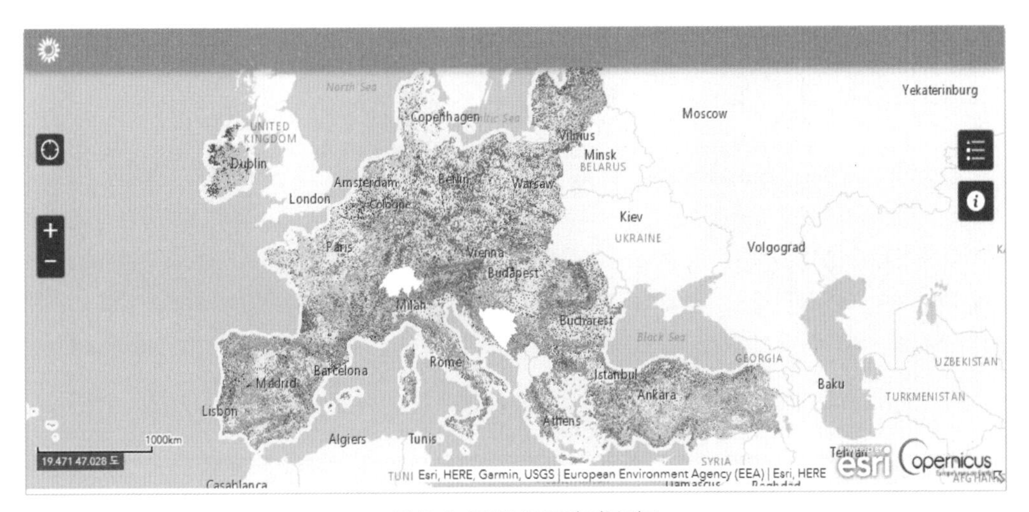

그림 7-1. CORINE 토지 피복지도

출처: https://land.copernicus.eu/pan-european/corine-land-cover/clc-1990

환경부에서는 국내 실정에 맞는 분류기준에 따라 1998년 최초로 대분류 토지 피복지도를 구축하였으며, 여러 차례 갱신되어 현재 전국 단위의 중분류, 세분류 토지 피복지도가 구축되어 있다.

(3) 토지 피복지도의 분류체계

토지 피복지도는 해상도에 따라 대분류, 중분류, 세분류 토지 피복지도로 나뉜다. 대분류 토지 피복지도는 30m, 중분류 토지 피복지도는 5m, 세분류 토지 피복지도는 1m의 해상도를 가진다.

대분류 토지 피복지도는 해상도 30m급의 영상 자료를 주된 자료로 활용하여 총 7개 항목으로 분류하여 제작한 축척 1:50,000의 지도이다. Landsat(랜드셋) TM 위성영상을 활용하여 제작되었으며, 래스터 형태로 제작된다. 중분류 토지 피복지도란 해상도 5m급의 영상 자료를 주된 자료로 활용하여 총 22개 항목으로 분류하여 제작한 축척 1:25,000의 지도이다. Landsat TM+IRS 1C 위성영상, SPOT5, 아리랑 2호 위성영상을 활용하여 제작되었으며, 대분류 토지 피복지도와는 다르게 벡터 형태로 제작되어 있다. 마지막으로, 세분류 토지 피복지도란 해상도 1m급의 영상 자료를 주된 자료로 활용하여 총 41개 항목으로 분류하여 제작한 축척 1:5,000의 지도이다. 아리랑 2호 위성영상, IKONOS 위성영상, 항공사진을 활용하여 제작되었으며, 중분류 토지 피복지도와 마찬가지로 벡터 형태로 제작된다.

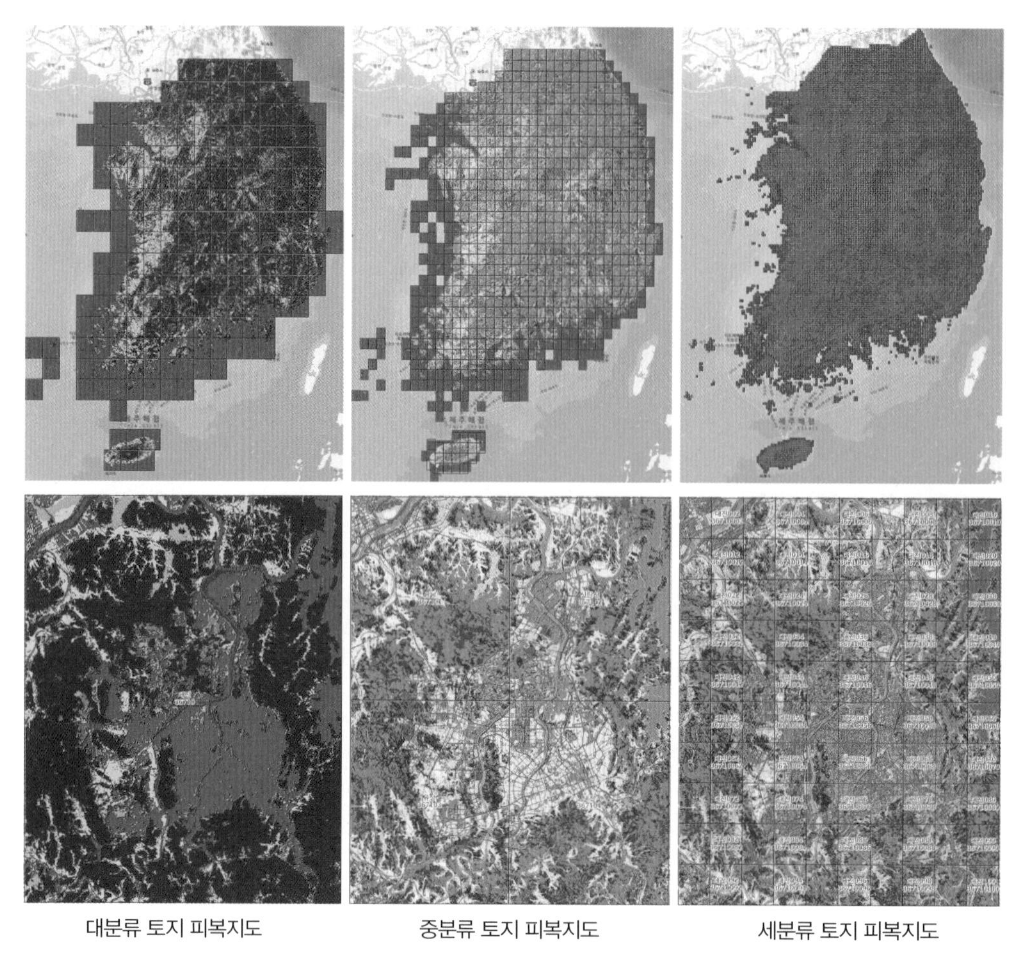

대분류 토지 피복지도　　중분류 토지 피복지도　　세분류 토지 피복지도

그림 7-2. 토지 피복지도

출처: 환경부, 환경공간정보서비스 http://egis.me.go.kr

(4) 토지 피복지도의 분류체계

해상도별 토지 피복지도는 토지 피복의 분류 기준에 따라 분류항목을 구성하고 있다. 대분류는 총 7개, 중분류는 22개, 세분류는 41개 분류항목으로 구성되어 있다. 대분류 토지 피복지도를 기준으로 한 각각의 분류항목에 대한 정의는 다음과 같다.

표 7-1. 토지 피복지도의 분류체계

분류 항목	정의
시가화 건조지역	주거시설, 상업 및 공업시설, 교통시설 등의 건조물을 포함하는 지역
농업지역	논, 밭을 갈아 농사를 짓는 농경지역과 과수, 가로수 등을 재배하는 지역 및 축산과 낙농을 위해 사용하는 시설을 포함하는 지역
산림지역	수목이 집단적으로 생육하고 있는 토지를 포함하는 지역

초지	초본식물로 덮인 토지를 말하며 자연적으로 발생한 자연초지와 인위적으로 형성된 인공초지를 모두 포함
습지	자연적인 환경에 의해 항상 수분이 유지되고 있는 축축하고 습한 땅을 포함하는 지역
나지	식생피복이 없는 맨땅
수역	호수, 저수지 및 늪 등 물이 고여 있는 낮은 지역

출처: 환경부, 토지 피복지도 작성 지침

중분류, 세분류 토지 피복지도의 각 분류항목은 대분류 토지 피복지도의 분류항목을 세분화한 것과 같다.

표 7-2. 토지 피복지도의 분류항목

대분류		중분류		세분류		
시가화·건조지역	100	주거지역	110	단독주거시설	111	
				공동주거시설	112	
		공업지역	120	공업시설	121	
		상업지역	130	상업업무시설	131	
				혼합지역	132	
		문화·체육·휴양지역	140	문화·체육·휴양시설	141	
		교통지역	150	공항	151	
				항만	152	
				철도	153	
				도로	154	
				기타 교통·통신시설	155	
		공공시설지역	160	환경기초시설	161	
				교육·행정시설	162	
				기타 공공시설	163	
농업지역	200	논	210	경지정리가 된 논	211	
			210	경지정리가 안 된 논	212	
		밭	220	경지정리가 된 밭	221	
			220	경지정리가 안 된 밭	222	
		시설재배지	230	시설재배지	231	
		과수원	240	과수원	241	
		기타재배지	250	목장·양식장	251	
				기타재배지	252	
산림지역	300	활엽수림	310	활엽수림	311	
		침엽수림	320	침엽수림	321	
		혼효림	330	혼효림	331	

초지	400	자연초지	410	자연초지	411	
		인공초지	420	골프장	421	
				묘지	422	
				기타 초지	423	
습지	500	내륙습지(수변식생)	510	내륙습지(수변식생)	511	
		연안습지	520	갯벌	521	
				염전	522	
나지	600	자연나지	610	해변	611	
				강기슭	612	
				암벽·바위	613	
		인공나지	620	채광지역	621	
				운동장	622	
				기타 나지	623	
수역	700	내륙수	710	하천	711	
				호소	712	
		해양수	720	해양수	721	

출처: 환경부, 환경공간정보서비스 http://egis.me.go.kr

(5) 토지 피복지도의 활용

앞서 설명하였듯이 토지 피복지도는 물환경, 자연환경, 대기/기후 등 다양한 환경 관련 분야의 연구 및 정책 분야에서 기초 자료로 활용되고 있다. 구체적인 활용 분야는 표 7-3과 같다.

표 7-3. 토지 피복지도의 활용

구분	내용
물환경	• 수질 비점오염 부하량 산정, 오염총량 관리, 유역 및 하구관리·복원 • 유역건정성지표 개발, 홍수 취약 위험지역 파악, 수변구역 설정
자연환경	• 환경영향평가, 생태 축 설정, 보전/복원지역 설정, 생태계변화 모니터링 • 비오톱지도, 생태·자연도, 국토환경성평가지도 작성, 공원구역 조성
대기/기후	• 기후변화 영향 및 취약성 평가, 기후변화 시나리오 개발 • 대기모델링, 오염총량 관리, 이산화탄소 배출량 추정, 전자기후도 작성
기타	• 대축척 주제도 제작, 환경통계, 토사유실평가, 소음지도 작성 • 토지적성평가, 국토·지역계획 수립, 산사태 위험방지 및 산지이용실태 파악

출처: 환경부, 환경공간정보서비스 http://egis.me.go.kr

2) 전국자연환경조사와 생태·자연도

(1) 전국자연환경조사

우리나라는 국가의 자연환경 보전정책 수립에 요구되는 생태환경정보의 수집 및 제공이 필요하여 「자연환경보전법」 제30조에 따라 전국을 단위로 5년마다 전국 자연환경 조사를 실시하고 있다. 해당 조사에서는 전국단위의 생물다양성 정보와 생태계 현황을 파악하고 있다. 조사 분야는 지형, 식생, 식물상, 육상곤충, 조류, 포유류, 양서파충류, 저서성대형무척추동물, 어류의 총 9개 분야이다. 1986년 제1차 전국자연환경조사를 시작으로 하여 현재 제5차 전국자연환경조사를 실시 중이다. 이러한 전국자연환경조사는 전국의 자연환경 실태를 파악하여 국가의 자연환경정책의 주요 자료로 활용되어 왔으며, 자연환경보전 및 생물다양성 보전의 기초 자료로 활용되고 있다.

표 7-4. 전국자연환경조사

구분	제1차 (1986-1990, 5년)	제2차 (1997-2005, 9년)	제3차 (2006-2013, 8년)	제4차 (2014-2018, 5년)
조사 내용	수질, 토지이용, 식생, 동식물상 분포	지형, 식생, 동식물상 분포	지형, 식생, 동식물상 분포	지형, 식생, 동식물상 분포
조사 범위	내륙, 하천, 호소, 연안	내륙, 하천, 연안, 무인도서	내륙, 하천	내륙, 하천(국립공원, DMZ, 백두대간보호지역 제외)
성과물	녹지자연도 제작, 생물상 정보 획득	자연환경종합 GIS DB구축, 생태 자연도, 국토환경성평가지도 등의 작성 자료 제공	자연환경종합 GIS DB구축, 생태 자연도, 국토환경성평가지도 등의 작성, 갱신 자료 제공	자연환경종합 GIS DB구축, 생태 자연도, 국토환경성평가지도 등의 작성, 갱신 자료 제공
조사 단위	행정구역 중심 조사	지형 및 생태권 중심 조사	도엽 단위 조사로 개편	생태·자연도 1등급 지역 정밀조사(15-16)
개선 내용		생태권 중심으로 전환하여 생태계 연결성 강화	하천생태계의 유역 개념을 도입하여 하천 생태계의 연결성 강화	생태·자연도 정밀도 향상

출처: 환경부, 국립생태원, 자연환경조사 30년

(2) 생태·자연도의 개념

생태·자연도란 전 국토의 산·하천·내륙습지·호소·농지·도시 등에 대하여 자연환경을 생태적 가치, 자연성, 경관적 가치 등에 따라 등급화하여 「자연환경보전법」 제34조의 규정에 의해 작성된 지도를 의미한다. 해당 지도는 전국자연환경조사, 전국내륙습지조사, 겨울철조류동시센서스 등 각종 자연환경조사의 결과를 활용하여 전국의 자연환경을 1, 2, 3등급 및 별도 관리지역으로 구분하여 각종 개발계획의 수립·시행에 활용하고 자연환경의 효율적 관리체계를 구축하는 데 목적이 있다.

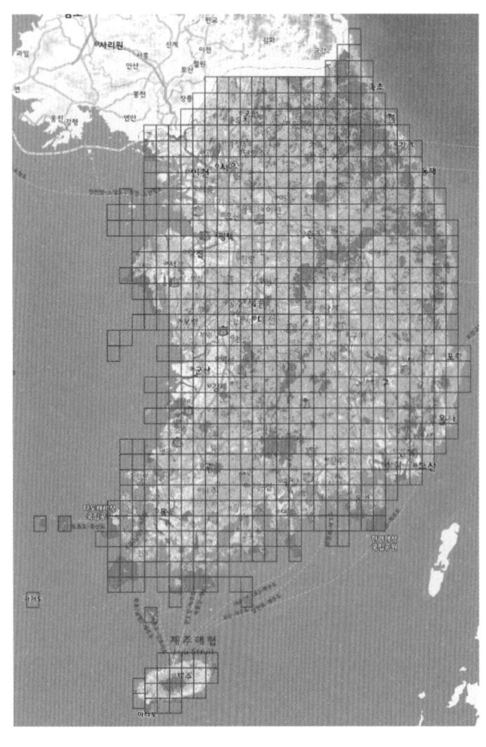

그림 7-3. 생태·자연도

출처: 환경부, 환경공간정보서비스 http://egis.me.go.kr

(3) 생태·자연도의 평가항목 및 평가등급

생태·자연도는 3등급으로 구별되며 평가등급별 관리 방안은 다음과 같다. 그리고, 타 법령에서 지정된 주요 보호지역의 경우 별도 관리지역으로 구성되어 있다. 별도 관리지역의 경우 1등급 지역에 준하여 관리되며, 타 법률에 따라 보전되는 지역 중 역사, 문화, 경관적 가치가 있는 지역이나 도시의 녹지보전 등을 위해 관리되고 있는 지역을 의미한다.

표 7-5. 생태·자연도의 평가등급별 관리방안

등급	관리방안
1등급	자연환경의 보전 및 복원
2등급	자연환경의 보전 및 개발·이용에 따른 훼손의 최소화
3등급	체계적인 개발 및 이용
별도관리지역	다른 법령에서 지정된 주요 보호지역

출처: 환경부, 자연환경보전법 시행령

최종 등급의 경우 식생평가, 멸종위기종, 습지평가, 지형평가 등 개별 평가항목의 평가 결과를 중첩하여 최소지표법을 활용하여 최종등급을 판정한다.

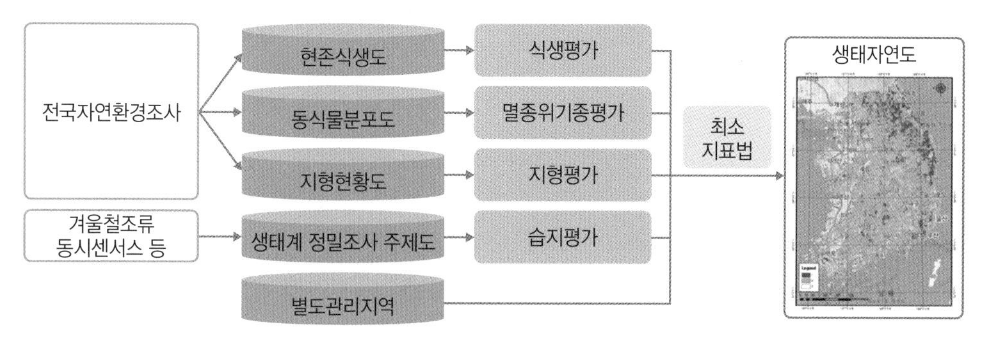

그림 7-4. 생태·자연도의 평가방법

(4) 생태·자연도의 각 평가항목 별 평가방법

식생의 경우 식생우수성을 식생보전등급 및 영급에 따라 평가한다. 식생보전등급의 경우 자연환경조사를 통해 평가되는데, 전국자연환경조사 시행 시 분포 희귀성, 식생복원 잠재성, 구성식물종 온전성, 식생구조 온전성, 중요종 서식 등의 기준에 따라 평가된다. 멸종위기 야생생물 평가는 멸종위기 야생생물 종의 서식 지역과 국제협약 보호지역이 위치한 지역을 1등급으로 평가한다. 습지의 경우 멸종위기 야생생물 서식 습지, 철새도래지의 습지, 어류 서식지 등을 고려하여 1, 2등급으로 분류한다. 지형은 지형보전등급을 기준으로 분류되는데, 지형보전등급 또한 자연환경조사 시 대표성, 희소성, 특이성, 재현불가능성, 학술 및 교육적 가치, 자연성, 다양성, 규모, 기타 의견 등의 기준으로 평가하여 결정된다.

(5) 생태·자연도의 활용

생태·자연도는 보전정책 수립, 국토 관리 측면에서 자연환경보전정책의 가장 강력한 수단 중의 하나로 활용되고 있다. 구체적으로 생태·자연도는 환경계획의 수립, 환경영향평가, 개발계획 등에 활용될 수 있다. 환경계획의 경우 국가환경종합계획, 환경보전중기종합계획, 시도환경종합계획 등지에 활용할 수 있다. 환경영향평가의 경우 전략환경영향평가협의 대상계획, 소규모 환경영향평가 대상 사업, 환경영향평가의 대상 사업에 활용될 수 있다. 그리고, 중앙행정기관의 장 또는 지방자치단체의 장이 수립하는 개발계획 중 특별히 훼손이 우려되는 개발계획 수립 시 활용할 수 있다.

3) 도시생태현황지도

(1) 생태·자연도와 도시생태현황지도

「자연환경보전법」 제34조 2항에서는 특별시장, 광역시장, 특별자치시장, 특별자치도지사, 시장은 환경부장관이 작성한 생태·자연도를 기초로 관할 도시지역의 상세한 생태·자연도를 작성하고 주기적으로 갱신하여야 한다고 하고 있다. 이때 도시지역의 상세한 생태·자연도를 도시생태현황지도라 한다.

도시생태현황지도는 비오톱유형도 및 각 비오톱의 생태적 특성을 나타내는 기본 주제도 작성과 비오톱 평가 과정을 거쳐 각 비오톱의 생태적 특성과 등급화된 평가가치를 표현한 비오톱평가도 등을 의미한다. 여기서 '비오톱'이란 인간의 토지이용에 직간접적인 영향을 받아 특징지어진 지표면의 공간적 경계로서 생물군집이 서식하고 있거나 서식할 수 있는 잠재력을 가지고 있는 공간 단위를 의미한다. 따라서, 종종 도시생태현황지도를 개념적인 용어로 비오톱 지도라고 부르는 경우도 많다.

생태·자연도가 전국 단위의 자연환경의 평가 및 관리체계 구축에 역할을 수행한다면, 도시생태현황지도의 경우에는 각 지역의 자연환경 보전 및 복원, 생태적 네트워크의 형성뿐만 아니라 생태적인 토지이용 및 환경관리를 통해 환경친화적이고 지속가능한 도시관리의 기초자료로 활용된다.

(2) 도시생태현황지도의 기본 주제도

도시생태현황지도의 주제도는 각 비오톱의 유형화와 평가를 위해 생태적, 구조적 정보를 분석하고 다양한 도시생태계 정보 표현 및 도시생태현황지도의 효과적 활용을 위해 조사, 작성되는 지도를 의미한다. 도시생태현황지도의 주제도는 각 지자체의 특성에 맞게 다양하게 작성될 수 있으나 공통적으로 토지이용현황도, 토지 피복현황도, 지형주제도, 현존식생도, 동식물상주제도를 기본 주제도라고 한다.

먼저 토지이용현황도는 환경부의 토지 피복지도를 기초공간지도로 하여 제작된다. 현장조사 과정에서 기초공간지도를 바탕으로 세부 토지이용의 유형을 확인하고 수정하여 작성된다.

토지 피복현황도 역시 환경부의 토지 피복지도를 기초공간지도로 사용하여 작성한다. 해당 지도는 각 폴리곤별 투수기능, 수면, 녹지 등 생물 서식의 기반을 판단하기 위하여 작성된다. 각 폴리곤을 불투수, 투수, 녹지, 수공간으로 재분류하여 작성하고 도면화 한다.

지형주제도는 대상 지역의 지형을 나타낸 지도이다. 경사분석도, 표고분석도, 향분석도 등이 존재한다. 수치지형도에서 추출한 수치고도자료를 기반으로 GIS 프로그램을 활용하여 작성하며, 10m 이하 해상도로 분석하는 것을 원칙으로 한다.

현존식생도는 비오톱유형 현장조사에서 수집된 현존식생에 대한 주제도를 의미한다. 산림, 초지, 습지에 대해서는 식물군락 단위로 조사한 결과를 나타낸다. 녹지의 점유율, 녹지의 형성 및 층위구조, 주요 수종, 수고, 흉고직경, 녹지면적 대비 식피율 등의 정보를 포함하고 있다. 식생이 존재하지 않는 시가화, 나지, 농업, 수역지역의 경우 토지이용현황도를 그대로 사용한다.

동식물상주제도는 식물상, 조류, 양서파충류, 포유류, 곤충류, 어류, 저서무척추동물에 대한 주제도이다. 연구자료를 검토하여 분류군별 천연기념물, 멸종위기야생생물, 지자체 보호동물 등 법정 보호종 등의 주요 서식지를 파악한다. 도시생태현황지도 작성 범위 내 생태네트워크 현황과 예비조사, 현장답사 결과를 고려하여 조사범위를 설정한다. 해당 분류군에 대한 연구자료를 검토하고 각 분류군별 조사 방법에 따라 조사를 실시하고 결과를 도면화 한다.

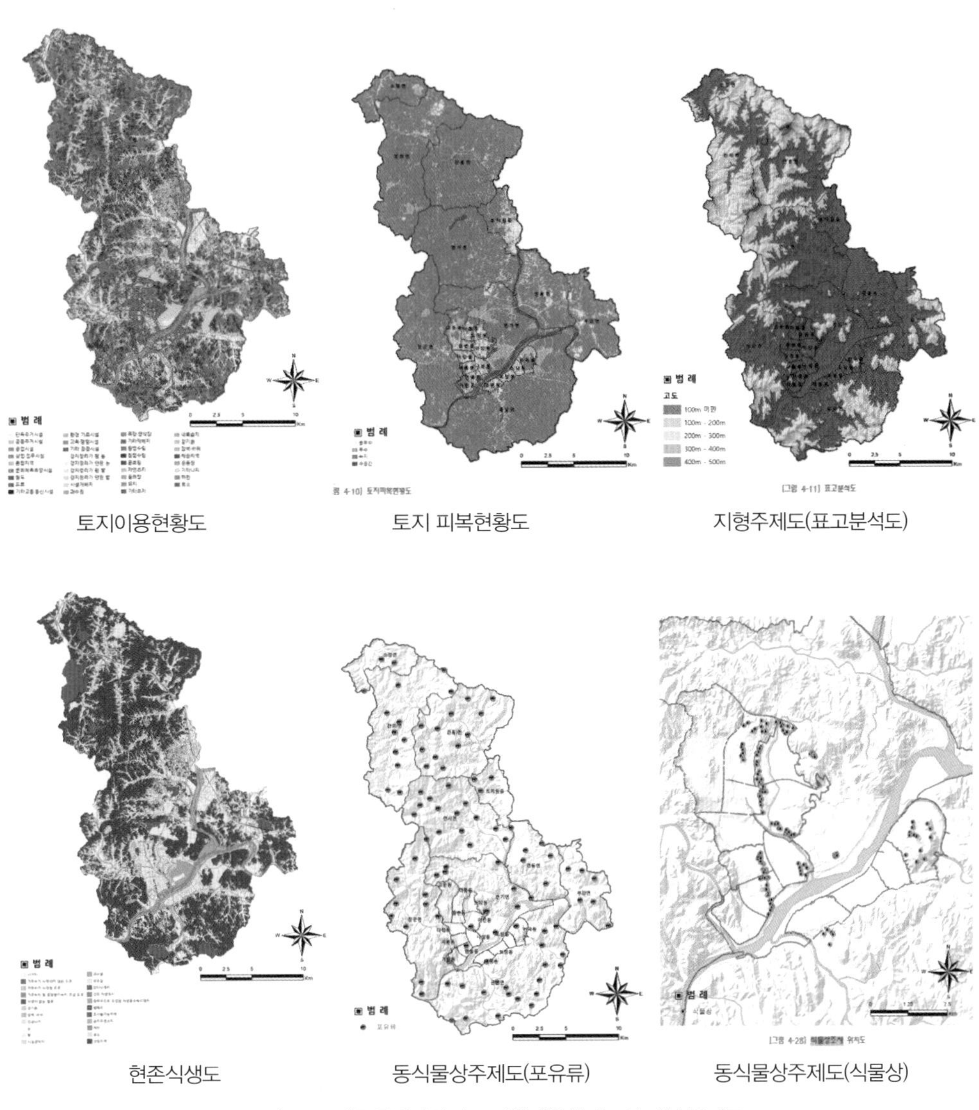

그림 7-5. 세종특별자치시 도시생태현황지도의 기본 주제도

출처: 세종특별자치시, 세종특별자치시 도시생태현황지도 구축 연구용역

앞서 언급한 기본 주제도 외에도 각 지역의 특성에 맞게 유역권 분석도, 큰나무 분포도, 대경목 군락지 분포도, 철새류 주요 도래지 및 이동현황 분석도 등 다양한 주제도를 작성할 수 있다.

(3) 비오톱유형도와 비오톱평가도

기본 주제도를 통해 분석된 비오톱 공간의 구조적, 생태적 특성을 체계적으로 분류한 것을 비오톱 유형이라 하고, 이를 지도화 한 것을 비오톱 유형도라고 한다. 비오톱 유형은 크게 대분류, 중분류, 소분류 체계로 구성되며, 대분류, 중분류의 경우 도시생태현황지도의 작성방법에 관한 지침의 분류 기준을 준용하고, 소분류는 지역특성에 따라 세부적으로 유형화한다.

비오톱 평가는 비오톱 유형화를 통해 구분된 개별 공간을 다양한 평가항목을 적용하여 그 가치를 등급화하는 과정을 의미하며, 등급을 지도화 한 것을 비오톱평가도라고 한다. 비오톱 평가는 비오톱 유형평가와 개별 비오톱 평가 두 단계로 나누어서 진행된다.

비오톱 유형평가 시 각 항목의 평가는 분류단계별 특정 지표의 만족 정도에 따라 가치를 부여하는 방법인 의사결정나무 방법에 따라 수행한다. 서식지 기능, 지형 특성, 생물 서식의 잠재성, 면적 및 희귀도, 복원 능력, 생태적 기능성과 관련된 평가를 진행하며, 각 평가항목에 적합한 지표를 활용하여 평가를 실시한다. 항목별 평가 결과의 종합은 개별 지표의 척도 기준에 점수를 부여하는 방법인 가치합산 매트릭스 방법을 적용한다. 비오톱 유형평가 이후 지자체별 특성에 따라 보전가치가 높은 유형에 대해서는 개별 비오톱 평가를 실시한다.

비오톱 평가의 경우 대상지 특성에 따라 제시된 방법 외에도 학술적으로 검증된 별도의 평가방법을 적용할 수 있다.

표 7-6. 비오톱 유형도의 분류 기준

<table>
<tr><th>구분</th><th>대분류</th><th>중분류</th><th>구분</th><th>대분류</th><th>중분류</th></tr>
<tr><td rowspan="11">시가지
비오톱</td><td rowspan="5">주거지</td><td>도시단독주택지</td><td rowspan="11">녹지
비오톱</td><td rowspan="5">하천</td><td>자연하천</td></tr>
<tr><td>농촌단독주택지</td><td>자연형 하천</td></tr>
<tr><td>저층공동주택지</td><td>인공형 하천</td></tr>
<tr><td>중층공동주택지</td><td>소하천</td></tr>
<tr><td>고층공동주택지</td><td>농수로</td></tr>
<tr><td rowspan="3">상업
업무지</td><td>저층상업업무지</td><td rowspan="2">호소 및
습지</td><td>자연습지</td></tr>
<tr><td>중층상업업무지</td><td>인공습지</td></tr>
<tr><td>고층상업업무지</td><td rowspan="3">해안</td><td>자연해안</td></tr>
<tr><td rowspan="3">주상
혼합지</td><td>저층주상혼합지</td><td>인공해안</td></tr>
<tr><td>중층주상혼합지</td><td>해안구조물</td></tr>
<tr><td>고층주상혼합지</td><td></td><td>자연림</td></tr>
</table>

	공공 용도지	교육기관
		행정 및 공공기관
		병원 및 요양기관
		대규모 운동시설지
	공업지	대규모 공장
		소규모 공장
		창고
	공급 처리 시설지	물관련시설지
		폐기물관련시설지
		에너지관련시설지
		통신관련시설지
	교통 시설지	도로
		주차장
		철도
		항만
		공항
		교통관련 부속시설지
	특수지	군사시설
		공사현장
		야적장
		조사불가능지
	산림	자연-인공림
		인공림
		관목식생지
		벌채 및 훼손지
		마을숲
		암석노출지
	초지	자연초지
		인공초지
	경작지	습윤지성 경작지
		건조지성 경작지
	조성 녹지	자연식생이 있는 공원녹지
		인위적으로 조성된 공원녹지
		시설형 조성녹지
	나지 및 폐허지	도시유휴지
		농촌유휴지
		채광지

출처: 환경부, 도시생태현황지도 작성 매뉴얼

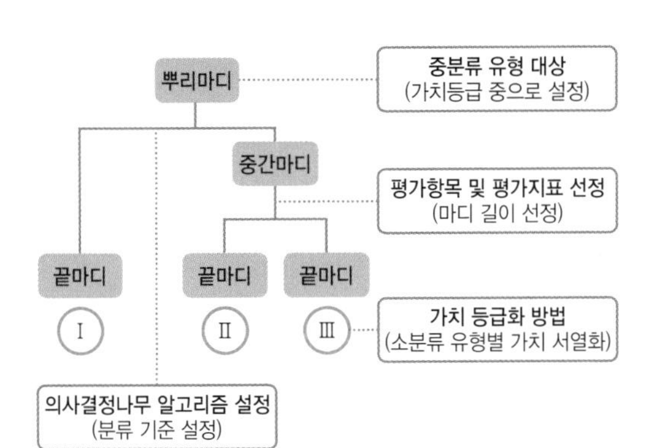

가치합산매트릭스(3×3)

M 3×3		평가 지표		
		I	II	III
평가 지표	I	I	II	III
	II	II	III	IV
	III	III	IV	V

그림 7-6. 비오톱 평가도의 평가방법 - 의사결정나무와 가치합산매트릭스

출처: 환경부, 도시생태현황지도 작성 매뉴얼

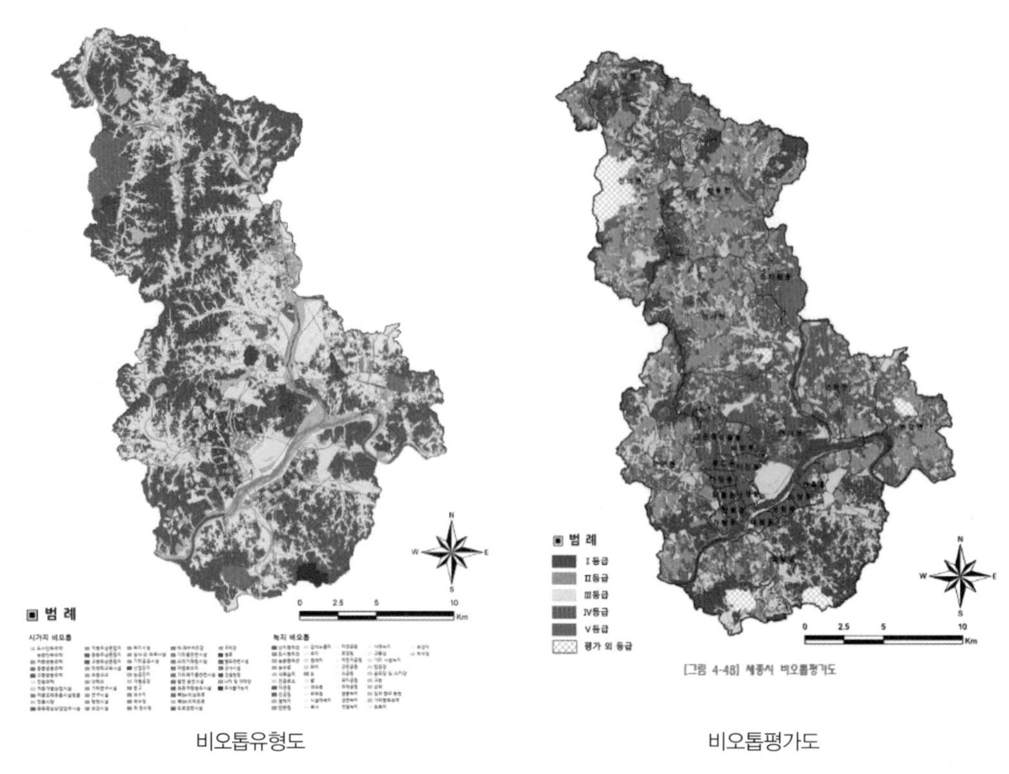

비오톱유형도 비오톱평가도

그림 7-7. 세종특별자치시 도시생태현황지도의 비오톱유형도와 비오톱평가도

출처: 세종특별자치시, 세종특별자치시 도시생태현황지도 구축 연구용역

(4) 도시생태현황지도의 활용

도시생태현황지도는 환경생태, 생활환경, 도시계획, 공원녹지 등 다양한 분야에서 활용된다. 도시생태현황지도는 생태·자연도 등 타 공간정보의 갱신 및 작성을 위한 기초 자료로 활용되며, 보호지역의 관리, 생태네트워크 구축, 전략환경영향평가 등 환경생태 분야에서 유용하게 활용된다. 또한 점오염원, 비점오염원의 관리, 생태면적률 개선, 개발행위 허가 등 생활환경 분야에서도 활용될 수 있다. 도시계획 분야에서는 도시공간구조 및 시가화 예정용지 지정, 용도지역지구 지정 등에 활용되며, 공원녹지 분야에서는 공원녹지 기본계획의 기초자료, 도시녹화 대상지 선정 등에 활용된다. 특히 도시생태현황지도의 경우 각 지자체의 특성에 맞게 구축된 공간정보이기 때문에, 해당 도시 내의 계획과 정책 수립에 필수적인 기초 자료로 활용될 수 있다.

4) 국토환경성평가지도

(1) 국토환경성평가지도의 개념

국토환경성평가지도란 국토를 친환경적·계획적으로 보전하고 이용하기 위하여 환경적 가치를 종합적으로 평가하여 환경적 중요도에 따라 5개 등급으로 구분하고 색채를 달리 표시하여 알기 쉽게 작성한 지도이다. 「환경정책기본법」 제23조에서 정의하고 있는데, 법적으로 국토환경성평가지도란 국토환경을 효율적으로 보전하고 국토를 환경친화적으로 이용하기 위하여 국토에 대한 환경적 가치를 평가하여 등급으로 표시한 지도를 의미한다.

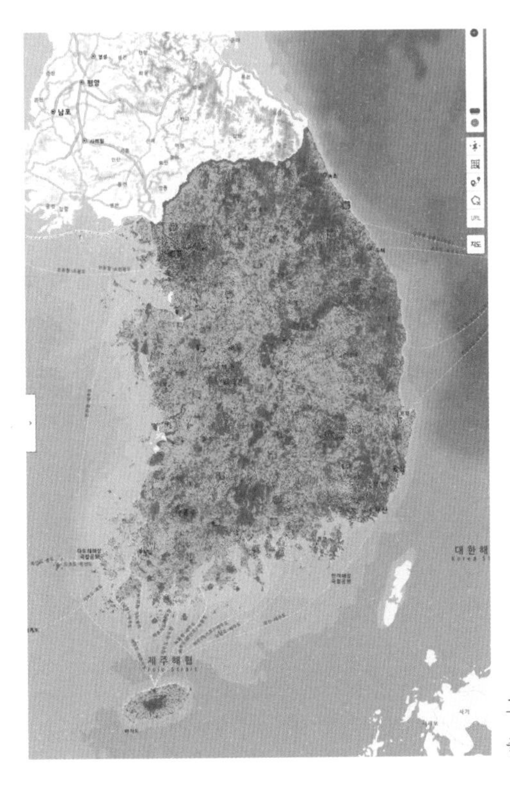

그림 7-8. 국토환경성평가지도

출처: 환경부, 국토환경성평가지도, http://ecvam.neins.go.kr

(2) 일반도, 주제도, 평가도

환경공간정보의 종류를 세분화할 때 크게 일반도, 주제도, 평가도의 3가지로 나누어 볼 수 있다. 먼저 일반도란 지리적 특징, 지형을 보여 주는 지도로 지형도가 대표적이다. 주제도란 특정한 주제를 가지고 있는 지도를 의미한다. 토지의 피복이라는 주제를 다룬 토지 피복지도, 산림의 임상과 관련된 주제를 가진 임상도 등이 대표적인 평가도이다. 마지막으로, 평가도란 주제도를 활용하여 등급을 분류한 지도를 의미한다. 국토환경성평가지도는 대표적인 평가도의 일종이라 할 수 있다.

(3) 국토환경성평가지도의 제작 목적

국토환경성평가지도의 제작 목적은 크게 2가지이다. 첫째는, 종합적, 과학적 국토환경 정보 제공에 있다. 과잉, 난개발로 인한 환경문제의 심각성이 대두됨에 따라 환경에 대한 인식의 전환 및 환경을 고려한 국토 관리 필요성이 부각되었으며, 환경친화적인 관리에 대한 요구 증가로 현행 국토의 환경정보를 통합하여 과학적으로 평가하여 국민에 제공하는 데에 목적이 있다.

둘째는, 국토-환경계획 통합관리 기반 마련으로 정부의 국토-환경계획 통합관리 추진에 따라 고도화된 환경정보 통합체계 구축에 필수적이며, 지리정보를 바탕으로 통합적이고 고도화된 국토환경성평가지도의 확대 및 활용 증진에 목적이 있다.

(4) 국토환경성평가지도의 평가항목

국토환경성평가지도는 환경적으로 가치가 있는 여러 레이어를 중첩하여 평가한다. 평가항목은 70개 항목이며, 이는 크게 법제적 평가항목과 환경생태적 평가항목으로 구분된다.

법제적 평가항목은 법령에 의하여 보전을 위해 지정한 용도지역·지구·구역 등을 의미하며, 환경·생태적 평가항목은 자연성, 종다양성 등 생태계 보전과 생물다양성 유지 등과 관련된 항목을 의미한다. 법제적 평가항목은 총 62개 항목으로 구성되며 자연환경부문, 물환경부문, 토지이용부문, 농림부문, 기타부문에 해당하는 용도지역·지구·구역 등이 분포해 있다.

표 7-7. 국토환경성평가지도의 법제적 평가 항목

부문	평가항목
자연 환경 부문	생태경관보전지역, 시도생태경관보전지역, 자연유보지역, 습지보호지역, 시도습지보호지역, 습지주변관리지역, 습지개선지역, 야생생물(특별)보호구역, 특정도서, 공원자연보존지구, 공원자연환경지구, 공원마을지구, 공원문화유산지구, 공원보호구역, 백두대간보호구역
물환경 부문	수변구역, 하천구역, 홍수관리구역, 소하천구역, 상수원호소, 지하수보전구역, 상수원보호구역, 상수원상류공장설립제한/승인지역, 폐수배출시설 설치제한지역, 폐기물매립시설 설치제한지역, 배출시설설치 제한지역, 오염행위제한지역
토지 이용 부문	자연환경보전지역, 녹지지역(보전녹지), 녹지지역(생산녹지), 녹지지역(자연녹지), 경관지구, 보호지구(생태계보호지구), 보호지구(문화재보호지구), 개발제한구역, 생활권공원(어린이/근린/소공원), 도시자연공원구역, 주제공원(묘지/체육/역사/문화/수변), 완충녹지, 경관녹지, 연결녹지
농림 부문	보전산지(임업용산지), 보전산지(공익용산지), 경관보호구역, 수원함양보호구역1~3종, 재해방지보호구역, 산림유전자원보호구역, 토석채취제한지역, 농업진흥지역(농업진흥구역), 농업진흥지역(농업보호구역)
기타 부문	환경보전해역, 특별관리해역, 절대보전지역, 상대보전지역, 관리보전지역(지하수자원, 생태계, 경관), 천연보호구역, 천연기념물지정지역, 절대보전무인도서, 준보전무인도서, 이용가능무인도서, 가축사육 제한구역

출처: 한국환경연구원, 국토환경성평가지도 평가항목 및 평가기준

표 7-8. 국토환경성평가지도의 환경생태적 평가 항목

평가항목	정의	평가근거
다양성	각기 다른 생물종의 서식처 역할을 하는 공간	생태·자연도(동식물평가) 전국내륙습지(습지등급)
자연성	식생의 건강성 정도를 나타내는 지표	생태·자연도(식생보전등급) 임상도(영급)
풍부도	종의 개체수가 풍부한 지역	생태계변화 관찰지역
희귀성	멸종위기 야생생물이 서식 또는 출현하는 지역으로 서식지로서의 기능을 고려하여 가치판단이 필요한 지역	전국자연환경조사 (멸종위기 야생동물)
허약성	인간생활로 인한 토지이용으로 자연환경에 영향을 받을 가능성이 예상되는 지역	도로망도 세분류토지 피복지도 (도로, 시가화로부터의 거리)
잠재적 가치	야생동물 서식처로서 가능성이 높은 지역	-
군집구조의 안정성	산림지역의 식생구조 등의 안정성으로 인하여 야생동물 서식처로서의 구조적 다양성이 높은 지역	임상도(경급)
연계성	녹지, 수계 등 서식처 간의 연결성이 높은 지역	광역생태축

출처: 한국환경연구원, 국토환경성평가지도 평가항목 및 평가기준; 환경부, 국토환경성평가지도 구축·운영 사업백서

환경생태적 평가항목은 다양성, 자연성, 풍부도, 희귀성, 허약성, 잠재적 가치, 군집 구조의 안정성, 연계성 총 8개의 평가항목으로 구성되어 있으며, 각 평가항목의 정의와 평가 근거는 다음과 같다.

(5) 국토환경성평가지도의 평가방법

국토환경성평가지도는 평가 시 최소 지표법을 활용한다. 최소 지표법이란 보전의 등급설정 시 여러 등급이 상존할 경우 가장 높은 등급으로 지정하는 방법이다.

다른 평가방법인 점수화법과 비교해 보았을 때 최소지표법은 보전가치 판단에 대한 자의성을 방지하고, 보전가치에 최고 가중치를 부여함으로써 토지가 가진 환경가치를 최우선적으로 반영한다

그림 7-9. 국토환경성평가지도 평가 방법(최소지표법)

표 7-9. 최소지표법과 점수화법

평가방법	최소지표법	점수화법
정의	보전의 등급설정 시 여러 등급이 상존할 경우 가장 높은 등급으로 지정	각 평가항목별로 점수를 주고 이를 합산하여 등급을 산출하는 방법
장점	보전가치판단에 대한 자의성 방지 보전가치에 최고 가중치를 부여함으로써 토지가 가진 환경가치를 최우선적 반영	여러 가지 보전가치, 개발가치를 점수화하여 구분하므로 용도간 경쟁 시 유리

출처: 환경부, 국토환경성평가지도 구축·운영 사업백서

는 장점이 있다.

(6) 국토환경성평가지도의 활용

국토환경성평가지도는 전략환경영향평가, 소규모 환경영향평가 등에서 사업지 인근의 입지 제약 인자를 파악하고 대상지의 환경적 특성을 파악하는 데 활용할 수 있다. 또한, 도시계획 수립 시 판단의 기초자료로 활용될 수 있으며, 지역환경계획, 도시관리계획, 택지개발 등 지구 지정과 기타보전지역 설정에 사용될 수 있다. 그리고 해당 지역의 법제적 보호지역을 검토하고 환경·생태적 평가 정보를 제공할 수 있다.

7.3 환경공간정보의 활용

1) 환경공간정보의 활용

앞서 다양한 유형의 환경공간정보들에 대해 살펴보았다. 각 환경공간정보의 개념과 특징, 그리고 각 환경공간정보의 활용 방안에 대해 간략히 살펴보았다. 제시했던 활용 방안들 외에도 정책 수립이나 관련 연구에서 다양한 종류의 환경공간정보를 활용할 수 있다. 이번 장에서는 대표적인 예시로 환경공간정보가 종합적으로 사용되는 환경영향평가에서의 환경공간정보 활용 사례에 대해 살펴볼 것이다.

2) 환경영향평가 시스템

(1) 환경영향평가란

환경영향평가란 환경에 영향을 미치는 사업을 수립, 시행할 때 해당 사업이 환경에 미치는 영향을 미리 예측, 평가하고 환경보전방안 등을 마련하도록 하는 과정을 의미하며, 친환경적이고 지속가능한 발전과 건강하고 쾌적한 국민생활 도모를 목적으로 하고 있다. 환경에 영향을 미칠 가능성이 높은 도시의 개발사업, 산업입지 및 산업단지의 조성사업, 에너지 개발사업 등 18개의 사업 유형을 대상으로 평가를 수행하고 있으며, 자연생태환경, 물환경, 대기환경, 토지환경, 생활환경, 사회경제환경 등 6개 분야의 평가항목을 대상으로 하고 있다. 각각의 평가를 위해 다양한 환경공간정보들이 활용되고 있다.

(2) 환경영향평가 정보지원시스템

환경영향평가 정보지원시스템(EIASS)은 환경부에서 구축한 정보망으로, 환경영향평가서를 공개하고 활용할 수 있도록 구축되었다. 해당 시스템은 정보를 체계적으로 관리하고 대국민 정보 제공을 위해 구축되었다. 환경부에서는 환경영향평가 협의를 완료한 사업의 평가서 원문과 협의 내용, 평가 대행자 현황 등 기본 자료를 데이터베이스화하고 검색 시스템을 구축하여 평가 업무의 효율성을 높이고 대국민 서비스를 제공하고 있다.

그림 7-10. 환경영향평가 정보지원시스템

출처: 환경부, 국립환경과학원, 환경영향평가정보지원시스템, http://eiass.go.kr

(3) 환경영향평가 지리정보시스템

환경영향평가는 사업 대상지와 그 주변 지역을 대상으로 평가를 진행하며, 입지 선정이나 환경적 제약요인을 확인할 필요성이 있어 공간정보의 활용 중요도가 높다. 환경영향평가 지리정보 시스템은 이러한 대상지 인근의 공간 분석을 위해 환경영향평가 사업지 정보와 각종 환경 주제도, 모니터링 DB, 환경지표 현황정보, 측정소 정보, 토지이용 규제정보 등을 WebGIS 및 API 형태로 제공하여 분석에 활용할 수 있도록 하고 있다.

그림 7-11. 환경영향평가 지리정보시스템

출처: 환경부, 국립환경과학원, 환경영향평가지리정보시스템, http://eiass.go.kr

참고 문헌

관계부처합동, 2022, 제5차국가환경종합계획(2020-2040)

국립생태원, 2018, 생태·자연도 작성 현황 및 절차

국립생태원, 2019, 생태·자연도 현지조사

국립생태원, 2019, 제5차자연환경조사 지침

세종특별자치시, 2019, 세종특별자치시 도시생태현황지도 구축 연구용역

한국환경연구원, 2022, 국토환경성평가지도 평가항목 및 평가기준

한국환경정책평가연구원, 2019, 「국토환경성평가지도 작성지침」

환경부, 2015, 자연환경조사 방법 및 등급분류기준 등에 관한 규정

환경부, 2017, 「국토환경성평가지도 구축·운영 사업 백서」

환경부, 2019, 도시생태현황지도 작성 매뉴얼

환경부, 2022, 자연환경보전법 시행령
환경부, 2022, 토지 피복지도 작성 지침
환경부, 2022, 환경정책기본법
환경부, 2023, 생태·자연도 작성지침
환경부, 2023, 자연환경보전법
환경부, 2023, 환경영향평가법
환경부, 국립생태원(2016), 자연환경조사 30년
환경부, 국립환경과학원, 환경영향평가정보지원시스템, http://eiass.go.kr/
환경부, 국립환경과학원, 환경영향평가지리정보시스템, http://eiagis.eiass.go.kr/
환경부, 국토환경성평가지도, http://ecvam.neins.go.kr/
환경부, 환경공간정보서비스, http://egis.me.go.kr/
CLC 1990, Copernicus Land Monitoring Service, https://land.copernicus.eu/pan-european/corine-land-cover/clc-1990

제8장

공간정보와 인공지능: GeoAI 발전과 활용사례

8.1 GeoAI 개요

최근 인공지능에 대한 관심이 뜨겁다. 우리나라에서는 2016년 구글 딥마인드에서 개발한 알파고가 이세돌과의 바둑에서 승리하고, 최근 오픈에이아이(Open AI)에서 개발한 ChatGPT가 공개되면서 뜨거운 관심을 받고 있으며, 이러한 관심은 학계 및 산업계를 넘어 일반 대중에게까지 일상화되고 있다. 인공 지능연구의 역사는 1950년대부터이다. 영국의 수학자인 앨런 튜링은 컴퓨터가 사람처럼 생각할 수 있는지를 판단할 수 있는 '튜링 테스트'를 진행하였고, 미국의 컴퓨터 과학자이자 수학자인 존 매카시는 1956년 미국 다트머스에서 열린 학회에서 인공지능이라는 용어를 처음 사용하였으며, 인공지능의 기본 컴퓨터 언어인 '리스프'를 개발하였다. 인공지능은 1950년대를 기점으로 학문적으로 활발하게 연구가 이루어지다가 침체기를 겪었고, 현재와 같은 본격적인 부흥기를 맞게 된 것은 21세기라 할 수 있다.

21세기 인공지능이 급격한 발전을 이루게 된 요인은 3가지 측면에서 살펴볼 수 있다. 첫째는 다양한 센서와 사용자들이 생성해내는 대용량의 빅데이터가 생성되고 수집이 가능해졌기 때문이다. 이러한 데이터들은 여러 가지 현상에 대한 다양한 측면의 관찰과 관찰에 기반한 미래 예측을 가능하게 했다. 둘째는 인공지능 분야에서 통계학, 경제학, 생물학, 인지과학 등 주변 학문의 여러 가지 아이디어를 차용하면서 새로운 알고리즘과 모델을 개발한 것이다. 셋째는 빅데이터와 새로운 모델을 연계하여 분석할 수 있는 높은 성능의 컴퓨팅 하드웨어의 발전이라 할 수 있다. 즉 빅데이터, 새로운 알고리즘, 그리고 컴퓨팅 하드웨어 성능의 발전은 인공지능 기술을 빠르게 발전시키는 계기가 되었다. 특히 2010년 중반 이후 인공지능 기술이 컴퓨터 비전*과 자연어처리에서 인간의 수준을 넘는 처리능력을 보이면서 다양한 도메인에서 이를 접목하는 계기를 만들었다. 인공지능 기술이 스마트 팩토리, 마케팅, 고객관리, 보안 관리, 군사, 의학 등 여러 도메인에 많은 영향을 미쳤으며 이는 공간정보 영역도 마찬가지이다.

공간정보 분야에서 AI를 접목하려는 노력은 학계와 산업계 차원에서 이뤄지고 있다. GeoAI는 지리학, 또는 공간정보 학문영역과 인공지능 영역이 융합된 다학제 분야라 할 수 있다. 2017년 미국 컴퓨터 학회(Association for Computing Machinery, ACM)의 GIS 발전 국제회의(International Conference on Advances in Geographic Information System, SIGSPATIAL)에서 처음으로 GeoAI 워크샵이 개최되고, 이미지처리, 교통, 공중보건, 디지털 인문학 등에 GeoAI를 접목하는 연구가 발표되면서 이제는 하나의 영역으로 자리 잡아 가고 있다. 산업계에서는 에스리(ESRI)와 마이크로소프트가 GIS 분석 기능과 AI 모델을 클라우드 기반 고성능 컴퓨팅 환경(GeoAI Data Science Virtual Machine)에서 제공하는 시스템을 구축하고 있다.

본 장에서는 공간정보영역에 인공지능 기술이 어떻게 접목되어 활용되고 있는지 살펴보고자 한다. 구체적 사례에 앞서 21세기 인공지능의 발전을 이끈 3대 요소 가운데 빅데이터, 인공지능 기술에 대해 살펴보고, GeoAI 적용사례를 살펴보고자 한다.

8.2 공간 빅데이터

공간정보 분야에서 원격탐사 영상, 항공사진, 행정구역별 통계자료, 도로망 데이터, 토지 피복이나 토지이용도와 같은 대용량의 데이터들은 기존에도 존재해 왔다. 그러나 최근 약 20여 년 사이에 기존에 상상하지 못했던 다양한 유형의 공간 빅데이터들이 수집되고 있다. 스마트폰의 사용이 일상화되면서 스마트폰에 내장되어 있는 GPS(Global Positioning System) 센서를 통해 다양한 정보가 위치기반으로 수집될 수 있게 되었고, 소셜미디어의 활용이 일상화되면서 개인들은 본인이 느끼는 감성을 친구 및 동료와 공유하고 있다. 택시, 버스 등에 GPS 센서의 부착은 버스나 택시가 언제 도착할지 알려주는 중요한 정보이면서 한편으로는 GPS 궤적의 분석을 통해 교통혼잡, 교통예측, 신

* 컴퓨터 비전은 기계의 시각에 해당하는 부분을 연구하는 컴퓨터 과학의 한 분야로, 공학적으로는 인간의 시각이 할 수 있는 일을 수행하는 자율적인 시스템을 만드는 것을 목표로 하며, 과학적 관점에서는 이미지에서 정보를 추출하는 인공지능 기술이다.

호예측, 교통권 분석을 할 수 있다. 일상에서 교통카드는 요금 결제가 목적이지만 교통카드의 태그된 정보를 기반으로 교통서비스 지역 분석, 대중교통 서비스 수요 예측, 지역별 인구의 생활 패턴 분석 등이 가능하다. 교통안전, 방범, 방재 등을 위해 설치한 CCTV는 그 숫자가 급속하게 증가하면서 사람의 눈으로 모니터링하는 것이 아니라 지능적으로 모니터링할 수 있는 체계로 발전하고 있고, CCTV에서 실시간으로 생성되는 자료를 활용하여 지역의 특성, 안전성, 유동인구 분석 등에 활용할 수 있다. 우리가 전통적으로 생각하고 있던 공간정보 외에도 위치에 기반하여 생성되는 다양한 유형의 대용량 데이터들이 있으며, 이들 데이터들이 위치기반으로 분석되면서 더 많은 의미분석과 활용 가능성을 확대하고 있다.

1) 원격탐사영상, 항공사진, 드론, CCTV영상

공간정보 분야에서 원격탐사 영상은 기상관측, 국토 모니터링 등에 활용되어 왔지만 최근 이미지 자료를 처리하는 딥러닝 기술이 발전하면서, 재난재해, 환경, 해양, 산림, 농림 등 다양한 영역에서 원격탐사 영상의 활용 가능성이 확대되고 있다. 이에 맞추어 특수목적을 위한 인공위성 및 소형위성의 개발이 박차를 가하고 있다. 드론은 조종사가 직접 탑승하지 않고, 지상에서 무선으로 조종하여 사전 프로그램된 경로에 따라 자동 또는 반자동으로 날아가는 항공기다. 공간정보 영역에서 무인 비행 장치는 소형 경량의 기체에 저가의 항법장치와 카메라를 장착하여 후처리 방식으로 지상의 공간정보를 신속하게 취득하는 목적으로 활용되어 왔다. 하지만 최근에는 공간정보 취득이나 제작 외에도 열적외선 카메라(Themal IR Camera), 소형 라이다(Lidar) 등을 탑재하여 농업 및 작황 조사, 고고학 분야, 연안 침식 및 습지 모니터링, 측량 및 지적 분야, 산림 현황조사, 재난재해 모니터링 등에 활용하고 있다.

CCTV(Closed Circuit Television)는 비디오 감시장치(Video Surveillance)로도 알려져 있으며, 비디오 카메라를 이용해 특정된 장소의 한정된 모니터로 신호를 전송하는 방법으로 주로 감시용으로 사용되고 있다. 지방자치단체의 CCTV 설치는 2008년 157,197대에서 2021년 1,458,465대로 해마다 평균 약 21.9%씩 증가하고 있으며, 방범, 어린이 보호구역, 공원·놀이터, 쓰레기 무단투기, 시설안전·화재 예방, 교통단속, 교통정보 수집·분석 등을 목적으로 설치되고 있다. 최근 CCTV는 단순한 영상정보만 활용하던 방식에서 특정 소리감지, 근접인식, 실시간 객체 분석 및 현장과의 의사소통 등을 활용하는 지능형 CCTV로 발전하고 있다. 지능형 CCTV를 통해 동적 객체에 대한 탐지, 추적을 통한 객체 인식, 객체의 향후 움직임이나 행위 예측을 통한 유사시 대비와 관련된 연구가 진행되고 있으며, 최근에는 이동 중인 개인이나 군중과 같은 객체의 전체적인 상황을 탐지하고 분석

그림 8-1. CCTV영상

하는 기술로 발전하고 있다.

2) 거리뷰 영상

거리뷰 영상(street view image)은 인터넷 포털기업들의 지도 서비스 중에 하나로 2007년 구글이 세계의 여러 길과 장소를 360도 카메라로 찍어 볼 수 있게 해 준 서비스로부터 시작되었다. 구글 스트리트뷰는 동일지역 재촬영 시기가 정확하게 정해져 있지는 않지만 보통 2~3년마다 재촬영하며 우리나라에서는 네이버의 거리뷰, 카카오의 로드뷰 이름으로 서비스하고 있다. 거리뷰 영상은 각 포털사이트의 API(Appication Program Interface)를 통해 크롤링(crawling)하여 사용할 수 있다.

거리뷰 영상은 도시 도로 네트워크를 따라 촬영되는 영상으로 인간의 시각과 비슷한 관점에서 거리의 프로파일을 보여 주며 도시 물리적 환경을 상세히 나타내고 있어 도시환경을 관찰하고 이해하는 데 새로운 기회를 제공한다. 거리영상은 위성이나 항공사진과 같이 하늘에서 수직적으로 촬영한 영상이 아니라 사람의 관점에서 촬영한 영상이기 때문에 도시의 다양한 특성을 분석하기에 적합하다. 해외에서는 도시의 아름다움이나 안전함, 매력적임과 같은 도시 건조환경에 대한 인식,

그림 8-2. 이화여자대학교 앞 영상: 항공뷰(top view, 왼쪽), 거리뷰(street view, 오른쪽)

도시민의 건강과 근린환경, 교통과 이동성, 보행환경, 녹색지수, 근린지역의 사회경제적 특성 분석 등 도시의 건조환경과 근린의 특성을 평가하는 다양한 연구에 활용하고 있다.

3) 택시, 버스, 개인의 이동궤적데이터

궤적은 지리적 공간에서 움직이는 물체의 이동을 시간 순서에 따라 나타낸 것으로 궤적을 이루는 각 포인트는 지리적 좌표와 시간 정보로 구성되어 있다. 최근 GPS와 관련된 위치 수집 기술의 발전과 스마트폰과 같은 GPS를 탑재한 디바이스의 폭발적인 증가로 사람, 차량, 선박, 항공체와 같이 움직이는 물체의 지리적 위치에 대한 엄청난 양의 데이터가 실시간으로 수집되고 있다.

궤적 데이터는 사람이나 차량, 택시 등 GPS 수신장치가 있는 이동체별로 데이터가 수집되는 명확한 데이터가 있고, 전처리를 통해 궤적의 형태로 구축가능한 잠재적 데이터로 분류할 수 있다. 명확한 궤적 데이터는 고정된 시간 간격으로 위치 정보를 기록한다. 잠재적 궤적 데이터는 스마트 카드 데이터, 센서 데이터, 모바일 기지국 데이터, SNS(Social Networking Service) 데이터 등이 해당한다. 스마트 카드 데이터나 SNS 데이터의 경우 기록에 담긴 데이터를 ID별로 처리하여 궤적을 형성할 수 있고, 센서 데이터나 모바일 기지국 데이터의 경우 개인 ID별 처리는 불가능하지만 세밀한 공간 단위로 구축되기 때문에 이를 가공하여 볼륨을 추정하는 것이 가능하다. 궤적데이터는 교통, 도시계획, 생활양식 분석, 입지분석 등 다양한 분야에서 활용이 가능하다.

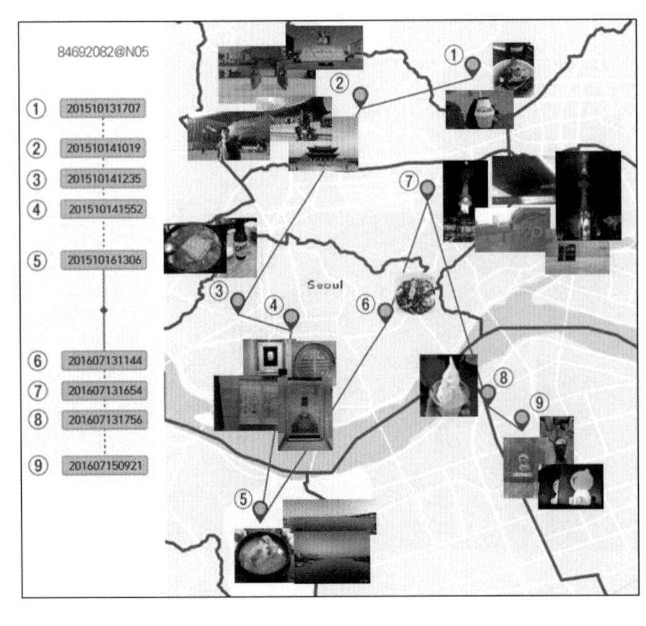

그림 8-3. 사진공유 SNS인 플리커에 게시한 내용을 ID별로 처리하여 궤적을 생성

4) 소셜미디어 데이터

소셜미디어(Social Networking Service) 데이터는 사람들이 온라인에서 자발적으로 생성하는 데이터이다. 모바일 기기의 확산으로 사용자들은 언제 어디서든 웹 서비스에 접근할 수 있고, 이를 통해 자신의 다양한 생각이나 의견을 공유하고 게시한다. 소셜미디어 서비스를 통해 방대한 양의 데이터가 발생되고 있어 이를 통해 유의미한 정보를 찾아내고자 하는 노력도 증가하고 있다. 소셜미디어 데이터는 자발적으로 표현되고 실시간으로 확보 가능한 정보라는 점 때문에 기존의 인위적인 실험 환경이나 구조화된 설문 방식을 보완할 새로운 연구대상으로 관심을 모으고 있다. 소셜미디어 데이터의 경우 각 소셜미디어 사이트의 API를 통해 데이터를 크롤링하여 사용할 수 있다.

공간정보 분야에서도 재난에 대한 전조 감지나 재난지역의 구조, 사회적 이슈에 대한 지역적 특성 분석, 관광 마케팅 등 활용 사례가 다수 존재한다. 소셜미디어 데이터에 대한 분석은 기존에는 대부분 텍스트를 중심으로 한 자연어처리, 감성 분석, 이슈탐지, 이슈 모니터링 등이 주를 이루었다면 최근에는 사진이나 동영상 등의 공유가 활발해지면서 이미지와 텍스트, 게시된 장소의 공간특성을 함께 모델링하여 분석하는 분야로 발전하고 있다.

5) 사물인터넷 데이터

사물인터넷(Internet of Things, IoT)은 사람, 사물, 공간, 데이터 등 모든 것이 인터넷으로 서로 연결돼 다양한 정보가 생성·수집·공유·활용되는 초연결 인터넷을 일컫는다. 기술적 관점에서 사물인터넷 기술은 크게 센싱 기술과 네트워크 기술, 인터페이스 기술로 구성된다. 센싱 기술은 다양한 센서를 이용해 온도와 습도, 열, 가스, 조도와 초음파 등의 변동요소를 원격으로 감지하고 분석한다. 아울러 각 변동요소의 위치와 움직임을 추적해 주위 환경으로부터 여러 가지 정보를 얻을 수 있게 해 준다. 네트워킹 기술은 유·무선망을 통해 분산된 변동요소들을 서로 연결시킨다. 인터페이스 기술은 사물인터넷의 구성요소를 여러 응용서비스와 연동시켜 효용 가치를 높이는 역할을 한다.

사물인터넷 서비스는 공공부문과 민간부문을 망라하고 그 영역을 급속하게 확장하고 있다. 사물인터넷 서비스 영역으로 스마트홈 분야에서는 가전·기기를 원격제어하거나 홈 CCTV 및 스마트 도어록 서비스, 음성인식 비서, 교통·인프라 분야에서는 스마트 주차, 아파트 차량 출입통제, 건설·시설물 관리 분야에서는 구조물 안전관리 및 공공시설물 제어, 도로·교량 상태 모니터링 등에 활용하고 있다. 즉 공공영역에서는 교통운영 효율화, 주차 효율화, 대기오염 완화, 효율적인 에너지 활용 등 도시문제 해결을 위해 사물인터넷을 적극적으로 활용하고 있다.

현재 국가적 차원에서 많은 관심을 기울이고 있는 디지털 트윈의 많은 서비스들이 사물인터넷 서비스와 연계되어 있다. 정적인 공간정보와 동적인 사물인터넷 데이터를 융합하여 분석하면 공간상황을 인지·예측할 수 있는 지능형 공간구축이 가능할 것으로 예견된다. 실제로 서울시에서는 2020년 4월부터 서울시 전역에 걸쳐 설치된 약 1000개 이상의 사물인터넷 센서를 통해 실시간으로 수집되는 환경정보(초미세먼지, 미세먼지, 소음 등)를 2분 단위로 처리하여 서울 열린데이터 광장 사이트를 통해 공개하고 있으며, 이 외에 스마트 보안등, 스마트 횡단보도, 공유주차장 측정정보, 공공자전거 대여 이력 정보 등을 공개하고 있다.

8.3 인공지능 기술

1) 인공지능 개요

인공지능은 사람처럼 학습하고 추론할 수 있는 지능을 가진 컴퓨터시스템을 만드는 기술이다. 인공지능, 머신러닝, 딥러닝이 혼용되어 사용되기는 하지만 인공지능은 가장 넓은 개념이며, 인공지능을 구현하는 대표적인 방법 중 하나가 머신러닝이며, 딥러닝은 머신러닝의 여러 방법 중 하나이다.

머신러닝은 컴퓨터 프로그램이 알고리즘을 사용하여 데이터에서 패턴을 찾는 인공지능 애플리케이션이다. 규칙을 일일이 프로그래밍하지 않아도 자동으로 데이터에서 규칙을 학습하는 알고리즘을 연구하는 분야라 할 수 있다. 머신러닝은 지도학습, 비지도학습, 강화학습의 세종류로 나눠볼 수 있다. 지도학습(supervised learning)은 입력값과 결괏값(정답 레이블)을 함께 주고 학습시키는 방법으로 분류, 회귀 등이 여기에 속한다. 비지도학습(unsupervised learning)은 결괏값 없이 입력값만 주고 학습시키는 방법으로, 데이터의 차원을 축소하거나 속성에 따라 데이터를 클러스터링하는 방법이 여기에 속한다. 강화학습(reinforced learning)은 결괏값이 아닌 어떤 일을 잘했을 때 보상(reward)을 주는 방식으로 행동(action)이 최선인지를 학습시킨다. 로봇, 게임 및 내비게이션 등에 이용되며, 일정한 시간 내에 예상되는 보상을 극대화할 수 있는 동작을 선택하도록 한다.

딥러닝은 생물학적 뉴런에서 영감을 받아 만든 머신러닝 알고리즘으로 기존의 머신러닝 알고리즘으로 다루기 어려웠던 이미지, 음성, 텍스트 분야에서 뛰어난 성능을 발휘하면서 크게 주목받고 있다. 인공지능 발전사에서 두 번째 AI 겨울기간 동안에도 1998년 얀 르쿤은 신경망 모델을 만들어 손글씨 숫자 인식에 성공하였으며, 이 신경망 이름을 르넷(LeNet-5)이라고 하였는데, 이는 최

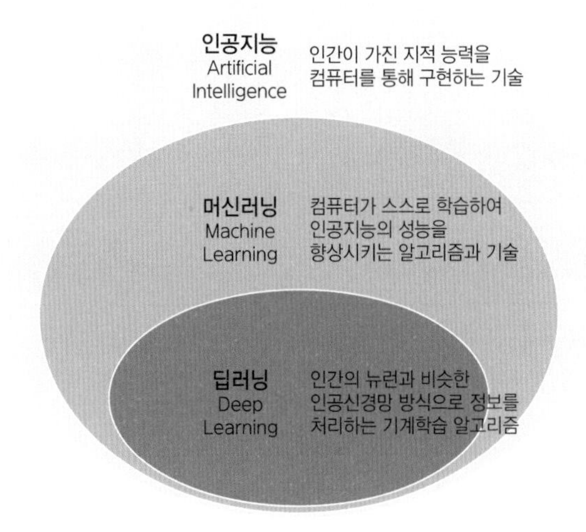

그림 8-4. 인공지능, 머신러닝, 딥러닝의 관계

초의 합성곱신경망(CNN: Convolutional Neural Network)으로, 딥러닝을 배울 때 입문자가 가장 처음 접하는 자료가 되고 있다. 2012년에는 제프리 힌턴의 팀이 이미지 분류 대회에서 기존의 머신러닝 방법을 누르고 압도적인 성능으로 우승하였는데, 힌턴이 사용한 합성곱 신경망 모델의 이름이 알렉스넷(AlexNet)이다. 이후 이미지 분류작업에는 합성곱 신경망이 널리 사용되기 시작하였으며 알렉스넷을 시작으로, 브이지지넷(VGGNet), 구글넷(GoogleNet), 레즈넷(ResNet), 덴스넷(DenseNet), 모바일넷(MobileNet), 에이치알넷(HRNet) 등의 합성곱 신경망 모델이 빠르게 개발되었다. 이후 이미지 분류뿐 아니라 이미지 내의 객체 탐지, 이미지 내 유사 픽셀 단위로 구분, 시계열 신경망, 훈련데이터 없이 데이터의 특성을 파악하여 신경망을 훈련시키는 모델 등으로 빠르게 발전하고 있다.

2) 딥러닝 모델의 종류

(1) 합성곱 신경망

합성곱 신경망(Convolutional Neural Network: CNN) 모델은 딥러닝 모델 발전에 있어 획기적인 전환점을 만든 모델이다. 합성곱 신경망은 인간의 시신경 구조를 모방하여 만든 구조로 이전의 신경망 모델에서 데이터를 입력층에 일차원 행렬 형태로 입력하면서 이미지의 패턴 정보를 잃게 되는 문제점을 해결하였다. 1950년대 허블과 비셀은 고양이의 시각 피질 실험에서 고양이 시야의 한쪽에 자극을 주었더니 전체 뉴런이 아닌 특정 뉴런만이 활성화되는 것을 발견했다. 또한 물체의 형태와 방향에 따라서도 활성화되는 뉴런이 다르며 어떤 뉴런의 경우 저수준 뉴런의 출력을 조합

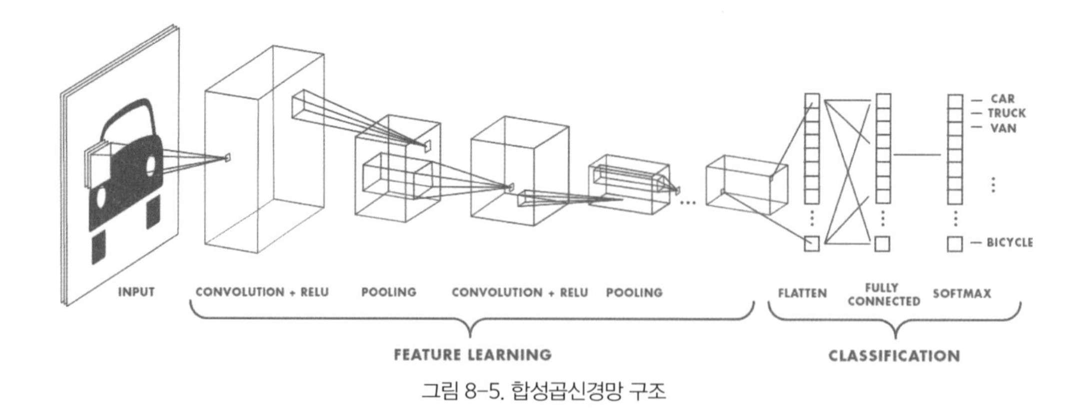

그림 8-5. 합성곱신경망 구조

한 복잡한 신호에만 반응한다는 것을 관찰했다. 이 실험을 통해 동물의 시각 피질 안의 뉴런들은 일정 범위 안의 자극에만 활성화되는 '근접 수용 영역(local receptive field)'을 가지며 이 수용 영역들이 서로 겹쳐져 전체 시야를 이룬다는 것을 발견했다. 이러한 아이디어에 영향을 받은 얀 르쿤 교수는 인접한 두 층의 노드들이 전부 연결되어 있는 인공신경망이 아닌 특정 국소 영역에 속하는 노드들의 연결로 이루어진 인공신경망을 고안해 냈고, 이것이 합성곱 신경망이다.

합성곱 신경망은 합성곱 연산과 풀링 연산으로 나뉘는데 합성곱을 활용하여 데이터의 크기를 줄이면서 이미지의 특징을 추출하게 되고, 풀링 과정을 통해 합성곱 레이어에서 입력으로 받은 피처 맵의 크기를 줄이거나 특정 데이터를 강조하게 된다. 이후 완전 연결 레이어로 연결된 후 이미지 분류(image classification)나 객체 탐지(object detection), 이미지 세그먼테이션(image segmentation) 등 목적에 따라 확장될 수 있다.

(2) 순환신경망

순환신경망(Recurrent Neural Network: RNN)은 입력과 출력을 시퀀스(sequence) 단위로 처리하는 모델로 시퀀스란 연관된 연속의 데이터를 의미하며, 텍스트 분석에서 단어의 나열 순서, 시계열 데이터의 시간 단위로 볼 수 있다. 순환신경망을 이용하여 현재 시점(t)과 다음 시점(t+1)의 네트워크를 연결하여 시간의 흐름에 따라 변화하는 시계열 데이터를 학습하고 미래를 예측할 수 있다. 주가 예측, 시계열 자료 예측, 자율주행차의 이동 경로 예측, 멜로디 예측 등에 활용되며, 문서나 오디오의 자동 번역, 오디오를 텍스트로 변환, 감성 분석, 자동 이미지 캡션 달기 등에도 활용된다.

순환신경망이 시퀀스를 갖는 데이터에서 미래를 예측한다는 측면에는 장점이 있지만 시퀀스의 길이가 길어질수록 즉, 과거 데이터의 입력 위치와 현재 데이터를 출력하는 위치가 멀어질수록 두 정보의 연결이 힘들어진다는 문제가 있다. 이를 장기 의존성(Long-Term Dependency) 문제라

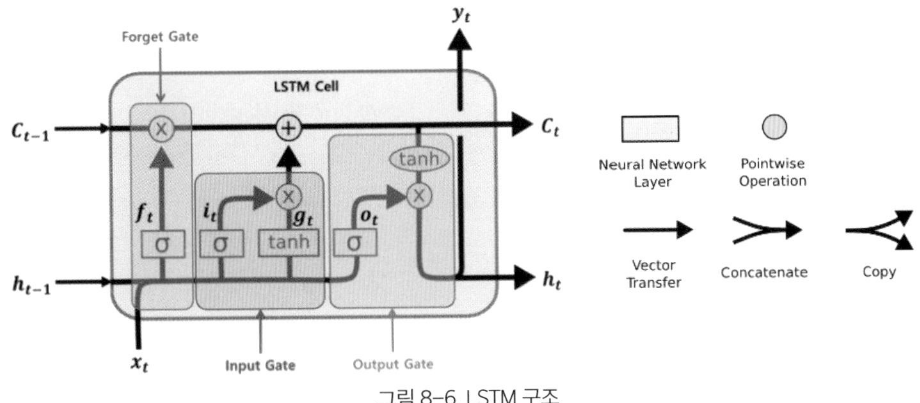

그림 8-6. LSTM 구조

하는데, 알고리즘이 하위층으로 진행됨에 따라 발생하는 기울기 값 소실 문제(vanishing gradient problem)로 인해 발생하며 순환신경망의 성능을 떨어뜨린다. 이러한 문제를 보완하기 위해 순환신경망의 셀을 변형한 것이 LSTM(Long Short-Term Memory) 셀이다. LSTM은 과거 데이터의 학습 결과가 현재 데이터의 출력까지 변함없이 전달될 수 있도록 순환신경망 셀의 구조를 변형한 것이며, 장기의존성 문제 해결은 유지하면서 복잡했던 LSTM의 구조를 간단하게 변경한 모델이 GRU (Gated Recurrent Unit)이다.

(3) 적대적 생성모델

적대적 생성모델(Generative Adversarial Network: GAN)은 생성모델(generative model)의 한 종류이다. 생성모델은 비지도학습방법의 하나로 훈련데이터의 확률 분포를 추정해서 새로운 데이터를 생성하는 모델이다. 확률 분포의 추정방식에 따라 명시적 모델과 암묵적 모델로 나뉘는데 대표적인 암묵적 모델이 적대적 생성신경망(Generative Adversarial Network)이며, 명시적 모델이 변분 오토인코더(variational autoencoder: VAE)이다. GAN은 데이터를 생성하는 생성기(generator)와 데이터를 구별하는 판별기(discriminator)가 경쟁하는 과정을 통해서 데이터를 학습한다. 생성기는 훈련데이터의 분포를 파악하여 훈련데이터와 유사한 가짜 이미지를 생성하고 판별기는 실제 데이터의 확률 분포를 추정하여 생성된 이미지가 진짜인지를 판단한다. 판별기는 적대적 손실값을 제공하여 생성된 이미지가 원본과 유사하도록 한다.

생성기는 다양한 데이터를 생성하는 데 사용할 수 있으며, 확률 분포를 추정하기 때문에 추정된 확률 분포를 벗어난 이상 데이터 탐지, 잠재공간에서 데이터 표현학습, 강화학습에서 미래 상태나 행동을 계획할 때도 활용될 수 있다. 예를 들면 이미지 일부가 비어 있을 때 완성된 이미지가 되도록 채워 주는 인페인팅 기법, 저해상도 이미지를 고해상도로 바꾸는 이미지 변환, 데이터 증강, 이

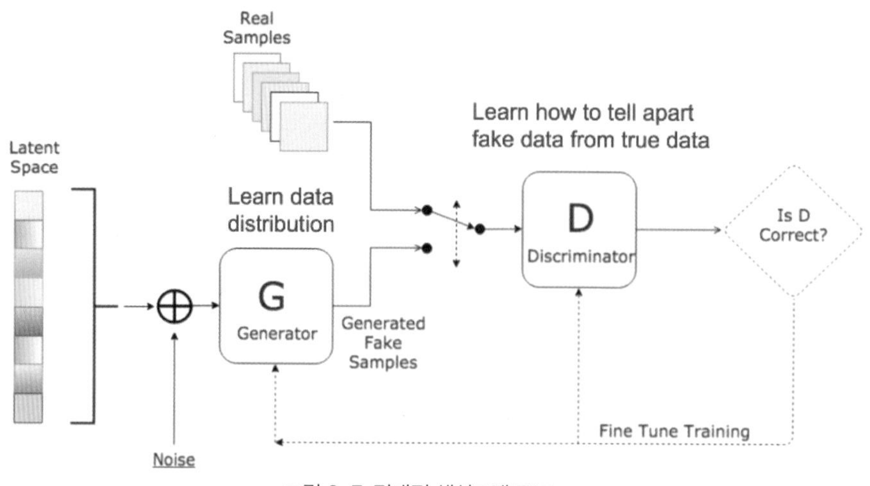

그림 8-7. 적대적 생성모델 구조

미지를 다른 스타일의 이미지로 변환하는 이미지 변환 등에 활용된다.

(4) 트랜스포머

트랜스포머(Transformer)는 2017년 구글 AI 팀에 의해 발표된 신경망이다. 트랜스포머는 인코더에서 입력 시퀀스를 입력받고, 디코더에서 출력 시퀀스를 출력하는 인코더-디코더 구조를 가지고 있다. 이를 흔히 시퀀스 모델링(Sequence modeling)이라고 하는데, 이는 어떠한 시퀀스를 갖는 데이터로부터 또 다른 시퀀스를 갖는 데이터를 생성하는 테스크이다. 예를 들면 번역, 챗봇 등이 있다. 이러한 시퀀스 모델링에는 대부분 순환신경망인 LSTM이나 GRU가 주축으로 사용되었다. 순환신경망 계열의 모델들은 시퀀스 위치에 따라 순차적으로 입력 데이터를 넣어 주어야 하는데, 긴 시퀀스 길이를 가지는 데이터를 처리해야 할 때 메모리와 연산에서 많은 부담이 생기게 된다. 어텐션은 입력 또는 출력 데이터에

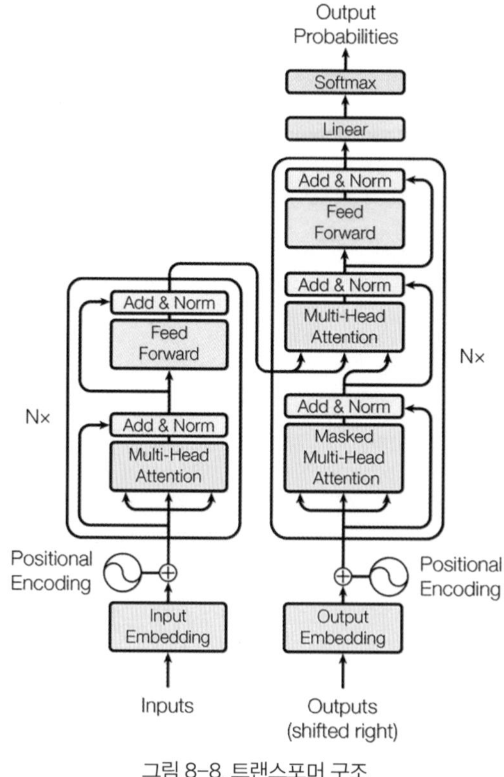

그림 8-8. 트랜스포머 구조
출처: Vaswani et al., 2017

서 시퀀스 거리에 무관하게 서로 간의 의존성을 모델링한다. 트랜스포머는 이 어텐션 메커니즘이 핵심을 이룬다.

트랜스포머의 구조는 크게 위치 인코딩, 멀티헤드 어텐션, 완전 연결레이어로 이루어져 있다. 위치 인코딩으로 위치 정보를 파악해서 멀티헤드 어텐션으로 집중을 하고, 그 결과를 완전 연결 레이어로 학습하는 구조이다. 트랜스포머는 자연어 처리 분야에서 순환신경망을 사용하면서 병렬처리가 어려워 연산속도가 느리던 한계를 극복함에 따라 자연어 처리 분야에서 높은 퍼포먼스를 보여 주었다. 처음에는 자연어 처리 분야에서만 사용되었지만 이미지 분류 등 컴퓨터 비전 분야까지 다양한 분야에서 활용되고 있다. 최근 큰 관심을 받고 있는 ChatGPT도 트랜스포머 모델에 기반한 것이다.

공간정보 분야에서는 합성곱 신경망 모델의 합성곱 연산과정에서 필터를 통해 작은 공간에 주의를 집중하는 구조를 갖는데 트랜스포머는 필터의 크기를 다양하게 결정하면서 합성곱보다 유사하거나 더 나은 성능을 보이는 것으로 연구된 바 있다(Dosovitskiy et al., 2020). 최근에 Vision 트랜스포머(ViTs)는 광란의 20대라 할 만큼 이미지 분류 영역에서 합성곱 신경망을 능가하는 성능을 보이는 것으로 평가되고 있다. 하지만 객체 감지나 시맨틱 세그먼테이션과 같은 보다 까다로운 이미지 분석 작업에서는 합성곱 신경망이 여전히 트랜스포머보다 유리한 성능을 보여 주고 있는 것으로 평가되고 있다(Liu et al., 2020).

(5) 그래프 신경망

딥러닝은 최근 몇 년 동안 이미지 분류, 음성 인식 및 자연어 처리영역에서 혁신적인 성과를 보여 주었다. 하지만 소셜 네크워크, 지식 그래프, 분자 그래프와 같이 복잡한 연결 관계와 객체 간의 상호 의존성을 분석하는 분야에서는 한계를 드러내었다. 이는 기존의 모델들이 데이터를 정형화된 유클리디안 공간*상에서 분석하기 때문에 관계의 복잡성이 비유클리디안적 특성을 갖는 데이터를 표현하는 데는 적합하지 않았기 때문이다. 그래프 구조는 관계의 복잡성과 상호 의존성이 비유클리디안적이라는 것을 전제로 하기 때문에, 그래프 구조를 갖는 데이터에 대한 분석 수요는 계속 증가하였는데, 그래프 신경망은 그래프 구조를 가지는 데이터에 인공신경망을 적용한 것이다.

그래프는 노드(node)와 그 사이를 연결하는 엣지(edge)로 이루어진 자료구조를 갖는데, 이때 노드는 개개의 자료가 가지고 있는 특징을 나타내며, 엣지는 자료 간의 연관성을 나타낸다. 그래프 신경망의 학습변수는 층별 신경망의 가중치이며, 노드 간 거리 보존을 목적함수로 한다. 그래프 신경

---

* 유클리디안 공간(Euclidean Space)은 유클리드가 연구했던 평면과 공간을 일반화한 것으로, 유클리드가 생각했던 거리와 길이와 각도를 좌표계를 도입하여 임의 차원의 공간으로 확장한 것으로 표준적인 유한차원, 실수, 내적 공간을 나타낸다.

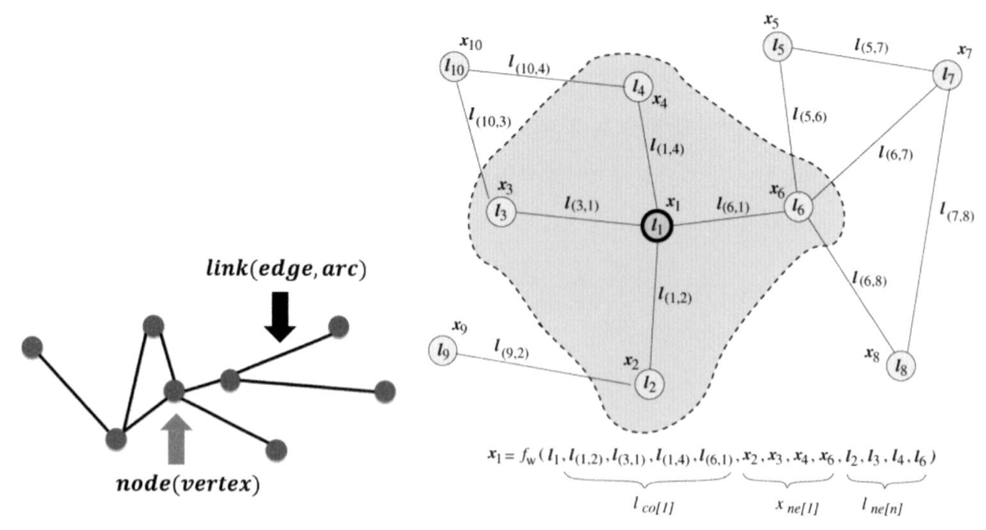

그림 8-9. 노드와 엣지의 개념(왼쪽). 그래프와 이웃하는 노드(오른쪽).
1번 노드 x_1의 상태는 이웃하는 노드와 엣지의 정보에 의존함.
출처: Scarselli et al., 2009

망은 노드 분류, 링크 예측, 클러스터링 등에 주로 활용된다.

그래프 신경망은 엣지의 방향이 없고, 그래프가 모두 동종인 단순 그래프 신경망에서 이종 그래프 등 더 복잡한 그래프와 그에 맞게 변형된 그래프 신경망으로 발전해 왔다. 합성곱을 그래프 영역에 적용한 합성곱 그래프 신경망(Convolutional Graph Neural Network), GRU나 LSTM과 같은 순환신경망에서 사용하는 게이트 메커니즘을 전파 단계에 적용해 그래프 신경망 모델의 제약

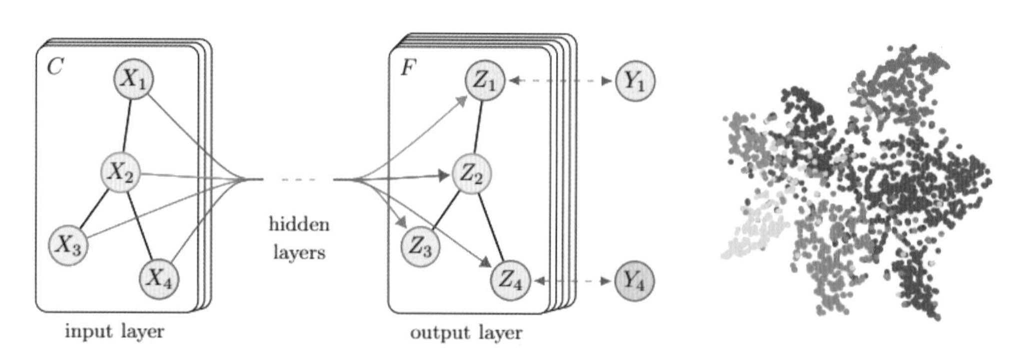

그림 8-10. 그래프 신경망을 활용한 학술논문 분류. C는 인풋채널을 나타내며 F는 아웃풋 채널의 피처맵을 나타냄. 입력데이터에서 노드는 각 논문을 나타내며 논문의 특성은 키워드로 나타내고, 엣지는 인용된 논문 사이의 관계를 나타냄. 최종목적은 전체 논문을 몇 개의 클래스로 구분할 것인가이며, Y1로 표시함. 오른쪽은 히든레이어를 t-SNE로 클러스터링하여 몇 개의 클래스로 구분되었는지를 시각적으로 나타낸 것임.
출처: Kipf and Welling, 2016

을 줄이고 장기 정보 전파 효과를 향상시킨 순환 그래프 신경망(Recurrent Graph Neural Network: RecGNN), 이웃한 노드들에게 각기 다른 가중치를 주어 중요한 이웃과 중요하지 않은 이웃을 구분하여 모델링하는 그래프어텐션 네트워크(Graph Attention Network: GAT), 시공간 특성을 모델링할 수 있도록 변형한 시공간 그래프 신경망(Spatial-Tempotal Graph Neural Network: STGNN) 등 다양한 모델로 발전되고 있다.

3) GeoAI 활용목적별 딥러닝 모델

본 절에서는 딥러닝 모델의 종류를 응용목적에 따라 분류하고, 해당 방법론이 어떻게 활용되는지 구체적으로 살펴보고자 한다.

표 8.1. GeoAI 활용목적별 딥러닝 모델

목적	활용분야	딥러닝 모델
이미지 분류	• 국토 관리(토지이용/토지 피복 분류, 지형 분류 등) • 식생 분류 • 인공지물 분류 • 재난관리(재해 피해: 피해와 피해 입지 않은 건물 분류)	• CNN – LeNet – AlexNet – VGG Net – Inception Net – Residual Net
객체 탐지	• 환경 모니터링 • 재해관리(산불피해지 분석 등) • 산림자원관리(병충해 지역 탐지 등) • 교통계획(차량 탐지 및 차량 대수 세기, 도로시설물 탐지, 도로포장 훼손 등 탐지, 녹지 탐지 등) • 특정 객체 탐지 및 구출 • 실시간 데이터에서의 객체 탐지	• Region based CNN(two stage method) – R-CNN, Fast R-CNN, Faster R-CNN, Mask R-CNN • Regression based CNN(Single Shot Detector) – YOLO, SSD, RetinaNet
이미지 세그먼테이션	• 특정 작물 재배지역 분류 • 토지이용/토지 피복 분류 • 도시화, 사막화, 도시변화, 환경변화 등의 변화 탐지 • 거리영상에서 근린환경 분석, 녹색지수 계산, 근린환경 변화 모니터링	• Encoder-decoder based CNN – U-Net, FCN, SegNet, DeepLab, AdaptSegNet, Fast-SCNN
변화 탐지	• 토지이용/토지 피복 변화 탐지 • 재해 피해지역 분석 • 도시 내 젠트리피케이션	• 객체 탐지 기반 접근 • 세그먼테이션 기반 접근 • CNN + LSTM
이미지 스타일 변환	• 고해상도 영상으로 변환 • 영상을 이용한 지도 제작 • 지도디자인과 스타일 변환 • 지도 일반화	• GAN – DCGAN – Attention GAN – CycleGAN, StyleGAN, Pix2Pix

예측	• 궤적 예측(소요시간예측, 교통흐름, 이동경로, 다음 위치 등) • 비전기반 궤적 예측(사고위험, 보행자행동, 차량궤적, 차량 주행 방식, 이상행동 감지 등) • 날씨, 가뭄, 기상 등의 예측 • 토지이용/토지 피복 변화 예측	• RNN – LSTM, GRU • CNN + LSTM • GAN(비전기반 예측) • Transformer
객체의 특성과 관계 분석	• 소셜네트워크 분석 • 그래프 기반 추천 시스템 • 분류: 특성이 비슷한 지역을 추출, 건물, 도로, 공원, 하천 등의 요소를 그룹핑 • 교통 및 도시: 교통흐름 예측, 도로 네트워크 표현, 주차 가능 예측, POI 추천 • 환경모니터링: 대기질 추정 • 에너지 소비: 가스 소비량 모니터링 • 이벤트 및 이상 탐지: 교통사고 예측 • 사람활동 분석: 행동모델링, 승객 수요 예측	• GNN – Convolutional Graph Neural Networks(ChebNet, GCN, AGCN) – Recurrent Graph Neural Networks(Tree-LSTM, Graph LSTM, S-LSTM) – Graph Attention Network(GAT, GaAN) – STGNN(Spatial-temporal Graph Neural Networks)

(1) 이미지 분류

이미지 분류(Image classification)는 이미지가 주어졌을 때 이 이미지가 어떤 사진인지, 어떤 객체를 대표하는지 분류하는 것이다. 원격탐사 영상이나 SNS에 게시된 사진을 하나 혹은 그 이상으로 분류하는 것을 말한다. 합성곱 신경망이 발전하면서 가장 먼저 발전한 분야이고, 합성곱 신경망 발전의 근간을 이루는 분야이기도 하다. 일반적으로는 이미지에 하나의 라벨을 부여하지만, 한 이미지에 하나의 특성만 있는 것이 아니기 때문에 한 이미지에 여러 라벨을 부여하는 다중 라벨링을 하기도 한다. 원격탐사 영상에서 토지 피복이나 토지이용을 분류할 때 분류 카테고리가 많지 않고, 하나의 영상에는 다양한 토지 피복이 혼재되어 있기 때문에 다중 라벨링 방법을 많이 사용한다.

이미지 분류가 필요한 사례로 소셜미디어에 올려진 사진 분류를 생각해 볼 수 있다. 사진 분류가

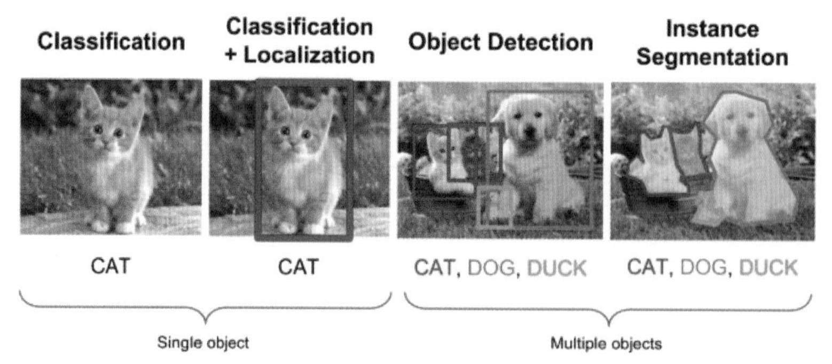

그림 8-11. 이미지 분류, 객체 탐지, 세그먼테이션 차이(이미지 분류: 이미지를 하나의 클래스로 정함, 객체 탐지: 바운딩박스와 바운딩 박스 내 객체의 종류를 클래스화, 인스턴스 세그먼테이션: 객체의 경계를 구분하며, 동일한 종류의 객체가 2개 이상인 경우 각각에 식별자를 부여)

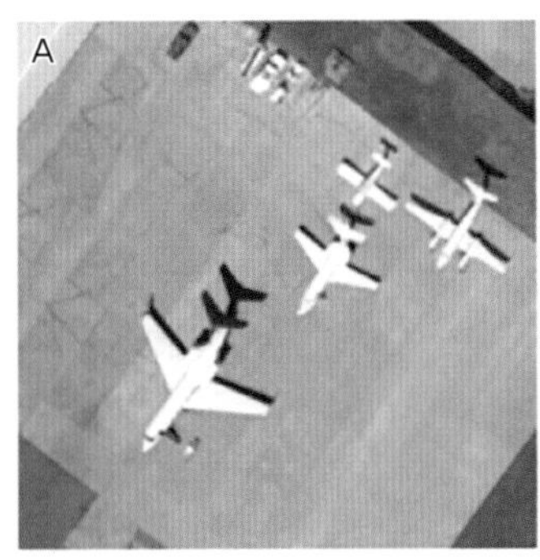

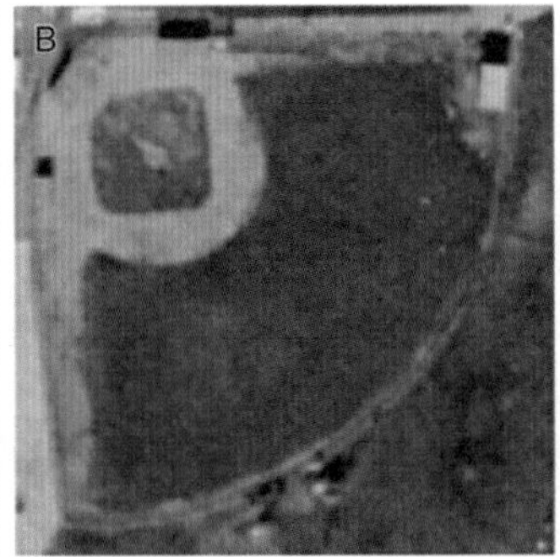

그림 8-12. 토지이용을 21개로 분류한 UC Merced Land Use 데이터셋에서 다중객체가 존재하는 예시. (A)비행기, 자동차, 초지, 포장, (B)나지, 건물, 초지, 포장, (C)자동차, 포장, 초지, 나무, 나지, 건물. 이미지넷 데이터셋에 사전훈련된 15개 합성곱 신경망 모델을 전이학습하여 다중분류의 성능을 평가.

출처: Kumar et al., 2021

목적이라면 사진 분류에서 가장 유명한 공개 데이터셋인 이미지넷으로 사전 훈련된 모델을 이용하여 사진을 분류할 수 있다. 즉 이미지넷에 사전훈련된 인셉션넷(InceptionNet)이나 브이지지넷(VGGNet)을 사용하여 사진을 분류하면 1,000개 카테고리 가운데 가장 확률값이 높은 top 1과 top 5확률을 출력한다. 하지만 1,000개 분류 카테고리가 분석 목적에 맞지 않는다면 합성곱 신경망 모델을 새로이 구현하기보다 사전 훈련된 합성곱 신경망 모델을 전이학습(transfer learning)하여 사용하는 것이 효율적인 경우가 많다.

(2) 객체 탐지

객체 탐지(Object detection)는 이미지 내에 특정 객체가 존재하는지를 객체 클래스와 이미지 내에 바운딩박스(BBOX)로 찾아내는 것을 목표로 한다. 객체 탐지는 크게 영역기반(region-based)과 회귀기반(regression-based)으로 구분할 수 있다. 영역기반 모델은 객체를 포함할 가능성이 높은 영역을 탐지한 후, 객체를 분류하는 것으로 이단계 방식(Two-Stage Methods)이라 불린다. 이 카테고리에는 R-CNN, R_FCN, FPN, Retina-Net 등과 같은 알고리즘이 포함된다.

회귀기반 모델은 이미지 픽셀 정보를 바운딩 박스와 객체 클래스 확률에 직접 매핑하는 방식으로 단일 단계 방식(Single-Stage Methods)이라고 불리기도 한다. YOLO, SSD, RetinaNet과 같은 알고리즘이 포함된다. 이 단계 방식보다 정확도는 떨어지지만 빠른 처리가 가능해서 실시간 탐지를 요구하는 애플리케이션에 활용된다. 객체 탐지는 환경 모니터링, 식생 모니터링, 재해 관리, 도시계획 및 관리, 교통계획 및 관리 등 다양한 영역에서 활용되고 있다.

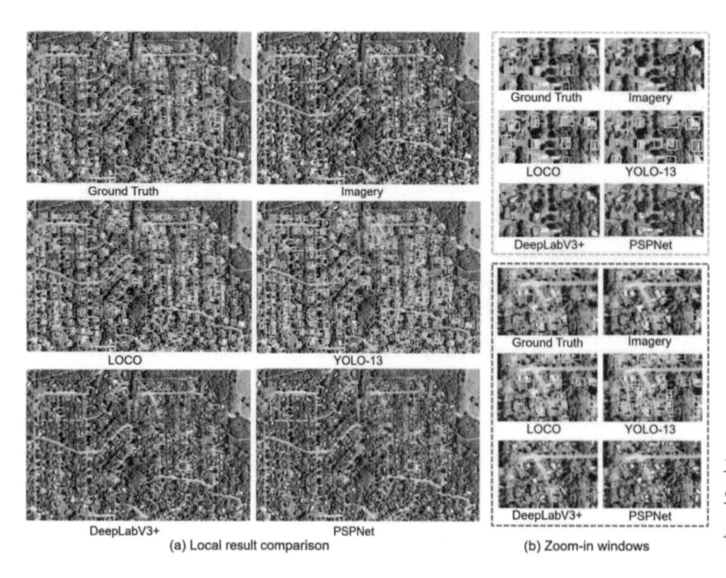

그림 8-13. YOLO를 활용한 건물 외곽선(building footprints) 생성

출처: Xie et al., 2020

그림 8-14. 차량 주행에서 얻은 영상에 Fast R-CNN모델을 적용하여 도로 노면 파손을 자동 탐지한 예시. 빨간색은 실제값, 녹색은 제안된 모델, 파란색은 ResNet으로 추출.

출처: 심승보 외, 2019

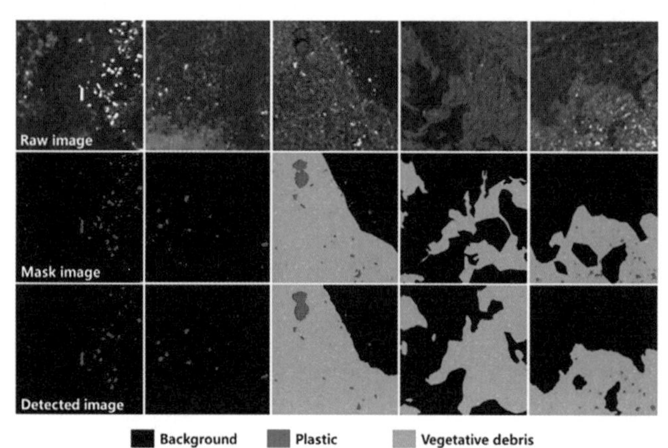

그림 8-15. 위성영상과 드론영상의 특성을 융합한 해안쓰레기 모니터링. 해안 쓰레기 중 초목류, 플라스틱류에 대한 탐지 수행. 초목류 탐지는 높은 성능을 보인 반면, 플라스틱류 탐지는 다소 낮은 성능을 보임.

출처: 김흥민 외, 2022

(3) 이미지 세그먼테이션

이미지 세그먼테이션(Image segmentation)은 이미지 내의 픽셀을 특정 클래스로 분류하는 것으로 이미지를 서로 다른 객체나 클래스로 분류하는 것이며, 픽셀 수준 분류(pixel-level classification)라 할 수 있다. 이미지 세그먼테이션은 시맨틱 세그먼테이션(semantic segmentation)과 인스턴스 세그먼테이션(instance segmentation)으로 구분할 수 있는데 시맨틱 세그먼테이션은 이미지의 모든 요소에 대해 클래스 라벨을 예측하는 것을 목표로 하며, 인스턴스 세그먼테이션은 이미지의 모든 물체에 대해서 클래스 라벨을 예측하고, 이미지내에 동일 물체가 있는 경우 각각으로 인식하여 ID를 부여한다.

이미지를 분류하여 다시 이미지의 형태로 결과가 산출되어야 하기 때문에 인코더/디코더 방식의 구조를 갖게 되며, 대표적인 알고리즘으로 U-Net, FCN, SegNet, DeepLab, AdaptSegNet, Fast-SCNN, HANet 등이 있다. 이미지 세그먼테이션은 영상에서 중요 이미지를 찾는 작업, 예를 들면 농업에서 특정 작물 재배지역을 분류하거나, 이미지에서 토지이용이나 토지 피복 분류, 거리 영상에서 녹색지수, 보행환경 평가 등 도시 건조환경 분석과 같은 작업에 활용된다. 특히 이들 알고리즘은 도시화, 사막화, 도시변화나 환경변화와 같은 변화를 탐지하는 데에도 활용된다.

A. 원본 이미지

B. 시맨틱세그먼테이션

C. 인스턴스 세그먼테이션

그림 8-16. 이미지 세그먼테이션 예시

(4) 변화 탐지

변화 탐지(Change detection)는 두 개 이상의 이미지에서 달라진 부분을 찾아내는 과정이다. 토지이용이나 토지 피복 변화, 사막의 확장, 재해 피해지역 분석, 도시 내 젠트리피케이션 탐지, 녹지지수 변화 탐지, 도시 변화 탐지 등 매우 중요한 의미를 갖는다. 합성곱신경망 모델을 활용한 변화 탐지는 Faster R-CNN과 같은 객체 탐지기법을 사용하거나 U-Net과 같은 시멘틱세그먼테이션 기법을 사용하였는데 최근에는 CNN과 LSTM의 장점을 혼합한 변화 탐지 네트워크들이 개발되고 있다.

한편 거리뷰 영상을 활용하여 도시의 젠트리피케이션이 발생하였는지 분석한 연구에서는 서로 다른 시기의 거리영상을 보여 주고 젠트리피케이션과 같은 시각적 변화가 있었는지를 예, 아니오

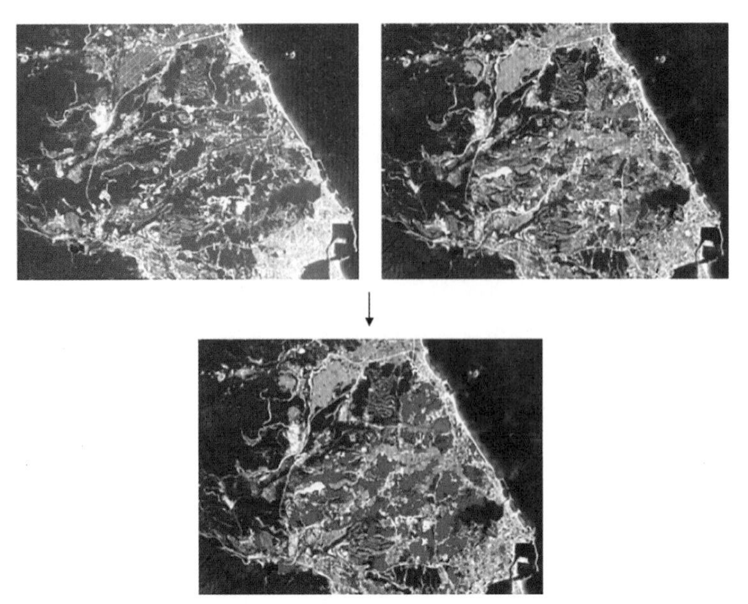

그림 8-17. Sentinel-2 위성영상에 U-Net을 활용한 고성·속초 산불 피해지역 변화 탐지

출처: 조원호·박기호, 2022

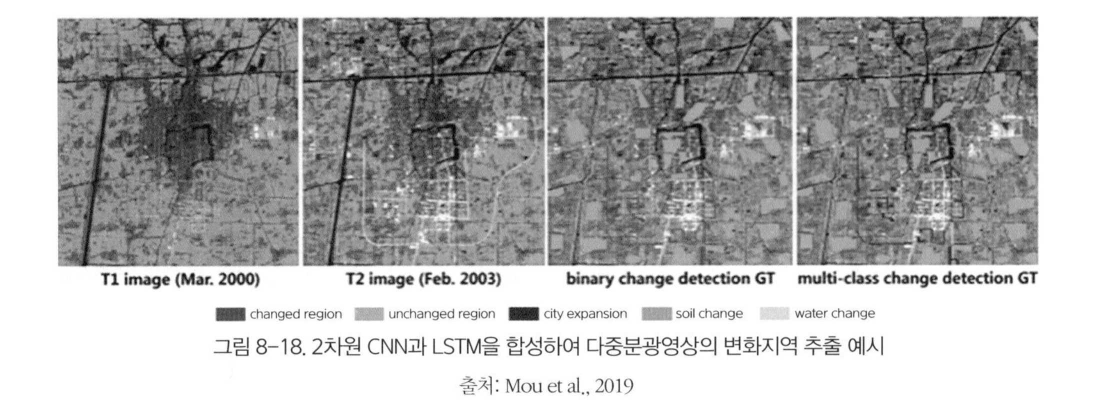

그림 8-18. 2차원 CNN과 LSTM을 합성하여 다중분광영상의 변화지역 추출 예시

출처: Mou et al., 2019

로 응답하게 한 자료를 훈련데이터로 구축한 후 샴네크워크를 활용하여 젠트리피케이션 유무를 분석하기도 하였다(Ilic et al., 2019).

(5) 이미지 스타일 변환

이미지 스타일 변환(Image translation)은 지도 디자인 형태 변환, 저해상도 영상을 고해상도 영상으로 변환, 지도 일반화와 같은 유형을 포함한다. 이미지 스타일 변화와 관련된 알고리즘은 GAN, StyleGAN, Pix2Pix 등이 있다. 지도 제작 분야에서는 지도 일반화 작업, 다중분광영상을 활용한 야

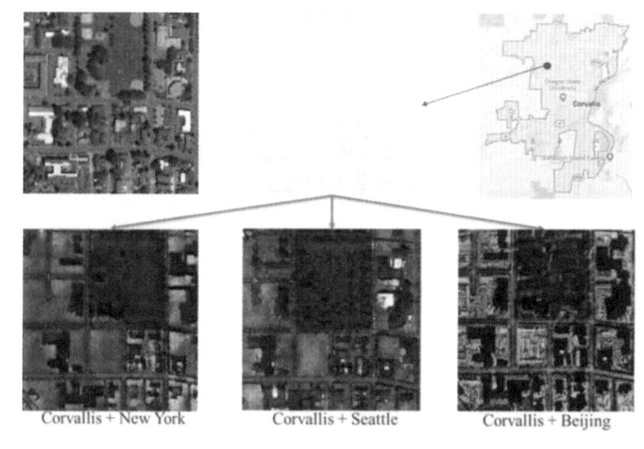

그림 8-19. 오레곤의 코발리스(Covallis) 지역을 대상으로 GAN를 이용하여 제작한 가짜 영상. 상단은 실제영상이며, 하단은 왼쪽부터 뉴욕스타일, 시애틀스타일, 베이징 스타일 영상

출처: Xu and Zhao, 2018

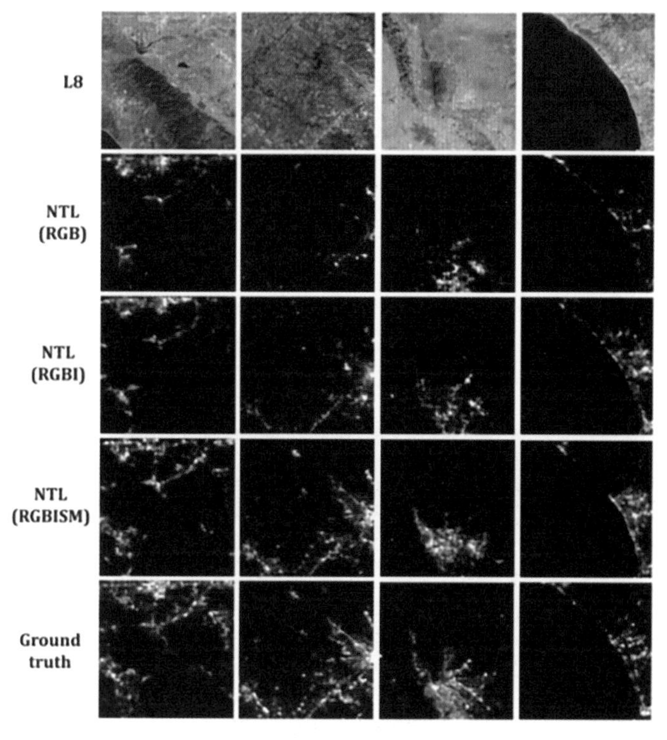

그림 8-20. GAN을 이용하여 멀티스펙트럴 영상에서 야간영상을 생성한 예시

출처: Huang, et al., 2020

간영상 제작, 벡터 데이터로 구글맵 스타일과 오픈 스트리트맵 스타일 지도 제작 등이 연구된 바 있다. 딥러닝 기술이 도입되면서 가짜 정보나 위조정보가 만들어질 가능성에 대해서 우려가 되고 있다. 딥러닝을 활용하여 어떻게 가짜 영상을 제작할 수 있는지를 구현하면서, 가짜 영상이 만들어지는 것에 대한 경각심이 필요하다는 의견도 제기된 바 있다(Xu and Zhao, 2018).

(6) 예측

예측(Forcasting)은 시간 순서를 갖는 데이터에서 과거에서부터 현재까지의 변화에 기반하여 미래를 예측하는 것이라 할 수 있다. 전통적으로 공간정보 분야에서 차량 이동 궤적, 사람들의 이동 궤적, 선박 운행 궤적, 동물들의 이동 궤적, 자연현상에서 발생하는 태풍 궤적 등을 분석하고 의미를 찾는 것은 각종 서비스와 정책 수립에서 중요한 과제였다. 그러나 최근 GPS를 탑재한 사람, 차량, 선박, 항공기 데이터, CCTV 및 자율주행차와 같이 실시간으로 입력되는 데이터, IOT센서에서 실시간으로 수집되는 데이터가 대량으로 생성되면서 데이터에서 패턴을 감지하고, 장단기 미래를 예측하는 것은 매우 중요한 분야가 되고 있다.

궤적의 다음 위치 예측은 크게 벡터 기반, 머신러닝 기반, 딥러닝 기반의 3가지 방법론으로 구분해 볼 수 있다. 궤적데이터 예측은 기존에는 마르코프체인이나 은닉마르코프체인 등의 머신러닝 기법들이 주로 사용되었다. 최근에는 딥러닝 기반 궤적 예측의 경우 시계열성을 갖고 있기 때문에 LSTM을 활용하는 연구가 주를 이루고 있으며, 합성곱 신경망과 순환신경망을 혼용한 하이브리드 모델 사용도 이뤄지고 있다. 궤적 예측에 있어 기하학적 벡터 단위로 예측하는 경우는 드물며 궤적에서 의미 있는 장소를 추출하고 이들 단위로 예측을 하거나 연구대상 지역을 그리드셀이나 지오해시 그리드로 나눈 후 이동 객체의 다음 셀을 예측하며, 차량과 같이 도로상에서 움직이는 물체는 교차로, 도로 세그먼트 단위로 다음 위치를 예측한다(김지연 외, 2022).

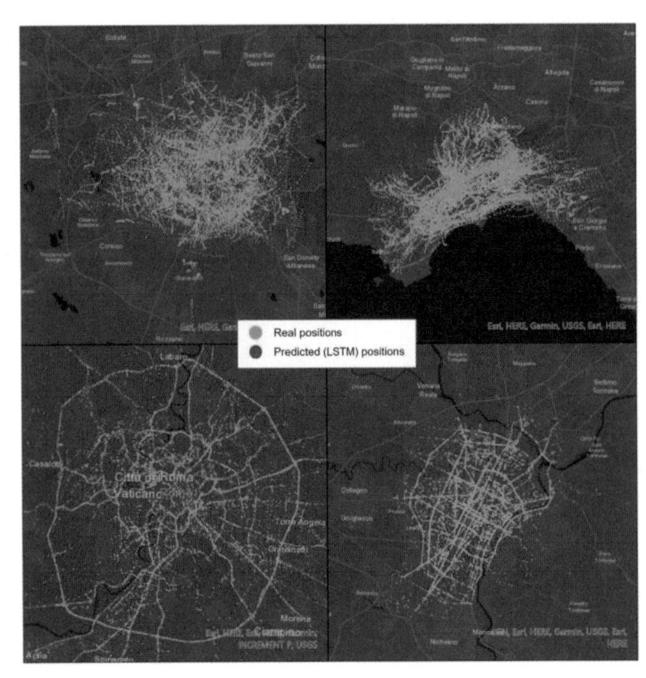

그림 8-21. 실제 차량 궤적과 예측한 차량 궤적 비교

출처: Rossi et al., 2021

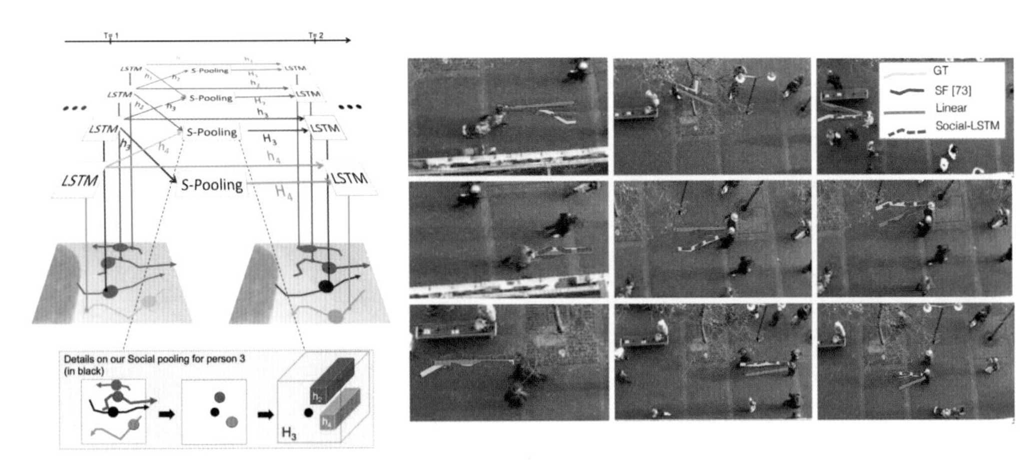

그림 8-22. Social-LSTM 구조(왼쪽)와 적용 사례(오른쪽, CCTV 영상 안에서 보행자의 이동 궤적을 예측. 붉은색 점선이 예측 결과)

출처: Alahi et al., 2016

최근 궤적데이터 분석에서 비전을 기반으로 하는 궤적 분석이 중요한 연구주제로 대두되고 있다. 비전기반 예측연구는 사고위험 예측, 보행자 궤적 예측, 보행자 행동 예측, 차량 궤적 예측, 차량 주행방식 예측, 장면 예측 등으로 구분해 볼 수 있다. 특히 이 분야는 자율주행이나 방범 및 교통용 CCTV 등이 보급되면서 지능형 시스템으로 발전하고 있어 딥러닝 모델도 다양하게 발전하고 있다. 예를들면 LSTM모델을 근간으로 하지만 CCTV 내 여러 명의 보행자 간 상호작용을 구현하기 위한 Social-LSTM모델, 사람의 행동예측을 관절의 궤적에 기반하여 자세를 예측하는 모델, 보행자 분석에 있어 보행자뿐 아니라 지역적 맥락, 보행자 자세, 주변 차량 정보 등을 동시에 고려하도록 시계열 신경망을 쌓아서 예측하는 모델, 장면예측을 RGB 이미지, 옵티컬 플로우맵으로 예측하는 모델 등 다양한 모델들이 개발되고 시험되고 있다(이지윤 외, 2022b).

(7) 객체의 특성과 관계 분석

객체의 특성과 관계를 분석한다는 것은 객체가 가지고 있는 특성들과 객체 간의 연관성을 비 직선형으로 나타내어 분석한다는 의미이다. 이러한 특성을 나타내는 대표적인 데이터 구조가 그래프 구조이며, 그래프 구조에 인공신경망을 접목한 것이 그래프 신경망이다.

공간정보 분야에서는 다양한 유형의 공간 빅데이터들이 생성되고 있는데 이들 데이터는 공간을 중심으로 서로 연계되며, 지역에 대한 다양한 정보를 포함하고 있기 때문에 자연스럽게 이들 데이터를 그래프 형태로 연계하여 분석하고자 하는 시도들이 증가하고 있다. 그래프 신경망은 분자구조 예측, 소셜 네트워크 분석, 학술논문의 참고 문헌 인용 기반 네트워크 분석 등에서 좋은 성능을 보이고 있다. 또한 믿을 만한 성능과 높은 해석력으로 관심이 증가하고 있으며, 활용분야도 다양해지고 있다. 공간정보 분야에서는 지역의 특성 분석, 도시의 이상현상이나 이벤트 탐지, 교통계획 수립 및 예측, 사람들의 행동방식 예측 등 활용 사례가 증가하고 있다.

그래프 신경망을 활용한 연구에서 유의 깊게 살펴볼 부분은 무엇을 노드와 엣지로 표현하는가와 노드와 엣지의 특성으로 어떤 정보들을 모델링하는가 등이며, 이러한 문제를 해결하기 위해 사용

표 8-2. 그래프 신경망을 활용한 연구에서 노드와 엣지의 표현

응용 분야	목적(task)	노드	엣지
교통 및 지역 분석	교통흐름 예측 도로 기능 분류 주차 가능성 예측	도로 세그먼트 기능 지역 POIs	교차점 도로 연결성 도로 연결성
환경 모니터링	대기 질 추정	모니터링 센서	근접성
에너지 공급과 소비	가스 사용 모니터링	레귤레이터	파이프라인
이벤트 및 이상 탐지	교통사고 예측	도시지역(그리드)	근접성
인간 행동 분석	사용자 행위 모델링 여객 수요 예측	위치, 객체 도시지역	이벤트 근접성

출처: Li et al., 2022

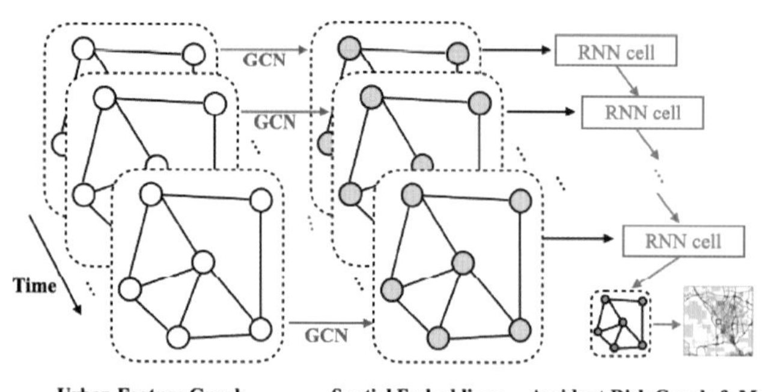

그림 8-23. 교통사고 예측을 위한 그래프 신경망 프레임워크.

출처: Zhou et al., 2020

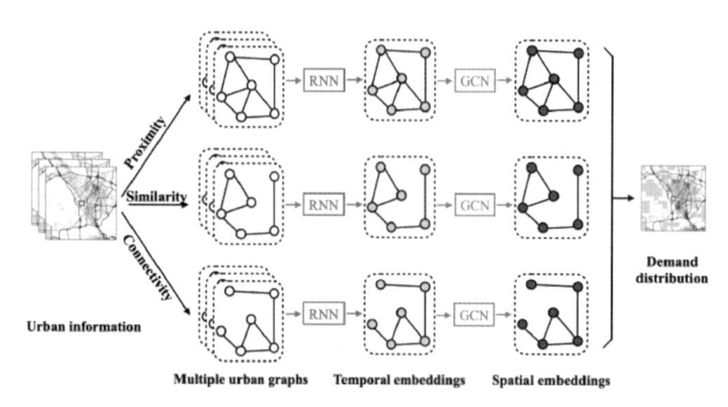

그림 8-24. 승차 공유서비스의 승객 수요 예측을 위한 STGNN 활용 예시.

출처: Geng et al, 2019

되는 그래프 신경망 모델의 유형은 연구자별로 다양한 접근이 시도되고 있다.

8.4 GeoAI 활용분야 및 응용사례

1) 국토 및 환경 모니터링

2010년 중반 이후 컴퓨터 비전 분야 딥러닝 기술이 영상자료 분석에 빠르게 접목되면서 토지 피복 분류, 식생 분석, 재난 탐지, 환경오염 모니터링, 공간객체 추출 등 다양한 분야에 활용되고 있다. 특히 드론 촬영이 가능해지면서 기존의 원격탐사나 항공 영상이 갖는 시간적 공간적 제약성을 넘어 필요한 시기에 원하는 영상을 얻을 수 있는 환경이 만들어지면서 영상 분야에 딥러닝 기술이 더욱 빠르게 확대되는 추세이다.

원격 탐사 영상을 활용한 대표적 활용사례는 토지 피복 분류이다. 원격탐사 데이터는 넓은 지역의 정보를 신속하게 추출할 수 있어 광범위한 지역의 토지 피복 분류에 적합하다. 그러나 자료마다 공간 해상도, 분광 해상도가 다르고, 연구자의 데이터 처리방법 차이로 인해 정확한 결과를 도출하는데 어려움을 겪기도 하는데, 딥러닝 모델을 통해 보다 높은 정확도 및 정밀도를 달성하는 것으로 나타났다. 토지 피복 분류에 전통적인 분류기법, 기계학습, 딥러닝 모델을 적용하여 성능을 비교한 결과 다른 기법에 비해 딥러닝 기법에 의한 분류정확도가 높게 나타났으며(Zhang et al. 2021), 해외에서 다중분광 및 초분광 영상에 딥러닝 기법을 적용한 토지 피복 연구는 2015년 이후 매년 두 배

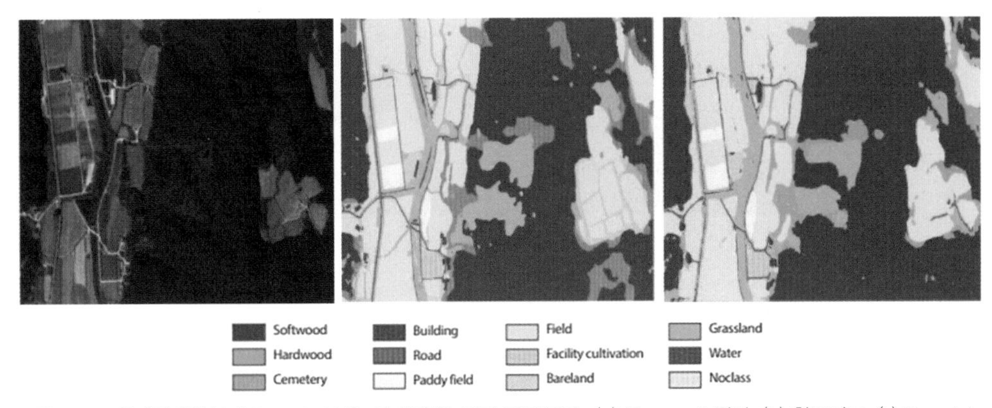

그림 8-25. 원격탐사영상에 DeepLabV3+를 활용한 토지 피복분류: (a) Kompast 영상, (b) 참조자료, (c) Deeplab V3+로 분류한 결과.

출처: 이성혁·이명진, 2020

이상씩 증가하고 있고, 국내연구에서도 원격탐사 영상의 활용분야를 보면 토지 피복과 관련된 연구가 가장 많다.

기존에 작물재해 현황 파악은 현장 조사나 전수조사를 통해 이뤄졌는데 이에는 막대한 예산과 인력이 소요되는 한계가 있다. 농업분야에 딥러닝 기술의 적용은 병충해 탐지, 재배작물 분류, 수계 확인, 잡초 확인, 수확량 예측, 과수 개수 확인 등 다양한 영역에서 이뤄지고 있다(Altalak et al., 2022). 원격탐사 영상에 딥러닝 모델을 적용함으로써 작황 변동 상황 관측 및 예측, 농업재해 대응 등이 가능할 것으로 예견된다. 재해 지역은 사람이 접근하기 어렵기 때문에 인적 자원을 투입하지

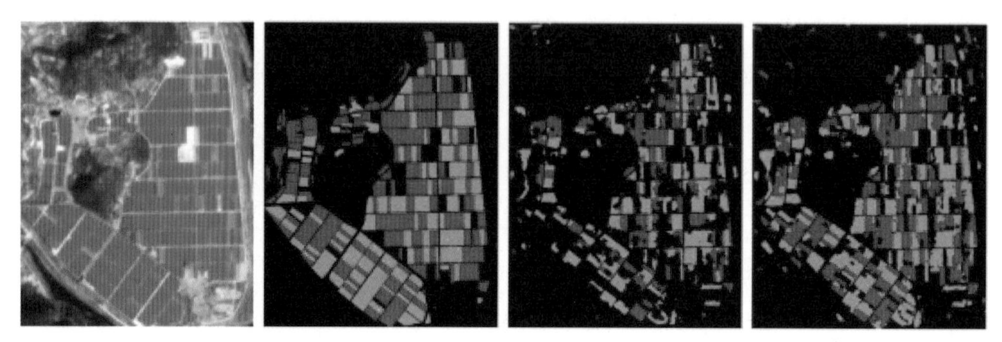

그림 8-26. PlanetScope 위성영상에 딥러닝 모델을 적용하여 양파와 마늘 재배 지역을 분류: (a) PSD.SD 영상, (b) 참조데이터, (c) FC-DenseNet 적용결과, (d) FC-DenseNet에 어텐션 게이트를 추가한 제안 모델

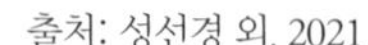

출처: 성선경 외, 2021

그림 8-27. 위성영상과 딥러닝 기술을 활용한 동해지역 산불 피해지 분석. (a) 현장조사 자료, (b) 모델 분류 결과. Sentinel-2 영상을 활용하였으며, U-Net 모델을 활용함. 모델 정확도는 IOU 기준 현장조사자료와 일치율이 0.94이상으로 정확도가 높게 나타남

출처: 차성은 외, 2022

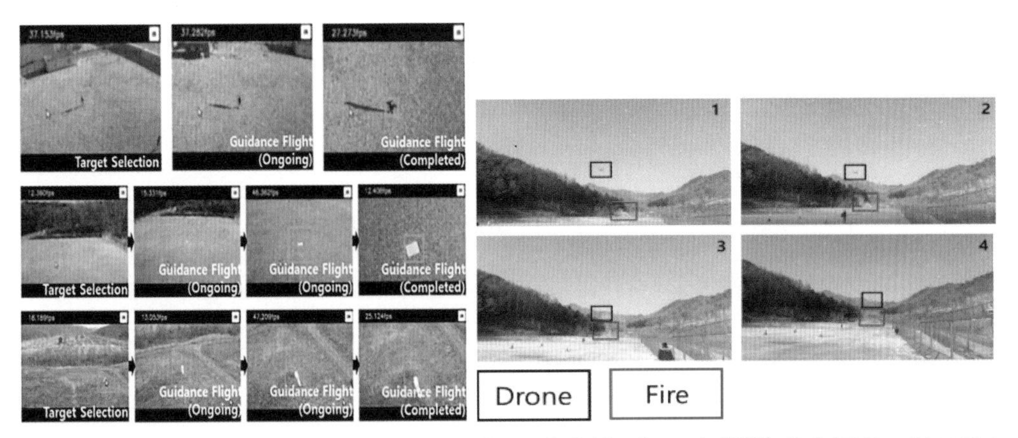

그림 8-28. 영상/열화상 정보 기반 딥러닝 기술을 적용한 드론 추적기술. 테스트 장면(왼쪽), 화재지점 유도테스트 결과(오른쪽). 원격탐사 영상을 활용한 재난에의 활용은 재난 피해지역의 파악뿐 아니라 드론의 영상/열화상 정보를 딥러닝 기술을 활용하여 산불 위치를 파악하고, 해당 지점에 소화탄을 투하하여 진압하는 방향으로 발전하고 있음.

출처: 이민재 외, 2022

않아도 매핑이 가능한 원격탐사의 활용도와 가치가 높다. 딥러닝은 산사태 피해지 탐지, 태풍 피해 분석, 지진에 의한 건물 피해 탐지, 산불에 따른 피해규모 추정 등에 활용되고 있으며, 최근에는 피해가 난 지역에 대한 분석 뿐 아니라 드론을 활용한 감시 및 대응으로까지 발전하고 있다.

영상에 존재하는 객체 탐지는 다양한 목적에 활용될 수 있다. 예를 들면 항공사진에서 건물을 추출하여 정보를 갱신하거나, 불법건축물을 추출하여 단속업무의 효율성을 높일 수 있다. 환경오염의 원인이 되는 해양쓰레기, 야적퇴비 등도 정확한 실태조사 및 관리가 가능하다. 객체 탐지에는 Mask R-CNN, SSD, YOLO 등의 객체 탐지 딥러닝 네트워크가 주로 사용되었으나, U-Net, HRNetV2, ResNet 등 의미론적분할에 이용되는 딥러닝 네트워크도 활용되고 있다.

변화 탐지는 두 개 이상의 이미지에서 달라진 부분을 찾아내는 과정이다. 토지이용이나 토지 피복 변화, 사막의 확장, 재해 피해지역 분석, 도시 변화 탐지 등 매우 중요한 의미를 갖는다. 합성곱신경망 모델을 활용한 변화 탐지는 Faster R-CNN과 같이 객체 탐지기법을 사용하거나 U-Net과 같은 시멘틱세그먼테이션 기법을 사용하였는데 최근에는 CNN과 LSTM의 장점을 혼합한 변화 탐지 네트워크들이 개발되고 있다.

2) 도시연구

최근 도시연구에 활용되는 대표적인 자료는 거리영상이라 할 수 있다. 원격탐사 영상을 활용하여 도시확산, 도시녹지 변화 등을 분석하는 것이 가능하지만, 거리영상 자료는 인간의 관점에서 도시의 세세한 특성을 프로파일링하여 나타낼 수 있으며, 인간의 활동이 물리적 공간과 상호작용한 결과로 나타나는 것을 파악할 수 있기 때문에 도시의 다양한 특성을 분석하는데 활용된다(Biljecki and Ito, 2021; Li and Hsu, 2022). 거리영상의 분석에는 시멘틱세그먼테이션 알고리즘, 객체 탐지 알고리즘등이 사용되고 있다.

거리영상을 활용한 도시연구로 개개 건물을 매핑하여 건물의 유형, 상태, 기능 등을 추정하거나 건물의 그래비티 탐색, 거리영상에서 탐지되는 도로를 추출하여 도로표면의 종류, 도로의 관리상태, 도로파손 여부를 확인하고, 국가 기본도에서 탐지되지 않는 교통표지판이나 신호등, 가로등, 나무 수종 등을 탐지하는 도시기반 시설물 매핑 관련 연구가 이루어지고 있다.

도시 녹색지수를 분석하는 연구도 다수 이루어졌는데 도시 녹색지수는 도시민의 건강, 열 저감 효과, 보행과의 관련성이 있는 것으로 확인되고 있으며, 녹색지수와 녹색환경의 접근성 문제나 사회경제적 형평성을 분석하는 연구도 이루어지고 있다. 또한 거리환경은 건강 및 웰빙과 밀접한 관

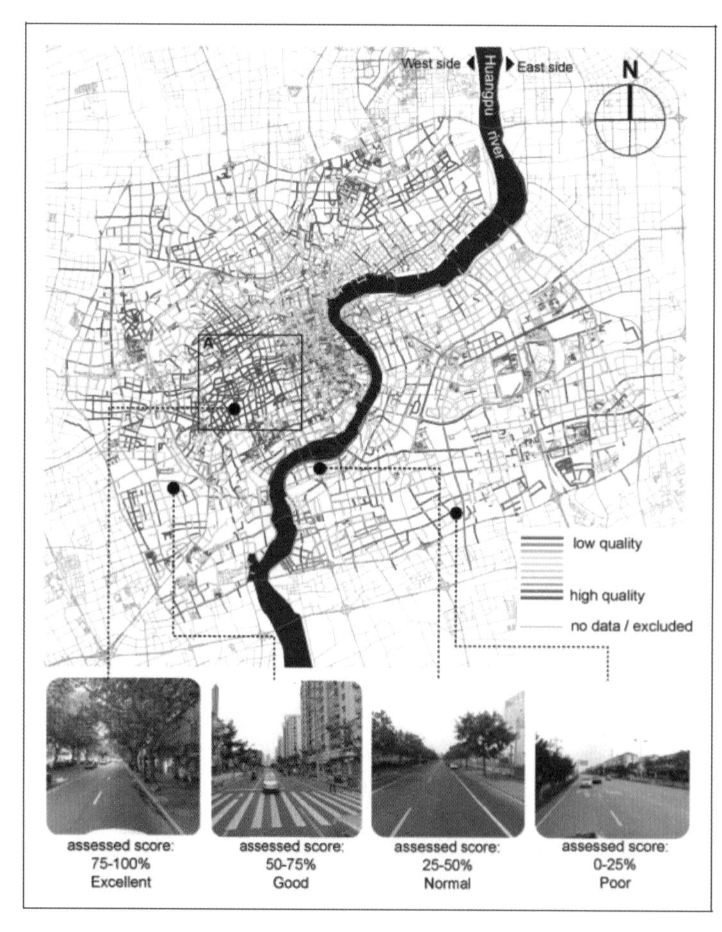

그림 8-29. 거리영상을 활용한 가로의 물리적 수준평가

출처: Ye et al., 2019

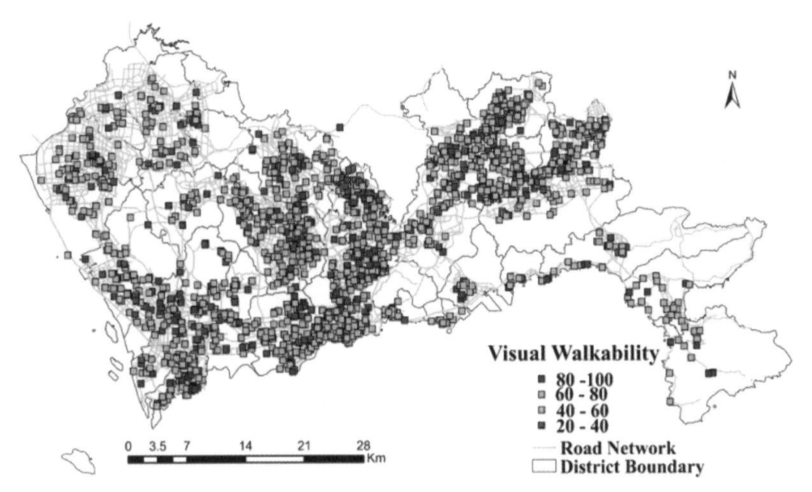

그림 8-30. 거리영상을 활용한 시각적 보행친화성 평가. 중국 심천지역.
출처: Zhou et al., 2021

련성이 있음이 알려지면서 녹색지수와 횡단 보도가 많은 곳은 비만이 적으며, 무질서한 환경에서는 정신적·육체적 스트레스가 많고, 식습관 관련 질병이 많음을 밝히기도 하였다. 거리영상을 활용하여 가로의 수준을 평가하는 연구도 이루어졌는데 예를 들면 가로단위로 옥외에 얼마나 그늘이 제공되는지, 혹은 가로환경의 질이 어느정도인지를 평가하는 연구도 이루어졌다. 또한 도시내 교통 및 모빌리티와 관련된 다수의 연구도 이루어졌는데 특히 교통안전과 관련하여 보행자 사고지점 데이터를 구축한 후 사고지점과 도로상황을 분석하고 사고 다발지역의 특성을 분석하는 연구도 이루어졌다.

보행은 녹색 교통 수단으로 도시민의 건강증진, 친환경 교통수단 등 다양한 측면에서 긍정적 효과가 있는 것으로 밝혀지고 있는데 기존에 대부분의 보행환경 연구가 설문 조사나 일부 사례지역을 대상으로 현장조사를 통해 보행환경을 분석하였다면 거리 영상을 활용하여 보행환경을 분석하는 연구들도 이루어지고 있다. Kang et al.(2023)은 전주시를 대상으로 거리영상 기반 물리적 보행환경과 사람들이 심리적으로 보행하기 좋다고 평가하는 인지적 보행환경을 평가한 후 물리적 보행환경은 좋지만 심리적으로 느끼는 인지적 보행환경이 열악한 곳을 보행환경 개선 우선 지역화 할 필요가 있다고 제안하였다. 또한 거리영상은 지역의 사회경제적 특성을 분석하거나 부동산 가치를 평가하는데에도 사용이 되고 있다.

3) 감성분석

감성분석 영역에는 사람들이 정성적으로 느끼는 감성을 분석한다는 의미에서 소셜미디어 데이터 분석과 거리영상을 활용한 도시환경에 대해 사람들의 인지적 평가 관련 연구를 살펴보았다. SNS 분석의 초기에는 SNS에 게시된 텍스트를 분석하는 연구가 주를 이루었으며, 공간정보영역에서는 이를 지역성이나 지역과 연관시켜 분석하기 위해 거주지를 추정하거나 SNS가 게시된 장소를 추정하는 연구들이 이루어졌다. 특히 재난분야에서 SNS는 재난에 대한 초기감지, 대응, 구조활동의 중요한 자료원으로 평가받으면서 소셜미디어 데이터로부터 정보를 추출하는 방법과 관련된 다양한 연구가 진행되었다. Kabir and Madria(2019)연구에서는 트윗을 활용하여 텍스트데이터를 분류하고, 위치를 찾아내며, 트윗 분류에 따른 구조 우선순위를 정하는 과정을 딥러닝을 기술을 활용하여 제안한 바 있다. 소셜미디어의 텍스트분석에 초점을 둔 연구가 있는가 하면 소셜미디어에 포스트되는 이미지로 부터 재난의 유형, 피해 종류, 재난의 심각성 등을 분석하거나, 소셜미디어의 텍스트와 이미지, 동영상을 멀티모달로 함께 분석하여 재난의 특성을 분석하고자 하는 연구도 진행되고 있다(Hossain et al., 2022).

소셜미디어 데이터의 가치는 관광영역에서도 크게 부각되고 있다. 사람들은 소셜미디어를 통해 관광정보를 얻고, 여행 중에는 글이나 사진을 게시하며 공유한다. 이러한 소셜미디어 데이터는 관

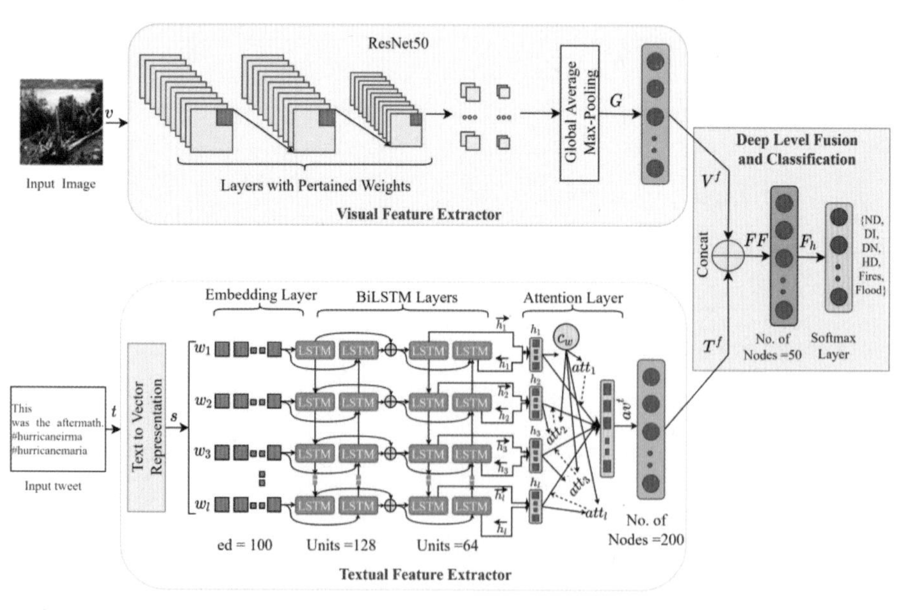

그림 8-31. SNS로부터 재난 감지를 위한 멀티모달 아키텍처

출처: Hossain et al., 2022

광지에서의 관광 요소 및 관광객이 관광지에 대해 갖는 이미지를 나타내는 것으로 평가되고 있다. 관광이미지는 개인 혹은 일련의 사람들이 그들이 살고 있지 않은 장소에 대해 갖게 되는 인상이라 할 수 있는데 이러한 관광이미지 형성에 있어 기존에는 관광공사와 같은 기관에서 형성하는 이미지가 주요했다면 최근에는 관광객들이 생성하는 사용자 생성 컨텐츠(User Generated Contents, UGC)가 주요한 역할을 하는 것으로 평가되고 있다. 이러한 이유로 최근 관광영역에서는 소셜미디어 데이터를 통해 관광지 이미지를 분석하려는 연구들이 이뤄지고 있다. Kang et al.(2021)은 관광객이 게시한 사진 분석에는 지역의 독특한 경관을 체계적으로 분석하는 것이 중요하며 이를 위해

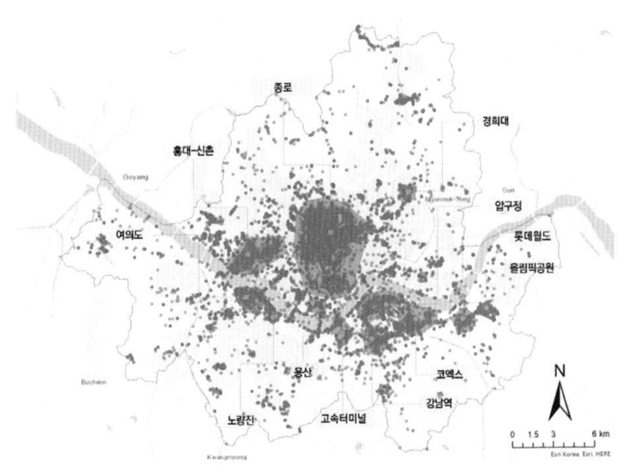

그림 8-32. 관광객이 게시한 사진 위치를 통해 확인한 서울의 ROA(Region of Attraction)

출처: 강영옥 외, 2022

	Jongno	Yongsan	Lotte World	Hongdae	Noryangjin	Apgujeong	COEX	Express Bus Terminal	Yeouido	Olympic Park	Gangnam Station	Kyung Hee Univ.
Food & Beverage	9.2	3.4	6.5	22.7	14.9	23.5	6.5	8.3	7.4	3.6	22.8	4.8
Shopping	10.4	2.8	11.9	15.7	38.0	17.7	6.3	7.6	2.9	5.4	13.2	4.6
Activities	7.8	1.1	21.5	5.1	1.1	3.9	19.6	7.7	8.6	3.1	2.3	2.5
Culture & Relics	8.2	32.7	8.6	6.6	3.6	8.1	9.2	5.5	6.5	21.2	4.7	1.6
Urban Scenery	21.1	21.3	21.3	22.7	24.9	22.3	14.0	36.6	17.7	27.8	33.7	19.0
Traffic	2.8	2.4	3.5	2.7	6.0	4.3	2.0	11.2	3.4	1.0	5.5	3.1
Natural Landscape	4.7	4.3	6.3	2.7	3.4	2.6	3.6	6.8	11.0	21.2	0.7	2.4
People	6.1	5.9	10.0	11.7	2.3	6.6	7.2	5.4	5.9	4.1	5.7	24.8
Korean Traditional Architecture	21.1	5.5	1.9	2.2	0.9	1.7	7.7	4.9	1.4	3.1	1.4	0.6
Animal	0.9	0.4	3.2	1.9	3.0	0.9	1.5	0.5	1.3	0.3	3.5	0.1
Information & Symbol	3.9	17.1	1.9	4.5	1.5	4.2	2.4	4.2	2.1	9.4	4.9	1.9
Accomodation & Conference	3.7	3.2	3.4	1.6	0.4	4.3	20.0	1.3	31.7	0.0	1.6	34.6

(Color scale: 0, 5, 10, 15, 20, 25, 30, 35)

그림 8-33. ROA별 게시된 사진 유형. 관광객이 게시한 사진을 CNN이미지 분류 모형을 전이학습하여 분류

출처: Kang et al., 2021

서는 지역에 맞는 관광사진 분류카테고리의 개발, 훈련데이터 셋 구축 및 모델 전이학습이 필요함을 설명하면서 대한민국 방문 관광객의 선호관광지, 관광지별 선호활동 그리고 관광객 대륙별 관광 선호 활동의 차이를 분석한 바 있다. 한편 관광객이 게시한 포스트를 관광객별로 분석하면 관광객들의 선호를 분석할 수 있으며 이에 기반하여 관광지의 추천이나 다음 관광지를 예측도 가능하다.

거리영상 자료는 사람의 관점에서 도시의 세세한 특성을 프로파일링하여 나타내기 때문에 사람들이 근린에 대해 느끼는 다양한 감성을 분석하는데에도 활용되고 있다. 사람들의 경관에 대한 평가, 즉 도시가 아름다운지, 안전한지 등에 대한 평가는 정성적으로 느끼는 감성이며, 항공사진이나 드론과 같은 탑뷰(top-view)가 아닌 사람의 시각에서 보는 거리뷰 영상을 통해 판단이 가능하다. Dubey et al.(2016)은 전세계 28개국 56개 도시에서 수집한 110,988개 거리뷰 이미지에 대해 "어느 장소가 더 안전하게, 활기차게, 아름답게, 부유하게, 우울하게, 지루하게 보이십니까?"하는 6개의 감성에 대한 쌍별비교 결과를 담은 Place Pulse 2.0 데이터를 활용하여 거리영상기반 정성평가 점수를 예측하는 샴네트워크3)와 랭킹로스를 결합한 street score-CNN(SS-CNN), ranking SS-CNN(RSS-CNN)을 개발하였다. 이후 여러 연구에서 거리영상을 활용하여 도시의 아름다움, 활기참등을 예측하는 연구들이 이루어졌다.

PlacePulse 데이터셋은 상대적으로 거리의 경관이 뚜렷하게 다른 세계 대도시를 비교한 것이기

그림 8-34. PlacePluse 2.0 데이터를 활용하여 도시의 인지적 감성 예측

출처: Dubey et al., 2016

그림 8-35. PlacePluse 2.0 데이터의 6개 감성에 대한 액티브맵. 거리영상의 어떤 부분이 해당 감성에 영향을 미치는지 시각화

출처: Xu et al., 2021

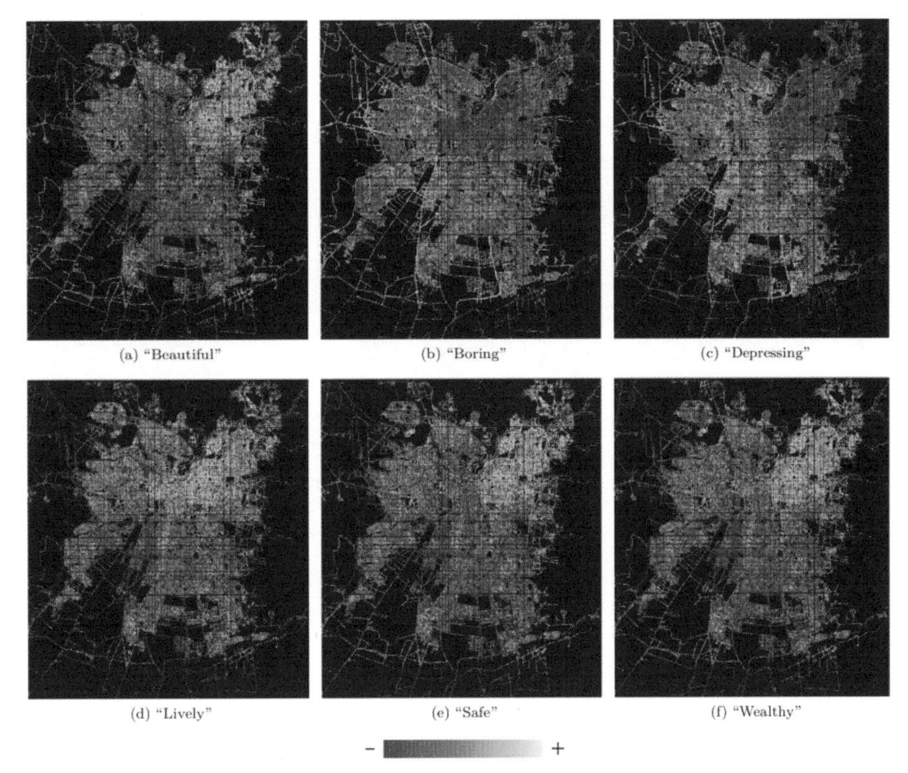

그림 8-36. 거리영상과 딥러닝을 활용한 칠레 산티아고의 6개 감성 인지 지도

출처: Rossetti, et al., 2019

그림 8-37. 보행환경에 대한 인지적 평가점수. 전주시 지역

출처: 김지연·강영옥, 2022

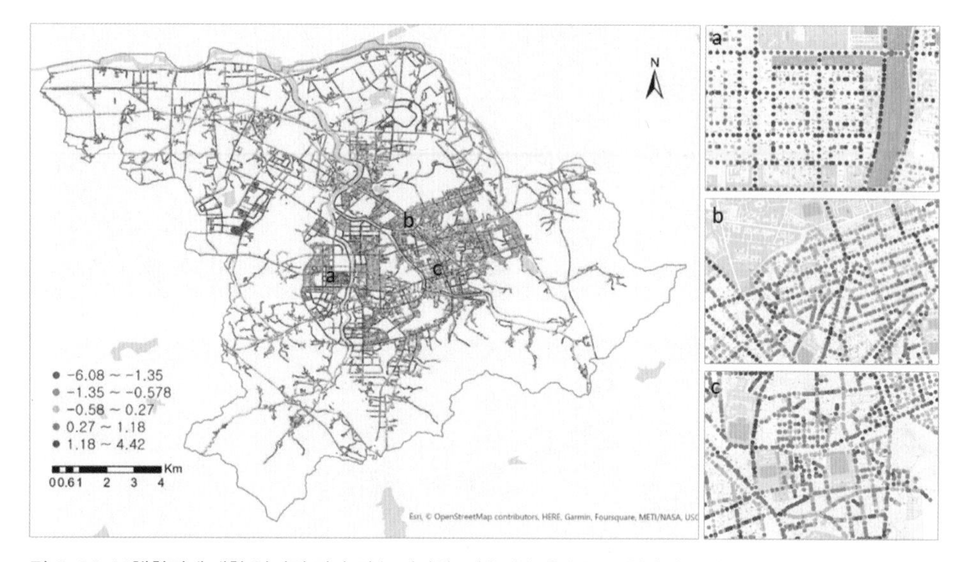

그림 8-38. 보행환경에 대한 인지적 평가 점수 시각화. 점수가 높을수록 보행하기 좋다고 평가한 것임. 전주시 지역

출처: Kang et al.,, 2023

때문에 경관의 다양성이 많지 않은 중소도시의 미세한 경관차이도 잘 학습할 수 있는 패치구조를 추가한 샴기반 모델을 제안하는 연구도 이루어졌다(김지연·강영옥, 2022). 해당연구에서 연구자들은 전주시를 대상으로 사람들의 보행환경에 대한 인지를 가로단위로 시각화하여 분석하였으며, 보

행환경의 인지적 평가에 영향을 미치는 거리환경 인자를 머신러닝 기법을 통해 분석하기도 하였다(이지윤 외, 2022a).

4) 궤적의 예측

궤적데이터는 교통분야에서는 교통계획 및 관리, 교통흐름분석, 운전자 지원, 택시 경로 추천 및 이상탐지, 도시계획에서는 생활권이나 기능지역 분석, 보행량 및 특성 분석, 입지분석, 장소추천이나 친구 추천 등의 추천시스템, 생활양식을 분석하거나 궤적의 이상치를 탐지하여 길잃은 노인 탐지 등의 노약자 지원 서비스등에 활용되고 있다(김지연 외, 2022). 딥러닝 모델을 활용하여 궤적을 예측한 사례로 최성진 등(2019)은 차량궤적 데이터를 교차로 단위로 생성하고, 피드포워드 신경망을 활용하여 도시지역의 차량 궤적을 예측하는 알고리즘을 제안하였다. 제안한 알고리즘은 호주 브리즈번에서 1년간 수집한 블루투스 데이터 6만개를 이용하여 학습하고 시험하였는데, 브리즈번 도심 주변의 149개의 주요 교차로를 poi(point of interest)로 설정하여 poi 시퀀스 데이터를 생성한 후 특정 차량이 다음에 지나갈 poi를 예측하도록 하였다. 한편 차량 궤적 예측에 있어 공간을 그리드로 나눈 후 미래 궤적을 예측하기도 하였다. Ip et al.(2021)은 LSTM를 활용하여 차량의 미래 궤적을 예측하는 방법을 제안하였는데 차량의 이동성 패턴을 학습하기 위해 훈련과정에서 포르투갈의 포루트시에서 1년 동안 442대의 택시가 운행한 실제 기록 데이터를 활용하였다. 예측의 공간적 단위는 그리드셀로하고, 차량의 궤적은 그리드 셀의 시퀀스로 표현하였으며, 이 시퀀스를 모델의 입력

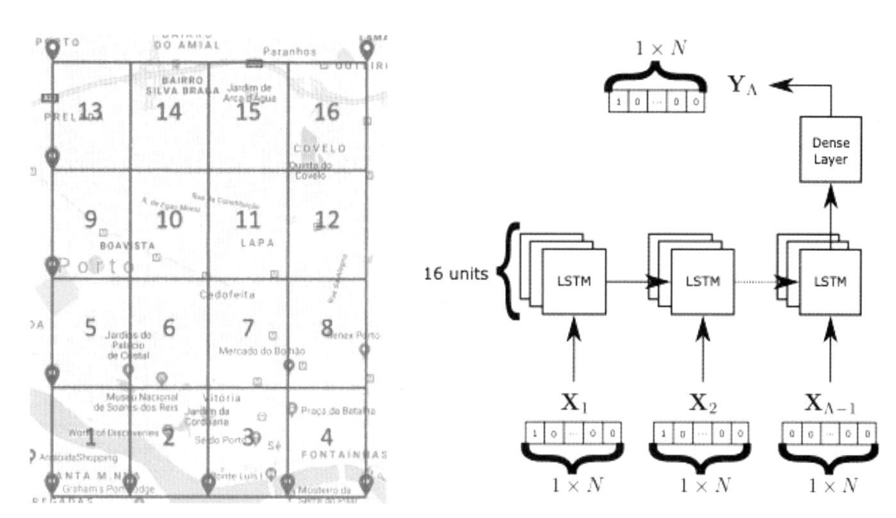

그림 8-39. 연구지역을 16개의 그리드로 구분한 후, LSTM기반 차량 궤적 예측

출처: Ip et al., 2021

값으로 사용하였다. 이러한 궤적의 예측은 차량뿐 아니라 사람의 다음 위치 예측에도 적용되었다. Tao et al.(2020)의 연구에서는 공개된 스마트폰 GPS궤적 데이터인 지오라이프(Geolife) 데이터셋을 사용하여 연구의 공간적 범위를 지오해쉬 그리드로 표현한 후 개인의 궤적을 지오해쉬 그리드의 시퀀스로 나타낸 후, LSTM를 사용하여 개인 궤적데이터의 패턴을 추출하고 예측하였다.

한편 이러한 궤적 예측은 관광객의 다음 방문지를 예측하는데에도 적용되었다. 박소연·강영옥(2021) 연구에서는 GRU를 활용하여 관광객의 다음 목적지를 예측하는 모델을 제안하였다. 이 연구에서는 6년 동안 서울을 방문한 관광객이 게시한 사진의 위치와 타임스탬프를 통해 생성된 관광객 이동 데이터를 활용하였다. 예측의 공간적 단위는 DBSCAN을 통해 사진촬영위치로부터 추출된 ROA(region of attraction)를 단위로 하였으며, 다음 방문지 예측을 위해 위치, 시간정보, 날씨정보, 주중/주말정보, 관광객이 게시한 사진을 통한 성향 등의 시멘틱정보를 벡터로 임베딩한 후 GRU 모델을 기반으로 다음 목적지를 예측하는 모델을 제안하였다.

영상 자료 가운데 가장 빠른 속도로 증가하고 있는 것이 CCTV와 자율주행을 지원하는 차량에서 수집되는 영상자료일 것이다. CCTV에서 지속적으로 수집되는 데이터를 지능적으로 판독하여 모니터링할 수 있는 체계의 필요성이 증가하면서 비전 데이터의 행동 감지와 관련한 연구가 활발히

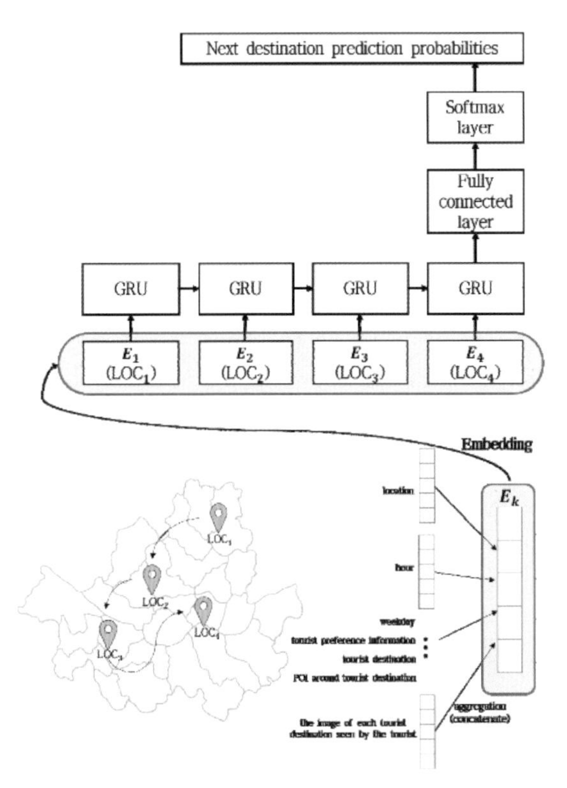

그림 8-40. GRU기반의 다음 방문지 예측 모델

출처: 박소연·강영옥, 2021

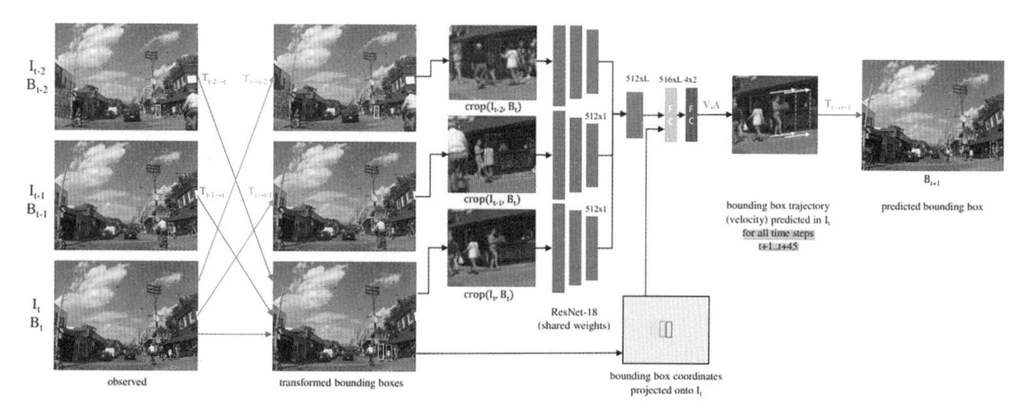

그림 8-41. 보행자의 미래 궤적을 바운딩 박스로 예측. 2초 전부터 현재까지의 이미지에서 바운딩 박스로 객체를 검출해 입력 데이터로 사용하고, 현재로부터 45초 이후까지의 보행자 위치를 예측함. 예측 결과는 바운딩 박스로 표현.

출처: Kosaraju et al., 2019

그림 8-42. 보행자 횡단 의도 예측. 보행자들이 횡단 보도를 건너는 모습이 담긴 JAAD 데이터셋을 활용해 보행자가 횡단 중인지, 횡단 의도가 있는지, 횡단 의도가 없는지 예측함.

출처: Gujjar & Vaughan, 2019

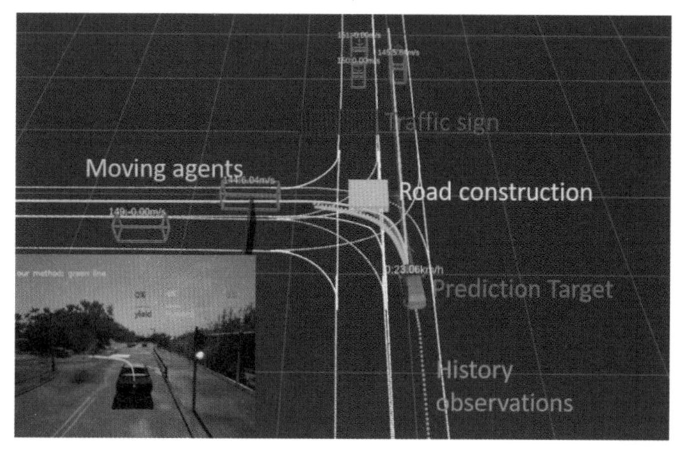

그림 8-43. 맥락을 고려한 차량 궤적 예측. 타겟 차량의 과거 궤적 정보 외에 신호등, 도로 정책, 주변 차량, 차선 등의 정보를 활용해 차량의 궤적을 예측함.

출처: Ding & Shen, 2019

이루어지고 있다. 또한 자율주행 자동차의 보급이 본격화되면서 이미지 센서에 들어오는 차량이나 보행자의 정보를 실시간으로 분석하여 차량이 충돌할 경우나 보행자가 길을 건널 것인지 순간적으로 판단하는 기술은 자율주행차와 보행자 간의 사고를 예방하기 위한 중요한 애플리케이션이 되고 있다. 특히 CCTV나 자율주행차량에 들어오는 데이터들은 어느 한 시점의 데이터가 아니라 지속적으로 들어오는 데이터이기 때문에 사고나 충돌 등을 사전에 감지하고 예측하는 것이 매우 중요하다. 이와 같은 비전에 기반한 예측은 사고 위험예측, 보행자 궤적 예측, 횡단보도를 건널건지 여부를 예측하는 보행자 행동예측, 차량궤적 예측, 차량 주행방식 예측 등으로 구분해 볼 수 있다.

5) 시계열 예측

고정된 수집장치로부터 수집된 데이터를 이용하여 대기 질, 적설, 하천수위, 지하수위, 홍수위 등을 예측하거나 1시간 간격의 시간해상도를 갖는 기상영상을 이용하여 해양수온을 예측하는 연구가 시계열 딥러닝 모델을 활용하여 이루어 지고 있다. 한편 허재 등(2020)의 연구에서는 2013년 1월부터 2018년 3월까지 전국 172곳 태양광 발전소 거래 내역 데이터와 기상청의 기상데이터를 사용하여 LSTM기반의 태양광 발전량 추정모델을 학습 한 후 GIS를 사용하여 추정된 발전량을 공공 유휴부지인 고속도로 주변부를 대상으로 태양광 발전 적지 탐색을 진행하기도 하였다.

IOT센서 데이터가 고정된 위치의 시계열 자료가 생성되는 반면, 발생지점이 불규칙하지만 시공간적 특성을 갖는 데이터를 기반으로 이벤트 발생 예측의 최적의 공간단위를 탐지하기 위한 연구도 이루어졌다. 김동은·강영옥(2019)은 2013년부터 2017년까지 서울시에서 6년간 수집된 불법주정차 민원데이터를 활용하여 민원 다발지역을 예측하는 연구를 수행하였다. 예측의 시간단위는 월

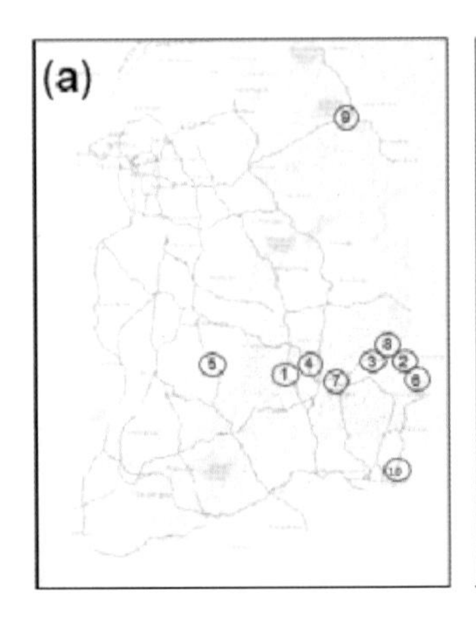

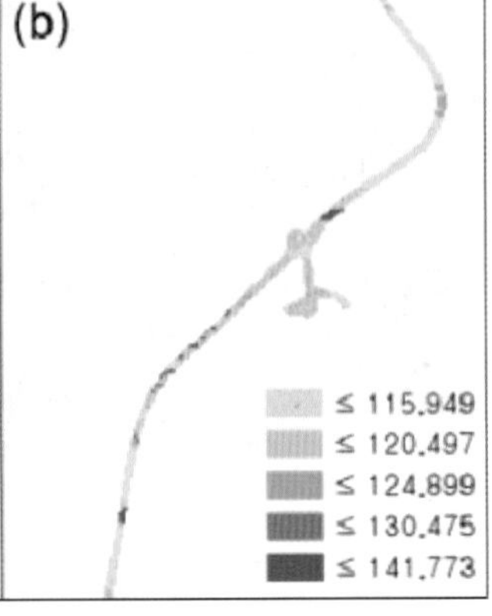

그림 8-44. 고속도로 주변 태양광 발전소 입지 적지 (a) 우선순위 10곳, (b) 일부 확대지도*

출처: 허재 외, 2020

별 24시간으로 설정한 뒤 시계열 예측은 LSTM모델을 사용하였으며, 자치구단위, 토지이용유형단위, 도로 및 도로외, 토지이용유형 별 도로 및 도로 외 공간으로 단위지역을 구분한 후 예측 정확도가 가장 높은 공간단위를 분석하였다.

8.5 GeoAI 미래 전망

인공지능 기술이 기존의 상상을 뛰어넘는 빠른 속도로 발전하고 있다. 2010년대 인공지능 기술이 컴퓨터비전, 자연어 처리 영역에서 인간의 능력을 뛰어넘는 성능을 보여 주면서 공간정보 중 원격탐사영상 분야에서 이들 기술을 접목하는 연구가 다양하게 이루어졌다. 하지만 최근에 공간정보 영역에는 기존에 상상하지 못했던 다양한 정보들이 생성되고 있다. Liu et al.(2015)은 소셜 센싱이라는 개념을 정의하면서 차량궤적 데이터, 소셜미디어 데이터, 핸드폰 기지국 데이터, 스마트 카드 내역, 위치기반 체크인 등 클라우드 소싱 기술과 개인 차원에서 발생되는 대규모 공간데이터가 기존에 전혀 예상하지 못했던 지역의 물리적, 사회경제적 환경을 더 잘 이해할 수 있는 기회를 가져오고 있다고 언급한 바 있다. 공간정보는 위치를 매개체로 다양한 정보들이 연계되기 때문에 그 어느 영역보다 다양한 유형의 데이터를 위치기반으로 연계하여 분석함으로써 시너지를 낼 수 있는 분야이다.

국내에서 기존에 공간정보가 데이터의 구축과 갱신에 초점을 두었다면 이제는 이를 바탕으로 다양한 데이터를 연계하고 인공지능 기술을 접목하여 국토 및 도시관리, 교통, 환경, 해양, 농업, 산림 등 다양한 분야에서 지능화된 서비스를 제공할 수 있을 것으로 판단된다. 특히 인공지능 기술의 발전은 이러한 다양한 데이터를 어떻게 분석하고 의미를 도출해 낼 수 있을지에 대한 중요한 방법론을 제공한다. 그러나 인공지능 기술이 빠르게 발전하고 있지만 공간정보 분야에 인공지능 기술 접목을 위해서는 공간정보 분야에서 독창적으로 방법을 찾아야 하는 영역들이 분명히 존재한다. 공간을 어떻게 모델링할 것인가, 공간적 관계를 모델링할 때 객체의 단위와 관계는 어떻게 표현하는 것이 효율적인가 등은 공간정보 분야의 학자들이 연구해야 할 분야이며, 특정 영역이 아니라 공간정보를 다루는 다양한 영역에서 연구되어야 할 분야이다.

인공지능 기술의 발전 측면에서는 초창기에 잘 훈련된 데이터셋, 즉 인공지능을 위한 훈련데이터셋 구축이 필요했던 시기가 있었던 반면 지금은 그러한 데이터셋이 충분히 없어도 성능을 높일 수 있는 비지도학습, 그리고 객체의 특성만을 분석하는 것이 아니라 객체와 관계 속에서 지능(intelligence)을 찾아내고자 하는 그래프 신경망, 데이터가 갖는 특징을 벡터로 표현하여 학습하는 표현

학습 등이 빠르게 발전하고 있고, 이러한 접근법은 공간정보의 다양한 영역에서 기존에 해결하지 못했던 문제들을 더 효율적으로 해결할 수 있는 실마리를 제공할 것으로 생각된다.

참고 문헌

강영옥 · 조나혜 · 박소연 · 김지연, 2022, 합성곱신경망을 활용한 SNS사진분류 및 관광객과 거주자의 관광활동 분석 분석, 대한지리학회지, 56(3), 247–264.

김동은 · 강영옥, 2019, LSTM을 활용한 불법주정차 시공간 예측 모델링: 서울시 민원신고 데이터를 중심으로, 대한공간정보학회지, 27(3), 39–47.

김지연 · 강영옥, 2022, 거리영상 기반 보행환경의 정성적 평가 예측을 위한 딥러닝 모델 개발, 대한공간정보학회지, 28(4), 127–136.

김지연 · 이도현 · 이지윤 · 조주연 · 강영옥, 2022, 궤적데이터 마이닝 연구동향: 응용분야와 분석방법론을 중심으로, 한국지도학회지, 22(3), 37–57.

김형우 · 김민호 · 이양원, 2022, 딥러닝을 이용한 원격탐사 영상분석 연구동향, 한국원격탐사학회지, 38(5–3), 819–834.

김흥민 · 박수호 · 한정익 · 예건희 · 장선웅, 2022, 위성 및 드론 영상을 이용한 해안쓰레기 모니터링 기법 개발, 대한원격탐사학회지, 38(6), 1109–1124.

류동우, 2019, Geo–ICT 융합기술의 새로운 기회와 도전: GeoCPS와 GeoAI, 한국자원공학회지, 56(4), 383–397.

박소연 · 강영옥, 2021, 시멘틱 궤적과 GRU모델을 활용한 개별 관광객의 다음 목적지 예측 모델링, 대한공간정보학회지, 29(4), 27–37.

박소연 · 김지연 · 강영옥 · 조나혜 · 윤지영, 2020, SNS사진에 나타난 사용자 선호 기반의 장소추천, 한국공간정보학회지, 28(4), 127–136.

박지영 · 강영옥 · 김지연, 2022, 거리영상과 시멘틱 세그먼테이션을 활용한 보행환경 평가지표 개발, 한국지도학회지, 22(1), 53–68.

성선경 · 모준상 · 나상일 · 최재완, 2021, 다중분광밴드 위성영상의 작물재배지역 추출을 위한 Attention Gated FC–DenseNet, 대한원격탐사학회지, 37(5), 1061–1070.

심승보 · 전찬준 · 류승기, 2019, Fast R–CNN을 이용한 도로노면파손 객체 추출 알고리즘 개발, 한국ITS학회 논문지, 18(2), 104–113.

유기현 · 이동기 · 이창우 · 남광우, 2022, 크라우드 소싱 기반 딥러닝 선호 학습을 위한 쌍체 비교 셋 생성, 한국산업정보학회논문지, 27(5), 1–11.

윤지영 · 강영옥, 2021, CNN기반 다중레이블 전이학습을 통한 관광 이미지 분석, 대한공간정보학회지, 29(4), 15–26.

이민재 · 신상균 · 김주연 · 장승수 · 한상수 · 최찬호 · 조우성 · 이장희 · 김송현, 2022, 산불의 효과적 진압을 위한 인공지능 및 영상기반 드론 임무제어 시스템, 한국정보기술학회논문지, 20(1), 75–85.
이성혁 · 이명진, 2020, 위성영상을 활용한 토지 피복분류 항목별 딥러닝 최적화 연구, 원격탐사학회지, 36(6–2), 1591–1606.
이지윤 · 강영옥 · 김지연 · 박지영, 2022a, 기계학습을 이용한 보행환경 정성적 평가에 영향을 미치는 거리 영상 특성 분석, 한국지리학회지, 11(3), 375–391.
이지윤 · 조주연 · 김지연 · 이도현 · 강영옥, 2022b, 딥러닝을 활용한 비전 기반 궤적 예측 연구 동향 분석, 대한공간정보학회지, 30(4), 113–128.
이혜진 · 강영옥, 2020, 토픽모델링과 LSTM기반 텍스트 분석을 통한 부산방문 외국인 관광객의 선호 관광지 및 관광 매력요인 분석, 한국도시지리학회지, 23(3), 61–70.
조나혜 · 강영옥 · 윤지영 · 박소연, 2019, 지능형 관광 서비스를 위한 관광 사진 분류체계 개발, 한국지도학회지, 19(3), 87–101.
조원호 · 박기호, 2022, U–Net을 이용한 딥러닝 기반의 토지 피복 변화 탐지, 대한지리학회지, 57(3), 297–306.
차성은 · 원명수 · 장근창 · 김경민 · 김원국 · 백승일 · 임중빈, 2022, 농림위성 활용을 위한 산불 피해지 분류 딥러닝 알고리즘 평가, 대한원격탐사학회지, 38(6), 1273–1283.
최성진 · 김지원 · 유화평 · 가동호 · 여화수. 2019. 딥러닝 기반의 도시 지역 차량궤적 예측 알고리즘 개발 연구. 대한교통학회지, 37(5), 422–429.
허재 · 박범수 · 정윤화 · 정재훈 · 김병일 · 한상욱, 2020, LSTM–RNN 기반 태양광 발전량 추정을 통한 고속도로 주변부 태양광발전 시설의 적지 선별 기술, 대한공간정보학회지, 28(1), 25–33.
Alahi, A., Goel, K., Ramanathan, V., Robicquet, A., Fei-Fei, L., & Savarese, S., 2016, Social lstm: Human trajectory prediction in crowded spaces, In *Proceedings of the IEEE conference on computer vision and pattern recognition*, pp.961-971.
Altalak, M.; Ammad uddin, M.; Alajmi, A.; Rizg, A. Smart Agriculture Applications Using Deep Learning Technologies: A Survey, *Appl. Sci*, 2022, 12, 5919. https://doi.org/10.3390/app12125919
Biljecki, F. and Ito, K., 2021, Street view imagery in urban analytics and GIS: A review, *Landscape and Urban Planning*, 215, 104217.
Cho, N., Kang, Y., Yoon, J., Park, S. & Kim, J., 2022, Classifying Tourists' Photos and Exploring Tourism Destination Image Using a Deep Learning Model, *Journal of Quality Assurance in Hospitality & Tourism*, 23(6), 1480-1508.
Corcoran, P., & Spasić, I., 2023, Self-Supervised Representation Learning for Geographical Data—A Systematic Literature Review, *ISPRS International Journal of Geo-Information*, 12(2), 64.
Ding, W., Chen, J., & Shen, S., 2019, Predicting vehicle behaviors over an extended horizon using behavior interaction network, In *2019 International Conference on Robotics and Automation (ICRA)*, pp.8634-8640. IEEE.
Ding, W., & Shen, S., 2019, Online vehicle trajectory prediction using policy anticipation network and optimization-based context reasoning, In *2019 International Conference on Robotics and Automation (ICRA)*, pp.9610-9616. IEEE.
Dong, H., Ma, W., Wu, Y., Zhang, J., & Jiao, L., 2020, Self-supervised representation learning for remote

sensing image change detection based on temporal prediction, *Remote Sensing*, 12(11), 1868.

Dosovitskiy, A., Beyer, L., Kolesnikov, A., Weissenborn, D., Zhai, X., Unterthiner, T., Dehghani, M., Minderer, M., Heigold, G., Gelly, S., 2020, An Image Is Worth 16x16Words: Transformers for Image Recognition at Scale, arXiv, arXiv:2010.11929.

Dubey, A., Naik, N., Parikh, D., Raskar, R. and Hidalgo, C. A. 2016, Deep learning the city: Quantifying urban perception at a global scale. In *European conference on computer vision,* 196-212, Springer, Cham.

Geng, X., Li, Y., Wang, L., Zhang, L., Yang, Q., Ye, J. and Liu, Y. 2019, Spatiotemporal multigraph convolution network for ride-hailing demand forecasting. In *Proceedings of the AAAI conference on artificial intelligence*, 33, 3656-3663.

Gujjar, P., & Vaughan, R., 2019, Classifying pedestrian actions in advance using predicted video of urban driving scenes. In *2019 International Conference on Robotics and Automation (ICRA)* pp. 2097-2103. IEEE.

Hossain, E., Hoque, M. M., Hoque, E. and Islam, M. S. 2022, A Deep Attentive Multimodal Learning Approach for Disaster Identification From Social Media Posts. *IEEE Access*, 10, 46538-46551.

Hu, Y., Li, W., Wright, D., Aydin, O., Wilson, D., Maher, O., & Raad, M., 2019, *Artificial intelligence approaches*, arXiv preprint arXiv:1908.10345.

Huang, X., Xu, D., Li, Z., & Wang, C., 2020, Translating multispectral imagery to nighttime imagery via conditional generative adversarial networks, In *IGARSS 2020-2020 IEEE International Geoscience and Remote Sensing Symposium*, pp. 6758-6761. IEEE.

Ilic, L., Sawada, M., & Zarzelli, A., 2019, Deep mapping gentrification in a large Canadian city using deep learning and Google Street View, *PloS one*, 14(3), e0212814.

Ip, A., Irio, L., Oliveira, R. 2021. Vehicle trajectory prediction based on LSTM recurrent neural networks. In 2021 IEEE 93rd Vehicular Technology Conference, 1-5.

Kabir, M. Y. and Madria, S. 2019. A deep learning approach for tweet classification and rescue scheduling for effective disaster management. In *Proceedings of the 27th ACM SIGSPATIAL International Conference on Advances in Geographic Information Systems,* 269-278.

Kaczmarek, I., Iwaniak, A., & Świetlicka, A., 2023, Classification of Spatial Objects with the Use of Graph Neural Networks, *ISPRS International Journal of Geo-Information*, 12(3), 83.

Kang, Y., Cho, N., Yoon, J., Park, S., & Kim, J., 2021, Transfer Learning of a Deep Learning Model for Exploring Tourists' Urban Image Using Geotagged Photos, *ISPRS International Journal of Geo-Information,* 10(3), 137.

Kang, Y., Kim, J. Park, J. & Lee, J., 2023, Assessment of Perceived and Physical Walkability Using Street View Images and Deep Learning Technology, *ISPRS International Journal of Geo-Information* 12(5), 186.

Kim, D., Kang, Y., Park, Y., Kim, N., & Lee J., 2020, Understanding tourists' urban images with geotagged photos using convolutional neural networks, *Spatial Information Research*, 2020, 28(2), 241-255.

Kim, J., & Kang, Y., 2022, Automatic classification of photos by tourist attractions using deep learning model and image feature vector clustering. *ISPRS International Journal of Geo-Information*, 11(4), 245.

Kipf, T. & Welling, M., 2016, Semi-Supervised Classification with Graph Convolutional Networks. arXiv:1609.02907.

Kosaraju, V., Sadeghian, A., Martín-Martín, R., Reid, I., Rezatofighi, H., & Savarese, S., 2019, Social-bigat: Multimodal trajectory forecasting using bicycle-gan and graph attention networks. *Advances in Neural Information Processing Systems*, 32.

Kumar, A., Abhishek, K., Kumar Singh, A., Nerurkar, P., Chandane, M., Bhirud, S., Patel, D., Busnel, Y., 2021, Multilabel Classification of Remote Sensed Satellite Imagery, *Trans. Emerg. Telecommun. Technol*, 32, e3988.

Lara-Benitez, P., Carranza-Garcia, M., Riquelme, J.C., 2021, An Experimental Review on Deep Learning Architectures for Time Series Forecasting, *Int. J. Neural Syst*, 31, 2130001.

Lee, H. & Kang, Y., 2021, Mining tourists' destinations and preferences through LSTM-based text classification and spatial clustering using Flickr data, *Spatial Information Research*, 29, 825-839, https://doi.org/10.1007/s41324-021-00397-3.

Liu, Y., Liu, X., Gao, S., Gong, L., Kang, C., Zhi, Y., Chi, G., Shi, L., 2015, Social sensing: a new approach to understanding our socioeconomic environments, *Ann. Assoc. Am. Geogr*, 105(3), 512-530.

Liu, Z., Mao, H., Wu, C.-Y., Feichtenhofer, C., Darrell, T., Xie, S. 2020, A ConvNet for the 2020s. arXiv, arXiv:2201.03545.

Li, W., & Hsu, C. Y., 2022, GeoAI for large-scale image analysis and machine vision: Recent progress of artificial intelligence in geography. *ISPRS International Journal of Geo-Information*, 11(7), 385.

Li, Y., Zhou, X., & Pan, M., 2022, Graph Neural Networks in Urban Intelligence. *Graph Neural Networks: Foundations, Frontiers, and Applications*, 579-593.

Lunga, D., Hu, Y., Newsam, S., Gao, S., Martins, B., Yang, L., & Deng, X., 2022, GeoAI at ACM SIGSPATIAL: The New Frontier of Geospatial Artificial Intelligence Research. *SIGSPATIAL Special*, 13(1-3), 21-32.

Mou, L., Bruzzone, L., and Zhu, X.X, 20109, Learning spectral-spatial-temporal features via a recurrent convolutional neural network for change detection in multispectral imagery, *IEEE Transactions on Geoscience and Remote Sensing*, 57(2), 924-935.

Rossetti, T., Lobel, H., Rocco, V. and Hurtubia, R. 2019. Explaining subjective perceptions of public spaces as a function of the built environment: A massive data approach. *Landscape and urban planning*, 181, 169-178.

Rossi, L., Ajmar, A., Paolanti, M., and Pierdicca, R, 2021, Vehicle trajectory prediction and generation using LSTM models and GANs, *Plos one*, 16(7). https://doi.org/10.1371%2Fjournal.pone.0253868.

Scarselli, F., Gori, M., Tsoi, A., Hagenbuchner, M., Monfardini, G, 2009, The Graph Neural Network Model, *IEEE Trans. Neural Netw*,. 20, 61-80.

Tao, M., Sun, G., Wang, T. 2020. Urban Mobility Prediction based on LSTM and Discrete Position

Relationship Model. In *2020 16th International Conference on Mobility, Sensing and Networking,* 473-478.

Vaswani, A., Shazeer, N., Parmar, N., Uszkoreit, J., Jones, L., Gomez, A. N., ... & Polosukhin, I. 2017, Attention is all you need, *Advances in neural information processing systems,* 30.

Xie, Y., J. Cai, R. Bhojwani, S. Shekhar, and J. Knight, 2020, A Locally-Constrained YOLO Framework for Detecting Small and Densely-Distributed Building Footprints, *International Journal of Geographical Information Science,* 34.4: 777-801.

Xu, C., and B. Zhao, 2018, Satellite Image Spoofing: Creating Remote Sensing Dataset with Generative Adversarial Networks, In *10th International Conference on Geographic Information Science (GIScience 2018).* Edited by S. Winter, A. Griffin, and M. Sester, 67.1-67.6. Saarbrücken, Germany: Schloss Dagstuhl, 2018.

Xu, Y., Yang, Q., Cui, C., Shi, C., Song, G., Han, X. and Yin, Y. 2019. Visual Urban Perception with Deep Semantic-Aware Network, In *International Conference on Multimedia Modeling,* 28-40, Springer, Cham.

Ye, Y., Zeng, W., Shen, Q., Zhang, X. and Lu, Y. 2019. The visual quality of streets: A human-centred continuous measurement based on machine learning algorithms and street view images. *Environment and Planning B: Urban Analytics and City Science,* 46(8), 1439-1457.

Zhang, F., Wu, L., Zhu, D., Liu, Y., 2019, Social Sensing from Street-Level Imagery: A Case Study in Learning Spatio-Temporal Urban Mobility Patterns, *ISPRS J. Photogramm. Remote Sens,* 153, 48-58.

Zhang, H., Xu, H., Tian, X., Jiang, J. and Ma, J., 2021, Image fusion meets deep learning: A survey and perspective, *Information Fusion,* 76, 323-336.

Zhou, H., He, S., Cai, Y., Wang, M. and Su, S. 2019. Social inequalities in neighborhood visual walkability: Using street view imagery and deep learning technologies to facilitate healthy city planning. *Sustainable cities and society,* 50, 101605.

Zhou, Z., Wang, Y., Xie, X., Chen, L. and Liu, H., 2020, Riskoracle: A minute-level citywide traffic accident forecasting framework, *Proceedings of the AAAI Conference on Artificial Intelligence,* 34, 1258-1265.

공간정보의 활용

제2부

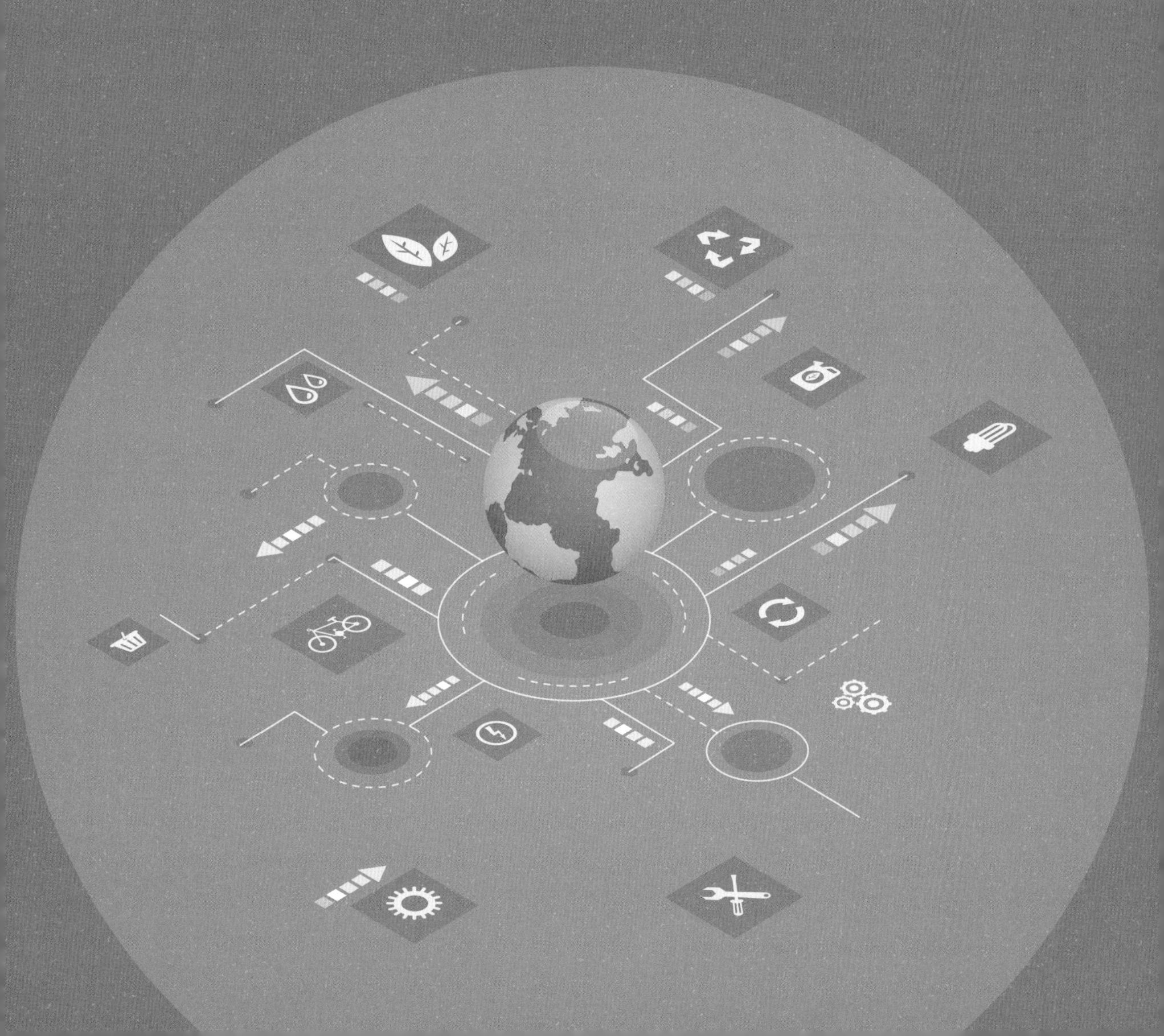

제1장

일상생활에서의 공간정보 활용

1.1 과거 일상생활에서의 공간정보 활용

1) 지도는 가장 오래되고 친숙한 공간정보

지도는 우리 삶의 많은 부분에 깊게 뿌리내려 필수적인 존재가 되었다. 일상에서 날씨 예보의 일기도를 통해 기상 변화를 파악하고, 지하철 노선도로 편리한 교통을 이용하며, 내비게이션을 활용해 길 안내를 받으며 목적지에 신속하게 도착할 수 있다. 더 나아가, 학교, 직장, 병원 등 다양한 공공기관과 사회생활에서 지도의 활용은 더욱 증가하고 있다.

우리나라는 다양한 목적에 맞춰 여러 종류의 지도를 제작하여 활용하고 있다. 국토 개발 계획도와 지하시설물도를 통해 국토의 효율적인 개발과 관리를 도모하며, 환경오염 지도와 식생도는 지속 가능한 환경 보전을 위한 계획 수립에 도움을 준다. 기후도와 해저 개발도는 자원 관리와 개발에 필요한 정보를 제공하며, 산림 지도와 수맥 지도는 자연 자원의 보호와 활용을 위한 정책 결정에 기여한다. 군사 지도와 경제 지도는 안보와 경제성장에 관련된 전략적 결정에 활용되며, 도시 계획도와 역사 지도는 도시 발전과 역사 문화유산의 보존을 지원한다. 식물 분포도와 새주소 지도는 생태계 보호와 효율적인 행정 관리에 필요한 데이터를 제공한다(국토지리정보원, 2015).

지도는 국토 개발, 행정, 정치, 군사 등 다양한 분야에서 중요한 역할을 하고 있다. 정확한 내용이 표현된 지도는 미지의 지역에 대한 조사와 통계를 통해, 개발과 보존의 균형을 찾는 데 중요한 역할을 한다. 또한 국가 간의 협력과 경쟁에서도 지도는 핵심 정보를 제공하여 전략적 결정을 돕는다.

지도의 역사는 곧 재현의 역사이자 인간이 세계를 인식하는 방식의 역사이기도 하다. 고대 지도부터 현대 디지털 지도까지 지도는 인류의 지식과 기술 발전을 함께 거치며 발전해 왔다. 이러한 지도의 변화는 인간의 세계 인식에 큰 영향을 미쳤으며, 이를 통해 인간은 미지의 세계를 탐험하고 이해할 수 있게 되었다. 지도는 또한 사회적, 문화적 측면에서도 중요한 역할을 담당한다. 역사 지도를 통해 과거의 문화와 역사를 이해하고 보존하는 데 도움이 된다. 이를 통해 우리는 과거의 지식과 경험을 현재와 미래의 세대에 전달할 수 있게 된다. 또한 지도는 경제적 발전에도 기여한다. 지도를 활용하여 자원을 효율적으로 분배하고, 교통 및 물류 시스템을 개선함으로써 경제의 성장을 촉진할 수 있다.

지도는 인간의 삶과 밀접하게 연결되어 있으며, 그 중요성과 영향력은 시대와 함께 증가하고 있다(국토지리정보원, 2015). 디지털 기술의 발전으로 지도의 접근성과 활용도는 더욱 높아졌으며, 이를 통해 인류는 더욱 발전한 세상을 만들어 가고 있다. 앞으로도 지도는 인간의 삶을 지원하고 세계를 이해하는 데 큰 도움이 될 것으로 기대된다.

2) 지도의 기원과 우리나라 지도의 역사

지도는 인류의 역사와 함께 시작되었다고 추정되며, 사람들이 살기 시작할 때부터 지도가 존재했을 것이다(국토지리정보원, 2015). 문자가 있기 이전에도 사람들은 돌이나 조개 등을 이용해 그림을 그려 자신이 살고 있는 곳을 표현했다. 이러한 초기 지도는 오늘날의 정교한 지도와는 다르지만, 인간의 주변 환경을 이해하고자 하는 본능을 드러낸다.

세월이 흘러 글자가 생기고, 문화의 발달로 인해 다른 민족과 접촉이 이루어졌으며, 교통과 교역의 발달 또한 이어졌다. 이러한 과정에서 지도에 나타나는 범위도 점차 확대되어 현재와 같은 세계지도가 제작되었다. 오늘날의 지도는 과거의 지도에 비해 정확성과 범위가 크게 향상되었으며, 이를 통해 인류는 전 세계를 이해하고 다양한 목적에 따라 지도를 활용할 수 있게 되었다.

우리나라는 역사적으로 지도 제작과 활용에 오랜 전통을 가지고 있다. 삼국시대와 고려시대부터 이미 지도를 제작하여 활용하였다는 기록이 남아 있으며, 조선시대에는 왕권 강화와 국가 통치의 필요성으로 지도가 더욱 발전하게 되었다(국토지리정보원, 2015).

조선시대에 제작된 대표적인 지도로는 1402년 제작된 『혼일강리역대국도지도』가 있다. 이 지도는 동양 최고의 세계지도로 평가받고 있다. 또한 정상기의 『동국지도』는 조선 후기 상업경제의 발달로 보급되기도 했으며, 서양의 지도 제작 기술이 중국을 통해 유입되었다. 조선의 지식인들은 이

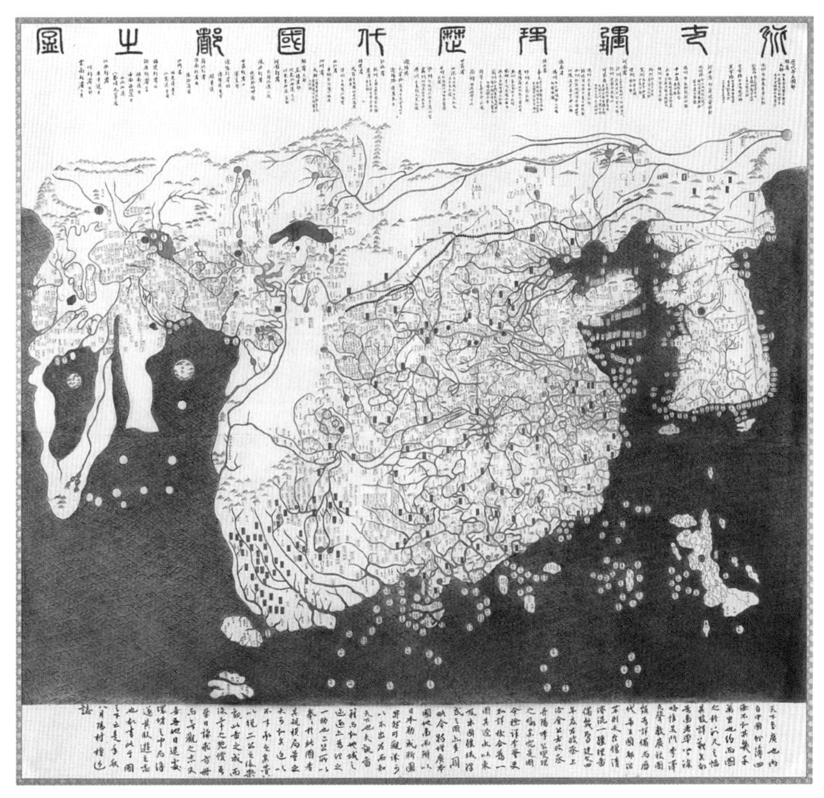

그림 1-1. 『혼일강리역대국도지도』

출처: 규장각한국학연구원

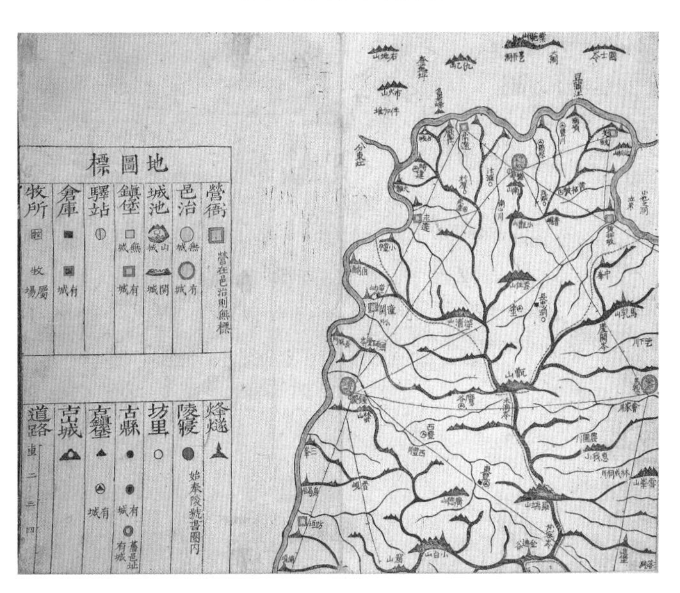

그림 1-2. 『대동여지도』의 함경도 옆에 표시한 지도표

출처: 규장각한국학연구원

를 재해석하여 세계 지도를 그리기도 하였다(국토지리정보원, 2015). 동아시아 정세 변화로 북방 및 동해 지역은 지도에서 점점 자세하게 표현되었고, 국토의 모습이 점점 더 구체화되었다.

1861년에 제작된 김정호의 『대동여지도』는 근대적 측량이 이루어지기 전 제작된 한반도의 지도 중 가장 정확한 지도로 평가받고 있다. 이러한 역사적인 지도들은 당시의 지리 지식과 기술의 수준을 보여 주며, 지도 제작과 활용의 발전 과정을 이해하는 데 큰 도움을 준다.

3) 우리나라에서 공간정보의 역사

역사적으로 전투 계획과 군사 전략의 수립에 지리적 위치는 결정적인 역할을 했다. 지형, 수원지, 도로, 수로 등 지리적 특성들은 전투 계획과 군사 전략에 영향을 미치는 중요한 요소로 작용하였으며, 조선시대의 성곽은 지리적인 조건을 고려하여 지어진 건축물로 수도인 한양을 중심으로 외적의 침입을 방어하는 역할을 했다. 과거에는 교역을 위해 수로와 육로가 개척되었으며 교역의 확대로 지리 정보를 습득할 기회가 많아졌고, 지도를 확장하고 지도를 통해 길을 찾아갔다.

『동국여지승람』은 1481년에 총 50권으로 편찬된 조선시대의 관찬 지리지이다. 지방 사회와 관련된 거의 모든 분야를 담고 있으며(국사편찬위원회) 각 지역의 앞부분에는 각 도의 지도가 수록되어 있어 조선 전기 지리와 역사를 담은 지리서로 중요한 위상을 가지고 있다. 조선시대에는 지리적인 위치에 따라 세금과 노비를 부과하거나 지역별 생산물의 생산과 수송을 계획하는 등 지리 정보를 활용한 정책을 시행하였다.

『동국지리지』는 1615년경 한백겸이 부족국가, 삼국, 고려에 관하여 서술한 지리서로 우리나라 최초의 역사지리서로 평가받는다. 이 책은 조선의 역사와 영토에 대해 기술하고 있어 지리학 연구에 기반이 되고 있다.

1751년 실학자 이중환이 전국 현지답사를 토대로 편찬한 지리서 『택리지』는 인문지리서의 시초로 평가받는다. 이중환은 살기 좋은 주거지 기준을 설명하는 「복거총론」에서 주거를 선택하는 기준으로 지리, 생리, 인심, 산수를 제시했다. 지리는 그 지역의 풍수(風水)로 집터로 삼을 만한 곳의 지형을 의미하며, 생리는 생활하는 데 이로움이 되는 지리적 위치를 뜻하며 비옥한 토지와 교역이 활발한 지역을 의미한다. 인심은 풍속이 아름다운 곳을 의미하며 풍속의 중요성을 강조하면서 팔도의 인심을 비교하기도 했다. 산수에서는 우리나라의 주요 산계와 수계를 살펴 이름난 산수를 논한다. 네 가지 요소 중 하나라도 충족하지 못하면 이상적인 거주지가 될 수 없다.

일제강점기에는 지리 정보를 활용하여 식량과 인구를 관리하고 경제개발 등의 정책을 시행했다. 1960년대부터 도시화가 진전되면서 도시계획에 지리정보가 활용되었으며, 대표적으로 서울시가

도시정보체계를 구축하여 지리 정보를 기반으로 대규모 도시계획을 시행했다. 이러한 지리 정보의 활용은 과거로부터 현재까지 계속되어 왔으며, 미래에도 지리 정보는 다양한 분야에서 중요한 역할을 할 것으로 기대된다.

그림 1-3. 『동국여지승람』

출처: 국립민속박물관

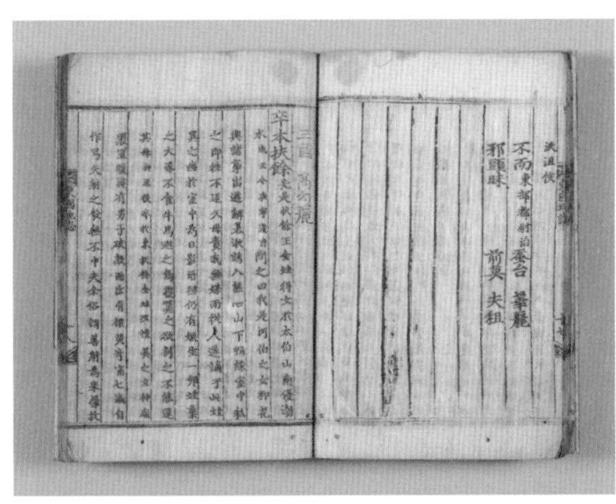

그림 1-4. 『동국지리지』

출처: 국립중앙박물관

그림 1-5. 『택리지』

출처: 국립중앙박물관

4) 과거 국민생활 속 공간정보의 활용 사례

(1) 제24회 서울 올림픽 경기대회(1988)

제24회 서울 올림픽은 1988년 9월 17일부터 10월 2일까지 서울특별시, 경기도 일부 수도권에서 개최된 제24회 올림픽대회이다. 서울 올림픽은 전 세계 160개국이 참가하여 당시 올림픽 사상 최대 규모로 진행되었다. 아시아에서 개최된 두 번째 올림픽이자 우리나라 최초의 올림픽이다. 서울 올림픽은 이전 올림픽과 차별화된 방식으로 서울시와 수도권 일부를 대상으로 진행되었다. 이를 위해 대회 참가자들의 이동 경로, 경기장, 호텔 등의 위치 정보가 매우 중요하였고, 이를 위해 통제센터가 설치되어 실시간으로 대회 진행 상황을 모니터링해야 했다. 공간정보 기술을 활용해 참가자들의 이동 경로를 최적화하고 교통체증을 최소화하는 등의 의사결정을 수행하여 대회의 성공적인 진행에 크게 기여했다. 또한 서울시 내 관광지에 대한 정보를 수집하고 관광객들의 이동 패턴을 분석하여, 관광 산업의 발전에도 도움을 주었다.

그림 1-6. 올림픽공원 전체 모형

출처: 조현군, 1986

(2) 인천공항 건설(1990)

인천공항 건설의 경우, 1989년 해외여행 자유화 정책 시행 이후 김포국제공항이 수용력을 넘어선 여객 수요 증가로 인하여, 정부는 수도권 지역에 새로운 국제공항을 건설하기로 결정하였다. 이를 위해 22개 후보지역에 대한 1969년 1차 타당성 조사를 시작으로 1990년 4차 타당성 조사까지 진행되었다. 특히, 1989년 6월부터 1990년 4월까지 이루어진 4차 타당성 조사에서는 후보지역이 영종, 시화, 송도, 이천, 발안 등 7개로 압축되었다.

이 과정에서 '신공항 건설 추진위원회'는 국내 학계, 연구원, 항공사 등 항공 관계 전문가들을 모아 1989년 3월에 자문회의를 개최하였다. 이 회의에서는 신공항 입지 선정 시 고려해야 할 사항과 공항 건설에 관한 세계적 동향을 검토하였다. 국제민간항공기구(ICAO)에서 권장하는 입지 조건을 중심으로 신공항 후보지 조사가 진행되었다. 도심과의 거리, 기존 토지 이용, 지형 등의 공간정보를 활용하여 최적의 입지를 선정하였다. 이러한 과정을 통해 인천공항이 성공적으로 건설되었으며, 이후 국내외 항공 수요를 충족시키는 주요 국제공항으로 성장하게 되었다.

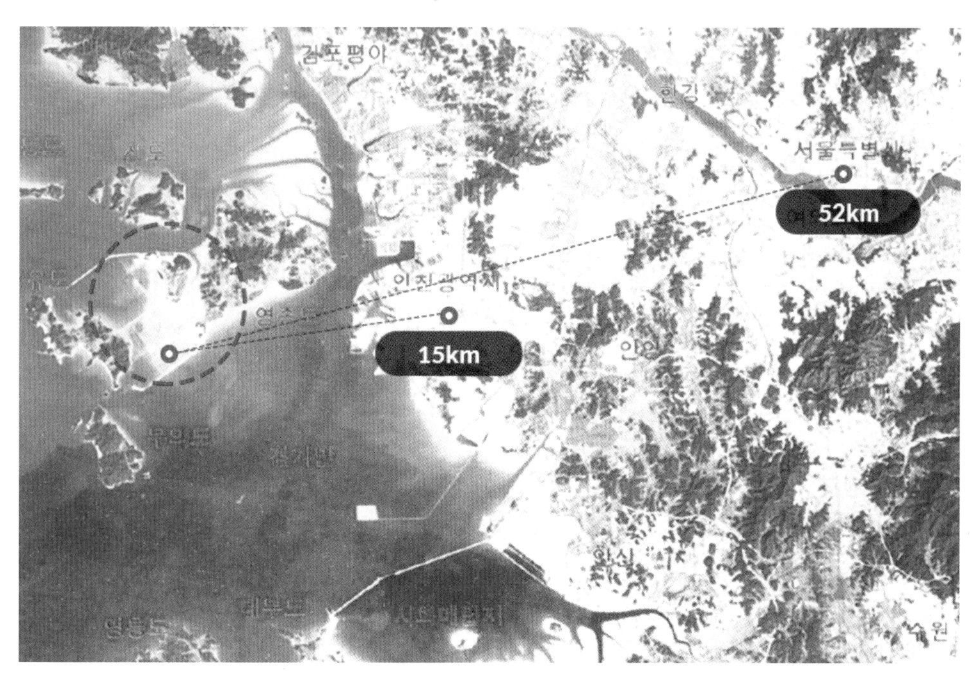

그림 1-7. 인천국제공항 입지 조건

출처: 인천공항 홈페이지

(3) 대중교통 환승센터 입지 선정(1995)

1995년 서울시정개발연구원(현 서울연구원)은 승용차 이용 증가로 인한 교통혼잡 문제를 해결하기 위해 지하철을 간선으로 하는 대중교통체계 구축을 목표로 하여 21개의 대중교통 환승센터 입지를 제안하였다. 이를 위해 서울시 대중교통 이용 특성과 교통 환경을 고려하여 대중교통 네트워크와 대중교통수단별 시설 이용실태에 대한 분석을 수행하였다. 공간 구조상 지역 특성을 분석하기 위해 도심 및 부도심 지역, 구 단위별 중심지역, 수도권 신도시 연결 거점, 토지이용 현황, 대규모

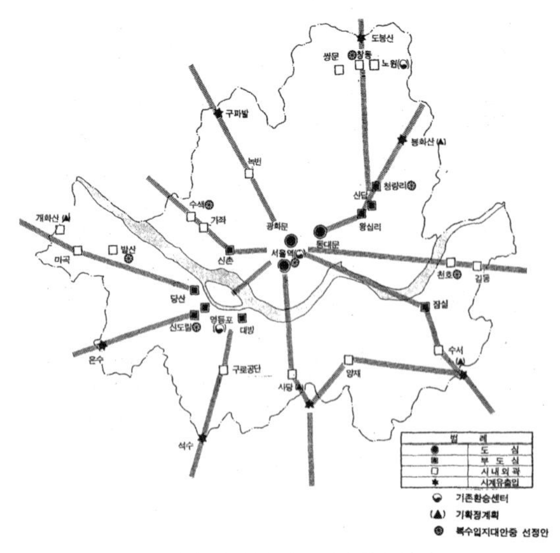

그림 1-8. 대중교통수단 환승체계

출처: 서울시정개발연구원, 1995

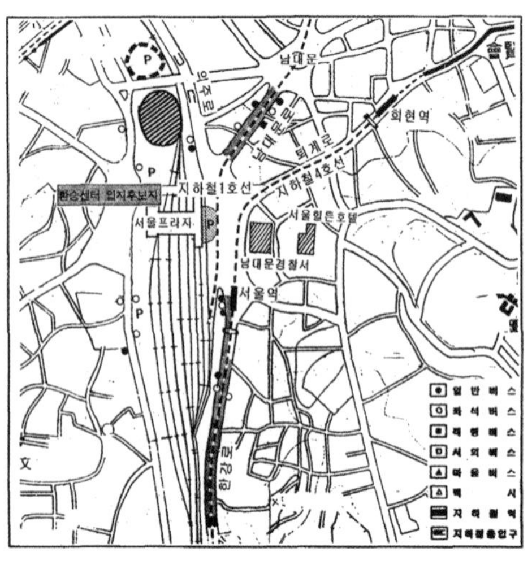

그림 1-9. 서울역 주변 교통체계

출처: 서울시정개발연구원, 1995

신개발 지역의 위계를 검토하였으며, 대중교통 네트워크를 파악하기 위해 기존 도시철도와 버스노선 운행 현황을 검토하였다. 이를 통해 도시공간 구조상의 지역 특성과 사회경제지표를 바탕으로 권역별로 차별화된 계획 방향을 제시하였다.

1.2 현재 일상생활에서의 공간정보 활용

1) 내비게이션을 이용할 때

내비게이션은 주로 목적지까지의 경로를 잘 모를 때 길 안내를 받기 위하여 활용하며, 경로를 잘 아는 목적지로 이동할 때도 과속 단속, 위험 구간 등의 정보를 얻기 위하여 활용한다. 운전자의 경우 내비게이션은 거의 매일 이용하게 되는 가장 일상적인 디지털기기 또는 프로그램 중 하나이다.

내비게이션이 작동하기 위해서는 기본적으로 두 가지의 공간정보가 필요하다. 먼저 경로로 이용되는 도로망에 관한 정보가 필요하다. 도로망 자료는 노드와 링크의 형태로 이루어져 있다. 노드는 교차점을 의미하며, 링크는 교차점 사이의 도로이다. 링크에는 진행 가능한 방향 정보를 포함하고 있으며, 양방향 통행이 가능한 경우에는 2개의 링크로 구성되어 있다. 이 외에도 링크는 제한속도 등의 다양한 정보를 담고 있으며, 이를 바탕으로 각종 경고를 제공하기도 한다. 노드는 직진, 좌회전, 우회전의 가능 여부 정보를 담고 있으며, 이를 통하여 각 노드에서 선택 가능한 경로를 확인하고 제안할 수 있다.

도로망 정보 외에도 내비게이션에서 중요한 공간정보는 목적지를 확인할 수 있는 지점 정보들이다. 기본적으로 주소가 부여된 필지정보를 바탕으로 목적지 위치를 확인할 수 있으며, 목적지로 많이 검색되는 지점들은 명칭으로 검색할 수 있도록 별도의 자료를 구축하고 있다. 이를 통하여 목적지의 위치를 확인하고, 목적지까지의 경로 안내를 제공할 수 있다. 그림 1-10은 내비게이션에 이용되는 공간자료를 도식화 한 것이다.

내비게이션 기기나 프로그램은 위와 같은 공간정보를 기본적으로 포함(또는 서버로부터 받아서 이용하는 프로그램도 있음)하고 있으며, 여기에 GPS를 통한 차량의 현재 위치정보를 이용하여 현재 위치로부터 목적지까지의 경로를 제공한다. 또한 GPS를 통하여 지속적으로 현재위치를 갱신하면서 주행 사항을 확인할 수 있다. GPS는 Global Positioning System의 약자로 우주에 떠 있는 인공위성으로부터 신호를 획득하여 위치정보를 확인하는 체계이다. 위성과 수신기 사이 신호의 시간차를 이용하여 위성과 수신기 사이의 거리를 확인할 수 있으며, 위성의 위치 정보를 함께 제공한다. 그림 1-11에서 보는 바와 같이, 3개 이상의 위성과의 거리를 확인하면, 삼각 측량을 통하여 현재 수신기의 위치를 확인할 수 있다. 정확한 시간정보를 확인하기 위하여 일반적으로 1개의 위성을 시간 오차 보정을 위하여 함께 이용한다. 따라서 일반적으로 4개 이상의 위성을 이용하여 현재위치를 확인한다. GPS 수신기는 현재위치를 지속적으로 갱신하기 때문에 위치의 변화량과 시간의 변화량을

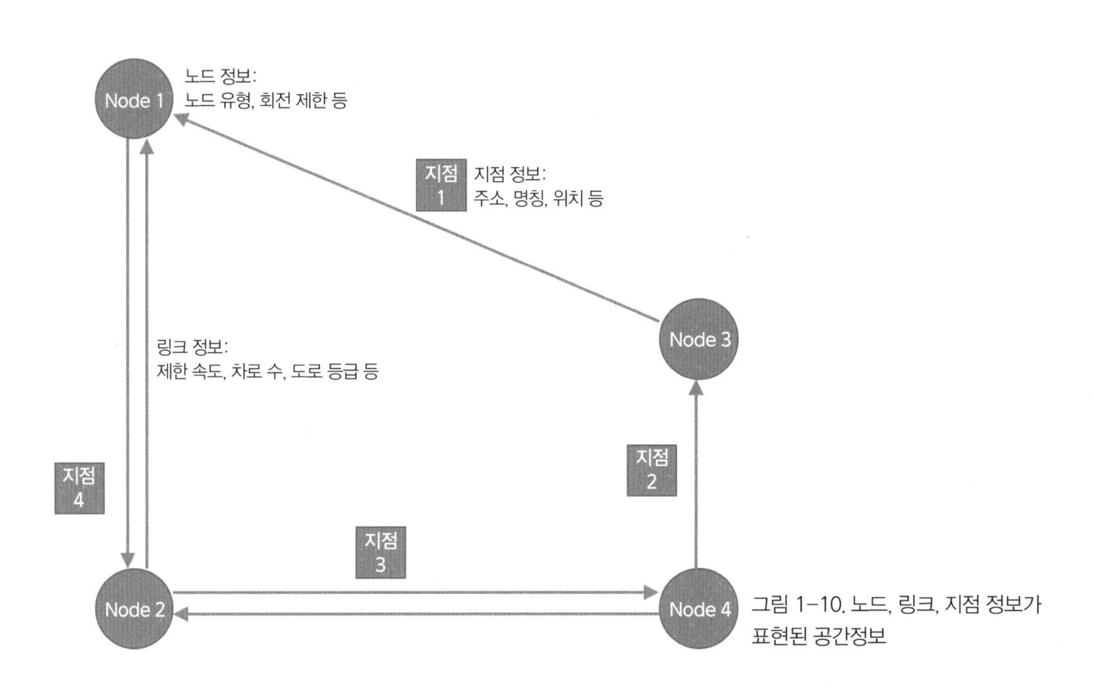

그림 1-10. 노드, 링크, 지점 정보가 표현된 공간정보

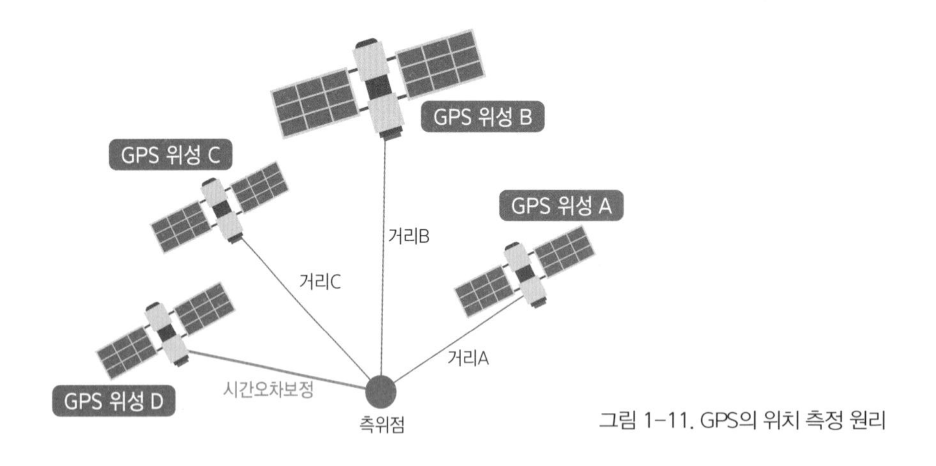

그림 1-11. GPS의 위치 측정 원리

이용하여 현재의 속도 또한 확인할 수 있다. GPS는 미국에서 운영하는 위성에 기반하며, EU에서 운영하는 갈릴레오, 중국에서 운영하는 베이더우 등의 유사한 시스템도 있다.

즉 우리가 내비게이션을 사용할 때마다 도로망 정보와 목적지 정보의 형태로 제공되는 공간정보를 활용하는 것이며, 현재의 위치 정보와 이동 경로를 확인하기 위하여 인공위성과 통신하는 것이다.

2) 택시를 이용할 때

도로망 정보, 목적지 정보와 같은 지도상의 공간정보를 위하여 많은 기업이 새로운 서비스를 제공하고 있다. 대표적인 서비스가 앱으로 차량을 호출하는 각종 서비스이다. 해외에서는 공유 차량을 호출하여 이용하는 우버가 대표적이며, 국내에서는 카카오택시 등과 같이 택시를 사용자가 있는 위치로 불러서 목적지로 이동하는 서비스가 일상화되어 있다.

이 같은 서비스가 등장하기 전에는 택시를 이용하기 위하여 길에서 택시가 지나갈 때까지 기다리거나, 택시들이 모여서 대기하고 있는 택시 정류장에 가서 택시를 타는 것이 일반적이었다. 이에 비하면 원하는 위치에서 택시를 부를 수 있으며, 택시가 언제 도착할지도 쉽게 확인할 수 있어 이용자의 편의성이 늘어났다. 택시 운전자의 입장에서도 무작정 고객이 있을 것으로 예상되는 곳으로 이동하거나, 택시 정거장에서 손님이 올 때까지 대기하지 않고, 확실히 고객이 있는 곳으로 이동하여 운행할 수 있기 때문에 효율적인 운영이 가능하다.

이 같이 이용자가 필요시에 원하는 위치로 호출하여 이용하는 방식의 교통수단을 수요응답형(On-demand) 교통수단이라고 한다. 이 같은 방식의 교통수단 운영이 가능해진 것은 수요자의 정확한 위치를 확인하고 쉽게 전달하는 것이 가능해졌기 때문이다. 카카오택시를 이용하는 상황을 가정하면, 그림 1-12에서 보는 바와 같이 수요자는 자신의 위치를 지도상에서 표시하고, 이 위치는 택시 운전자에게 전달된다. 따라서 과거와 같이 말로 자신의 위치를 설명하거나 인접한 점포 이름 등으로 전달하는 방식에 비하여 훨씬 효과적으로 이용자의 위치를 운전자에게 전달할 수 있다. 이 경우에도 GPS를 이용하여 본인의 위치 정보를 제공할 수 있다. 그림 1-12에서 보는 바와 같이 파란색 점으로 표시된 위치는 GPS 기반으로 설정된 현재 위치이며, 출발 표시가 되어 있는 지점은 이용자가 선택한 택시와 만날 위치이다. 이를 통하여 택시와 만나고자 하는 정확한 위치를 전달할 수 있다.

그림 1-12. 카카오택시 이용 화면

이와 같이 편리하게 택시를 부르고 정확한 위치를 전달하는 과정에서 공간정보가 활용된다. 이용자가 표시한 위치의 좌표가 시스템에 전달되고 이는 택시 운전자가 이용하는 단말기에 표시된다.

3) 버스정보시스템을 이용할 때

대표적인 대중교통수단인 버스를 이용할 때도 공간정보가 활용된다. 최근 많은 버스정류장에는 다음 버스의 도착 예정 시각과 해당 버스의 현재 위치 정보를 알려주는 화면이 있다. 이에 따라 막연하게 언제 도착할지 모르는 버스를 기다리던 과거에 비하여 덜 지루하게 기다릴 수 있다.

또한 집이나 회사에서 버스를 이용하고자 하는 경우, 인터넷이나 스마트폰을 통하여 가까운 정류장의 버스 도착 예정 시각을 확인할 수 있다. 이 같은 서비스를 통하여 원하는 버스의 도착시간에 맞춰 집이나 회사에서 출발할 수 있으며, 시간을 훨씬 효과적으로 활용할 수 있다.

버스의 현재 위치와 버스의 도착 예정 시간을 알려줄 수 있는 것은 BIS(Bus Information System) 덕분이다. BIS는 아래 그림과 같은 체계로 동작한다. 버스 내에는 GPS를 통하여 현재 위치를 확인하는 장치가 장착되어 있다. 실시간으로 추적되는 버스의 현재 위치정보는 무선통신망을 이용하여 버스 정보센터로 보내진다. 버스정보센터는 관할 구역 내 버스의 현재 위치 정보를 수집하여, 버스정거장의 정보시스템, 모바일 앱, 인터넷 사이트 등에 제공한다. 또한 인근 지자체에서도 활용할 수 있게 다른 지자체의 버스정보센터로도 연계한다.

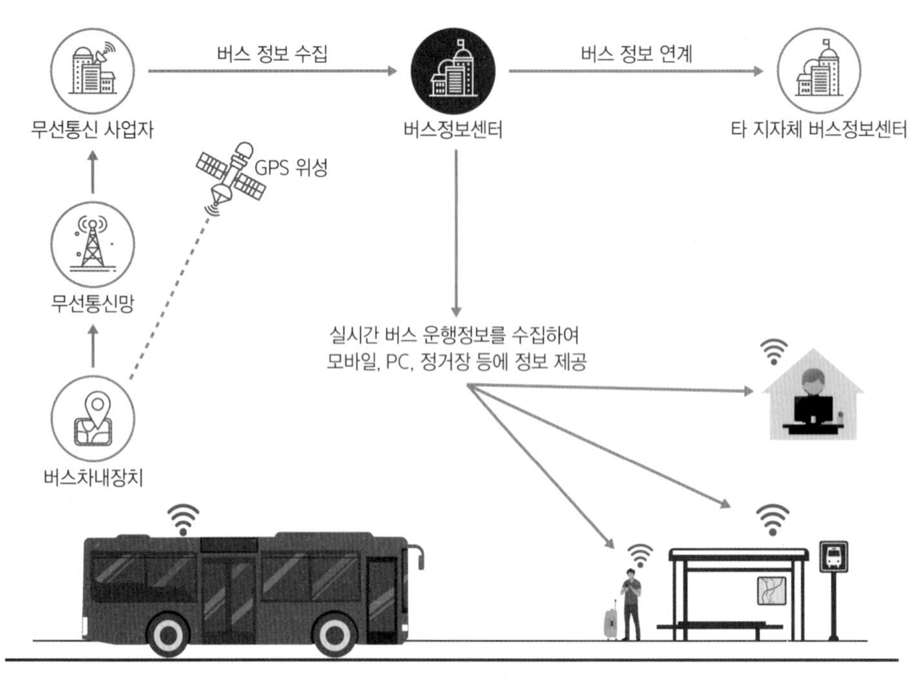

그림 1-13. BIS의 개념

현재의 버스 위치를 알면, 각 정거장까지의 소요 시간을 추정할 수 있으며, 이를 바탕으로 각 정류장에서 다음 버스의 도착 예정 시간 정보를 제공할 수 있다. 버스 내에 설치된 GPS 장치를 통하여 실시간으로 작성되는 현재 버스의 위치정보, 각 정류장의 위치정보, 각 버스의 운행 노선정보와 같은 공간정보를 이용하여 이와 같은 서비스를 제공할 수 있다. 이 같은 공간정보의 활용은 수많의 버스 이용객들의 소중한 시간을 아껴주고 있다.

4) 부동산 정보를 검색할 때

교통수단의 이용은 공간정보의 활용이 가장 활발하게 이루어지는 분야이며, 가장 빠르게 다양한 공간정보의 활용이 이루어져 온 분야이다. 최근에는 교통분야 외에도 다양한 분야로 공간정보의 활용이 확산되고 있다.

최근 공간정보가 널리 활용되는 분야 중 하나는 부동산 분야이다. 과거에는 부동산 관련한 정보는 해당 부동산 인근의 공인중개사 사무실을 방문하여 직접 정보를 획득하는 것이 일반적이었다. 그러나 최근에는 온라인을 통하여 부동산 정보를 검색하고 확인할 수 있는 서비스가 많이 제공되고 있으며, 이용이 증가하고 있다.

온라인에서의 부동산 정보 탐색과 거래 과정에서 공간정보가 널리 활용된다. 아래 그림은 최근에 널리 활용되는 직방 사이트의 홈페이지이다. 그림에서 보는 바와 같이 충북대학교 주변 지역의 주택 시세를 쉽게 확인할 수 있으며, 해당 주택의 위치도 쉽게 확인할 수 있다. 이는 각 주택의 가격 및 매물 정보가 공간정보의 형태로 구축되어 있기 때문에 가능한 서비스이다. 즉 각 주택의 위치 정보에 각 주택의 가격과 매물 정보를 연결할 수 있는 형태의 공간정보가 구축되어 있어야 이와 같은 서비스를 제공할 수 있다. 이 같은 공간정보의 제공에 따라 과거에 비하여 집을 사거나 구하는 과정에서 원하는 지역의 가격에 대한 정보를 빠르고 쉽게 확인할 수 있다.

이와 같은 서비스의 제공은 부동산을 거래하기 위한 사람들의 노력과 거래비용을 감소시켜 주는 것뿐만 아니라 부동산에 대한 정보의 접근성을 높이는 효과가 있다. 이에 따라 부동산 시장의 투명도와 신뢰도를 높이는 데에도 기여하고 있다.

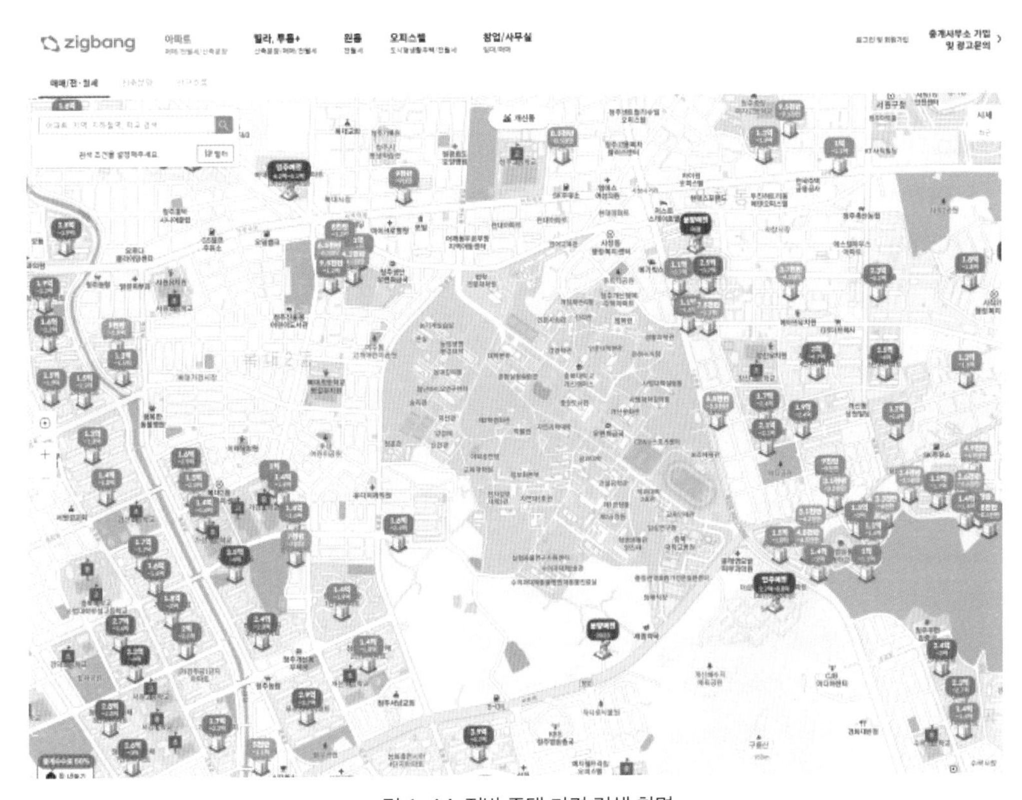

그림 1-14. 직방 주택 가격 검색 화면

출처: https://www.zigbang.com

5) 지역별 미세먼지 정보를 검색할 때

공간정보는 우리의 건강을 지키는 데도 활용된다. 최근 우리나라의 미세먼지 문제는 매우 심각하며, 미세먼지 농도가 높은 경우 야외활동을 자제하거나 마스크를 착용하도록 권장하고 있다. 이를 위하여 최근에는 아침이나 외출 전에 미세먼지 예보를 확인하거나 주변과 목적지의 미세먼지 농도를 확인하는 사람들이 늘어났다. 현재 우리는 집 주변 또는 목적지의 미세먼지 농도를 인터넷이나 스마트폰 앱으로 쉽게 확인할 수 있다.

우리가 이렇게 특정 지역의 미세먼지 농도를 쉽게 확인할 수 있는 것은 여러 장소에 설치된 측정소에서 측정된 미세먼지 농도를 공간정보로 구축하여 제공하고 있기 때문이다. 한국환경공단에서는 전국적으로 대기질을 측정하기 위한 측정망과 도시지역의 평균 대기질 농도를 파악하기 위한 도시 대기 측정소 505개(한국환경공단, 2023)를 운영 중이다. 각 측정소에서 측정된 미세먼지 농도는 다양한 형태로 제공되며, 해당 정보를 이용하여 각종 웹사이트나 앱에서 누구나 쉽게 이용할 수

그림 1-15. 한국환경공단 에어코리아 홈페이지

출처: www.airkorea.or.kr

있는 형태로 제공하고 있다. 우리가 궁금한 지역을 검색하면 가장 가까운 지역의 측정소 정보를 이용하여 미세먼지 농도를 제공한다.

또한 이 같은 정보를 그림 1-15에서 보는 바와 같이 지도상에 표출하여, 거주지 주변 또는 방문지역의 현재 대기오염 및 미세먼지 수준을 쉽게 확인할 수 있게 한다. 즉 공간정보는 국민 보건에도 기여하고 있다.

참고 문헌

국토지리정보원, 2015, 『지도의 이해』 휴먼컬처아리랑.

서울시정개발연구원, 1995, 대중교통수단 환승체계구축 연구, 시정안 95-R-17.

서울시정개발연구원, 1998, 월드컵 축구 주경기장 배치대안 및 주변지역 정비구상, 시정안 98-PR-02.

이광수, 2011, 인천공항 개항 10주년 인천공항의 과거, 현재, 미래, 에어진플러스 온라인매거진.

조현군, 1986, 「올림픽공원 조성계획: 조경 및 기타 편의시설, 그 설계과정과 계획개념」, 『월간건축문화』 62(7).

국가공간정보포털 http://www.nsdi.go.kr

국사편찬위원회 https://www.history.go.kr

인천국제공항, 공항이야기 https://www.airport.kr/ai_cnt/ko/story/selection.do (검색일: 2023.03.16.)

인천국제공항, 항공역사 https://www.airportal.go.kr/life/history/his/LfHanKo.jsp (검색일: 2023.03.16.)

직방 https://www.zigbang.com

한국민족문화대백과사전 https://encykorea.aks.ac.kr

한국환경공단 https://www.airkorea.or.kr

제2장

도시에서의 공간정보 활용

2.1 정보화의 발달과 도시의 변화

1) 정보화의 발달이 도시에 미치는 영향

정보화 혁명, 제4차 산업혁명, 디지털 전환 등 우리 사회의 변화를 설명하는 많은 개념이 도시공간을 배경으로 나타나고 있다. 정보화 혁명의 개념은 산업혁명 이래로 우리의 일상생활에 가장 큰 변화를 가져온 컴퓨터와 인터넷, 그리고 이동전화의 보급으로 인한 변화를 의미하고 있으며, 도시생활과 도시공간에는 정보화로 인한 긍정적인 측면과 부정적인 측면이 함께 나타나기 시작했다. 정보화에 따른 긍정적인 측면은 정보의 활용이 언제 어디서나 가능하게 되어 일상생활의 편리성이 증진되었다는 점이다.

119에 긴급하게 화재사건을 신고할 때 전화로 신고한 위치가 어디인지를 설명하지 않아도 소방서의 화면에는 신고전화를 하는 위치가 지도와 함께 나타난다. 신고지점의 위치와 인접한 화재감시카메라가 주변의 영상을 보내주면서 화재현장을 찾아내고 소방차의 출동과 주변지역의 교통을 통제하는 등의 협조요청이나 필요한 명령을 내리게 된다. 예전에는 급한 상황 속에서 위치를 설명하느라 어려움을 겪었고, 때로는 잘못 알려준 주소지 때문에 소방차가 늦게 도착하여 피해를 키우는 일까지도 있었다.

차량을 운전하는 사람들은 처음 가는 도시라 하더라도 목적지 주소나 전화번호를 알고 있다면 가는 길을 크게 염려하지 않는다. 차량위치안내시스템(Car Navigation)의 발달로 목적지만 제대로 입력하면 가장 가까운 길, 빠른 시간에 도착할 수 있는 길, 그리고 통행료 등을 지불하지 않고 도착할 수 있는 길 등을 안내해 주고 운전 중에 방향 지시도 해 준다. 게다가 과속을 단속하는 카메라의 위치까지도 알려주는 매우 친절하고 똑똑한 안내자의 역할을 해 주고 있다. 도로와 건물에 관한 3차원 데이터를 기반으로 실시간 교통정보를 결합시킨 제품들이 등장하여 길찾기를 용이하게 해 주고 교통 소통에도 도움을 주고 있다. 이러한 차량 내비게이션 기능은 개인 운전자에게 운전경로를 안내해 주는 기능에서 시작하여, 주변의 각종 정보를 제공해 주는 단계로 발전하였고 최근에는 음성인식 인공지능(Artificial Intelligence: AI)과 접목하여 운전자의 명령을 수행하고 최선의 선택을 지원하는 기능으로 발전하였고, 이제 운전자의 간섭없이 차량을 운행하는 자율자동차의 등장으로 연결되고 있다.

그 외에도 온라인 쇼핑, 인터넷 뱅킹, 스마트 카드 등은 우리 생활에서 없어서는 안 될 중요한 온라인 비대면 서비스로 자리 잡게 되었고, 원하는 시간에, 신속하게 배송하는 시스템 등의 발달과 함께 온라인 주문이 오프라인 주문을 넘어서는 단계에 도달하게 되었다. 온라인 구매뿐만 아니라 여가 활동, 교육, 행정 등 일상의 많은 부분이 온라인으로 이루어지고 있으며, 최근 전 세계가 경험한 코로나 사태(Covid 19)에서 스마트폰의 위치정보와 스마트 카드 이용 이력 등을 방역에 활용하고,

The film *Elysium* (2013)

The film *Tomorrow Land* (2015)

The film *Blade Runner 2* (2017)
– Blade Runner 2049

The film *The Fifth Element* (1997)

그림 2-1. 미래도시를 그리고 있는 영화의 한 장면

출처: 윤정중 외, 2018

대면으로 이루어지던 강의나 회의들이 원격강의나 화상회의로 대체되면서 정보화의 영향이 커지고, 공간정보의 활용분야가 많아지고 있으며 중요성이 높아지고 있다.

2) 정보화 발달이 도시공간에 미치는 영향

컴퓨터와 인터넷 그리고 스마트폰, 빅데이터 등으로 대표되는 정보기술의 급격한 발전은 인간의 삶을 크게 바꾸어 놓았다. 정보화로 인한 도시생활의 변화는 우선 인터넷 발달로 인한 재택근무가 가능해지고, 이메일 사용이 보편화됨에 따라 우편이나 통신기능이 변화하게 된다. 과거 우편배달을 주요 업무로 하던 우체국은 그 기능이 점차 변화되고 있는 것은 주지의 사실이다. 업무의 대부분을 이메일이나 화상통화 등으로 처리가 가능해짐에 따라 면대면 접촉의 필요성이 감소하게 되므로 이에 따라 도시공간구조도 변화하게 된다는 주장은 오래전부터 있어 왔다.

그러나 정보화의 발달이 도시구조를 어떻게 변화시킬 것인가에 대해서는 두 가지 상반된 견해가 존재한다. 하나는 도시기능의 분산화를 주장하는 견해와 다른 하나는 도시기능의 집중화를 주장하는 것이다. 먼저 도시공간의 분산화를 주장하는 학자들은 정보통신 기술의 발달로 가까운 거리를 취하여 집중해 있던 기능들이 지가가 싼 곳을 찾아서 분산하게 되고, 도심이나 중심지라는 특정한 공간의 역할이 약화되고 지금까지와는 다른 도시공간구조가 나타날 것이라는 주장이다. 반면에 도시기능의 집중화를 주장하는 학자들은 도시기능의 입지를 결정하는 조건에서 정보통신기술의 이용과 데이터베이스로의 접근이 원활한 대도시 지역으로 도시기능이 집중하게되어 정보화 사회가 진전됨에 따라서 오히려 지역격차가 심해지고 공간의 재집중화가 일어날 것으로 보고 있다.

서울연구원(2020)은 2000년대 초기의 정보화에 따른 도시공간의 변화방향을 다음 5가지로 정리하였다. 첫째, 도시기능의 중첩 및 집중과 분산의 동시화가 대도시 안에서 일어나면서, 대도시는 다핵공간구조가 성립되고 영역을 확장하면서 도시공간구조는 과역도시권 위주로 기능이 재편될 것이다. 둘째, 정보화와 기술의 발전으로 원격근무, 원격교육, 홈쇼핑 등 새로운 라이프스타일의 출현을 자극하게 되면서, 고정된 장소를 기반으로 하는 노동과 교육 그리고 구매 등의 활동에서 장소의 존성이 낮아지고 교통통행이 감소하게 되면서, 토지이용 측면에서 용도지역의 경계해제와 복합적인 토지이용이 증가할 것이다. 셋째, 정보화의 발전은 원격근무, 교육 및 온라인 쇼핑의 증가와 같은 생활의 변화를 가져오며, 그 결과 도심지역으로의 통행 감소나 물류통행의 급격한 증대와 같이 전통적인 통행패턴의 변화가 발생한다. 넷째, 업무와 구매활동 등이 온라인으로 전환되면서 특정한 지역에 대한 오프라인의 공간적 구속성이 감소하고, 온라인과 오프라인 공간활용이 상호결합되고, 공간의 입지성보다는 장소성이 높아지고 가상공간의 활용이 확대될 것이다. 다섯째, 대도시의

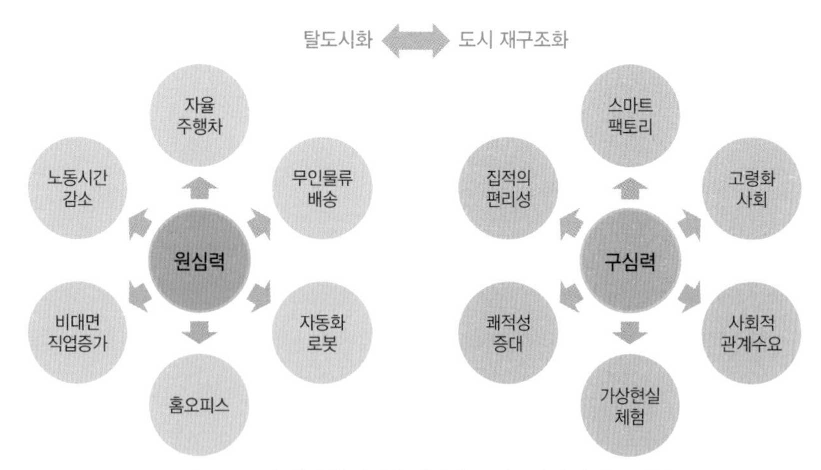

그림 2-2. 4차 산업 혁명 기술발달이 도시공간에 미치는 영향

출처: 윤정중 외, 2018

집중과 확장으로 중소도시의 침체와 쇠퇴현상이 심화되어 지역간 불균형이나 도시내의 공간위계에 따른 양극화가가 진행되는 것 등이다.

정보화로 인한 도시 내부의 변화로는 재택근무, 원격의료 등 정보서비스가 보급되면서 전통적인 지역지구제(zoning)의 중요성이 감소하고 토지이용상 복합용도의 토지이용이 증진되는 것이다. 또 주거지에서 업무와 쇼핑, 레저활동이 함께 이루어지는 홈워킹, 홈쇼핑, 홈뱅킹, 홈레저 등이 보편화되면서 업무 및 상업용도의 공간수요 감소를 가져오게 되고, 의료시설, 교육시설, 문화시설 등은 대형화·전문화되는 경향을 보이게 될 것이다. 최근 교통의 새로운 트렌드로서 물류 이동량의 증가, 대량수송 대중교통의 쇠퇴와 개인화된 이동수단의 증가, 드론이나 자율자동차와 같은 신 교통수단의 등장으로 토지이용과 도시공간구조에 변화를 일으키고 있다.

2.2 도시활동과 공간정보

1) 도시활동의 개념과 공간정보의 이용

도시에서의 다양한 활동들은 토지이용과 도시시설들을 기반으로 이루어지고 경로와 흐름의 특성들을 가지고 있다. 도시에서 이루어지는 모든 활동들은 그자체로 위치, 양과 빈도 그리고 흐름의 공간특성들을 갖고 있고, 이러한 특성들을 수용하고 지원하는 각종 시설들도 위치와 연결네트워크 등을 통해 공간정보로 파악되고 이용된다.

도시공간에서 일상적으로 이루어지는 활동들은 도시활동의 분류에서 가장 기본이 되는 주거활동과 업무 및 생산활동 문화 및 위락활동, 쇼핑 및 소비활동, 교통활동 등으로 구분하여 파악할 수 있다.

주거활동과 쇼핑 및 소비활동은 개인과 가족을 단위로 이루어지는 활동으로 살고 있는 주택이나 인근 동네 혹은 생활권 공간 단위로 나타나는 활동을 의미한다. 업무 및 생산활동은 직장이나 공장에서 이루어지는 활동들을 의미하며, 업무지원이나 생산자동화 등과 관련된 활동들을 의미한다. 교통 활동은 개인이나 화물의 이동을 담당하는 대중교통이나 개인별 교통수단의 활용을 의미하며 교통의 목적인 목적지까지 안전하고 신속하게 도달하고자 하는 목적을 지원하는 공간정보의 활용과 교통과 최근의 자율자동차나 신 교통수단 등과 같은 변화에 영향을 받고 있다.

도시에서 발생하는 활동들은 각 행동의 목적을 달성시키기 위해 공간정보를 활용하고 있고, 최근 공간정보의 발달에 따라 그 이용 정도나 의존 정도가 급속히 증가하고 있으며, 특정 활동들은 공간정보를 기반으로 하는 다양한 전자장치나 기계를 활용하고, 제공되는 각종 정보를 이용하면서 도시 활동이 이루어지고 있다.

우리의 일상생활 속에서 공간정보는 매우 다양하고 직접적으로 활용되고 있다. 매일 아침 눈을

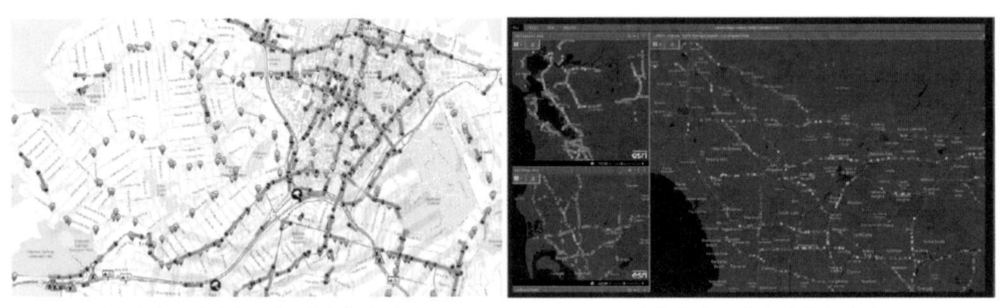

빅데이터의 실시간 분석·시각화 및 저장　　에너지 정보 저장 및 운송관리

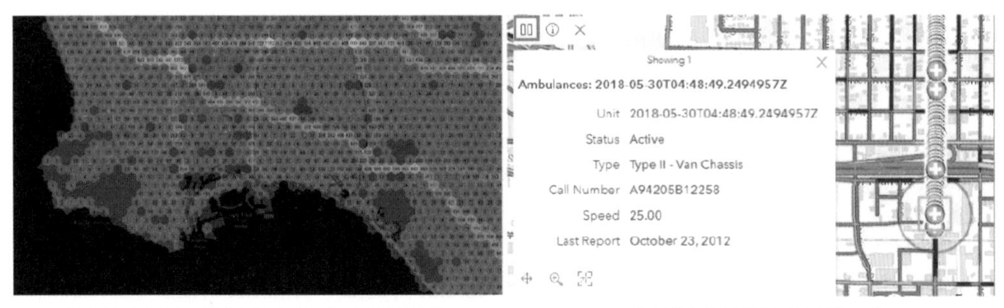

실시간 소셜미디어 활동 모니터링 및 위치분석　　재난대응에서 실시간 의사결정

그림 2-3. 다양한 공간정보의 활용사례

출처: 이석민 외, 2018, 재인용

뜨면 접하게 되는 날씨 예보에는 위성영상을 이용하거나 태풍의 경로를 표시하는 등 다양한 공간 정보가 이용되고 있다. 자동차 내비게이션은 GPS에 의하여 파악된 자동차의 위치를 수치지도 위에 표시한 것으로, 목적지 검색과 최적 경로의 계산에는 미리 구축한 데이터베이스와 실시간 교통 상황 등을 이용한다. 생활 속에서 접하는 공간정보로는 버스 정류장에서 버스가 올 시간을 미리 알려주거나 스마트폰에서 대중교통 이용 시스템을 이용하는 경우도 공간정보를 실생활에서 사용하는 예이다. 버스에 설치된 GPS와 통신 장비에 의해 버스의 위치가 관제 센터로 전송되고 관제 센터에서는 버스의 운행 속도와 주변 교통 상황을 고려하여 목적지까지의 소요 시간을 계산한다. 인터넷을 이용하여 주변의 맛있는 음식점을 검색하고, 아르바이트 장소를 검색하거나 여행지까지의 경로를 알아보는 것 역시 실생활에서 공간정보를 활용하는 예라고 할 수 있다. 최근 위치정보를 포함하는 공간정보에 대한 관심과 수요가 증가하고 있다. 스마트폰의 활용이 보편화되면서 GIS 정보를 활용하는 위치 기반 서비스에 기반을 둔 다양한 애플리케이션이 개발된 것이 하나의 원인이라 할 수 있다.

2) 도시활동의 변화와 공간정보

(1) 주거생활의 변화와 공간정보

공간의 용도와 기근의 경계가 인공지능, 사물인터넷, 빅데이터 등의 활용으로 종전의 개념이나 이론으로 설명하기 어려운 변화가 나타나고 있다. 주거공간도 기존의 휴식과 양육의 공간에서 재택근무, 취미생활, 자기개발을 위한 공간으로 역할이 추가되었으며, 그동안 주거공간에서 수행하기 어려웠던 업무, 교육, 사교 등의 활동이 주거공간에서 함께 이뤄지고 있다. 주거공간은 네트워크를 통해 외부와 연결되며 사적·공적 활동을 수행하는 공간이 되었고, 가족들간의 화목과 휴식, 가사의 공간이었던 주거공간에 생산, 교육, 오락 등 다양한 기능이 함께 수용되는 공간으로 변화되면서 주거 기능이 확대됨에 따라 공간의 위계도 달라지고 있다.

초고속 네트워크와 클라우드, 온라인 비즈니스의 증가, 가상현실의 현실화 그리고 인공지능과 자동화로봇의 확산, 무인자동차, 초고속교통수단의 도입 등 미래기술의 발달과 도입은 주거의 입지와 공간, 주거생활에 많은 영향을 미칠 것으로 예상된다. 주거공간과 작업공간의 경계가 애매해지고, 거주지 선택에서 거리와 시간의 입지제약이 완화되어 주거지 선택의 자유가 증가하면서 생활과 일과 놀이가 한곳에서 복합화되는 현상도 증가할 것으로 전망되고 있다(윤정중, 2018)

이처럼 변화된 주거기능이 작동하기 위해서는 위에서 언급한 미래 기술의 작동이 가능해지도록 더욱 상세한 공간정보가 구축되어야 하고, 개인의 이동이나 활동궤적 등이 축적된 빅데이터가 도시민의 활동들을 파악하고, 이를 기반으로 미래기술의 발휘가 가능해질 것이다. 최근 도시의 외부 공간을 파악하는 3차원 지리공간정보 뿐만아니라, 건축물이나 시설물의 내부정보까지 포함하는 3차원 실내공간정보의 구축과 활용이 이루어지고 있다.

https://vrscout.com

http://vrthegamers.com

https://wpteq.org

https://newatlas.com

그림 2-4. 주거 공간에서 가상현실 기술의 활용

출처: 윤정중 외, 2018

내비게이션

재난관리

그림 2-5. 도시공간에서 실내공간정보의 활용 사례

출처: 이석민 외, 2018, 재인용

(2) 업무 및 생산활동의 변화와 공간정보

① 업무

초기 정보화의 진전에 따른 업무환경의 변화는 종이 없는 사무실로 대표될 수 있다. 종이에 기록되던 각종 회의자료 등 업무자료가 전산화되어 기록되면서 사무실에서 더 이상 종이가 필요 없게 되고, 사무실의 한 부분을 가득 채우고 있던 각종 문서나 대장이 사라지게 되었다. 문자나 숫자로 작성되는 보고서나 각종 문서의 전산화와 함께 지도나 도면의 전산화 혹은 수치지도화는 종이 대신 수치지도가 사용되면서 종이 없는 사무실의 실현이 가능하게 되었다.

정보화의 발달에 따른 업무환경의 변화는 사무실 중심의 물리적 업무공간에서 벗어나 외부에서 이루어지는 업무들이 사무공간과 연결되고, 나아가 업무종사자가 각자 어디에 있던지 서로 협업할 수 있는 환경으로도 발전되어 시공간적 제약을 벗어난 업무환경으로 변화되었다. 이러한 정보기술의 발전에 따른 업무환경의 변화를 스마트 워크(smart work)라고 부르고, 초기에는 원격근무나 모바일 호피스 등을 의미하다가 최근에는 고정되지 않은 공간에서 자율적으로 업무를 수행하는 모든 방식을 총칭하게 되었다.

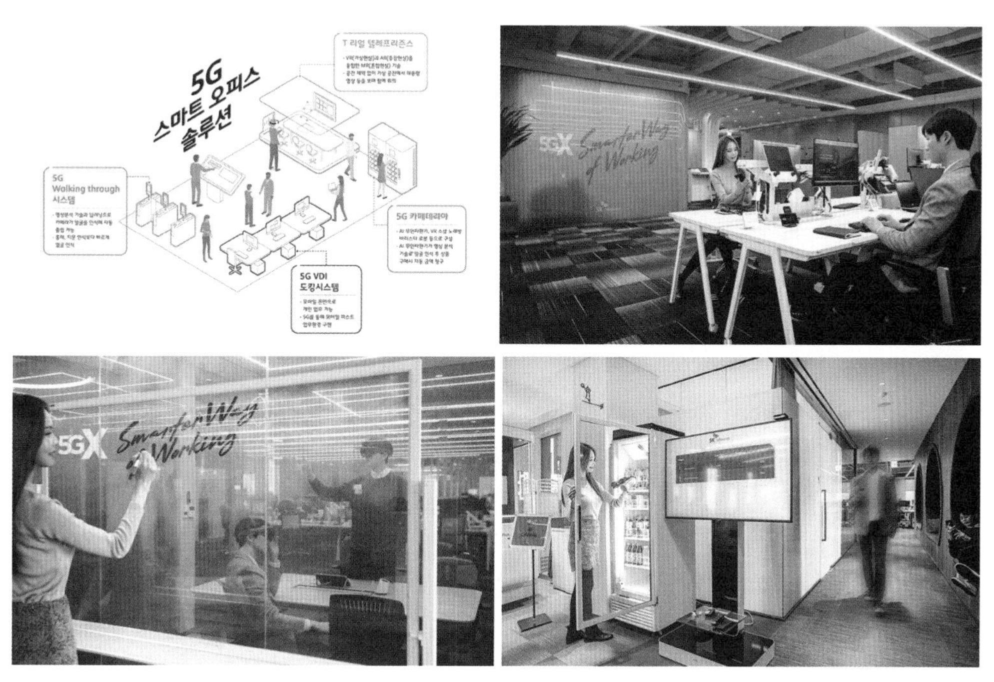

그림 2-6. 정보화 진전에 따른 업무환경의 변화 예시

출처: 윤정중 외, 2018, 재인용

인공지능의 발달과 가상공간의 발전, 초고속·초연결 네크워크의 영향으로 인간노동의 감소와 탈 노동화, 스마트 비즈니스의 확산과 재택근무 확대 등이 나타나게 될 것이다. 기업들은 빅데이터의 방대한 정보량을 종합·분석하고 신속하게 활용 및 대응하는 새로운 경영환경에 직면하여 창의력을 갖춘 직원들이 필요해지고, 자동화와 지능화에 기반한 기술 개발과 플랫폼을 구축할 것이다. 또 사무공간의 규모와 수요의 감소, 오피스 입지자유도의 증가, 스마트오피스 및 스마트팩토리 확산 등의 변화도 함께 이루어지고 있다.

② 산업

정보화 혁명 혹은 4차 산업혁명이 산업 부문에 미치는 영향을 생산요소, 생산방식, 생산력의 측면으로 살펴볼 수 있다.

생산요소에서는 산업혁명 이후 중요시되던 자본과 노동의 역할이 인공지능과 로봇과 같은 초지능·초연결 기반의 혁신적인 기술이 중요해지고, 산업 전 과정에서 초지능과 자동화된 기능이 탑재된 기계(로봇)들의 역할에 의존하게 되고, 노동자의 역할이 줄어들게 될 것이다.

생산방식의 변화로는 산업혁명을 통해 소품종 대량생산 방식에서 소량생산 방식으로 변화되었다면 앞으로는 대량 맞춤형 생산방식으로 진화하게 되고, 실시간으로 생산과 소비가 결합되는 스마트팩토리 형태로 진화하고, 산업입지와 공간도 집적화된 단지의 개념에서 다원화 및 네트워크로 빠르게 전환되면서 산업의 전통적 입지 및 토지이용에도 큰 변화를 가져오게 된다.

생산력의 측면에서는 초지능, 초연결 기술의 발전속도와 생산방식의 혁신과정을 통해 생산력은 비약적으로 상승하고, 산업구조와 산업활동도 지역 및 업종에 따라 급격한 변화를 경험하게 되고, 기성 산업단지의 고도화나 리모델링 및 신규 산업단지의 수요가 증대할 것이고, 첨단기술이 반영

	변화 요인	변화 특성	변화 방향
상업	• 대량-맞춤형 생산시스템 • 소비지에서의 생산/판매 • AR, VR 등 가상체험 • 드론/무인물류시스템	• 전통적 상업지역/쇼핑몰 수요 감소 • 단순한 쇼핑보다 사교, 놀이, 레저 기능이 중요해짐	• 기존 상업용도 기능재편 • 도심상업지역의 재구조화 • 근린상가의 위기
업무	• 인공지능(AI)의 발전 • 가상물리시스템의 발전 • 초고속-초연결 네트워크	• 인간노동 감소/노동분화 • 스마트 비즈니스 확산 • 재택근무 확대	• 사무공간 규모/수요감소 • 오피스 입지자유도 증가 • 스마트 팩토리 확산

그림 2-7. 상업 및 업무에 미치는 영향

자료: 윤정중 외, 2018, 재인용

된 새로운 유형의 산업단지가 등장하게 될 것이다.

(3) 문화 및 위락활동의 변화와 공간정보

여가(leisure)는 도시민들의 주된 활동(주거, 생산, 업무, 교육, 교통 등)과 함께 개인과 사회의 건강성을 회복하고 향상시키는 중요한 도시활동 중 하나이다. 여가활동은 장소나 시간 그리고 종류에 따라 주로 공원이나 녹지 등의 오픈스페이스나 운동장, 체육관과 같은 도시시설에서 주로 이루어지지만 주거나 업무공간에서도 이루어지기도 한다.

현대사회에서 로봇, 인공지능, 신체 보조기술 등 새롭게 개발된 기술들은 단순 반복적인 업무나 매뉴얼에 기반한 업무의 상당 부분이 기계 외 기술로 대체되면서 사람들은 단순노동에서 해방되고 노동시간의 단축 등이 일어날 것으로 보고 있다. 노동시간의 단축은 현대인의 여유시간을 증대시키고 증대하는 여유시간을 위한 새로운 문화 및 위락활동을 등장하게 하였다. 가상현실(VR), 증강현실(AR) 등과 같은 비대면의 문화 및 위락활동이 그 예이다.

인터넷과 모바일의 이용이 단순한 검색수준에서 발전하여 비대면 여가활동이 온라인 쇼핑, 커뮤니티 교류, 온라인 게임, SNS 활동 등으로 확대되면서 새로운 일상생활로 자리하게 되었다. 다양한 정보통신기술을 활용한 디지털 여가활동은 단순한 게임이나 음악감상 차원을 넘어 복잡한 가상세계로 확장되었고, 실제 여가활동을 대체하거나 새롭게 재구성하는 단계까지 이르고 있다. VR과 AR 등 새로운 가상·증강현실 기술을 활용하는 다양한 게임이나 애플리케이션(Application)들이 등장하고, 단순한 게임을 넘어 교육이나 의료 등 다양한 분야로 확장되고, 가상공간의 현실성이 높아져 감에 따라 메타버스(Meta-verse)의 구현이나 디지털 트윈(Digital Twin)의 구축과 활용으로 발전하고 있다.

(4) 쇼핑 및 소비활동의 변화와 공간정보

소비자가 원하는 물품을 구입하기 위해서는 판매장을 직접 방문하거나 전화 등의 주문을 통해 배달을 요청하는 방식으로 이루어졌었다. 따라서 상점의 위치는 도시공간구조에 가장 큰 영향을 받았고, 도시중심이나 역세권 등 사람들의 활동이 모이는 곳에서 상권이 발달하고 교통의 발달에 따라 그 영향범위도 넓어질 수 있었다. 즉 종전의 소비활동을 반영한 상권은 특정한 입지와 교통이나 주요 시설과의 관계성을 가진 공간적인 특성에 강하게 영향을 받고 있었다.

최근 온라인 쇼핑 혹은 홈쇼핑으로 불리는 쇼핑 및 소비활동이 급격히 증대하면서 온라인 상거래로 인한 화물 물동량과 매출액이 기존의 오프라인 매출을 상회하는 수준으로 발전하였다. 온라인으로 물건을 주문하고 집이나 직장에서 물건을 받아볼 수 있는 배달 시간도 점차 짧아져서 총알배

그림 2-8. 변화된 미래의 쇼핑트렌드 예시

출처: 윤정중 외, 2018

송, 새벽배송 등의 이름으로 전날 밤 주문하고 다음날 새벽에 물건을 받아볼 수 있는 단계로까지 발전하고 있다. 이처럼 온라인 주문은 종전의 도시 중심성에 영향을 주고 있고, 백화점이나 대형 쇼핑센터의 매출에도 영향을 주고 있다.

소비활동에서 사람의 선택이 가장 중요한 요인이었기 때문에 화려한 매장이나 친절한 서비스가 소비를 높이고 물건의 판매를 위한 중요한 요소가 되었지만, 최근에는 소비자의 이용데이터(빅데이터 등)를 기반으로 소비자에게 적합한 최적의 제품이나 서비스를 제안하고 소비를 유도하는 방식으로 발전하고 있다. 또 드론이나 자율주행 등의 기술 발전으로 특정한 공간이나 교통수단에 의존하던 소비나 배달방식 등에서도 획기적인 변화가 이루어지고 있다.

(5) 교통활동의 변화와 공간정보

도시의 범위가 도보로 이동 가능하였던 과거에는 교통의 문제가 크게 발생하지 않았을 것이다. 그러나 도시의 범위가 확장되고 새로운 교통수단이 이동과 운반을 위해 이용되면서, 공간의 확장이 교통수단을 필요로 하게 되고, 새로운 교통수단이 다시 도시의 범위를 확장시키는 과정이 반복되어 왔다. 도시의 규모가 더욱 커지고 복잡해지면서, 2차원적 확장뿐 아니라 3차원적 성장을 거듭하면서 도시는 다양한 기능이 밀집된 초고층 건물들이 집적되고 대용량의 수직이동이 이루어지는 과밀한 공간으로 발전하였다.

얼마 전까지 수직적인 이동을 위한 공간으로는 엘리베이터가 중요한 역할을 해왔지만, 최근 들어 드론이 도시 상층 공간을 활용하는 운송서비스의 주된 수단으로 등장하면서, 혼잡과 체증으로 대표되는 2차원의 공간이동을 대체할 것으로 기대되고 있다. 최근 도시 내에 지상이나 건축물의 상부에 드론이 정박하고 물류나 승객을 실을 수 있는 드론 정류장을 설치하려는 시도가 계속되고 있고, 머지않아 드론택시나 드론택배 그리고 자가드론 등 다양한 형태의 도시 드론 서비스가 도입되어 도시 내 이동이 2차원에서 3차원으로 전환되어 갈 것이다.

정보화의 진전만의 영향은 아니지만, 도시의 혼잡도나 교통 체증 그리고 승용차의 진입을 제한하는 등 교통 규제 등의 원인으로, 개인별로 교통수단을 소유하는 방식에서 다수가 공동으로 활용하는 공유모빌리티 사용도 활발해지고 있다. 공유모빌리티를 이용하는 승객들은 이동거리와 본인의 선호에 따라 적합한 방식의 모빌리티를 선택하여 원하는 목적지까지 이동할 수 있게되며, 자율자동차와 결합하여, 주차장 없는 주거단지로까지 발전할 수 있다.

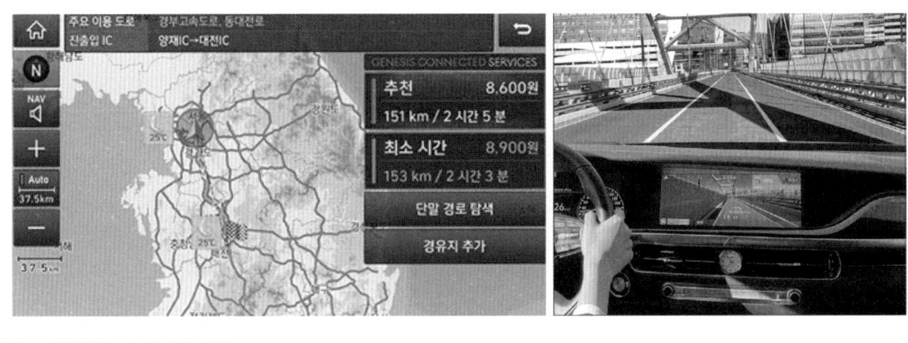

그림 2-9. 기술 발달이 교통 활동에 미치는 영향 사례

출처: 대한국토·도시계획학회, 2010

이러한 공유교통시스템의 중심에 있는 Maas(Mobility as a Service)는 다수의 교통서비스 운영회사들이 온라인 플랫폼을 기반으로 사람들의 다양한 이동수요를 실시간으로 파악하여 이에 대응하는 서비스를 제공하여 충족시키는 교통시스템이다. 도시에서 접근가능한 버스, 지하철, 카 셰어링 등 모든 공유교통수단에 대한 정보를 통합하여 이용자들이 목적지까지 최적의 환경으로 갈 수 있도록 연계·복합된 패키이지 서비스를 제공한다. Maas가 운영되는 도시는 교통체증의 완화는 물론 주차난 해소, 배기가스 배출량 가못에 따른 저탄소 도시환경 실현 등 환경적인 문제까지도 도움을 줄 것으로 기대되고 있다(윤서연 외, 2021).

2.3 도시계획과 공간정보

1) 도시계획과 공간정보

도시계획이란 도시의 토지이용, 개발 및 정비 그리고 개발제한, 도시시설 등에 대하여 구체적으로 계획함으로써 도시의 기능을 원활하게 하고 주민을 위해 안전하고 양호한 생활환경을 확보하며, 미래의 도시 발전을 도모하기 위한 계획이다. 현행 도시계획제도는 2003년에 제정된 「국토의 계획 및 이용에 관한 법률」을 기반으로 하여 크게 도시·군기본계획과 도시·군관리계획으로 구분하고 있다.

도시·군기본계획은 도시가 건전하고 지속가능하게 발전할 수 있는 정책대안을 제시함과 동시에 공간적으로 발전해야 할 구조적 틀을 제시하는 종합계획이다. 도시·군기본계획은 국토종합계획·광역도시계획 등 상위계획의 내용을 수용하여 시·군이 지향해야 할 바람직한 미래상을 제시하고 장기적인 발전방향을 제시하는 정책계획의 성격을 갖고 있다. 또한 도시·군기본계획은 시·군의 물리적, 공간적인 측면뿐 아니라, 환경·사회·경제적 측면을 포괄하여 주민 생활환경의 변화를 예측하고 대비하는 종합계획이며, 시·군 행정의 바탕이 되는 주요 지표와 토지의 개발·보전, 기반시설의 확충 및 효율적인 도시의 관리전략을 제시하여, 도시관리계획 등 하위 또는 관련계획의 기본이 되는 정책계획을 말한다.

도시·군관리계획은 도시기본계획의 목표를 달성하기 위한 구체적인 개발계획으로, 토지이용에 관한 각종 행위 규제사항을 제시하는 계획이다. 계획의 주요 내용은 용도지역지구의 지정, 도시기반시설, 도시개발사업, 지구단위계획 등이 포함된다. 또한 도시·군관리계획은 시·군의 제반기능이 조화를 이루고 주민이 편안하고 안전하게 생활할 수 있도록 하면서 당해 시·군의 지속가능한 발

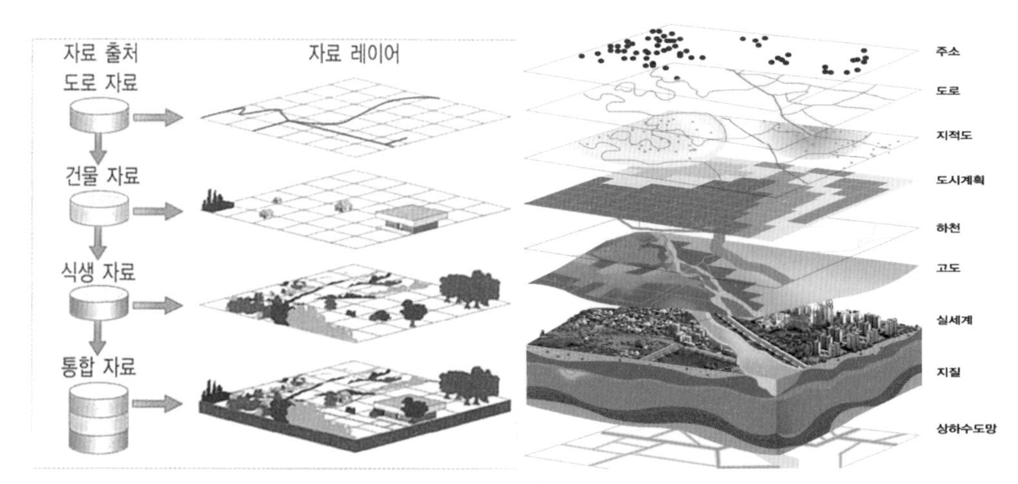

그림 2-10. 도시계획에서 사용하는 공간정보 예시

출처: 국토교통부, 2015; 대한국토·도시계획학회, 2010 재인용

전을 도모하기 위하여 수립하는 법정계획이다. 아울러 광역도시계획 및 도시·군기본계획에서 제시된 시·군의 장기적인 발전방향을 공간에 구체화하고 실현시키는 중기계획이며, 실천계획이다.

도시·군기본계획이나 도시·군관리계획에는 매우 광범위한 내용이 담기기 때문에 전문지식은 물론 계획에 필요한 다양한 자료의 조사와 분석이 수반된다. 도시계획의 수립은 전문지식과 경험을 갖춘 도시계획가와 행정가가 관련 자료와 정보를 수집·분석하고, 이를 활용하여 가장 합리적인 계획을 만드는 과정이다. 복잡하고 서로 얽혀 있는 도시문제를 과학적으로 진단하고, 그 해결방안을 모색하기 위해서는 더 효과적인 지원 수단이 필요하다. 따라서 컴퓨터 및 정보 기술을 이용하여 방대한 도시계획 관련 자료를 체계적으로 수집·저장하고 다양한 분석을 가능케 하기 위한 공간정보의 활용은 필수적이다.

정보화로 인한 도시계획 분야의 변화는 크게 도시계획수립 업무와 도시관리 업무 그리고 주민참여 부분으로 나누어 볼 수 있다. 우선 전문가나 공무원의 입장에서 공간정보를 활용하는 주된 업무는 바로 도시계획수립 업무이다. 이 분야는 공간정보를 체계적으로 활용함으로써 다양한 도시현황 분석이 가능하게 되고, 정확한 데이터를 활용하여 과학적인 방법으로 분석할 수 있게 됨에 따라서 분석 결과에 대한 신뢰도도 높아지게 되었다. 이러한 변화를 가능하게 한 것은 지리정보시스템(Geographic Information System: GIS)의 발달이고, 토지정보시스템, 도시계획정보체계, 토지이용규제정보시스템 등의 이름으로 불리는 개별 시스템들이 구축되어 활용되어 왔으며, 최근에는 도시계획과 부동산과 관련된 정보시스템들이 통합되고 클라우드 환경에서 서비스를 제공하고 있는 단계로 발전하고 있다.

도시행정에서 GIS의 활용은 수치지도(digital map)를 기반으로 하여 지형, 토지이용, 도로, 수계 등 다양한 주제도를 중첩시키거나 근접성 분석이나 네트워크 분석 등을 이용하여 도시현황을 분석하거나 토지이용계획의 수립이나 도시계획시설의 입지결정 등을 손쉽게 할 수 있다. 인공위성 데이터를 활용하여 파장대별 분석을 실시하면 넓은 지역에 대한 다양한 공간정보를 손쉽게 취득할 수 있어 데이터 수집에 필요한 시간과 비용을 크게 줄일 수 있다.

도시관리 업무는 도로, 전기, 가스, 상하수도 등 도시기반시설은 물론 도시의 토지 및 주택을 유지·관리하는 업무들로 위치정보를 기반으로 하는 건축물관리대장, 토지관리대장 등 각종 대장 및 서식의 데이터베이스가 구축되고 이를 지리정보시스템과 연계하여 도시관리 업무의 처리와 민원서비스의 제공이 가능하게 되었다.

도시행정의 대상인 시민의 입장에서는 정보화로 인하여 도시계획 과정에서 주민참여가 활발해졌다. 도시계획위원회 등 각종 위원회의 회의 결과가 홈페이지에 공개되어 인터넷을 통한 도시계획정보의 공유가 이루어지면서 이제 도시계획은 전문가들만이 참여하는 과정에서 주민들이 함께 참여하는 과정으로 바뀌어 가고 있다. 특히 최근에는 리빙랩(Living Lab.) 등의 실행으로 지역에 기반을 둔 풀뿌리 시민단체들의 도시계획 참여가 활성화되고 도시재생이나 마을 만들기, 소하천 살리기 등 시민들이 참여하는 소규모의 지역프로젝트를 원활하게 추진할 수 있다.

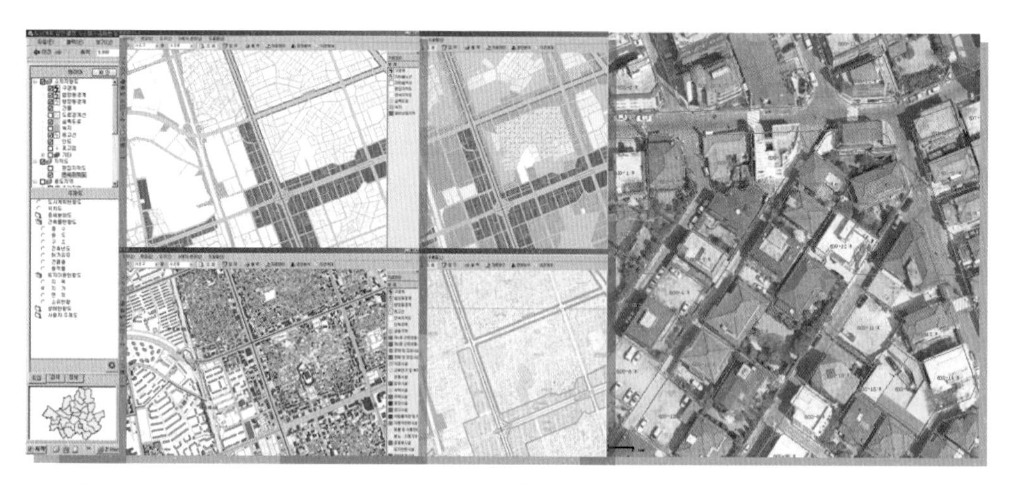

도시계획 현황: 용도지역지구구역 등 도시계획 결정현황(도시계획)
건축물 현황: 수치지형도+건축물 대장(용도, 구조, 준공년도, 층수)
토지이용 현황: 연속지적도+토지특성자료(면적, 지가, 소유, 지목)

그림 2-11. 도시계획에서 사용되는 다양한 공간정보 예시

출처: 대한국토·도시계획학회, 2010

2) 도시계획에서 공간정보의 활용

(1) 도시공간의 변화 분석

도시계획은 도시의 공간을 더 효과적으로 활용하거나 제어함으로써 지속가능성과 안전성, 쾌적성, 편리성을 확보하는 데 목적을 두고 있다. 도시의 성장을 계획적으로 관리하는 것은 도시계획에서 매우 중요한 과제 중의 하나이며, 이를 위해서는 토지이용 현황은 물론, 앞으로 예상되는 토지 개발의 소요량과 개발 가능지 등을 파악하는 것이 필요하다.

도시는 하나의 유기체와 같이 새로 태어나고 성장하는가 하면 정체하거나 쇠퇴하는 등 계속해서 새로운 모습으로 변모하고 있다. 예를 들어 수도권은 서울을 중심으로 주변의 물방울이 합쳐지면서 거대한 물웅덩이로 변하는 것처럼 도시의 광역화 현상이 빠르게 진행되고 있다. 반면, 지방의 중소도시는 인구가 줄어들고 산업이 낙후되면서 활력을 잃고 정체되거나 쇠퇴하는 경향을 보이고 있다. 또한 신도시나 신시가지의 개발로 인하여 기존의 도심지역이 쇠락하고 새로운 지역이 번화가로 부상하는 등 끊임없는 변화가 일어나고 있다. 이와 같은 도시의 변화 특성과 패턴을 분석하는 것은 도시의 계획적 관리를 위해서 매우 중요하다.

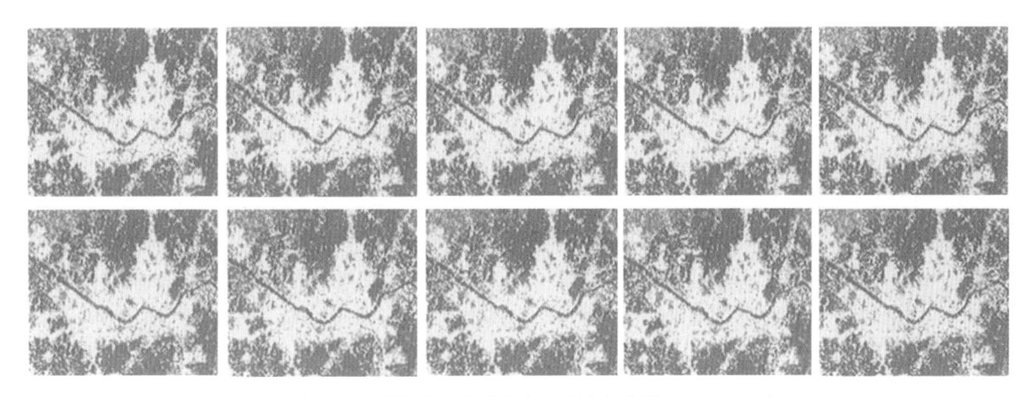

그림 2-12. 서울 대도시 지역의 도시성장 예상(2005~2050)

출처: 강영옥·박수홍, 2000; 대한국토·도시계획학회, 2010, 재인용

(2) 도시계획과 도시정책에서 활용

국가와 지방자치단체 그리고 공공기관에서는 관할하는 행정구역이나 계획대상지에 대한 다양한 공간정보를 구축하여 각종 정책결정이나 계획수립 등의 업무에 활용하고 있다. 인구분포, 산업단지, 토지이용, 환경관리 등의 공간정보를 이용하여 미래지향적인 국토공간계획을 수립하고 있으며 각 기관에서는 해당 업무에 필요한 데이터베이스를 구축하여 관리하고 있다.

공간정보를 비교적 정확히 구축할 수 있는 대표적 방법의 하나는 실제 현장조사에 의한 것이다. 그러나 실제 현장조사에 의한 공간정보의 구축은 막대한 비용과 시간이 소요된다. 따라서 인구주택총조사보고서, 재산세 과세자료, 수도권 가구통행실태조사 등 정부의 공식통계 및 지방자치정부의 기존자료를 이용하여 공간정보를 구축할 수 있는 방법을 모색할 필요가 있다. 이와 같이 이미 구축되어 있는 자료 및 기타 문서대장 등을 적절히 활용하여 도시계획에서 사용할 수 있는 공간정보를 구축할 수 있다면, 이는 비용과 시간의 측면에서 매우 효율적인 방법이 될 수 있다. 또한 이러한 방법은 현장조사에서는 수집하기 어려운 통계 데이터, 즉 인구 수, 인구이동, 산업종사자 수, 건물연상면적, 건폐율, 용적률 등의 정보를 구축할 수 있다는 장점이 있다.

공간정보의 구축은 그 목적에 따라 도시계획과 관련된 행정업무 분야를 위한 접근방법과 기타 전문가에 의한 연구업무, 의사결정업무를 위한 접근방법으로 구분할 수 있다. 행정업무 분야를 위한 접근방법은 업무의 효율화 등 효과가 발휘되기 쉬운 분야부터 도형 및 속성정보의 정비 등을 통한 공간정보를 구축하고, 그 후 서서히 다른 업무 분야로 공간정보의 공용화를 확대하여 가는 것이다. 이러한 접근방법은 기본적으로 기존업무의 효율화, 고도화를 주목적으로 하고 있기 때문에 활용에

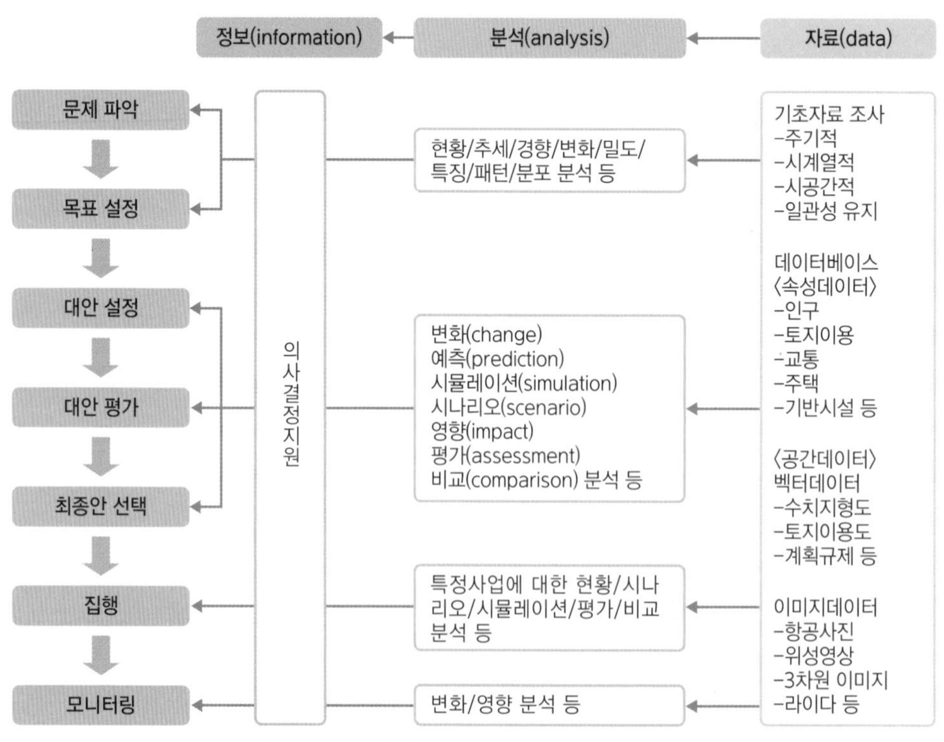

그림 2-13. 도시계획의 수립과정과 공간정보의 활용 예시

출처: 대한국토·도시계획학회, 2010

대한 이미지가 쉽게 연상된다. 또한 타 업무로 영역을 확대해 나갈 경우에도 이미 구축된 정확도가 높은 공공 데이터를 기본으로 보완하여 나가기 때문에 다양한 활용방안을 설계할 수 있다.

반면, 전문가의 연구업무를 위한 공간정보 구축의 접근방법은 그 연구영역 및 대상데이터가 명확하지 않기 때문에 구축에 많은 어려움이 있고, 또한 구축되었다 하더라도 대부분 일회성에 그치고 사장되는 경우가 많다.

공간정보체계는 내부행정정보체계에서 시작하여 본격적인 공공정보체계로 점차적으로 발전되는 것이 바람직하고, 이용의 주체도 행정부서에서 전문가, 연구자로 점차 확장되어 가는 것이 일반적인 흐름이다.

(3) 경관분석과 경관계획

도시경관은 산, 강, 구릉지 등과 같은 자연지형과 건축물, 구조물, 수목 등과 같은 인공적 구조물이 어우러져서 보이는 것으로, 시민의 삶의 질에 영향을 미치는 중요한 요소이다. 삶의 질에 대한 중요성이 높아지면서 도시관리의 패러다임은 편리성에서 어메니티(amenity), 즉 쾌적성의 증대로 전환되는 추세이다. 최근 들어 토지와 주택 등 부동산 가격을 형성하는 데 환경가치가 크게 고려되면서 경관에 대한 인식이 증대되고 있다.

경관계획은 대부분 공간적이고 시각적인 요소로 구성되어 있기 때문에 공간정보를 활용하는 것이 매우 효과적이다. 특히, 3차원 공간정보를 활용할 경우 사실적으로 경관을 분석할 수 있을 뿐 아니라 다양한 경관계획 대안을 시뮬레이션 할 수 있다. 예를 들면, 주거환경개선사업이나 재개발 및 재건축사업을 추진할 경우 주변지역과의 조화, 건축물의 층수, 배치, 색채 등을 다양하게 검토할 수 있다. 지금까지 조감도 또는 도면 등을 통해서 심의하던 것보다는 한층 객관적이고 과학적인 방법으로 심의하고 대안을 마련할 수 있다. 이외에도 가시권, 스카이라인 등 원거리의 주변경관에 미치는 영향 분석 및 일조권 시뮬레이션을 통해 주변 건물에 미치는 일조건 침해 가능성을 분석할 수 있다. 또한 입면차폐율 등 새로운 건축물의 개방감 등을 분석하여 건물의 방향, 위치, 높이 등을 변경하여 심의안을 조정할 수도 있다.

현행 도시의 경관계획은 개발 단위로 이루어짐에 따라 도시 전체의 종합성이 결여되어 있다. 도시의 경관을 개선하기 위해서는 종합적이고 사전적인 계획의 수립과 함께 구체적인 경관관리방법론 혹은 기준을 명확하게 할 필요가 있다. 3차원 공간정보를 활용하면 건물에 대한 경관지표분석을 통해서 새로운 공동주택단지가 건설될 경우 주변경관의 변화를 정량적, 정성적으로 분석할 수 있다. 또한 시뮬레이션을 통해서 일정 지점에서 건축물과 산의 스카이라인을 분석할 수 있다. 스카이라인 분석에서 시곡면 분석방법을 이용하여 건축물의 고도 제한에 활용할 수 있다.

그림 2-14. 3차원 GIS를 활용한 경관시뮬레이션 사례(대전광역시, 미국 덴버시)

출처: 권용우 외, 2016; 대한국토·도시계획학회, 2010

(4) 주민참여 계획수립

도시정책이나 도시계획에서 다양한 절차나 형식으로 주민참여가 이루어지고 있다. 도시·군기본계획의 목표설정이나 핵심전략을 선정하기 위해 도시의 실태를 알려주고 주민들의 의견을 수렴하는 것으로 풀뿌리 민주주의의 기반을 만드는 데 정보화와 공간정보가 역할을 하고 있다.

또 커뮤니티매핑센터와 같은 비영리단체는 지역사회 개선을 위해 특정 주제에 대한 정보를 현장에서 수집하고, 이를 지도로 만들어 공유하고 이용하는 시민참여로 공공데이터와 참여 데이터를 통해 사회문제를 해결하고 안전, 복지, 장애인, 실업, 교육 등에 대한 분야의 다양한 주제로 장벽 없는 세상을 만들고자 하는 단체이다.*

커뮤니티매핑센터는 커뮤니티 구성원들이 함께 사회문화나 지역의 이슈와 같은 특정 주제에 대한 정보를 현장에서 수집하고 이를 지도로 만들어 공유하고 이용하는 과정을 커뮤니티 매핑으로 부르고, 이를 위한 각종 프로그램과 데이터를 지원한다. 커뮤니티 매핑으로 구현되고 있는 몇 가지 주제를 나열하면 장애인이나 노약자들을 위한 대중교통 접근성 지원하기 위해 각종 접근시설의 위

* 커뮤니티매핑센터 홈페이지

시민들이 함께 만드는 '마스크 시민지도'
교사, 회사원 등이 모여 제작, 공적 데이터의 약점을 보완
2020년 03월 11일 18시 35분 20초 출처 : https://dgmbc.com/article/WtqDTz8vgjw-

학생들 측정 통해 미세먼지 인식 높여…"미세먼지 교육으로 확대 바람직"

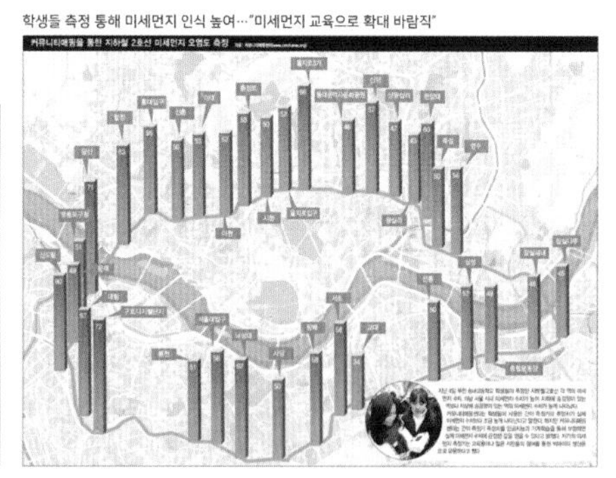

제주도도시재생지원센터, 13일 커뮤니티매핑 워크숍 개최

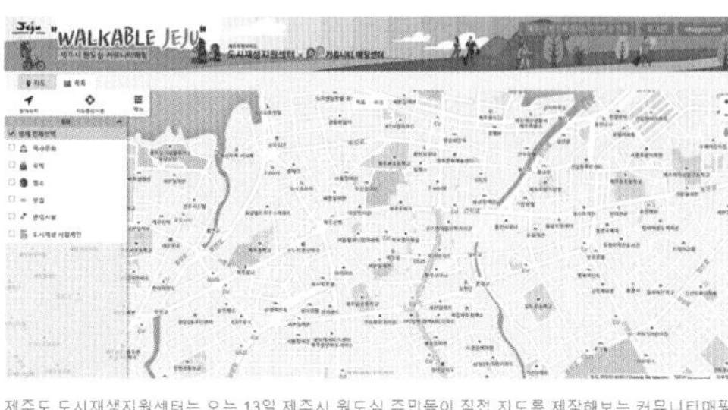

제주도 도시재생지원센터는 오는 13일 제주시 원도심 주민들이 직접 지도를 제작해보는 커뮤니티매핑 워크숍을 실시한다.
사진=제주도 도시재생지원센터

[이데일리 김현아 기자]

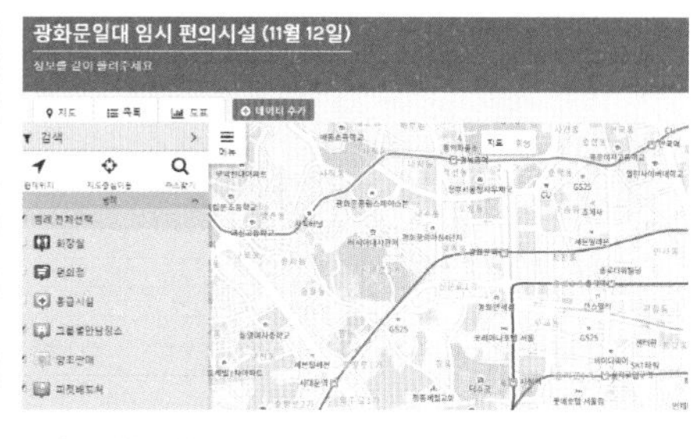

▲11월 12일 광화문에서 열리는 촛불집회에 대비해 네티즌들이 함께 편의시설 지도를 만들자는 취지로 제작된 인터넷사이트. 웹페이지(http://www.seoulmap.net)로 들어가서 아이디와 패스워드에 'people', 'people'를 넣으면 된다.

그림 2-15. 커뮤니티 매핑 시민참여 활용사례

출처: 커뮤티니매핑센터 홈페이지(http://cmckorea.org)

치나 서비스를 제공하고, 문화자산이나 생태환경, 보건·건강이나 재난대비 등을 위한 정보를 자발적인 시민들이 직접 도면에 올리고 정보를 공유하는 방식으로 진행되고 있다.

주민참여가 이루어지는 우리나라의 사례로는 서울시에서 추진하고 있는 "천만상상 오아시스"의 예가 있다. 서울시는 인터넷 사이트(http://www.seouloasis.net)를 통하여 서울시에 정책을 제안할 수 있도록 하고 있으며, 이를 통해 선정된 안은 시민토론에 붙여 의견을 조정하고 결정된 제안을 최종 정책에 반영하고 있다. 2006년 10월부터 2008년 5월 29일까지 1만 5천 353건의 제안이 접수되었다. 주민참여 방법으로는 게시판 외에도 사진, 동영상 등의 UCC 멀티미디어 자료를 이용할 수 있도록 하여 참여를 유도하고 있다. 제안된 의견은 시민들에 의해서 검토된다. 최종 검토 결과 정책으로 반영되면 서울시장이 표창장을 수여하고 있다. 시상을 통해 제안자를 격려하고 보상함으로써 참여 동기를 유발하고, 동시에 시정홍보의 효과도 누리고 있다(서기환, 2008).

해외의 사례에서 영국은 "Planning Portal"을 통해 여러 지방정부의 정책계획에 관한 모든 정보를 온라인 원스톱으로 접근할 수 있도록 하고 있다. Planning Portal을 통해 관련구역의 개발계획에 관한 정보를 얻고 이 계획결정에 대해 이견을 제시할 수 있으며, 일반 국민, 계획 전문가, 정부당국 등

3가지로 사용자 유형을 나누어 사용자 유형별로 관련 사이트 접근권한을 부여하고 크게 계획과 건축물 규제에 관한 정보를 제공하고 있다(국토해양부, 2008).

3) 도시계획과 관리를 위한 공간정보 통합

우리나라 지방자치단체의 GIS 구축사업은 1995년 국가GIS구축사업을 시점으로 본격적으로 시작되었다. 중앙정부 차원에서 수치지형도를 비롯한 기본 공간정보를 구축하면서 본격화되어, 이를 기반으로 하여 중앙정부와 지자체에서 다양한 정보시스템들이 구축되어 오고 있다.

그중 도시공간과 관련된 기초데이터로는 토지관리정보시스템(LMIS)을 기반으로 발전해 온 한국토지정보시스템(KLIS)이 있고, 시스템으로는 (구)「도시계획법」의 1999년 개정과정에 최초로 도입된 도시계획정보체계(Urban Planning Information System: UPIS)가 있으며, 2003년 「도시계획법」과 「국토이용관리법」의 통합으로 만들어진 「국토의 계획 및 이용에 관한 법률」로 이관되면서 국토이용정보체계로 명칭이 변경되었고, 이후 복잡한 토지이용규제를 "단순화·투명화·정보화"하기 위한 목적으로 신설된 「토지이용규제 기본법」(2005)으로 이관되면서, 국토이용정보체계는 도시계획정보시스템(UPIS)과 토지이용규제정보관리시스템(LURIS)의 두 가지 목적과 역할을 달리하는 시스템을 포함하는 개념으로 확장되었다.

국토이용정보체계는 「토지이용규제 기본법」에서 "국토이용정보체계는 합리적 국토계획의 수립 지원과 이에 수반되는 각종 토지이용규제 정보를 효율적으로 관리하기 위해 구축한 시스템과 데이

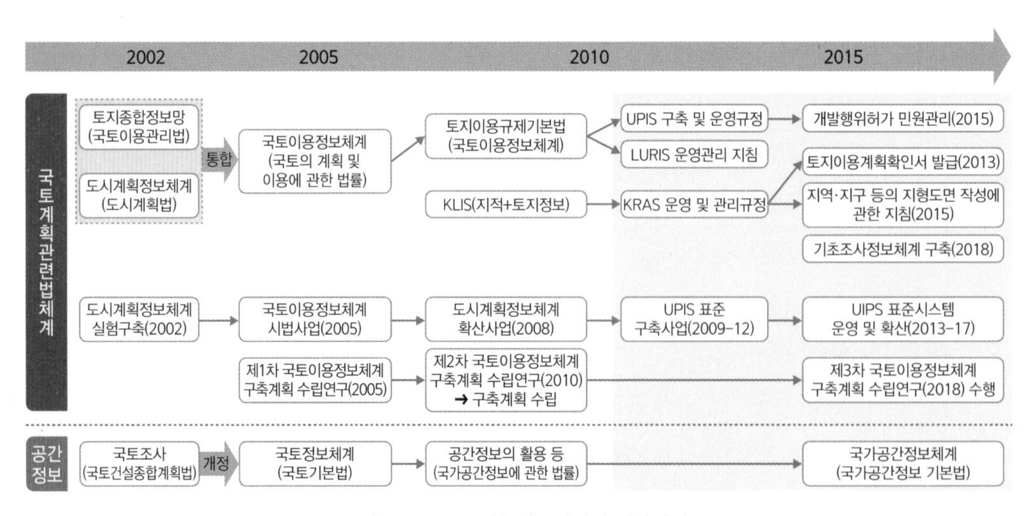

그림 2-16. 국토이용정보체계의 변화과정

출처: 국토교통부, 2018

터베이스, 자료의 수집과 연계, 활용을 원활히 할 수 있도록 지원하는 운영기반(인력, 교육, 조직, 제도)까지 포함하는 종합적인 정보체계를 말한다"라고 정의하고 있다. 따라서 '합리적 국토계획의 수립 지원'과 '효율적 토지이용규제정보의 관리'라는 두 가지 목적이 있음을 알 수 있다. 국토이용정보체계의 시스템적인 정의는 법적으로는 명시되고 있지 않지만, 지침에서 "국토이용정보체계가 관할하는 시스템은 도시계획정보체계(upis), 토지이용규제정보시스템(luris), 도시계획현황통계정보서비스(upss) 등을 주 시스템으로 하며, 각종 지역·지구의 정보를 생산 및 관리하는 부동산종합공부시스템(KRAS), 산지농지정보시스템, 건축행정정보시스템 등을 유관시스템으로 하되 용도지역지구 데이터베이스를 포함한다"고 정의하고 있다.

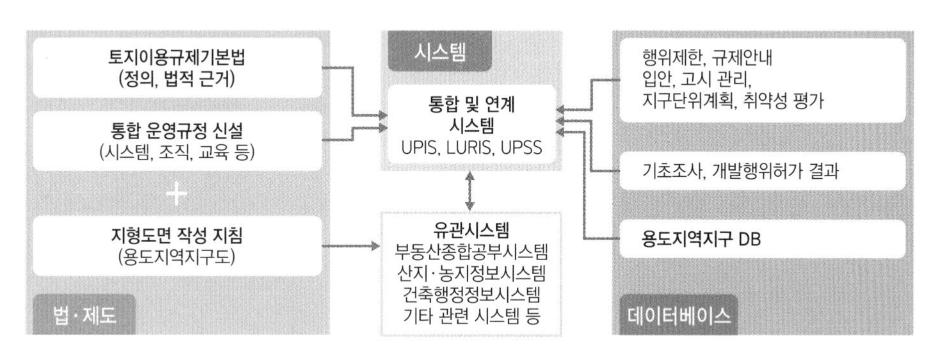

그림 2-17. 국토이용정보체계의 개념도(예시)

출처: 국토교통부, 2018

국토이용정보체계의 업무 범위는 첫째, 「국토의 계획 및 이용에 관한 법률」에 따라 광역도시계획, 도시·군기본계획, 도시·군관리계획 수립과 도시계획 기초조사 수행 시 필요한 행정절차와 관련된 업무를 지원한다. 둘째, 계획의 입안 및 결정고시되는 도시계획행정업무 지원, 지역·지구 등의 정보생산 및 관리 업무 수행을 담당(도시계획정보체계, UPIS)하고 「국토계획법」상의 용도지역지구 지정 및 변경사항을 UPIS에 단일입력하고, 타법을 포함하여 「토지이용규제 기본법」상 지역·지구 등의 모든 지정 및 변경사항을 통합하여 관리할 수 있는 체계를 마련한다. 셋째, 각종 지역·지구 등의 지정과 변경에 따른 고시문과 고시도면 등을 UPIS와 연계하여 속성정보 공유, 행위제한정보 및 규제정보를 서비스(LURIS)하고 지자체 업무 담당자들의 중복입력 방지, 점진적으로 UPIS에서 입력한 'UPIS전자파일 속성정보'를 연계 및 제공받아 민원 업무를 수행(KRAS)한다. 넷째, 도시계획현황통계 작성에 소요되는 지자체 업무 담당자들의 업무량 감소와 통계정보의 신뢰도 향상을 위해 UPIS에서 데이터 연계로 자동생성 도입한다. 국토이용정보체계에서 생성된 통계정보는 필요시 기초조사정보에 제공하는 기능들을 갖도록 발전하고 있다(국토교통부, 2018).

참고 문헌

권용우·김세용·박지희 외, 2016, 『도시의 이해』, 박영사.

국토교통부, 2018, 공간정보의 이해.

국토교통부, 2018, 제3차 국토이용정보체계 구축계획(2019~2023년).

김인희·윤서연·진하연·변미리·맹다미·홍상연·한지혜·우영진, 2021, 뉴노멀시대 미래도시 전망과 서울의 도시공간 발전방향, 서울연구원.

대한국토·도시계획학회, 2010, 『도시의 계획과 관리를 위한 공간정보활용 GIS』, 보성각.

사공호상, 2002, 『원격탐사와 GIS를 이용한 수도권 도시화지역의 확산과정과 특성에 관한 연구』, 서울시립대학교 박사학위논문.

서울특별시, 2020, 도시공간 정책 차원의 스마트 도시계획 추진방안 연구, 서울특별시.

윤서연·김인희·변미리·임희지·정상혁·홍상연·허자연·박동찬·이동하·진화연, 2021, 디지털 전환에 따른 도시 생활공간과 공간변화, 서울연구원.

윤서연·이동하·진화연·박동찬, 2022, 디지털 전환시대, 시민생활변화에 따른 서울도시공간의 변화와 전망, 정책리포트 제350호, 서울연구원.

윤정중·최상희·김태균·박종배·양동석·송태호·권오준, 2018, 4차산업혁명 시대의 도시.주거변화와 LH의 역할 및 과제, 토지주택연구원.

이석민 외, 2018, 서울시 공간정보정책 개선방안, 서울연구원.

최봉문·김향집·서동조, 1999, 『도시정보와 GIS』, 대왕사.

커뮤티니매핑센터 홈페이지 http://cmckorea.org

제3장

재해, 안전, 환경에 관련된 공간정보의 활용

이 장에서는 도시의 재난, 안전 및 환경 관리에 공간정보를 활용하는 국내외의 사례를 구체적으로 살펴본다. 기후 위기가 심각해지면서 이들 분야에 공간정보를 활용하는 것은 점점 더 중요해지고 있다. 세계적으로 폭염, 화재, 폭우 등 사람들의 안전을 위협하는 재해가 빈번하게 발생하고 있으며, 피해 정도도 더욱 심각해지고 있다. 사회는 점점 더 복잡해지고 갈등이 늘어나면서 안전사고나 범죄 위기에도 쉽게 노출되고 있다. 공간정보는 도시가 직면하고 있는 이러한 도전을 보다 효율적으로 관리하는 분야에서도 활용되고 있다.

3.1 국내 도시의 재난, 재해 예방과 대응

긴급공간정보서비스는 2022년 3월 4일부터 국토지리정보원에서 정식으로 제공하는 서비스다. 대규모 산불과 같은 재난이 발생했을 때, 재난 현장을 디지털 형태로 복원하여 관련 대응 기관에 3일 이내로 신속하게 배포하여 피해 상황을 확인할 수 있도록 하고 있다. 재난 현장을 촬영한 영상과 인근의 지형, 건물, 도로 등 정보를 포함하고 있는 수치지형도, 과거 시계열 항공사진과 위성사진 등을 결합하면 피해 범위의 확산과 피해 규모를 모의 예측하며 재난 발생 시 효과적으로 대응하고 복구하는 데 활용할 수 있다. 예컨대 산불과 사면붕괴 사고에 대응한 사례가 대표적이다.

2020년 4월 24일에 경북 안동시 풍천면 인근에서 사흘 동안 산불이 발생하여 주민 1,300여 명이 대피하고 임야 1,900ha가 소실되었다. 한번 산불이 발생하면 광범위한 피해지역을 정확하게 파악하는 데는 상당한 시간이 걸리는데 국토지리정보원의 긴급공간정보 시범서비스가 당시에 활용되었다. 산불이 진화되고 하루 만에 산불 발생 전후의 위성영상을 제공한 것이다. 주무 부처인 경상북도는 이 정보를 활용하여 피해의 현황과 정도를 파악하고 신속한 복구와 지원을 할 수 있었다. 2022년 2월 15일에는 경북 영덕군 영덕읍 인근에서 또 다른 산불이 발생하여 약 400ha의 임야에 피해가 발생하였으며, 국토지리정보원은 산불 발생 전/중/후의 위성영상을 관계 기관에 제공하여 빠르게 대응할 수 있도록 지원하였다.

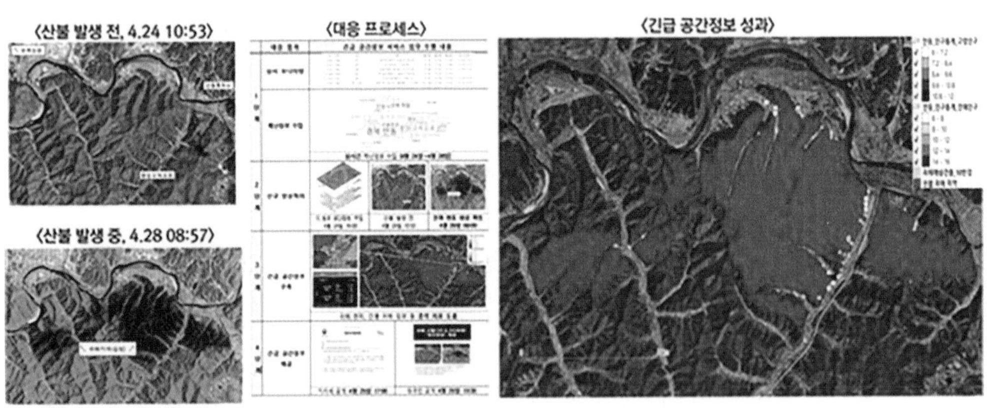

그림 3-1. 2020년 안동 산불 관련 긴급공간정보 시범 서비스 사례

출처: 국토지리정보원 보도자료

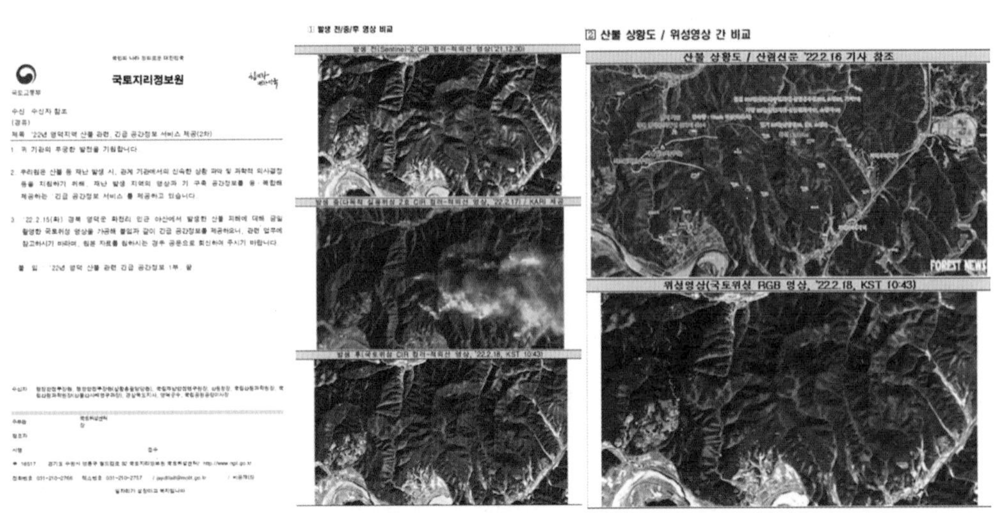

그림 3-2. 2022년 영덕 산불 관련 긴급공간정보 제공 사례

출처: 국토지리정보원 보도자료

사면붕괴 사고는 산불과 마찬가지로 광범위한 피해 현장을 신속하게 파악하는 것이 중요하다. 사면붕괴가 발생하면 지형이 바뀌기 때문에 기존에 보유하고 있는 전자지도나 위성사진은 현장을 실시간으로 파악하는 데 제한적이다. 따라서 이러한 상황에서는 드론 영상이 활용될 수도 있다. 예를 들어 2021년 7월에는 광양시 진상면 야산에서 집중호우로 인해 사면이 붕괴하여 가옥 3채가 매몰되고 인명피해가 발생하였다. 이에 국토지리정보원은 사면붕괴 사고가 발생한 지 하루 뒤에 드론을 이용하여 신속하게 사고 현장을 촬영하였고, 사고 발생 이틀 뒤에는 긴급공간정보서비스를 통해 영상 자료를 관계 기관과 국민에게 제공하여 신속하고 효과적인 대응에 이바지한 바 있다.

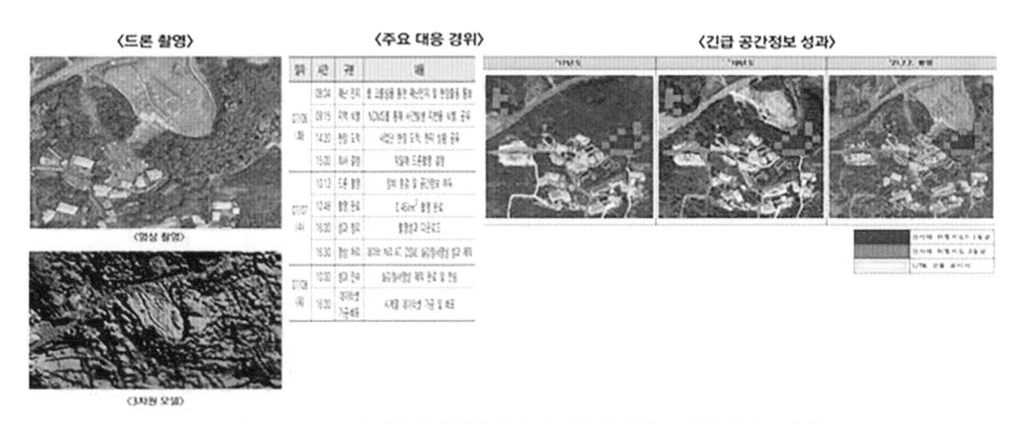

그림 3-3. 2021년 진상면 사면붕괴 관련 긴급 공간정보 시범 서비스 사례

출처: 국토지리정보원 보도자료

공간정보는 이처럼 재해 발생 시 신속한 대응을 위해 활용되기도 하지만, 재난을 사전에 예측하기 위해 사용되기도 한다. 산사태정보시스템과 SOC재난·재해방 서비스가 대표적이다. 먼저 산사태정보시스템은 산림청에서 제공하는 서비스다. 산사태 예측정보와 산사태 위험지도를 통해 산사태를 예측하고 예·경보의 발령 현황 등 산사태와 관련된 정보를 제공하고 있다.

산사태 예측정보는 기상청의 강우 자료를 이용하여 토양함수지수를 분석한 뒤 1시간마다 읍면동 단위로 산사태 예측정보를 제공한다. 토양 내 빗물 함유량을 의미하는 토양함수지수가 80%를 기록하면 주의보가 발령되고 100%일 경우 경보가 발령된다. 물론 아직은 투수성이나 지하수위 등 토양의 세세한 특성까지 반영하여 예측하는 것은 불가능하므로 기술적인 한계도 존재한다. 산사태 위험지도는 산사태의 유발요인을 분석하여 전국 산지의 산사태 발생확률을 다섯 단계의 등급으로 나눈 지도다. 현재까지는 임상, 경급, 사면 경사, 사면 길이, 사면 방위, 사면 곡률, 토심, 모암, 지형습윤지수 등의 산사태 유발요인을 고려하고 있지만, 이외에도 다양한 변수가 작용할 수 있는 만큼 정보를 이해하는 데 주의를 필요로 한다.

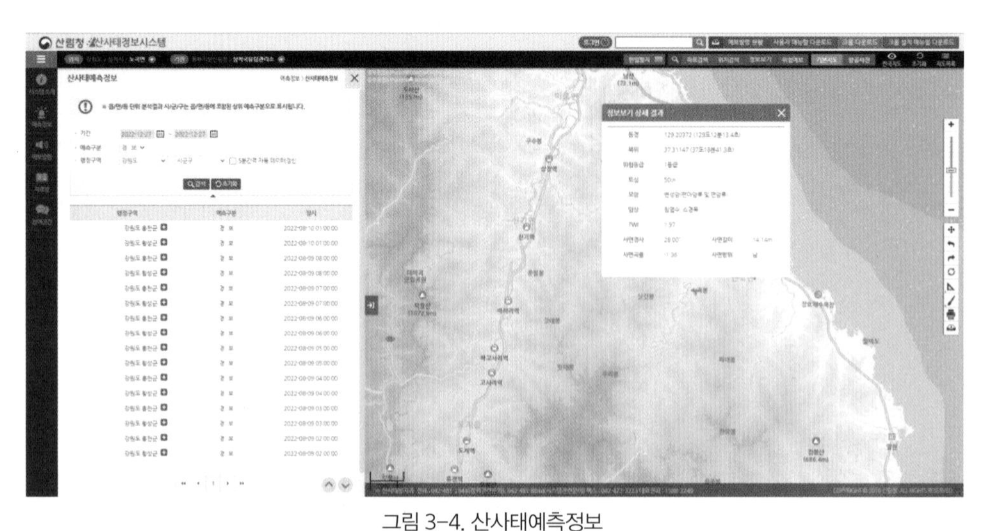

그림 3-4. 산사태예측정보

출처: 산사태정보시스템 웹페이지, 2022.12.27. 캡처

산사태를 예측한 정보가 실제상황에서 활용된 사례도 있다. 예컨대 2020년 9월 2일부터 시작된 제9호 태풍 마이삭은 풍속이 시속 144km로 산사태 취약지역에 큰 영향을 끼칠 것으로 예상되었다. 이에 산림청은 토양의 수분 포화량을 분석한 예측정보를 토대로 산사태가 발생할 가능성이 큰 지역을 사전에 파악하고, 태풍이 위험지역에 도달하기 전에 관계 기관에 알려 피해를 예방했다.

한편, SOC재난·재해방 서비스는 공간정보산업진흥원에서 제공하는 서비스로 산사태와 산불, 홍수를 예방하기 위해 지역별로 재난, 재해에 관련된 공간정보를 모두 한곳에서 확인할 수 있다. 정부가 그동안 수집, 제작한 공간정보와 다양한 재난 관련 정보를 융복합하고 AI, 빅데이터 분석과 같은 신기술을 활용하여 통합적이고 효과적인 재해 예방 서비스를 시작한 것이다. 정부는 중장기 계획을 수립하여 정보를 확장하고, 향후 3D 공간정보를 기반으로 한 시뮬레이션을 추가하여 피해 상황을 예측할 수 있도록 고도화할 계획이다.

3.2 국내 도시의 안전 예방과 관리

공간정보는 사람들이 범죄 위기에 노출되는 환경을 막기 위해서도 활용되고 있다. 예컨대 경찰은 스마트치안지능센터가 운영하는 스마트 치안 빅데이터 플랫폼(Smart Policing Big Data)을 통해 범죄의 양상을 미리 파악하고, 예측하거나 대응할 수 있다. 스마트 치안 빅데이터 플랫폼은 경찰과 기타 공공, 민간으로부터 다양한 치안 데이터를 수집하여 경찰과 시민의 안전과 관련한 맞춤형 서비스를 제공한다. 예를 들면 한국토지주택공사가 토지이용계획이나 주택 노후도 정보 등 주거 및 생활환경 데이터를 제공하고, 연합뉴스는 범죄 관련 뉴스 데이터를 제공하며, 빅데이터 인공지능 플랫폼 전문기업인 이투온은 민간 경비사건 데이터를 제공하는 등의 방식으로 플랫폼이 구축되고 있는 것이다.

스마트 치안 빅데이터 플랫폼은 현재 우리동네 안심지도, 스마트치안 안전지도, 112신고예측, 스탑피싱, 안티N번방, 클린웹 등 여러 서비스를 제공하고 있다. 대표적으로 우리동네 안심지도는 경찰관과 자치경찰 담당 공무원에게 제공되는 서비스다. 아동 학대, 청소년 범죄 등의 가정폭력부터 살인, 강조, 절도 등의 주요 범죄, 강간, 데이트 폭력 등의 다양한 범죄들의 빈발 정도를 조회할 수 있다. 이 지도를 통해 범죄 유형, 연도, 지역별로 검색이 가능하며 빈발 정도를 비교하고 분석할 수 있는 특징이 있다. 또 다른 서비스로 스마트치안 안전지도는 경찰관과 자치경찰 담당 공무원에게 제공되는 서비스다. 시민들이 느끼는 치안에 대한 체감안전도와 경찰 인력, 범죄 통계 등을 시각화한 지도이며, 가로등 보안등, CCTV, 1인 가구, 외국인 인구를 비교하여 변화 정도에 따라 체감안전도 변화를 예측한다. 또한 지역별로 가로등과 CCTV, 범죄 빈발지역을 열지도로 표시하여 제공한다.

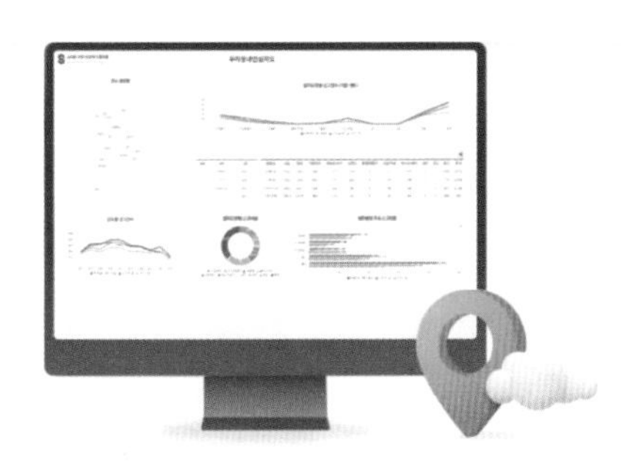

그림 3-5. 우리동네 안심지도

출처: 스마트 치안 빅데이터 플랫폼 웹사이트

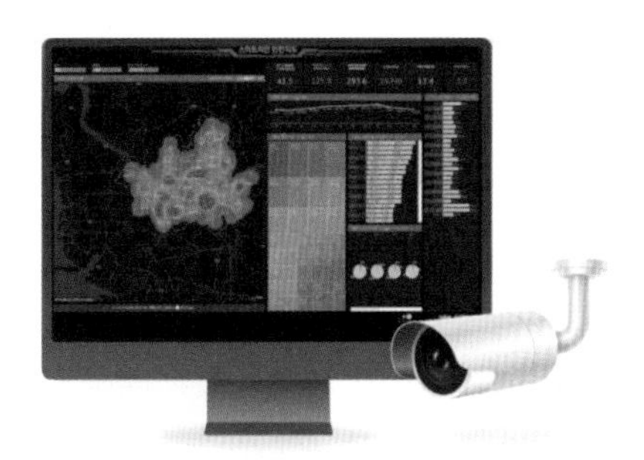

그림 3-6. 스마트치안 안전지도

출처: 스마트 치안 빅데이터 플랫폼 웹사이트

도시 인프라 시설을 이용하는 사람들의 안전을 위해 공간정보가 활용되는 사례도 다양하다. 도로교통공단은 위험도로 예보시스템을 구축하고, 교통사고 정보와 기상정보 등 빅데이터를 분석하여 실시간으로 도로의 위험 정도를 알려준다. 여기에 활용되는 데이터는 고속국도나 일반국도 등 전국 도로의 교통사고 정보와 사고, 공사, 집회 등을 알려주는 돌발 정보, 실시간 강우 정보 등이 있으며, 이를 융복합하여 분석하고 4단계로 위험도를 구분한다. 더 나아가 T-map의 경로 탐색 알고리즘을 통해 실제 운전자는 운전 도중에도 경로상에 표시되는 도로의 위험도를 볼 수 있다. 또 다른 예로 행

그림 3-7. 도로별 위험도

출처: 위험도로예보 시스템 웹사이트, 2022.12.27. 캡처

그림 3-8. 돌발 정보 조회화면

출처: 위험도로예보 시스템 웹사이트, 2022.12.27. 캡처

정안전부가 제공하는 안전정보통합관리시스템은 재난관리책임기관에서 관리하는 건축물이나 시설물 등에 대한 기본정보, 안전 점검 및 진단 결과를 한곳에 모아 종합적으로 공개하고 있다.

3.3 국내 도시의 환경 관리

점점 다양해지고 복잡하게 변화하고 있는 도시에서 지속가능한 환경을 만들고 관리하는 것은 더 큰 도전과제가 되고 있다. 스마트서울 도시데이터 센서(S-DoT) 환경정보는 이러한 문제를 공간정보로 해결하기 위한 노력의 결과 중 하나다. 서울시 전역에 설치된 총 1,100개소(22년 5월 기준)의

시물인터넷(IoT) 센서와 CCTV는 실시간으로 다양한 도시 데이터를 수집할 수 있다. 미세먼지, 온도, 습도, 소음, 조도, 진동, 자외선, 풍속, 풍향, 오존, 대기오염, 악취, 흑구 등 총 17종의 도시 환경 정보가 여기에 포함된다. 수집된 데이터는 서울시 주거지역의 폭염 취약도를 진단하거나 도시 공간별로 생활환경을 분석하는 등 다양하게 활용될 수 있으며, 서울 열린데이터 광장을 통해 시민들에게 제공되고 있다. 참고로 서울 열린데이터 광장 서비스는 인구, 환경, 안전, 교통 등 총 12개 분야에서 약 5,000개의 데이터를 공개하고 있으며, MAP, Open API 등 다양한 형태로 제공된다. 일반 시민을 비롯하여 개발자, 전문가 등 누구나 쉽게 데이터를 검색할 수 있으며, 인기가 많고 활용도가 높은 36종의 데이터는 별도의 콘텐츠 형태로 구성하여 사용자의 접근성을 높였다.

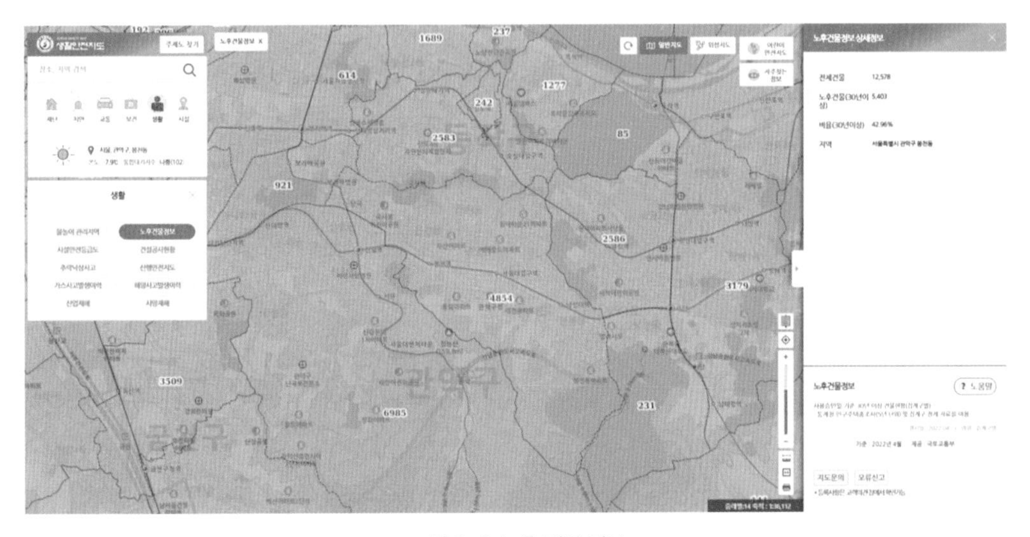

그림 3-9. 노후 건물 정보

출처: 생활안전지도 웹사이트, 2022.12.27. 캡처

도시 밖의 산림환경을 보전하고 관리하는 분야에서도 공간정보가 폭넓게 활용되고 있다. 국토환경성평가지도시스템과 산림공간정보서비스는 산림환경 분야에서 공간정보가 활용되고 있는 대표적인 사례다. 국토환경성평가지도는 국토를 친환경적·계획적으로 보전하고 이용하기 위해 환경적 가치를 종합적으로 평가한 뒤, 중요도에 따라 단계별로 등급을 구분하고 색채를 달리 표시하여 알기 쉽게 작성한 지도다. 환경과 관련된 공간정보를 활용하여 62개의 법제적 평가항목과 8개의 환경·생태적 평가항목 및 기준으로 만들어진다. 예컨대 법제적 평가항목은 자연환경, 물 환경, 토지이용, 농림, 기타 부문으로 세분되어 있으며, 평가 후 환경적 중요도에 따라 '매우 높음'부터 '매우 낮음'까지 5개의 등급으로 구분하고 있다. 산림공간정보서비스(FGIS)는 산림에 대한 위치 및 속성 정

보를 분석하여 임상도, 산사태 위험지도, 산지 구분도 등 산림 공간정보를 종합적으로 제공한다. 산림 재해를 예측하고 관리할 뿐만 아니라 국토 공간을 더욱 효율적으로 이용하기 위한 정책 결정을 지원하는 데 활용된다.

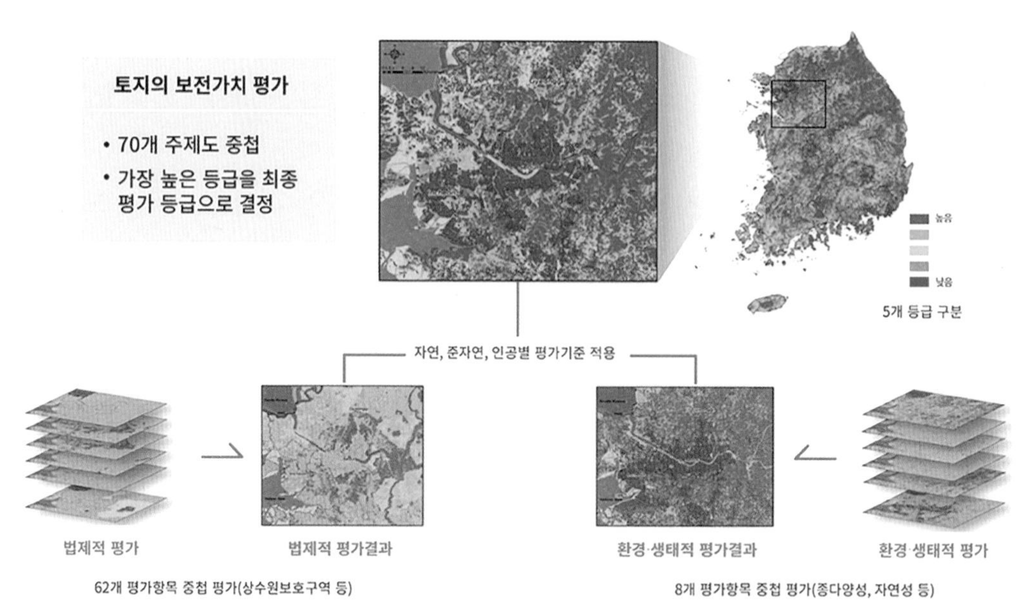

그림 3-10. 국토환경성평가지도

출처: 국토환경정보센터 웹사이트

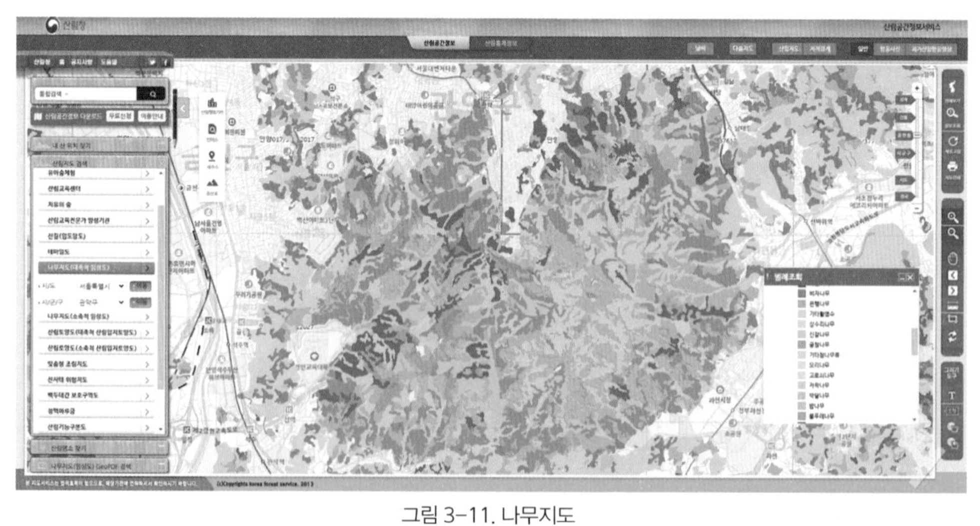

그림 3-11. 나무지도

출처: 산림공간정보 웹사이트, 2022.12.27. 캡처

3.4 해외 국가들의 사례

국내뿐만 아니라 해외의 여러 국가도 공간정보를 다양하게 활용하고 있으며, 여기서는 싱가포르, 덴마크, 미국, 스페인, 영국의 사례를 소개한다.

1) 싱가포르

도시국가인 싱가포르는 미래의 도시문제를 예측하고 해결하기 위해 2014년 스마트네이션 프로젝트를 시작했다. 프로젝트의 목적으로 추진된 버추얼 싱가포르(Virtual Singapore)는 도시 전체를 3D 모델로 구축하고 가상 도시공간으로 재현하는 프로젝트다. 인구통계, 기후, 지리공간정보, 실시간 데이터 등이 접목된 가상의 도시공간에서 다양한 도시 문제들을 실험하고 시뮬레이션을 해 볼 수 있는 것이 주목적이다. 알려진 몇 가지 시뮬레이션 사례를 소개하면 다음과 같다. 첫째, 아파트처럼 많은 사람이 거주하는 공동주택이나 인구 밀집 시설에 유독가스가 유출되는 사태를 가정하여 대응 방안을 마련했다. 사고 주변 지역의 공간정보를 알면 가스의 유출 방향과 범위를 사전에 파악할 수 있다. 만일의 사고를 예방하거나 피해를 최소화하기 위해 주민들의 대피 경로를 미리 확보할 수 있는 것이다.

그림 3-12. 유독가스 유출 사태 시뮬레이션

출처: KBS NEWS 웹사이트, 2022.12.20. 캡처

둘째, 도시의 대기질을 높이기 위한 시뮬레이션이다. 도시 내 건물 정보를 3차원으로 구축하면 바람이 불 때 공기의 이동과 흐름을 파악하는 것이 가능하다. 따라서 도시를 계획하거나 건물을 신축할 때 배치 형태를 조정하여 바람길을 조절할 수 있다면 대기질의 일정한 향상도 기대할 수 있다.

그림 3-13. 신도시 설계

출처: TEDx Talks YouTube, 2022.12.20. 캡처

그림 3-14. 바람의 방향 시뮬레이션

출처: TEDx Talks YouTube, 2022.12.20. 캡처

셋째, 일조량 시뮬레이션이다. 마찬가지로 가상의 도시공간에서는 일조량이 많은 지역이나 건물을 특정할 수 있다. 그렇게 되면 신재생 에너지를 생산하기 위한 태양광 패널의 설치 위치와 방향, 혹은 에너지 생산량의 규모를 효과적으로 판단할 수 있게 된다.

그림 3-15. 일조량 최적 위치

출처: TEDx Talks YouTube, 2022.12.20. 캡처

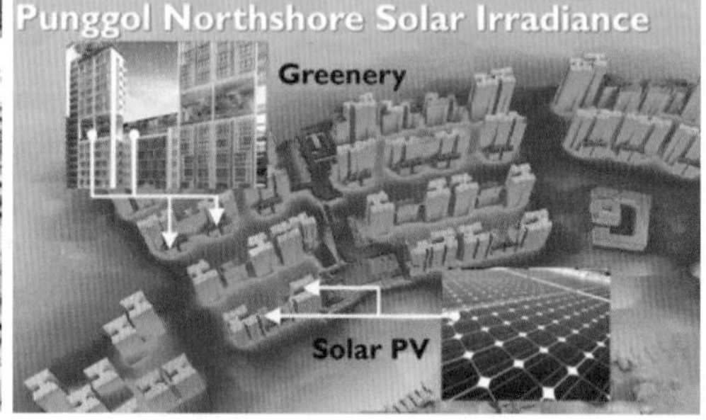

그림 3-16. 일조량 시뮬레이션

출처: TEDx Talks YouTube, 2022.12.20. 캡처

2) 덴마크

코펜하겐의 '스트리트 랩(Street Lab)'은 도심의 가장 복잡한 지역을 생활 속 실험실, 거리 실험실로 표방하고 구현해 낸 스마트 시티 실험실이다. 이곳은 도시의 각종 공간정보를 센서를 통해 수집하고 분석하여 더욱 쾌적한 도시환경을 만드는 데 이바지하는 것을 목표로 한다. 현재는 도심 주차,

쓰레기, 대기오염, 소음, 교통 체증 등의 문제를 주력으로 다루고 있다.

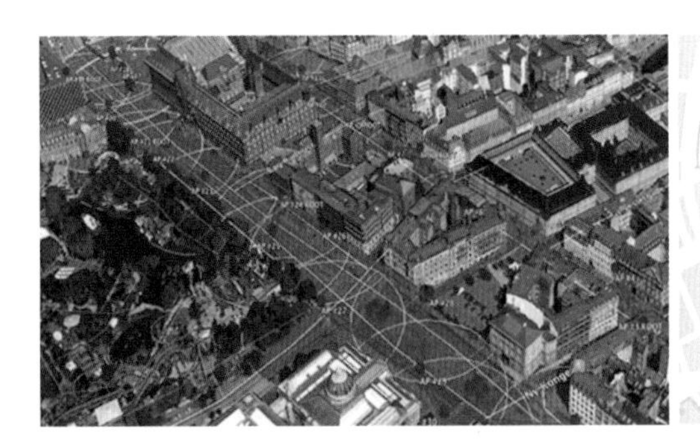

그림 3-17. 스트리트 랩 이미지

출처: KBS NEWS 웹사이트, 2022.12.20. 캡처

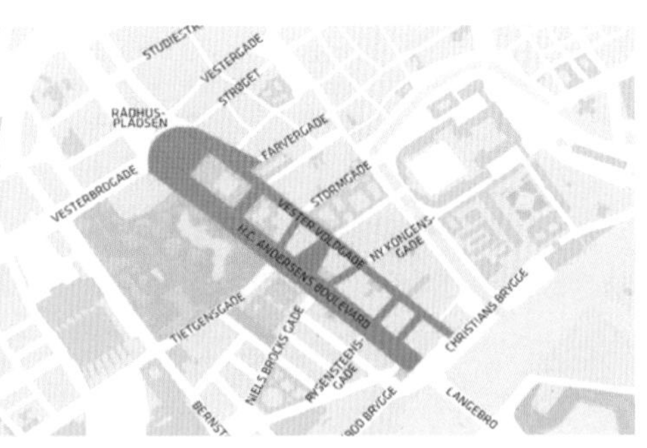

그림 3-18. 스트리트 랩 지도

출처: KBS NEWS 웹사이트, 2022.12.20. 캡처

예컨대 '이지파크(Easy Park)'라는 앱은 운전자에게 목적지에서 가장 가까운 도심 주차 공간을 찾아서 지도로 최적의 경로를 안내해 준다. 주차를 위해 불필요한 이동이 사라져 교통체증이 감소하고 배기가스 배출도 줄어드는 부가적인 효과도 얻을 수 있다.

그림 3-19. 주차 공간 확보

출처: KBS NEWS 웹사이트, 2022.12.20. 캡처

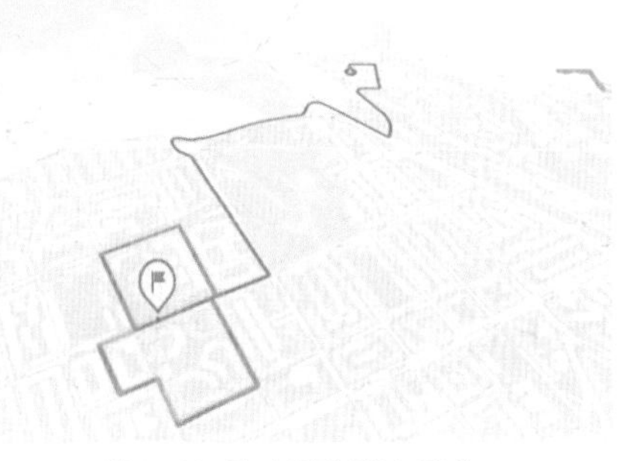

그림 3-20. 추자 공간 경로 안내

출처: How to use EasyPark's Find & Park feature YouTube, 2022.12.20. 캡처

도심 보행로에 설치되어 있는 쓰레기통에는 5,700여 개의 센서가 부착되어 있다. 센서가 부착된 쓰레기통이 90% 이상 채워지면 관리자에게 신호가 전달되고, 쓰레기가 수거된다. 심지어 도로의 교통량 정보가 연동되어 최적의 수거 시간대와 경로를 파악할 수 있다. 이와 관련 코펜하겐시는 연간 약 65억 원에 달하는 수거비용 가운데 20% 정도를 절감하고 있는 것으로 추산하고 있다.

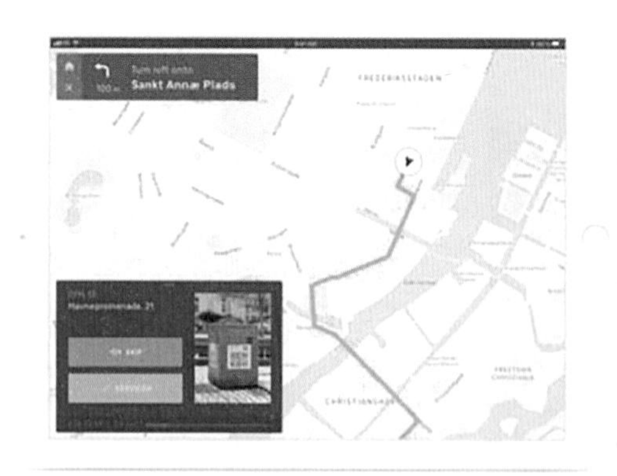

최적의 작업경로 안내

그림 3-21. 도심 쓰레기 최적 경로 안내 시스템

출처: KBS NEWS 웹사이트, 2022.12.20. 캡처

마지막으로 차량에 센서를 부착하여 도시의 대기오염 농도를 측정한다. 수집된 데이터는 실시간으로 지도에 표시되어 정보를 제공하고 시민들은 대기오염 정도를 지도에서 실시간으로 파악할 수 있다.

그림 3-22. 차량으로 대기오염 측정

출처: KBS NEWS 웹사이트, 2022.12.20. 캡처

그림 3-23. 도로의 대기오염 정도

출처: KBS NEWS 웹사이트, 2022.12.20. 캡처

3) 미국

2014년 미국 캘리포니아 나파 지역에 진도 6.0 지진이 발생하면서 7만 7,000여 개의 건물이 파손되고 피해가 발생하였다. 특히 역사적으로 가치가 있고 의미 있는 건물이 무너지고 주택들도 손상을 입으면서 광범위한 누수가 발생하기도 했다. 이러한 위기 상황 속에서 나파시는 공간정보를 활용하여 타 기관들과 협력하여 시민들에게 피해 상황을 알리고 복구를 위해 노력했다. 나파시는 ArcGIS Online으로 타 기관과 도시공간정보 데이터를 공유하고 ArcMap을 통해 공간정보 데이터

를 시각화하여 나파 지진정보 지도를 제작하여 시민과 언론에 알리는 역할을 했다. 지진에 매우 심각한 피해를 본 지역은 빨간색으로, 중간 피해를 본 지역은 노란색으로 표시했고, 매일 업데이트를 진행하면서 실시간으로 피해를 입은 지역을 공개했다. 또한 지도에 잔해물 처리 쓰레기장 위치를 표시했다. 나파시는 시민들이 정해지지 않은 장소와 지역에 잔해물을 가지고 이동하거나 버리지 못하도록 자제시키면서 정해진 장소와 지역에 잔해물을 버리도록 유도하여 복구 활동하는 데 기여했다. 누수가 발견된 지역도 지도에 표시되었다. 이를 통해 기반 시설에 대한 손상과 주요 상하수도 누수의 최신 정보를 간편하게 확인할 수 있게 되어 시민들의 불편함을 최소화하는 데 노력했다.

그림 3-24. 지진 피해지역 정보지도
출처: esrikr 웹사이트, 2022.12.20. 캡처

그림 3-25. 누수 피해지역 정보지도
출처: esrikr 웹사이트, 2022.12.20. 캡처

4) 스페인

스페인의 스마트 산탄데르 프로젝트는 시민들에게 도시 공간의 상황을 실시간으로 파악하도록 도심 내 데이터 구축에 집중했다. 도시 공간의 데이터를 구축하기 위해 1,300개의 센서를 도시 전체에 설치했고, 325개는 아스팔트 아래에 설치했다. 그리고 이후에 20,000개의 무선 장치를 도시에 제공하려고 노력했다. 이를 통해 날씨와 교통 혼잡도, 해변 상태 등 도시 공간의 상황을 실시간으로 확인하면서 데이터를 분석하고 도시를 관리하는 것을 목적으로 한다. 도시 전역에 퍼져 있는 센서는 온도, 습도, 대기오염도 등 환경적인 측면의 데이터를 측정하고 수집한다. 수집된 데이터를 분석하여 도시 공간의 날씨를 예측하고 이를 통해 도시공원에 물을 언제 공급해야 하는지 정확한 의사결정을 할 수 있게 되었다. 또한 녹지에 충분한 물이 있는지 또는 물 공급이 필요한 공원이나 녹지는 어디인지 파악할 수 있었다. 분석한 데이터를 통해 날씨를 예측하고 도시공원 및 녹지공간을 관리하면서 지속할 수 있는 도시공원으로 유지하고 있다.

포장도로 아래의 IoT 센서로 수집된 데이터는 교통체증이 있는 곳을 시각화해 주고 주요 도로의

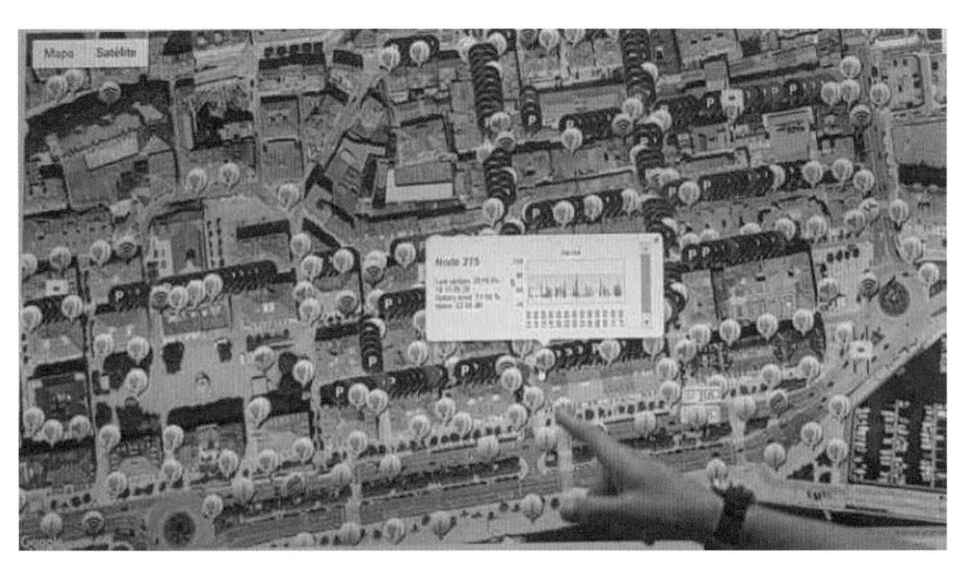

그림 3-26. 도시 전역에 퍼져 있는 센서 위치

출처: 강릉시 정보산업과, 2022.12.20. 캡처

교통량, 도로 점유율 등 실시간으로 정보를 제공한다. 주차 센서를 통해 운전자는 주차할 수 있는 장소를 직접 찾지 않아도 되고 자동차 운전자에게 가장 근접한 주차장으로 안내해 주어 시민들은 교통체증 및 주차를 할 수 있는 공간을 파악할 수 있다. 공간정보 데이터는 도시의 혼잡을 줄일 수 있고 자동차 이용 시간을 낮춰 우회도로 또한 줄일 수 있는 장점이 있다. 이를 통해 도시 전체의 자동차 에너지 소비를 줄이면서 쾌적하고 깨끗한 도시를 만드는 것에 기여하고 있다. 활동이 많은 낮과는 다르게 야간에는 자동차와 보행량이 현저히 줄어든다. 야간에 필요 이상으로 사용하는 전력 에너지를 줄이기 위해 도로변을 따라 배치된 가로등에 센서를 설치했다. 센서를 통해서 보도에 사람이 움직일 때 가로등이 작동되도록 하고 자동차와 사람의 존재 여부에 따라 가로등의 조도를 조

그림 3-27. 주차 가능한 장소 표시

출처: esrikr 웹사이트, 2022.12.20. 캡처

그림 3-28. 가로등에 설치되어 있는 센서

출처: esrikr 웹사이트, 2022.12.20. 캡처

절할 수 있도록 했다. 이를 통해 도시 공간에 상황을 실시간으로 파악하여 전력 에너지를 줄였고 전력비용을 최대 80% 감소시켰다.

5) 영국

마지막으로 영국은 도시의 공간 단위와 건축물, 수송 등 포괄적이고 다양한 탄소 감축 전략을 수립하고 탄소 공간지도를 구축했다. 탄소 공간지도는 2000년 초반 격자망 기반으로 작성되었다. 에너지, 산업, 수송, 건축물 등 부문별 탄소의 배출량과 흡수량 데이터를 수집하여 분석하고 시각화하여 지도에 표현했다. 이러한 결과는 도시공간과 지역별 난방 수요를 파악하고 수소와 탄소 배관망 설치나 수소 공급지역을 선정하는 데 활용되고 있다.

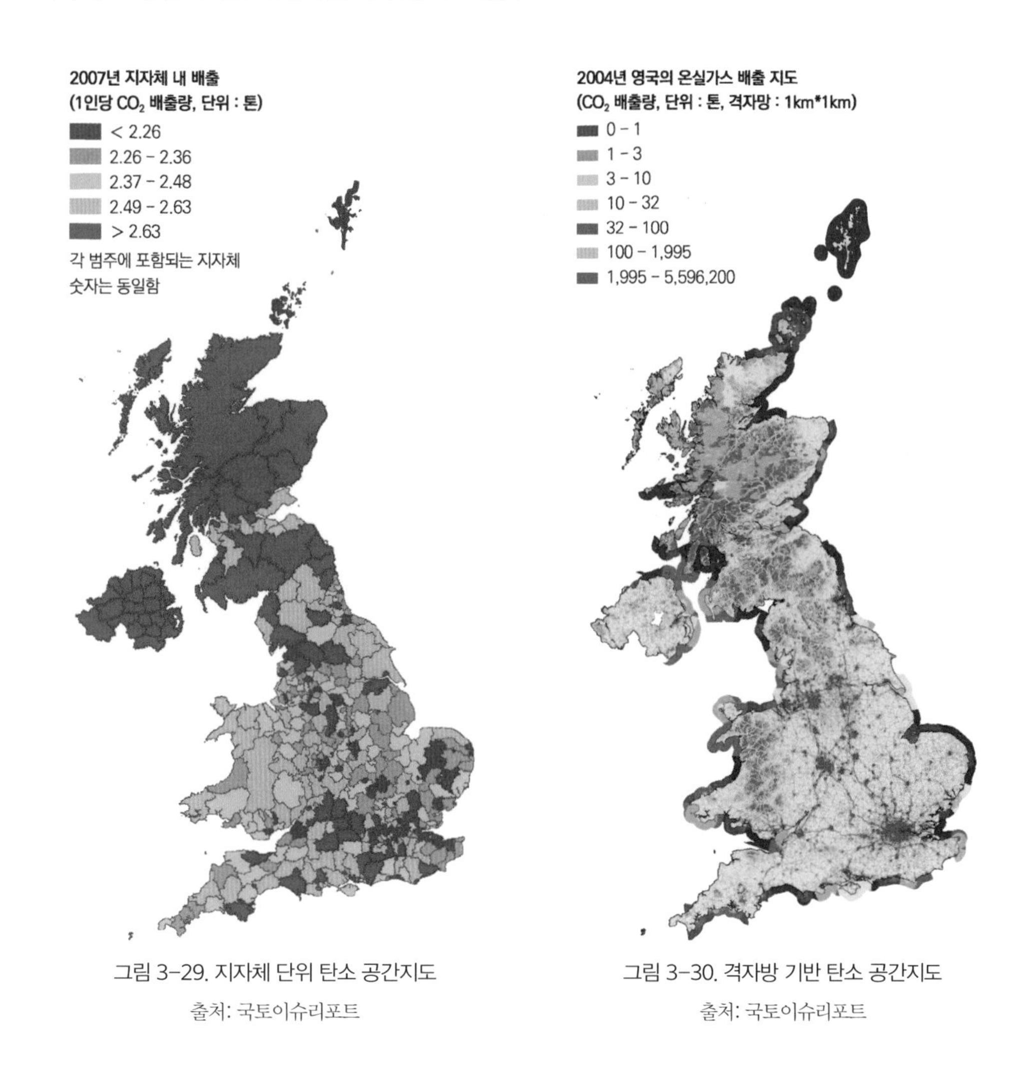

그림 3-29. 지자체 단위 탄소 공간지도

출처: 국토이슈리포트

그림 3-30. 격자방 기반 탄소 공간지도

출처: 국토이슈리포트

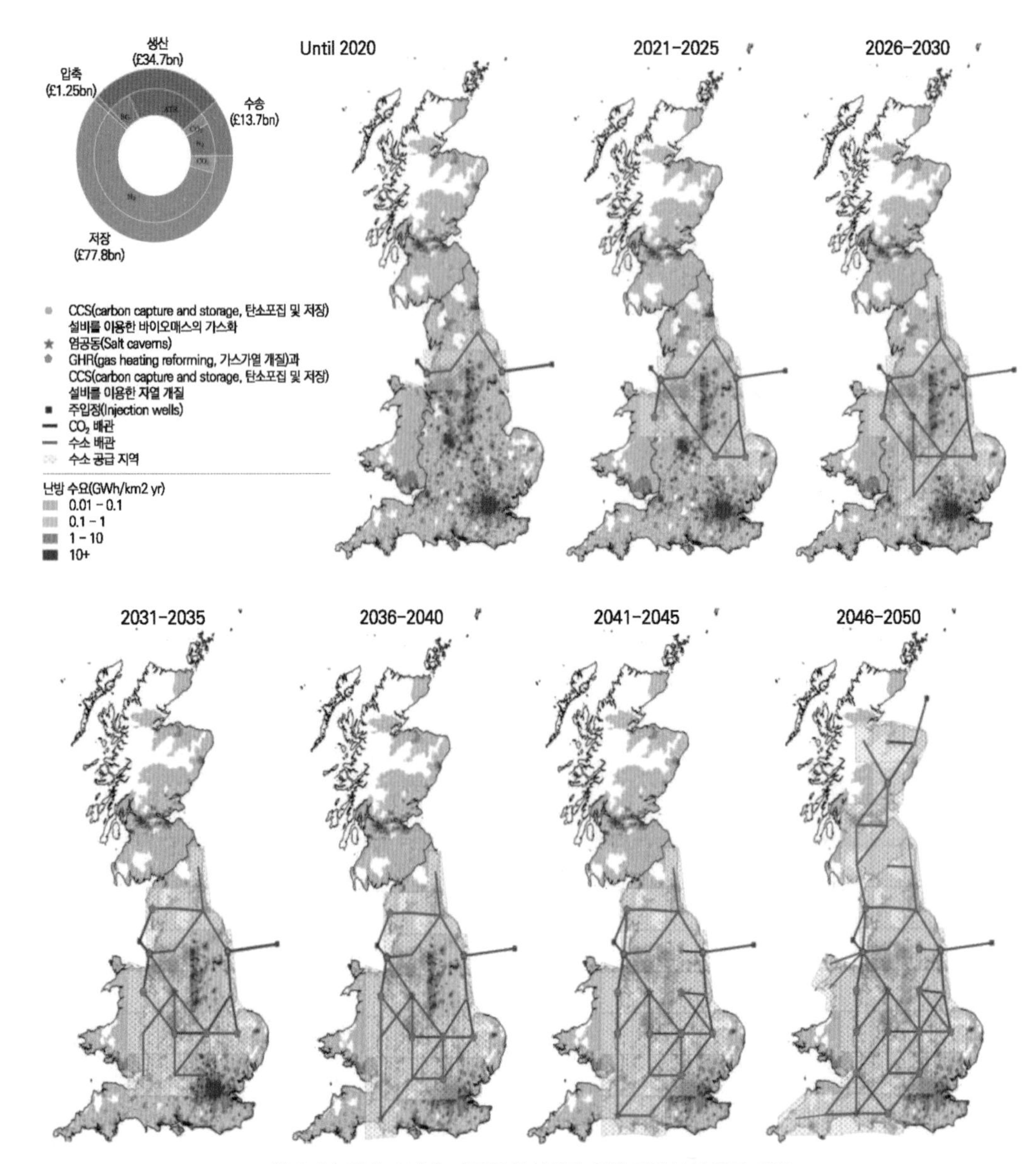

그림 3-31. 탄소 순배출 제로를 달성하기 위한 기반시설 투자 계획

출처: 국토이슈리포트

참고 문헌

강릉시 정보산업과, 2019, 스마트 시티 및 스마트 도시재생 선진도시 해외연수 결과 보고.

강현수, 2021, 국토이슈리포트『지자체 및 공간 단위 온실가스 감축 전략』, 국토연구원.

공간정보산업진흥원, 2022,『국브이월드 SOC재난재해방으로 국민안전생활체계 시작!』, 공간정보산업진흥원 플랫폼운영처 보도자료.

국립산림과학원, 2020,『태풍 북상으로 산사태 위험 급상승, 산사태정보시스템으로 위험 확인』, 산림청 국립산림과학원 산림방재연구과 보도자료.

국토지리정보원, 2022,『국토지리정보원, 내달 4일부터 '긴급 공간정보 서비스'』, 국토지리정보원 국토위성센터 보도자료.

도로교통공단, 2015,『'정부 3.0과 연계한' 도로교통공단, 교통사고 빅데이터 분석 통한 위험도로 예보』, 안전본부 교통사고종합분석센터 통합DB처 보도자료.

서기환 · 오창화, 2020,『가상국토 구현을 위한 디지털 트윈 정책방향』, 국토연구원.

유한별, 2018,『스마트 국가 플랫폼: '버추얼 싱가포르' 프로젝트(Smart Nation Platform–Virtual Singapore Project)』, 미래정부연구센터.

이승하, 2021,『스마트 도시 해외 사례: 코펜하겐(Copenhagen)』, 서울디지털재단.

치안정책연구소 스마트치안지능센터, 2022, 스마트치안지능센터 소식지 6월

한국에스리 마케팅팀, 2017, Spatial Information Quarterly Magazine『세계로 나아가는 공간정보산업의 미래와 희망 2017 WINTER VOL.17』, LX공간정보연구원.

KBS NEWS, 2019, [스마트 시티①] 싱가포르, 3D 가상현실로 스마트 국가 건설 (https://news.kbs.co.kr/news/view.do?ncd=4174908).

KBS NEWS, 2019, [스마트 시티]⑤ 코펜하겐, 살아있는 도시 실험실 (https://news.kbs.co.kr/news/view.do?ncd=4208778).

한국에스리, 2017, [CASE STUDY] 효율적인 지진 대응: 캘리포니아 나파(Napa) (https://www.esrikr.com/blog/case-study-earthquake-california-napa).

TEDx Talks, 2015, How we design and build a smart city and nation | Cheong Koon Hean | TEDxSingapore (https://www.youtube.com/watch?v=m45SshJqOP4&t=305s).

EasyPark Group, 2017, EasyPark's new app - how to manage your parking with ease (https://www.youtube.com/watch?v=Zv89R4yyowA).

제4장

입지 선택에서의 공간정보 활용

4.1 도시 내 입지 선택에서 공간정보의 필요성

1) 도시계획과 입지 선택

도시계획은 바람직한 도시의 미래상을 선정하고, 이를 위한 적절한 수단을 선택하고, 실행해 나가는 과정이다. 도시의 미래상을 달성하기 위해 고려해야 하는 가장 중요한 요인 중 하나는 도시 내에서 일어나는 인간의 활동을 공간상에 배치하는 것이다. 예를 들어 사람들이 근로활동은 어디에서 하는 것이 적절한지? 주거활동은 어디에서 하는 것이 적절한지? 등이다. 즉 근로활동, 주거활동과 같은 인간 활동의 적절한 입지와 양을 결정하는 것은 도시계획에서 가장 중요한 과제이다.

인간 활동의 위치와 양을 결정하는 것은 도시계획에서는 토지이용계획을 통하여 이루어진다. 토지이용계획은 각 토지의 이용 방법을 결정하는 계획을 의미하며, 국내 제도에서는 해당 토지에서 건축할 수 있는 건물의 종류와 밀도가 토지이용계획을 통하여 결정된다.

건물의 종류에 따라 건물에서 발생하는 인간 활동의 종류가 달라지며, 밀도에 따라 활동의 양이 달라진다. 예를 들어 주거용지에는 집을 지을 수 있으며, 집이 있는 곳에서는 주거 활동이 나타난다. 반면, 상업용지에는 상가, 오피스 등을 지을 수 있고, 상가에서는 상업 활동이, 오피스에서는 업무 활동이 나타난다. 또한 공업용지에는 공장을 지을 수 있으며, 제조 활동이 나타난다. 즉 토지의 용도에 따라 지을 수 있는 건물의 용도가 달라지고, 건물의 용도에 따라 인간 활동의 종류가 달라진다. 따라서 토지의 용도를 결정하면 인간 활동의 종류가 결정된다고 할 수 있다.

또한 토지의 용도에 따라 지을 수 있는 건물의 밀도가 달라진다. 즉 토지의 용도에 따라 건물을 얼마나 높고 크게 지을 수 있는지가 결정된다. 예를 들어 한 층의 바닥면적이 1,000㎡인 건물을 10층으로 짓는 경우와 20층으로 짓는 경우 두 건물의 바닥면적 총합은 10,000㎡와 20,000㎡로 2배 차이가 난다. 건물의 바닥면적에 따라 해당 건물에서 일할 수 있는 근로자의 수가 달라진다. 건물의 바닥면적의 총합이 2배 커진다면, 건물에서 일할 수 있는 총근로자 수도 2배 늘어날 것이다. 따라서 토지 용도에 따라 건물의 밀도가 달라지며, 이에 따라 해당 건물에서 발생하는 인간 활동의 양이 달라진다.

앞에서 설명한 바와 같이, 도시 내 특정한 위치에서 인간 활동의 종류와 양은 건물의 종류와 밀도에 따라 달라지며, 해당 위치에 건축 가능한 건물의 종류와 밀도는 토지이용계획이라는 행위를 통하여 사전에 결정된다. 우리나라에서 토지이용계획과 관련한 제도는 여러 가지가 있으나 가장 기본적으로 활용되는 제도는 용도지역제이다. 용도지역제란 이용하는 용도의 건축물의 종류와 양이 정해져 있는 여러 가지의 용도지역을 사전에 규정하고, 이를 특정 위치의 토지들에 배분하는 방식이다. 예를 들어, 주로 아파트와 같은 중고층 주택으로 이루어진 주거지역을 목표로 하는 3종 일반주거지역이라는 용도지역이 있으며, 단독주택을 중심으로 저층주거지를 조성하고자 하는 1종전용주거지역이라는 용도지역도 있다. 현재 국내에서 활용 중인 용도지역의 종류와 목적은 표 4-1에서 확인할 수 있다. 표에서 보는 바와 같이 각 용도지역은 지정목적을 가지고 있으며, 이 같은 목적을 달성하기 위하여 해당 용도지역에서 허용 또는 불허되는 건물의 종류와 건축 가능한 건물의 밀도(규모)가 사전에 결정되어 있다.

용도지역제에서는 위의 표와 같이 사전에 정해진 용도지역의 공간상 입지를 결정하는 방식으로 기본적인 토지이용계획이 이루어진다. 즉 토지이용계획은 특정한 목적으로 계획된 용도지역의 적절한 입지를 선택하여 공간상에 입지시키는 과정으로 이해할 수 있다. 이를 통하여 해당 공간에서 발생하는 인간활동의 종류와 양이 결정된다.

토지이용계획과 더불어 도시계획에서는 직접적인 시설의 입지선택을 통하여 인간 활동의 공간적 배치를 결정하기도 한다. 제도적으로는 도시계획시설 결정이라는 절차를 통하여 입지를 결정한다. 도시계획시설에는 도로, 철도, 공원, 시장, 학교 등 다양한 시설이 포함된다. 예를 들어 철도역을 어디에 설치할 것인가? 공원을 어디에 만들 것인가? 등은 도시계획시설의 입지를 결정하는 과정이다. 도시계획시설은 불특정 다수의 사람들이 자유롭게 이용할 수 있는 시설이 많이 포함되어 있으며, 따라서 시민의 도시생활에 미치는 영향이 매우 크다.

이 같은 시설의 입지결정에는 시설의 특성, 주변지역의 이용수요, 접근성 등에 대한 판단이 중요

표 4-1. 용도지역의 구분과 지정목적

구분			지정목적
도시지역	주거지역	제1종전용주거지역	단독주택 중심의 양호한 주거환경 보호
		제2종전용주거지역	공동주택 중심의 양호한 주거환경 보호
		제1종일반주거지역	저층주택 중심의 편리한 주거환경 조성
		제2종일반주거지역	중층주택 중심의 편리한 주거환경 조성
		제3종일반주거지역	중고층주택 중심의 편리한 구저환경 조성
		준주거지역	주거기능에 상업, 업무기능을 보완
	상업지역	중심상업지역	도심·부도심의 상업 및 업무기능 확충
		일반상업지역	일반적인 상업 및 업무기능의 담담
		유통상업지역	유통기능의 증진
		근린상업지역	근린지역에서 일용품 및 서비스의 공급
	공업지역	전용공업지역	중화학공업, 공해성 공업 등의 수용
		일반공업지역	환경을 저해하지 않는 공업의 배치
		준공업지역	경공업 등을 수용하고, 주거·상업·업무기능을 보완
	녹지지역	보전녹지지역	도시의 자연환경·경관·산림·녹지공간을 보전
		생산녹지지역	농업적 생산을 위해 개발을 유보
		자연녹지지역	도시의 녹지공간을 보전하되, 제한적인 개발 허용
도시외지역	관리지역	보전관리지역	보전이 필요하나 자연환경보전지역으로 지정이 곤란한 경우
		생산관리지역	농림업의 진흥과 산림의 보전이 필요하나 농림지역으로 지정이 곤란한 경우
		계획관리지역	도시지역으로 편입이 예상되는 지역으로 계획적 관리가 필요
	농림지역		농림업의 진흥과 산림의 보전
	자연환경보전지역		자연환경·수자원·해안·생태계·문화재의 보전과 수산자원의 보호 및 육성

출처: 「국토의 계획 및 이용에 관한 법률」 및 「국토의 계획 및 이용에 관한 법률 시행령」을 바탕으로 저자 정리

하다. 표 4-2는 「도시공원 및 녹지 등에 관한 법률 시행규칙」에서 제시하고 있는 공원의 종류, 유치거리, 규모 등이다. 표에서 보는 바와 같이 공원의 종류에 따라 유치거리와 규모에 차이가 있다. 예를 들어 어린이공원은 규모가 소규모이며, 유치거리가 가장 짧다. 이는 어린이들이 주로 이용하는 공원이기 때문에 어린이들의 이동 가능 거리를 고려한 것이다. 반면 도보권 근린공원은 도보로 접근이 가능한 지역 내의 주민들이 이용하는 것을 가정하며, 도보로 편하게 접근이 가능한 거리인 1,000m를 유치거리로 하고 있다.

이 같은 공원의 특성이나 유치거리는 공원의 입지결정 과정에서 고려된다. 예를 들어 어린이공원의 적절한 입지를 결정하기 위해서는 유치거리인 250m 이내의 어린이 인구수를 확인해 볼 필요가 있다. 마찬가지로 도보권 근린공원의 입지를 계획한다면 유치거리인 1,000m 이내의 공원 이용 수요를 확인하고 이를 바탕으로 규모를 설정할 수 있다.

표 4-2. 도시공원의 설치 및 규모 기준

구분			유치거리	규모
생활권 공원	소공원		제한없음	제한없음
	어린이공원		250m 이하	1,500㎡ 이상
	근린 공원	근린생활권근린공원	500m 이하	10,000㎡ 이상
		도보권근린공원	1,000m 이하	30,000㎡ 이상
		도시지역권근린공원	제한없음	100,000㎡ 이상
		광역권근린공원	제한없음	1,000,000㎡ 이상
주제 공원	역사공원		제한없음	제한없음
	문화공원		제한없음	제한없음
	수변공원		제한없음	제한없음
	묘지공원		제한없음	100,000㎡ 이상
	체육공원		제한없음	10,000㎡ 이상
	도시농업공원		제한없음	10,000㎡ 이상

출처: 「도시공원 및 녹지 등에 관한 법률 시행규칙」을 바탕으로 저자 정리

공원 외에도 앞에서 살펴본 용도별 토지와 다른 시설의 경우에도 인간 활동이 편리하고 쾌적하게 이루어지고 적절하게 활용되기 위해서는 주변의 자연적, 사회경제적 환경 특성을 파악하고 입지를 결정하는 것이 필요하다.

예를 들어 터미널 시설의 입지를 결정하기 위해서는 주변의 교통망은 어떠한가? 주변에 터미널의 매연이나 소음으로부터 피해가 예상되는 시설은 없는가? 주변지역 교통의 혼잡도는 어떠한가? 터미널의 이용 수요는 충분한가? 등 다양한 주변환경 특성에 대한 이해가 필요하다. 주거용지의 입지를 결정한다면 해당 지역은 풍수해 등 각종 자연재해로부터 안전한가? 주거활동에 필수적인 학교나 공원은 주변에 충분한가? 등의 정보를 확인하는 것이 필요하다.

즉 용도별 토지나 시설의 적정입지를 결정하는 과정에서 주변환경에 대한 이해는 매우 중요하며, 이를 위하여 공간정보가 다양하게 활용되고 있다. 본 장에서는 도시계획 과정에서 중요한 용도별 토지와 시설의 입지를 선택하는 과정에서 공간정보가 활용되는 사례를 알아보고자 한다.

4.2 용도별 토지의 입지 선택 과정에서 공간정보 활용

1) 용도별 토지의 입지요건

각 토지가 적절하게 이용되기 위한 요구조건을 입지요건이라고 하며, 토지의 용도에 따라 입지요건은 다르다. 앞에서 우리나라 제도상에서 가장 널리 활용되는 토지 용도 구분이라고 할 수 있는 용도지역제에 대하여 설명하였다. 우리나라 용도지역제에서는 토지 용도를 크게 도시지역과 도시 외 지역으로 나누고 있으며, 도시지역의 경우 주거지역, 상업지역, 공업지역, 녹지지역으로 구분하고 있다. 용도별 토지의 입지요건을 간단히 설명하면 다음과 같다. 상업지역은 주변에 일자리가 많고, 교통접근성이 좋은 지역, 주거지역은 재해의 위험성이 적으며, 주변에 학교, 공원 등의 필요한 시설을 확보할 수 있는 지역, 공업지역은 용수와 전력을 확보할 수 있으며, 원료와 제품의 운송을 편리하게 할 수 있는 지역, 녹지지역은 생태적으로 보전이 필요한 산림, 하천 등이 입지하고 있는 지역 등이다.

앞에서 살펴본 용도지역제에 따른 구분 외에도 토지의 용도는 다양하게 구분할 수 있다. 토지의 용도를 보전할 용지와 개발할 용지로 구분하는 경우도 있다. 보전용지와 개발용지의 입지요건을 살펴보면, 자연자원이나 경관자원이 존재하는 지역, 개발 시 위험이 존재하는 지역, 상수원 수원지, 산림 등이 위치한 지역은 보전용지로 지정하는 것이 적절하다. 반면 상하수도, 도로와 같은 기반시설을 쉽게 설치할 수 있는 지역, 지형이 완만한 곳, 기존에 개발된 지역과 가까운 지역은 개발용지로 지정하는 것이 적절하다.

2) 도시·군기본계획에서 토지적성평가의 활용

최근의 도시계획과 토지이용계획에서 중요한 고려사항 중 하나는 환경보전이다. 따라서 과거에는 개발이 적절한 토지를 선택하여, 개발 목적의 용지의 입지를 먼저 결정하여 왔다면, 현재의 토지이용계획 과정에서는 보전을 위한 토지를 먼저 선택하고, 보전 목적 용지의 입지를 먼저 결정하는 것이 일반적이다. 이와 같은 과정에서 보전이 필요한 토지를 확인하고, 해당 지역에 보전 목적의 토지 용도를 결정하기 위하여 제도적으로 활용하는 것이 토지적성평가이다.

「국토의 계획 및 이용에 관한 법률」에 따라 도시·군기본계획, 도시·군관리계획을 수립하는 경우에는 기초조사에 토지적성평가를 포함하도록 하고 있다. 도시·군기본계획은 도시의 공간구조와 장기적인 발전방향을 제시하는 계획으로 도시의 최상위 공간계획이다. 도시·군관리계획은 실제

표 4-3. 토지적성평가의 평가지표군

적성 구분	평가지표군	
	필수지표	선택지표
개발 적성	경사도, 표고, 기개발지와의 거리, 공공편익시설과의 거리	도시용지비율, 용도전용비율, 도시용지 인접비율, 지가수준, 도로와의 거리
보전 적성	경지정리면적비율, 생태·자연도 상위등급비율, 공적규제지역면적비율, 공적규제지역과의 거리	전·답·과수원면적비율, 농업진흥지역비율, 임상도 상위등급비율, 보전산지비율, 경지정리지역과의 거리, 하천.호소.농업용 저수지와의 거리, 바닷가와의 거리

출처: 「토지의 적성평가에 관한 지침」 별표 1

토지의 용도지역을 결정하거나, 시설의 입지를 결정하는 등의 구체적인 계획을 포함한다.

즉, 토지적성평가는 도시의 장기적인 방향을 설정하는 상위계획의 수립과 개별 토지의 용도가 결정되는 구체적인 계획과정에서 모두 활용된다. 토지적성평가는 이름과 같이 토지의 적성을 판단하는 평가이다. 예를 들어 수학과 과학을 잘하는 이과적인 적성을 가진 학생은 과학자나 공학자로 진로를 결정할 수 있다. 이와 유사하게 토지가 가지고 있는 적성을 바탕으로 앞으로 해당 토지의 이용을 결정하는 과정에서 참고하기 위하여 실시하는 평가가 토지적성평가이다. 우리나라의 고등학교에서 학생들의 적성을 크게 이과적성과 문과적성으로 나누는 것처럼 토지적성평가에서는 토지의 적성을 크게 개발적성과 보존적성으로 구분하고 있다.

표 4-3은 토지의 개발적성과 보전적성을 평가하기 위한 지표를 정리한 것이다. 표에서 보는 바와 같이 개발적성은 기개발지와의 거리, 경사도, 표고 등을 바탕으로 개발의 적정성을 평가하고, 보전적성은 생태자연도 상위등급비율, 임상도 상위등급비율 등이 포함된다. 이와 같은 평가지표들을 작성하는 과정에서는 모두 다양한 공간정보가 활용된다. 각 지점의 높이를 측정하여 작성해 놓은 공간정보(도면)를 바탕으로 대상지 안의 경사도, 표고 등을 측정할 수 있으며, 지역의 전반적인 경사도, 표고의 수준을 확인할 수 있다. 경사도가 전반적으로 낮아 평평한 지형일수록, 표고가 낮은 지역일수록 개발적성이 높다.

보전적성의 평가를 위한 대표적인 지표인 생태·자연도 또한 공간정보의 형태로 제공되고 있다. 생태·자연도는 「자연환경보전법」에 따라 "산·하천·내륙습지·호소·농지·도시 등에 대하여 자연환경을 생태적 가치, 자연성, 경관적 가치 등에 따라 등급화한 지도"를 의미한다. 아래의 그림은 환경부 산하 국토환경정보센터에서 제공하는 생태자연도를 나타낸 것이다. 그림에서 생태적, 자연적 가치가 높은 지역을 생태 1등급과 생태 2등급으로 제시하고 있다. 1등급 지역은 멸종위기 동·식물의 주된 서식지, 생태계가 특히 우수하거나 경관이 수려한 지역, 생물의 지리적 분포한계에 위치한 생태계, 대표적인 주요 식생군락 등의 특징을 가지고 있다. 2등급 지역은 1등급에 준하는 지역으로

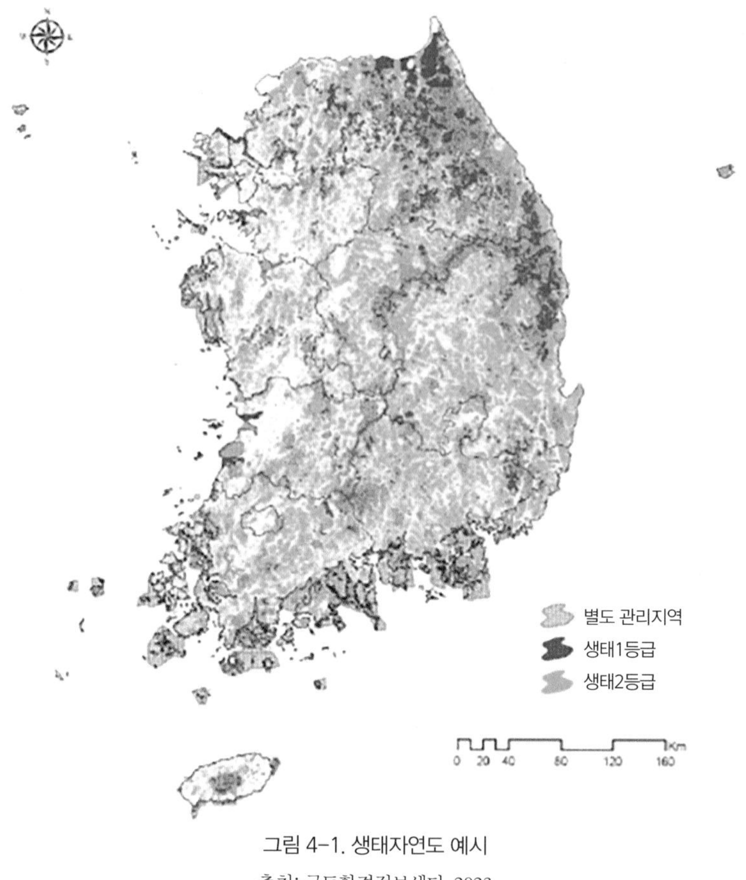

그림 4-1. 생태자연도 예시
출처: 국토환경정보센터, 2023

서 장차 보전의 가치가 있는 지역, 1등급 지역의 외부지역에 지정한다(국토환경정보센터, 2023).

따라서 생태자연도를 통하여 해당 지역의 생태적, 자연적, 경관적 가치를 확인할 수 있으며, 생태자연도의 등급이 높은 토지는 생태적, 자연적, 경관적 가치가 높은 토지이다. 따라서 생태자연도 상위등급 비율이 높은 지역은 보전적성이 높은 것으로 생각할 수 있다.

선택지표에 포함된 여러 지표도 공간정보의 활용이 필수적으로 요구되는 지표들이다. 예를 들어 도시용지 비율은 도시적 용도로 활용되는 주거, 상업, 공업지역의 경계를 확인할 수 있는 공간정보를 바탕으로 계산할 수 있다. 도로와의 거리도 도로망에 관한 공간정보를 바탕으로 계산할 수 있다.

그림 4-2는 서울시의 토지적성평가 결과이다. 이미 개발이 이루어져 시가화가 완료된 지역을 제외하고 토지적성이 평가되어 있다. 그림에서 보는 바와 같이 토지의 적성은 가등급에서 마등급까지 5개의 등급으로 분석되어 있으며, 가등급에 가까울수록 보전적성이 높은 토지이며, 마등급에 가까울수록 개발적성이 높은 토지이다. 상위의 2개 등급(가등급, 나등급)은 보전적성이 높은 것으로

보아 일반적으로 개발이 어려운 것으로 보며, 따라서 보전목적의 토지용도를 입지시키는 것이 적절하다. 하위의 2개 등급(라등급, 마등급)은 개발적성이 높은 것으로 보아 일반적으로 개발을 위한 토지용도를 입지시키거나, 개발을 허용하는 방향으로 계획한다. 중간등급인 다등급의 경우에는 개별적인 심의 등을 통하여 보전할지 개발할지를 결정하는 경우가 많다. 토지적성평가는 많은 공간자료를 이용하여 평가가 이루어지며, 평가결과 자체가 새로운 하나의 공간자료가 된다. 이는 다양한 도시계획과정에서 활용된다.

토지적성평가 결과는 도시·군기본계획의 수립과정에서 적극적으로 활용된다. 「도시·군기본계획수립지침」에 따르면, 도시·군기본계획은 "국토의 한정된 자원을 효율적이고 합리적으로 활용하여 주민의 삶의 질을 향상시키고, 특별시·광역시·시·군을 환경적으로 건전하고 지속가능하게 발전시킬 수 있는 정책방향을 제시함과 동시에 장기적으로 시·군이 공간적으로 발전하여야 할 구조적 틀을 제시하는 종합계획"이다. 도시·군기본계획은 해당 시 또는 군의 최상위 공간계획으로 하위 계획 또는 관련 계획에 큰 방향을 제시하는 중요한 계획이다.

도시·군기본계획에서는 시가화용지, 시가화예정용지, 보전용지로 크게 나누어 토지이용을 계획

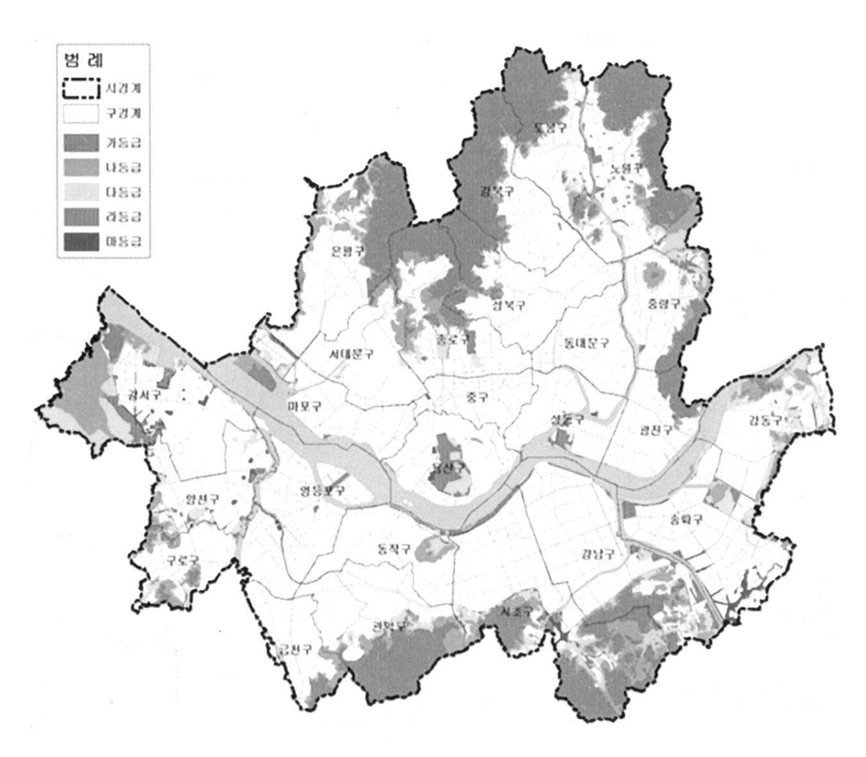

그림 4-2. 서울시 토지적성평가 결과

출처: 김현정, 2020

한다. 시가화용지는 이미 개발이 완료되어 시가화가 되어 있는 지역으로 주거용지, 상업용지, 공업용지, 관리용지로 구분할 수 있다. 시가화예정용지는 아직은 개발되어 있지 않지만, 장래 계획적으로 정비 또는 개발할 수 있는 용지이다. 따라서 앞으로 개발이 필요하거나. 개발할 의지가 있는 지역에 입지시킨다. 보전용지는 환경보전 등을 위하여 보전하거나 개발을 유보해야할 지역에 입지시키는 용지이다.

이 같은 용도별 토지들의 입지과정에서 토지적성평가 자료는 매우 중요하게 활용된다. 개발적성이 높은 등급의 지역에는 시가화예정용지를 입지시키고, 보전적성이 높은 등급의 지역에는 보전용지를 입지시키는 방식으로 계획이 이루어진다.

즉 도시의 장기적인 계획을 수립하는 과정에서 보전할 지역과 개발할 지역을 구분하여 적절한 토지용도를 입지시키는 과정에서 토지적성평가 결과는 핵심적인 자료로 활용된다. 상술한 바와 같이 토지적성평가의 결과 자체가 하나의 공간정보이며, 토지적성평가를 실시하는 과정에서도 다수의 공간정보가 활용된다. 따라서 도시의 장기적인 방향을 설정하는 과정에서 공간정보는 매우 중요하게 활용되는 것을 확인할 수 있다.

3) 도시·군관리계획에서 토지적성평가의 활용

도시·군기본계획은 도시의 장기적인 미래상을 제시하는 계획이라면, 도시·군관리계획은 개별 필지의 구체적인 용도와 밀도를 결정하여 개인의 토지소유권에 구체적인 제약을 가하는 계획이다. 따라서 도시·군관리계획은 개별 토지의 이용방향, 토지 소유자의 재산권의 행사 등에 매우 큰 영향을 미치며, 따라서 국민의 삶과 재산에도 큰 영향을 미친다.

도시·군관리계획의 수립과정에도 토지적성평가는 중요하게 이용된다. 「도시·군관리계획수립지침」에 따르면 관리지역을 세분하는 과정에서 토지적성평가 결과를 이용하도록 하고 있다. 앞에서 살펴본 바와 같이 우리나라의 용도지역은 도시지역과 비도시지역으로 크게 구분되며, 비도시지역에는 관리지역에 포함되어 있다. 관리지역은 도시지역, 농림지역, 자연환경보전지역의 지정하여 관리하기 부적절한 중간적인 성격을 가지는 지역에 활용하는 용도지역이다.

관리지역은 계획관리지역, 생산관리지역, 보전관리지역으로 나뉜다. 계획관리지역은 보전관리지역이나 생산관리지역에 비하여 다양한 용도로 개발이 가능하며, 보다 고밀의 토지이용이 가능하다. 차를 타고 교외지역을 지나가다 보면, 도시가 아닌 농촌지역인데 공장이나 창고 등이 있는 지역들을 볼 수 있다. 이러한 지역은 대부분 계획관리지역인 경우가 많다. 따라서 특정한 토지가 계획관리지역으로 결정되는 경우 보전관리지역으로 결정되는 것에 비하여 부동산으로서의 재산가치가 훨씬 크다.

관리지역은 과거에는 준도시지역 또는 준농림지역으로 불리던 지역인데, 법률의 변경에 따라 관리지역으로 개편되었으며, 3개의 관리지역 중 하나로 결정하도록 하였다. 이 과정에서 토지적성평가결과가 중요하게 활용되었다. 「도시·군관리계획수립지침」에 따르면 5등급의 토지적성평과를 바탕으로 1등급, 2등급 토지는 보전관리지역 또는 생산관리지역으로 편입, 4등급, 5등급 토지는 계획관리지역으로 편입, 3등급 토지는 도시·군기본계획이나 지역별 개발수요 등을 고려하여 보전관리지역, 생산관리지역, 계획관리지역 중의 하나로 편입하도록 하고 있다. 즉 보전적성이 높은 1, 2등급 토지는 가장 개발이 용이하고 다양한 용도로 활용이 가능한 계획관리지역으로 편입시키지 못하도록 한 것이며, 보전적성이 낮은 4, 5등급 토지는 계획관리지역으로 편입하도록 하고 있다. 개별 필지의 구체적인 토지이용을 결정하는 과정에서 공간정보인 토지적성평가 결과가 매우 중요한 기준으로 활용된 것을 알 수 있다.

관리지역의 세분은 제도의 변화에 따라 전국에서 동시다발적으로 이루어졌던 용도지역 지정이다. 이는 대부분의 지자체에서 현재는 완료되었다. 관리지역 세분 외에도 여건변화, 정책적 필요 등에 따라 현재도 기존의 용도지역을 새로운 용도지역으로 변경해야 하는 경우가 있다. 이 같은 경우에도 도시·군관리계획을 통하여 개별 필지의 용도지역의 변경이 이루어지고 있다. 이 때도 토지적

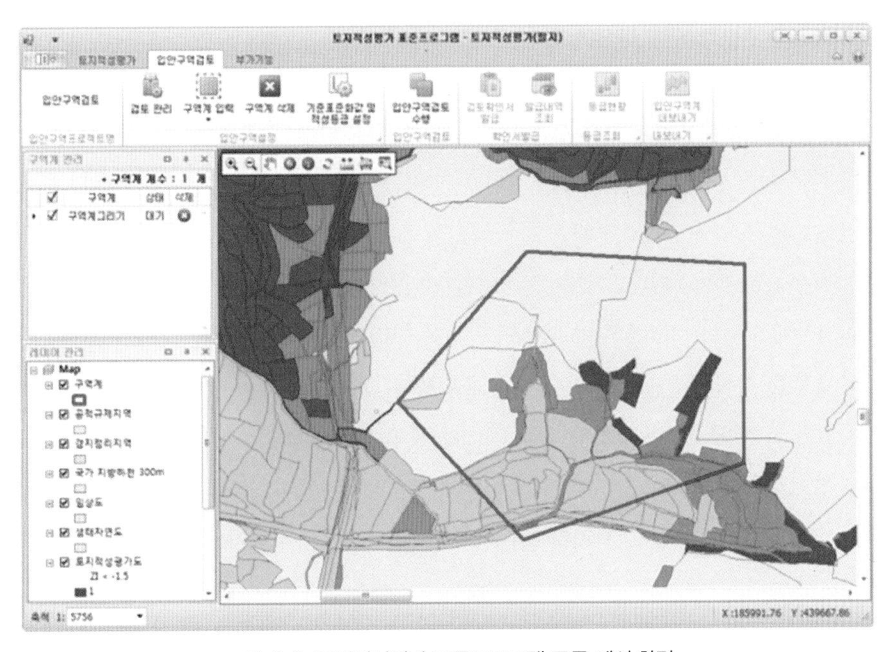

그림 4-3. 토지적성평가 표준프로그램 구동 예시 화면

출처: 한국국토정보공사 토지적성평가 홈페이지, 2023

성평가는 중요하게 활용되고 있다.

한국국토정보공사(LX)는 이 같이 도시계획 과정에 매우 중요하게 활용되는 토지적성평가를 지원하기 위한 표준프로그램을 제공하고 있다. 이를 통하여 사용자들이 편리하고 검증된 프로그램을 통하여 토지적성평가를 실시할 수 있도록 지원하고 있다.

4.3 도시 내 시설 입지를 위한 공간정보 활용

용도별 토지의 입지 외에도 도시 내 각종 시설의 입지는 도시민의 삶에 큰 영향을 미치고 있다. 도시 내 시설의 입지를 결정하기 위한 기준으로 양적충분성, 주변의 시설수요, 토지확보 가능성 등 다양한 지표가 활용될 수 있다. 최근에는 시설로의 접근성이 중요한 판단기준으로 활용되고 있으며, 15분 도시 패러다임의 대두에 따라 접근성은 더욱 중요하게 여겨지고 있다.

안 이달고 파리 시장이 제시하여 국제적인 주목을 받는 15분 도시는 보행과 자전거를 통하여 집으로부터 15분 이내에 다양한 시설에 접근이 가능한 도시를 만들고자 하는 개념이다. 이후 세계 각국에서 20분 도시, 30분 도시 등의 개념이 나오면서 현재는 n분 도시라는 개념으로 논의되고 있다. 이 같은 n분 도시의 공통적인 특징은 자동차가 아닌 보행이나 자전거를 중심으로 하며, 시간거리의 관점에서 각종 시설로의 접근성을 제고하고자 하는 것이다.

이에 따라 도시 내 시설을 바라보는 관점도 과거에는 시설의 규모 측면에서 주로 접근했다면, 최근에는 시설로의 접근성을 중요하게 보기 시작하였다. 즉 도시에 규모가 큰 공원이 하나 있는 것 보다 작은 공원이 여러 곳에 분산되어 있는 것이 공원 접근성 측면에서 보다 좋은 시설의 입지의 방안으로 여겨지고 있다.

더불어 최근의 코로나19 팬데믹 상황을 거치면서 일반시민들도 집 주변 시설에 대한 접근성의 중요성을 인지하게 되었다. 지하철이나 버스의 탑승을 꺼리게 되면서, 보행을 통하여 쉽게 접근이 가능한 주거지 주변 시설에서 많은 시간을 보내게 되었다. 과거에는 조금 멀리 있더라도 규모가 크고 양질의 시설을 즐기려는 경향이 강했다면, 팬데믹 상황에서는 규모가 작고 질이 약간 떨어지더라도 가까운 곳에 있어서 걸어서 접근이 가능한 시설을 이용하는 경향이 나타났다.

이 같은 상황에 따라 사람들의 편리한 접근성을 중심으로 시설의 입지를 결정해야 한다는 관점이 점차 강화되고 있다.

1) 접근성 기반의 공원입지 선택과정에서 공간정보 활용

도시 내 활동의 기반이 되는 토지의 용도 외에 개별적인 시설의 입지에도 공간정보는 다양하게 활용되고 있다. 과거에는 도시 내 시설의 공급 및 입지선정 과정에서 주로 양적기준을 사용하여 왔다. 공원의 경우를 예로 들면, 「도시공원 및 녹지 등에 관한 법률 시행규칙」에서는 도시공원의 확보기준으로 "도시지역 안에 있어서의 도시공원의 확보기준은 해당 도시지역 안에 거주하는 주민 1인당 6제곱미터 이상으로 하고, 개발제한구역 및 녹지지역을 제외한 도시지역 안에 있어서의 도시공원의 확보기준은 해당도시지역 안에 거주하는 주민 1인당 3제곱미터 이상"을 제시하고 있다. 즉 도시 전체적으로는 1인당 6㎡, 산지 등을 제외한 지역 내에서는 1인당 3㎡ 이상의 도시공원을 확보하도록 하고 있다. 이 같은 기준은 인구대비 면적을 통하여 도출되며, 공원으로의 공간적 접근성을 고려하지 않은 양적 확보 기준이다.

따라서 접근성이 매우 낮은 도시의 한쪽 구석에 큰 하나의 공원을 배치하더라도 도시의 공원 공급 기준을 만족할 수 있다. 그러나 이 같은 위치의 공원은 시민이 이용하기에 불편하다. 따라서 최근에는 공원의 접근성을 고려한 공원입지의 중요성이 요구되고 있다. 예를 들어 "도시의 모든 사람이 거주지로부터 250m 내에 공원이 존재할 것"을 공원 공급의 목표로 설정하고, 250m 이내 공원이 존재하지 않는 지역을 도출하고 이 같은 지역에 추가적인 공원 입지를 추진할 수 있다.

이와 같이 접근성에 기반하여 공원의 입지를 결정하는 과정에서는 공간정보가 풍부하게 활용된다. 그림 4-4는 수원의 공원·녹지의 서비스 권역을 분석한 사례이다. 수원시 내 공원과 녹지의 공간정보를 바탕으로 250m 이내 접근이 가능한 지역을 지도화한 것이다. 그림에서 하얀색으로 나타난 지역은 250m 이내 공원 또는 녹지의 접근이 불가능한 지역이며, 공원·녹지에 대한 접근성이 부족하여, 공원·녹지 이용성이 취약한 지역으로 판단할 수 있다.

그림 4-5는 공원·녹지의 서비스 권역과 수원시의 시가화지역을 겹쳐서 표현한 지도이다. 붉은색으로 표시된 시가화지역은 용도지역상 주거지역, 상업지역, 공업지역을 의미하며, 도시민의 다양한 활동이 일어나는 지역으로 생각할 수 있다. 시가화지역이 아닌 지역은 공원·녹지 접근성이 낮더라도 지역 자체가 농지 등의 오픈스페이스이며, 해당 지역에 거주하는 인구도 거의 존재하지 않을 가능성이 높다. 따라서 앞의 그림 4-4에서 공원·녹지 접근성이 낮아 하얀색으로 표현된 지역이라도 시가화지역이 아닌 경우에는 공원·녹지 접근성의 개선 필요성이 낮다.

그림 4-5에서 연한 핑크색으로 나타난 지역은 시가화되어 있으나 공원·녹지가 250m 이내에 존재하지 않는 지역이다. 즉 공원·녹지 접근성이 부족하며, 개선이 필요한 취약지역으로 판단할 수 있다. 이 지역들은 향후 공원의 공급이 우선적으로 필요한 지역이다. 위와 같은 분석을 통하여 향후

도시에 추가적으로 필요한 시설의 적정 입지를 효과적으로 결정할 수 있다.

위에서 설명한 분석 과정은 현재의 공원, 녹지, 시가화지역의 위치와 형태에 대한 기본적인 공간 정보를 활용하여 몇 개의 지도를 작성하고, 이들 지도를 겹쳐서 살펴보는 간단한 분석이다. 그러나 이 같은 간단한 분석을 통하여 매우 효과적으로 새로운 시설이 필요한 지역을 확인할 수 있으며, 도시 내 시설 공급을 위한 재원을 효과적으로 활용할 수 있다. 이 같은 분석 과정은 공원 외에도 다양한 시설의 입지 결정에도 유사하게 활용할 수 있다. 위와 같이 최근에는 시설의 입지를 결정하는 과정에서 접근성을 고려하는 흐름이 강해지고 있다.

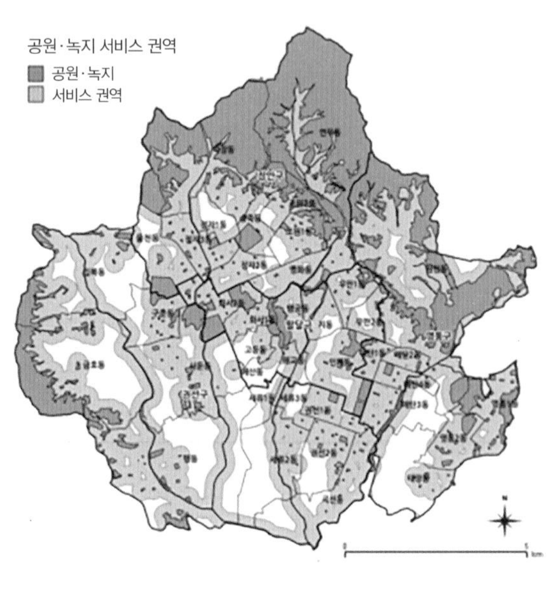

그림 4-4. 수원시 공원·녹지 서비스 권역 분석 (250m 기준)

출처: 송원경, 2013

그림 4-5. 시가화지역 중 서비스 권역(250m 기준)

출처: 송원경, 2013

2) 보다 정밀한 접근성 분석 과정에서 공간정보 활용

앞의 사례에서는 직선거리 250m를 바탕으로 접근성을 판단하였는데, 더 다양한 공간정보를 활용하면, 더 정밀한 분석이 가능하고, 이를 통하여 더 정교한 입지를 선정할 수 있다.

아래의 그림들은 청주시 분평동의 도서관 접근성을 분석한 것이다. 그림 4-6에서 진한 회색은 분평동 내에서 보행으로 15분 이내 도서관 접근이 가능한 지역이며, 연한 회색은 30분 이내 접근이 가능한 지역이다. 앞에서 설명한 공원 사례는 250m라는 직선거리를 바탕으로 접근성을 분석하였다면, 이 사례는 실제 도로망과 보행속도를 바탕으로 한 시간 거리를 통하여 접근성을 분석하였다.

이를 위해서는 도서관의 위치에 대한 공간정보와 함께 현재의 도로망을 확인할 수 있는 공간정보가 필요하다. 본 분석에서는 보행속도를 시속 4km로 가정하고 분석을 실시하였으며, 필요하다면 연령별 보행속도를 다르게 설정하여 연령별 15분 접근이 가능한 지역 또한 도출할 수 있다. 그림 4-7은 분평동의 도로망을 기반으로 네트워크 분석을 실시한 결과로, 그림에서 붉은색으로 표시된 도로는 도서관으로부터 보행으로 15분 이내 도달이 가능한 도로망을 나타낸 것이다. 노란색으로 표시된 도로는 도서관으로부터 보행으로 30분 이내 도달이 가능한 지역을 나타낸 것이다. 회색으로 표시된 도로는 도서관까지 보행으로 30분 이상 걸리는 도로를 표시한 것이다.

이 같은 도로망의 네트워크 분석결과를 바탕으로 그림 4-6의 도서관 접근성 도면을 작성할 수 있다. 그림에서 진한 회색으로 표시된 지역은 보행으로 15분 내에 도서관 도달이 가능한 지역을 다각형 형태로 나타낸 것이며, 연한 회색으로 표시된 지역으로 30분 내에 보행으로 도서관 도달이 가능한 지역이다. 색이 칠해지지 않은 지역은 30분 내에 보행으로 도서관 도달이 불가능한 지역이다.

그림 4-6의 진한 갈색에서 노란색으로 표시된 점은 격자단위의 인구수를 의미한다. 현재 국토지리정보원에서는 격자별 인구분포를 추정하여 제공하고 있다. 과거에는 읍·면·동과 같은 행정구역을 바탕으로 인구수 정보가 구축되어 왔으며, 따라서 미시적인 공간분포를 확인하는 것에는 한계가 있었다. 그러나 최근에는 일정한 크기의 격자 단위로 인구에 관한 공간정보가 작성되어 제공되고 있다. 그림은 100×100m 격자단위로 제공되는 인구수를 격자의 중심점에 원과 색으로 표기한 것이다. 그림에서 색이 갈색에 가까울수록 인구가 많이 사는 지역이며, 색이 노란색에 가까울수록 인구가 적게 사는 지역이다. 점이 존재하지 않는 지역은 인구가 거주하지 않는 지역이다.

그림에서 보는 바와 같이 도서관에 보행으로 15분 이내 접근이 가능한 진한 회색으로 표시된 지역에 많은 인구가 사는 것을 확인할 수 있다. 반면 보행으로 30분 이내 접근이 불가능한 흰색 부분에는 인구가 적게 사는 것을 확인할 수 있다. 이와 같은 인구분포 자료를 함께 활용하면, 그림 4-9에서 보는 바와 같이 분평동에서 도보 15분 이내 도서관 접근이 가능한 지역에 거주하는 인구비율은 95%, 30분 이내 접근이 가능한 지역에 거주하는 인구비율은 98.2%로 매우 높은 것을 확인할 수 있다.

그림 4-6에서는 30분 이내 도서관 접근이 어려운 하얀색 지역이 분평동에 공간적 상당히 넓게 분포하는 것을 확인할 수 있다. 접근이 불가능한 면적이 넓음에도 불구하고, 해당지역에 거주하는 인구가 매우 적기 때문에 30분 이내 접근이 가능한 인구가 98.2%임을 확인할 수 있다. 이는 직선거리에 기반한 접근성 분석이 가지는 한계와 인구분포를 고려하지 않은 접근성 분석이 가지는 한계를 극복한 것이다. 이와 같은 분석이 이루어지면, 앞의 공원 분석사례보다 훨씬 효과적인 입지를 선정할 수 있다.

이 같은 분석이 가능한 것은 다양한 공간정보가 제공되기 때문이다. 구체적인 도로망, 격자단위의 세밀한 인구분포 정보가 제공되지 않으면 그림 4-8에서 보는 바와 같이 직선거리에 기반한 단순한 접근성 분석만이 가능하다. 그림 4-8에서 빨간색 원은 도서관으로부터 500m 반지름의 원이며, 노란색은 반지름 1,000m의 원이다. 이를 바탕으로 도서관에 500m 이내에 접근이 가능한 지역과 1,000m 이내에 접근이 가능한 지역을 확인할 수 있다. 그러나 이는 앞의 분석에 비하여 정확도가 매우 낮은 것을 알 수 있다.

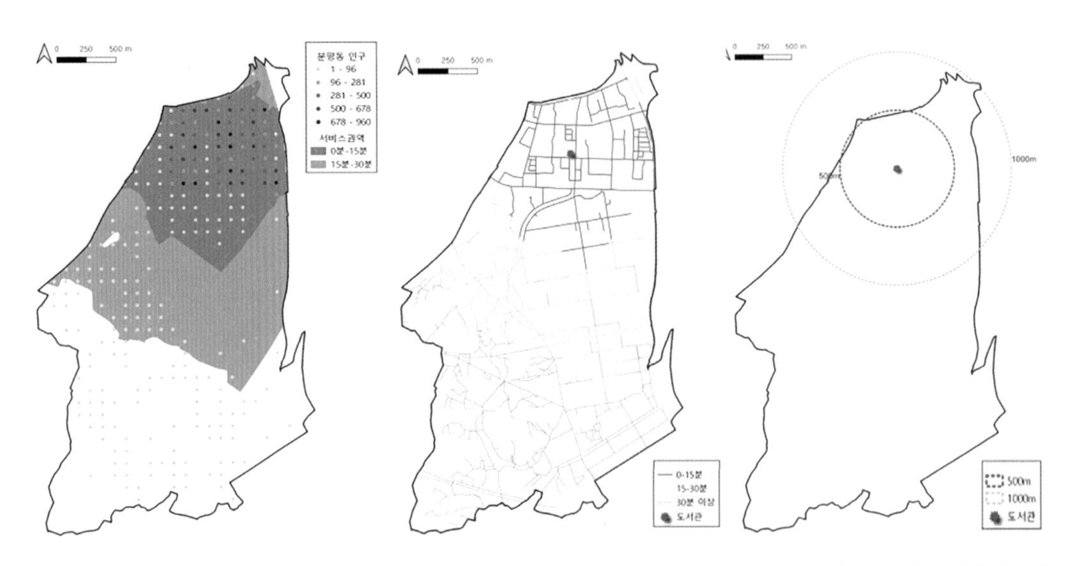

그림 4-6. 네트워크 기반의 도서관 접근성

그림 4-7. 네트워크분석 결과

그림 4-8. 거리기반의 도서관 접근성

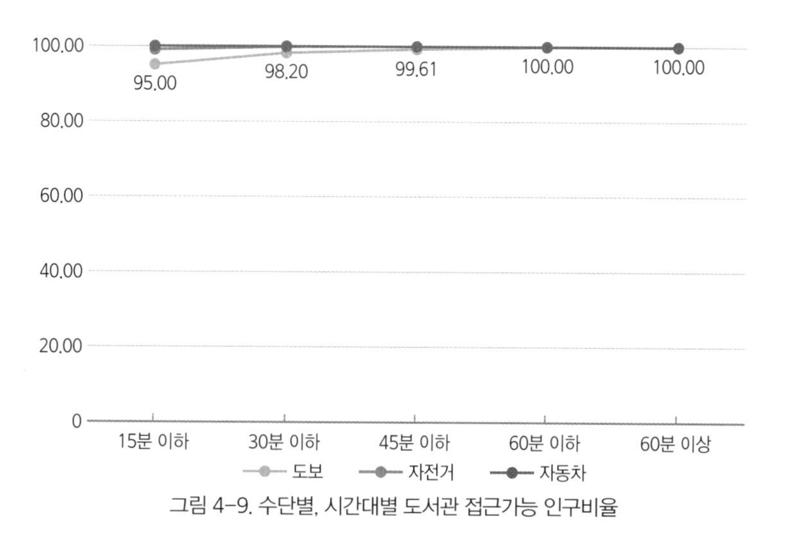

그림 4-9. 수단별, 시간대별 도서관 접근가능 인구비율

4.4 도시 내 새로운 시설의 등장과 미래의 입지 선택

도시계획에서 도시 내 시설의 입지는 앞에서 설명한 공원을 비롯한 각종 기반시설을 중심으로 검토되어 왔다. 「국토의 계획 및 이용에 관한 법률」에서는 기반시설의 종류를 제시하고 있는데, 앞에서 설명한 공원을 비롯하여 도로, 철도, 공항, 학교, 공공청사, 문화시설, 복지시설 등이 포함된다. 이 같은 기반시설의 종류는 표 4-4에 보는 바와 같이 우리가 잘 알고 있는 시설이며, 오랜 기간 새로운 기반시설이 등장하지 않고 적용해 왔다. 이에 따라 각 기반시설의 입지를 선택하는 방법론이 분야별로 발전되어 왔으며, 이에 따른 입지선택이 이루어져 왔다.

그러나 최근, 기술의 발달 및 사회의 변화에 따라 도시 내에 필요한 새로운 시설들이 속속 등장하

표 4-4. 국토계획법 제2조 제6호에 따른 기반시설

가. 도로·철도·항만·공항·주차장 등 교통시설
나. 광장·공원·녹지 등 공간시설
다. 유통업무설비, 수도·전기·가스공급설비, 방송·통신시설, 공동구 등 유통·공급시설
라. 학교·공공청사·문화시설 및 공공필요성이 인정되는 체육시설 등 공공·문화체육시설
마. 하천·유수지(遊水池)·방화설비 등 방재시설
바. 장사시설 등 보건위생시설
사. 하수도, 폐기물처리 및 재활용시설, 빗물저장 및 이용시설 등 환경기초시설

고 있으며, 이들 시설의 입지선택을 어떻게 해야 하는가에 대한 논의가 진행되고 있다. 특히, 기술발달에 따라 새로운 교통수단이 등장하고 있으며, 이는 새로운 시설의 입지선택 문제를 발생시킨다. 철도가 처음 등장했을 때 철도역의 입지선택이 필요하였으며, 자동차의 등장 이후 주차장, 도로의 입지 선택이 필요했던 것처럼, 새로운 교통수단의 등장은 도시 내 새로운 시설의 입지를 요구하고 있다.

1) 킥보드 주차존의 입지선택 과정에서의 공간정보 활용

최근 새롭게 등장한 교통수단 중 대표적인 것은 개인형 이동수단(Personal Mobility: PM)의 한 종류이며, 흔히 전동킥보드라고도 불리는 이동 장치이다. 배터리와 모터기술의 발달로 전동킥보드의 속도와 주행거리가 증가하여 도시 내 교통수단으로 활용성이 증대되었으며, 스마트폰을 통한 플랫폼의 정착으로 개인이 소유하지 않아도 단기간 임대를 통하여 이용 가능한 방식의 전동킥보드가 증가하고 있다. 사업자가 소유한 킥보드를 단기간 임대하여 이용하는 전동킥보드는 흔히 공유킥보드라고도 불리며, 이용의 편리함을 바탕으로 도시 내에서 점차 활용이 증가하고 있다.

공유킥보드는 편리한 이용이 가능하지만, 사용자가 직접 소유하지 않기 때문에 이용 전후에 도시공간 곳곳에 위치하게 되며, 이로 인한 주차 문제가 심각하다. 공유킥보드의 무분별한 주차로 인하여 도시 경관과 보행자 안전을 위협하는 문제가 심각하게 제기되고 있다.

그림 4-10에서 보는 바와 같이 킥보드의 주차를 위한 공간이 적절하게 마련되지 않은 상황에서, 도로변에 무질서하게 방치된 킥보드는 보행자의 편의와 안전을 크게 위협하고 있다. 이 같은 상황에서 정부도 지정장소에만 킥보드 주차를 할 수 있도록 킥보드 주차존을 도입하고, 어린이 보호구역, 횡단보도 등에는 킥보드 주차를 금지하는 법의 제정을 추진하고 있다(금준혁, 2023).

킥보드 주차장은 기존의 주차장과는 다른 시설로 새로운 입지 선택 방법론이 요구된다. 킥보드는 주로 출발지에서부터 대중교통 시설까지의 first mile과 대중교통 시설에서 최종목적지까지의 last mile 통행에 주로 이용된다. 따라서 대중교통 시설 주변뿐 아니라 개별 출발지와 목적지 주변에도 다수의 주차시설이 요구된다. 특히 개인소유가 아닌 공유서비스 중심으로 이용되기 때문에 사적공간이 아닌 공적공간에 다수의 주차장이 요구되는 상황이다. 이에 따라 기존의 도시 내 시설들과는 다른 방식의 입지 선택 방법론의 개발이 필요하다.

이 같은 상황에서 주차존의 위치선정을 하기 위한 공간정보의 활용이 이루어지고 있다. 현재 공유킥보드들은 GPS 기기를 이용하여 주행경로, 임대장소, 반납장소의 위치 정보가 저장되고 있다. 이를 공간정보로 변환하면, 전동킥보드의 임대와 반납이 주로 이루어지는 지역을 확인할 수 있으

그림 4-10. 거리에 방치된 공유킥보드
출처: 박지윤, 2021

며, 이 같은 빅데이터를 바탕으로 전동킥보드 주차장의 적절한 위치선정이 가능하다.

권순일(2022)은 대구시 공유킥보드의 이동데이터를 바탕으로 이용권역을 도출하였다. 그림 4-11는 공유킥보드의 도착(반납) 위치를 점으로 표현한 이후 인접한 위치에 있는 도착점들을 군집으로 묶은 것이다. 그림에서 같은 색으로 표현한 것은 서로 가까운 위치에 있는 도착점들이고 이들을 면적으로 표현한 것이 그림 4-12이다. 그림 4-12에서 하나의 다각형은 전동킥보드 도착 밀집 권역으로 생각할 수 있으며, 이들 지역 안에는 적절한 주차시설의 공급이 필요한 것으로 판단할 수 있다. 이와 같은 분석을 통하여 보다 효율적이고 합리적인 전동킥보드 주차장의 입지 선택이 가능하다. 이 같은 분석은 전동킥보드의 반납 위치 데이터라는 공간정보가 제공되기 때문에 가능한 분석이다.

그림 4-11. 킥보드 반납지점의 군집
출처: 권순일, 2022

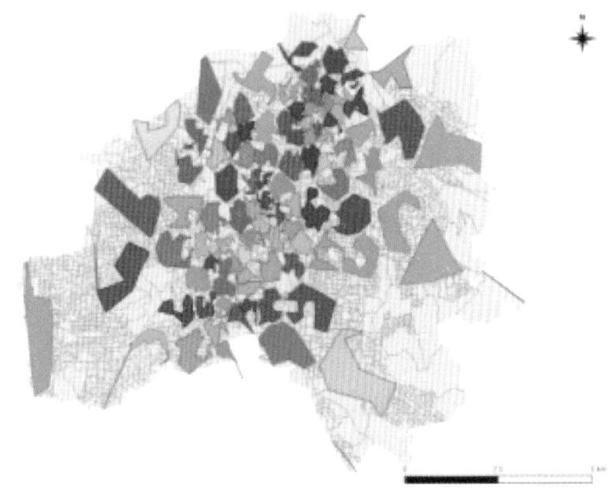

그림 4-12. 킥보드 반납지점의 군집
출처: 권순일, 2022

2) UAM 이착륙장 입지 선정 과정에서의 공간정보 활용

최근 국내외적으로 도심항공교통(Urban Air Mobility: UAM)에 대한 관심이 높아지고 있다. UAM이란 도시 내[최근에는 도시 간, 지역 간 통행을 모두 포함하는 AAM(Advanced Air Mobility) 개념으로 확장하고 있다]에서 공중공간을 이용한 이동수단을 의미하며, 과거의 헬리콥터가 소음, 고비용, 고에너지소비 등의 문제로 대중화 되지 못한 한계를 전기모터와 배터리 기술의 발전을 바탕으로 극복하고 있다. UAM은 전기동력수직이착륙기(Electric Vertical Take-Off Landing, e-VTOL)를 활용하기 때문에 소음과 에너지소비가 매우 적으며, 대중화를 통하여 장기적으로 택시 수준으로 가격을 낮출 수 있을 것으로 기대되고 있다.

그림 4-13. UAM 기체 joby S4
출처: Electric VTOL News, 2023

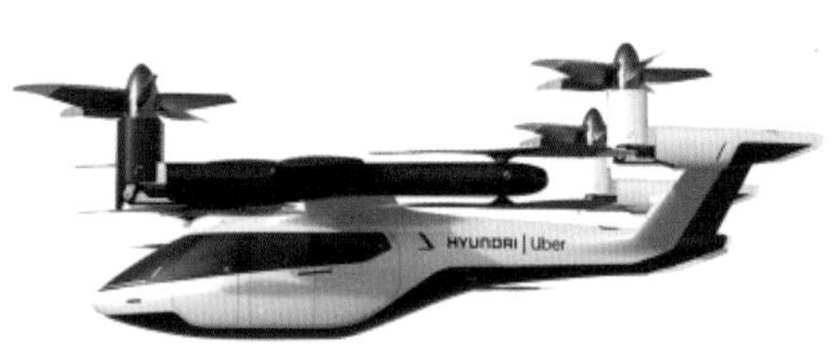

그림 4-14. UAM 기체 현대자동차 SA-1
출처: 현대자동차, 2020

우리나라 정부도 한국형 도심항공교통 로드맵(관계부처합동, 2020)을 발표하고 2025년 상용화를 목표로 적극 추진 중이다. UAM의 운영을 위해서는 UAM의 이착륙을 위한 시설이 필수적이다. 그림 4-15에서 보는 바와 같이 UAM의 이착륙과 정비 등을 위한 지상기반시설의 형태나 규모 등은 다양하게 검토되고 있으며, 이에 따라 다양한 이름이 사용되고 있다. 이 중 버티포트라는 용어가 가장 널리 활용되고 있다.

그림 4-15. UAM 지상기반시설의 유형
출처: Hussain, Metcalfe and Rutgers, 2019

UAM이 도입되어 활성화되기 위해서는 적절한 입지에 충분한 수의 버티포트가 공급되어야 한다. 이를 위해서는 버티포트의 적절한 입지선정이 필요하다. 버티포트는 UAM의 등장과 더불어 새롭게 등장한 도시 내 시설이며, 아직 시설의 개념과 규모 등도 명확히 규정되어 있지 않다. 따라서 버티포트의 입지 선택에 관한 이론과 방법은 아직 부재한 상황이다. 이 같은 상황에서 버티포트의 필요입지를 선정하는 과정에서 다양한 분야의 공간정보가 활용될 수 있다.

표 4-5는 이재홍 외(2020)가 제시한 버티포트의 입지적정성 평가지표 중에서 일부 지표와 이를 측정하기 위한 공간자료 및 구축방법을 제시한 것이다. 이와 같은 평가지표를 통하여 격자단위로 버티포트의 입지적정성을 평가할 수 있다.

그림 4-16은 이 같은 평가지표를 바탕으로 대전시 버티포트의 입지적정성을 평가한 것이다. 그림에서 붉은색으로 표시된 지역은 버티포트의 입지 적정성이 높은 지역이며, 푸른색으로 표시된 지역은 버티포트의 입지 적성성이 낮은 지역이다. 즉 그림 4-16에서 보이는 붉은색은 버티포트의 입지 적합성이 높은 지역이며, 추후 버티포트의 입지를 결정하는 과정에서 버티포트의 입지후보지로 활용할 수 있다.

표 4-5에서 보는 바와 같이 이 같은 과정에서는 다양한 공간정보가 활용된다. 몇 가지 예를 들어 보겠다. 버티포트 주변에 높은 건물이 많으면, UAM의 이착륙에 위험요소로 작용하기 때문에 버티포트 건축에 한계가 있다. 따라서 주변 건물 높이를 대변하는 격자 내 건축물의 평균층수를 하나의 평가지표로 활용하였다. 이 지표를 측정하기 위해서 건물 공간정보를 활용하여, 해당 격자 내의 건물들의 평균적인 층수를 활용하였다.

주변 지역에 상주인구가 많거나 종사자가 많은 지역은 UAM 이용 수요가 높은 지역이며, 버티포

표 4-5. 버티포트 입지적정성 평가지표

평가지표	측정방법
이용가능시설	공항, 항구, 화물터미널과 최단거리
주변건물높이	격자 내 건물의 평균 층수
지형	격자 내 평균 경사도
간선도로·지상철도 노선 접근성	격자 중심점에서 간선도로·지상철도 노선까지 최단거리
하천·바다 접근성	격자 중심점에서 하천·바다까지 최단거리
인구밀도	격자 내 인구밀도
종사자밀도	격자 내 종사자밀도
POI밀도	POI: TMAP에 가장 많이 검색된 시군구별 상위 30개 지점 격자 중심점에서 반경 500m 내 POI 개수

출처: 이재홍 외, 2020에서 일부 내용을 발췌하여 재정리

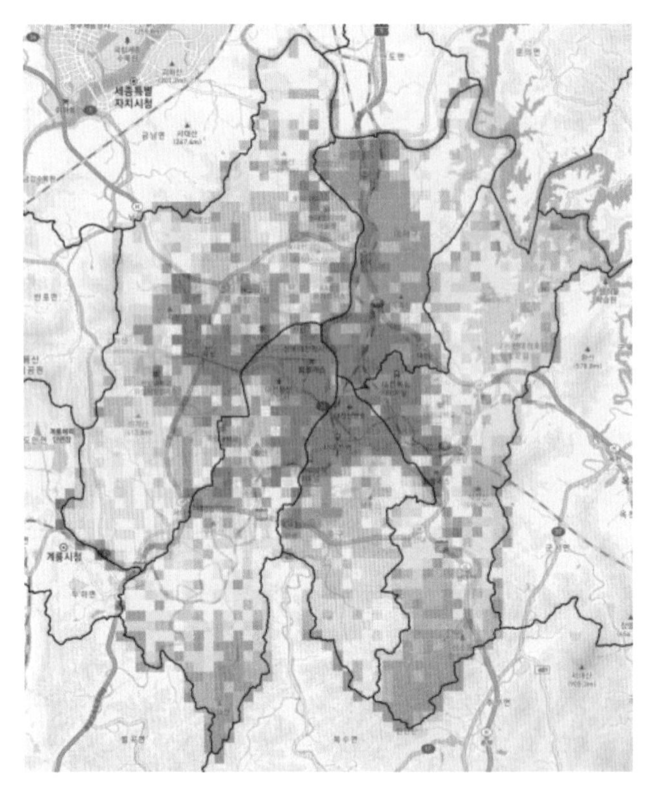

그림 4-16. 대전시 UAM 버티포트 입지적정성 평가 결과

트의 입지에 적합할 것이다. 이를 측정하기 위하여 격자단위로 작성된 인구수와 종사자수 공간정보를 활용하여 측정하였다.

POI(Point Of Interest)는 관심지점으로 번역할 수 있으며, 많은 사람이 방문하고자 하는 장소로 생각할 수 있다. POI가 많은 지역은 사람들의 관심이 높은 시설이 많은 지역이며, 방문수요가 높은 것으로 예상할 수 있다. 본 분석에서는 국내에서 많이 활용되는 내비게이션 앱인 티맵에서 많이 검색되는 장소를 POI로 판단하고 분석하였다. 시군구별로 티맵에서 많이 검색되는 장소 30개 지점을 추출하고, 각 격자의 반경 500m 안에 POI가 몇 개가 포함되는가를 확인하여 POI 밀도지표로 활용하였다. 이를 통하여 각 격자의 주변 지역에 사람들의 관심지점이 얼마나 많은지를 확인할 수 있다.

본 장에서는 도시의 입지선택 과정에서 활용되는 공간정보에 대하여 알아보았다. 용도별 토지와 시설의 입지선택은 도시계획의 중요한 요소이며, 이와 같은 입지선택의 결과는 도시민의 삶의 질과 도시의 잠재력에 큰 영향을 미친다. 앞에서 살펴본 바와 같이 공간정보는 입지선택을 위한 다양한 정보를 제공하며, 정교하게 구축된 다양한 공간정보를 활용할 경우 보다 효율적이고 합리적인 입지선택을 할 수 있다. 따라서 적절하고 정밀한 공간정보가 다양하게 구축되고, 제공되는 것은 도시 내 입지선택, 나아가서 도시에 매우 중요하다.

특히 킥보드 주차장의 사례에서 보는 바와 같이 최근에는 현재 시민들의 이용행태를 반영할 수 있는 공간정보가 민간에서도 다양하게 구축되고 있다. 이 같은 자료들이 활용이 가능한 형태로 다양하게 제공될 필요가 있다.

향후에는 더 다양한 형태의 공간정보가 구축되고, 제공되어 도시계획, 도시 내 시설의 입지선택 과정에 활용될 수 있기를 기대한다.

참고 문헌

관계부처 합동, 2020, "한국형 도심항공교통(K-UAM) 로드맵"

국토환경정보센터 https://www.neins.go.kr/mid=12010400 (2023.04.15. 접속)

권순일, 2022, "통행행태 기반 개인형 이동장치 이동권 분류 및 활용방안", 충북대학교 석사학위논문

금준혁, 2023.01.03., "도로위 무법자 킥보드 주차존 만든다...지하철 혼잡 완화방안 3월 발표", 뉴스원, https://www.news1.kr/articles/?4913567 (2023.04.15. 접속)

김현정, 2020.06.14., "서울시, 토지적성평가제도 운영", 메트로신문 (2023.04.15. 접속)

박지윤, 2021.07.22., "킥보든 견인 일주일째, 거리는 여전히 불법주차 중", 한국일보, https://www.hankookilbo.com/News/Read/A2021072114050004178, (2023.04.15. 접속)

송원경, 2013, "수원시 공원·녹지 서비스 향상을 위한 자투리 공간의 활용방안", 수원시정연구원

이재홍·김혜림·송태진·홍성조, 2020, "도시형 공중 모빌리티(UAM) 지상기반시설의 입지 선 방법 개발", 2020 대한국토도시계획학회 추계학술대회.

한국국토정보공사 토지적성평가 홈페이지 https://lsa.lx.or.kr/lsa/pyojun.do (2023.04.15. 접속)

현대자동차, 2020.01.07., "현대자동차, CES 2020에서 인간 중심 미래 모빌리티 비전 공개", 현대자동차 홈페이지, https://tech.hyundaimotorgroup.com/kr/press-release/hyundai-motor-presents-smart-mobility-solution-uam-pbv-hub-to-vitalize-future-cities/ (2023.04.15. 접속)

Electric VTOL News, https://evtol.news/joby-s4 (2023.04.15. 접속)

Hussain, Metcalfe and Rutgers, 2019. 05.30., "Infrastructure barriers to the elevated future of mobility", Deloitte., https://www2.deloitte.com/xe/en/insights/focus/future-of-mobility/infrastructure-barriers-to-urban-air-mobility-with-VTOL.html (2023.04.15. 접속)

「국토의 계획 및 이용에 관한 법률 시행령」

「국토의 계획 및 이용에 관한 법률」

「도시·군 관리계획 수립지침」

「도시·군 기본계획 수립지침」

「도시공원 및 녹지 등에 관한 법률 시행규칙」

「자연환경보전법」

「토지의 적성평가에 관한 지침」

제5장

스마트 시티, 디지털 트윈, 메타버스에서의 공간정보 활용

5.1 새롭게 떠오르는 기술과 도시와의 융합

현대 도시는 과거에 비해 복잡하고 다양한 활동이 일어나고 있어 도시에서 벌어지는 다양한 현상을 관찰하고 문제를 진단하고 해결책을 강구하는 것이 복잡하고 어렵다. 도시는 인류가 사는 생활공간이며, 많은 사람들이 모여 살고 일하고 있다. 따라서 우리가 살아가는 도시를 보다 더 사람 중심의 도시로 발전시키기 위해서는 도시를 면밀히 관찰하고 분석하기 위한 정확하고 구체적인 자료가 필요하다.

이러한 자료를 수집하고 분석하기 위해서는 과학적인 방법이 필요하다. 그리고 이러한 자료를 분석하는 데 있어서 빅데이터, 인공지능, 클라우드, 사물인터넷, 블록체인 등 다양한 기술들이 사용되고 있다. 이러한 기술들은 우리 도시 현상을 보다 더 자세히 관찰하고, 분석하고, 이해하는 데에 도움을 줄 수 있다.

스마트 시티, 디지털 트윈, 메타버스 등의 개념은 이러한 기술들을 활용하여 도시 문제를 진단하고, 진단 결과를 바탕으로 적절한 도시 정책을 수립하는 데에 큰 기여를 할 수 있다. 특히, 스마트 시티, 디지털 트윈과 메타버스 기술은 실제로 구현되기 위해서는 다양한 공간 빅데이터가 필요하다. 공간 빅데이터를 구축하거나, 구축된 공간 빅데이터를 분석하여 도시의 문제를 진단하거나, 시민들이 참여할 수 있는 서비스를 제공하는 등 기존과는 다른 색다른 방식으로 공간정보를 활용하는 사례들이 조금씩 늘어나고 있으며 적용 분야도 다양해지고 있다.

이러한 발전은 도시가 더욱더 발전하고, 더욱더 사람 중심의 도시가 될 수 있도록 도와줄 것이다. 우리는 이러한 발전을 기대하며, 앞으로도 도시 발전에 대한 관심과 연구가 더욱 필요하다고 생각된다.

스마트 시티, 디지털 트윈, 메타버스와 같은 개념들은 우리의 삶에 많은 변화를 가져올 것이다. 이러한 개념들을 활용하여 도시를 보다 더 효율적으로 운영하고, 시민들의 삶을 보다 더 편리하고 안전하게 만들 수 있을 것이다. 예를 들어, 스마트 시티를 구현하면 교통체증 문제를 해결하거나, 에너지를 절약하거나, 재난 대처 능력을 강화할 수 있다. 또한 디지털 트윈과 메타버스를 활용하면 도시의 인프라를 가상공간에서 시뮬레이션하여, 실제 도시에서의 문제를 미리 파악하고 대처할 수 있을 것이다.

스마트 시티, 디지털 트윈, 메타버스 등의 기술은 모두 공간정보가 필수적이다. 이러한 기술을 활용하면 도시의 다양한 문제를 해결하고, 시민들의 삶을 보다 더 편리하게 만들 수 있다. 이를 위해서는 다양한 공간정보를 수집하고 분석해야 하며, 이를 활용하여 적절한 정책을 수립해야 한다.

이 장에서는 스마트 시티, 디지털 트윈, 메타버스 등의 기술에 대한 간략한 소개와 함께 개별 기술이 적용된 사례에서 공간정보를 활용하여 어떠한 도시문제를 해결하고자 하였는지를 살펴보려고 한다. 우리가 계속해서 새로운 기술을 학습하고, 도시 문제를 해결할 수 있는 다양한 방법을 모색하며, 시민들과 함께 협력해 나가야 한다. 이를 통해 미래의 도시는 보다 발전하고, 시민들은 보다 더 나은 삶을 누릴 수 있을 것이다.

5.2 스마트 시티, 디지털 트윈, 메타버스 개념과 진화

1) 스마트 시티 개념과 관련 정책의 변화

(1) 스마트 시티 개념

국내외에서 최근 급격히 관심을 가지는 개념이 바로 스마트 시티이다. 스마트 시티에 대한 정의는 지역에 따라, 바라보는 관점에 따라 다양하게 정의된다. 이로 인해서 일반적으로 스마트 시티에 대한 다양한 논의를 통하여 스마트 시티에 대한 정의를 이해하는 것이 필요하다. 스마트 시티의 기원은 유비쿼터스도시(ubiquatous city) 개념에서 시작되었다 볼 수 있다. 유비쿼터스 도시는 모든 공간에 정보통신기술(IT)를 적용하여, 시민들에게 더욱 편리하고 안전한 도시 생활을 제공하는 개념이다.

최근에 등장한 스마트 시티 개념은 유비쿼터스 도시 개념이 발전된 개념으로 등장하였다고 볼 수 있다. 스마트 시티는 인프라와 인터넷 기술을 활용하여, 교통, 환경, 안전 등의 도시 문제를 해결하고, 시민들의 삶을 편리하게 만들어주는 개념이다. 스마트 시티는 빅데이터, 인공지능, 클라우드, 사물인터넷, 블록체인 등의 최신 기술들과 결합하여 발전하고 있다. 이를 통해 도시 내 다양한 문제를 해결하고, 보다 안전하고 효율적인 도시 생활을 제공할 수 있을 것으로 기대된다.

이렇듯 스마트 시티는 학자들의 견해에 따라 정의가 상이하지만 일반적으로 기존도시와 신도시 등에 정보통신기술(ICT)와 빅데이터, 인공지능 등의 첨단 기술을 적용하여 도시 내의 환경, 방범, 교통 등 다양한 문제를 해결하여 시민의 일상생활을 개선하는 도시모델이라는 의미로 합의되고 있다(이재용·한선희, 2019; 김진 외 3인, 2021). 학술적인 의미에서 스마트 시티는 뉴어바니즘(New Urbanism)과 스마트성장(Smart Growth)의 개념에서 출발하였다고 볼 수 있다(Al-Hindi and Till, 2001; Venolo, 2016; 김진 외, 2021). 이때 스마트라는 용어가 다소 모호한데, 스마트는 첨단 정보통신기술이 도시공간에 결합되는 현상을 의미한다(Hollands, 2008; 장환영·김걸, 2020; 김진 외, 2021).

(2) 스마트 시티 구성요소

마크 디킨(Mark Deakin) 교수는 스마트 시티를 정의하기 위해서 네 가지 요소를 주장하였다. 광범위한 전자 및 디지털 기술의 적용, 정보통신기술을 활용한 지역 내 삶과 작업환경의 변화, 정보통신기술을 정부 시스템 내에 반영, 기술이 제공하는 혁신과 지식을 향상시키기 위해 정보통신기술과 사람들을 하나로 모은 사회적 관습이다. 또 다른 시각으로 스마트 시티의 구성요소를 토지(land), 기술(technology), 시민(citizen), 정부(government) 등 네 가지로 보는 경우도 있다. 먼저 토지는 스마트 시티가 구현되는 물리적인 공간을 의미한다. 두 번째 요소인 기술은 도시 문제를 해결하기 위해 고안되는 각종 스마트 기술요소와 이러한 기술을 가진 도시기반시설과 서비스를 통칭하는 기술을 의미한다. 세 번째 요소인 시민은 스마트 시티에 소속되어 스마트 기술의 혜택을 얻는 사람을 의미한다. 마지막 요소인 정부는 시민에 의해 선출되어 스마트 시티가 구현된 지역에 다양한 결정을 수행하는 조직을 의미한다(최봉문 외, 2019).

(3) 유비쿼터스도시 종합계획과 스마트 시티 종합계획

우리나라는 정보통신기술(ICT)을 바탕으로 도시의 경쟁력을 강화하고 시민들의 삶의 질을 향상시키기 위해서 2008년에 「유비쿼터스도시의 건설 등에 관한 법률」을 제정하여 유비쿼터스도시 조성의 기초를 마련하였다. 이 법률은 U-City 계획·건설, 관리와 운영, 위원회, 지원방안, 표준화와 정보

보호로 조항이 구성되었다. 이는 당시에 세계 최초로 관련 법률을 제정하고 법률에 근거하여 종합계획 수립의 근거를 마련한 것이다. 이때 유비쿼터스(Ubiquitous)란 언제 어디서나 존재한다라는 라틴어로 우리나라에서 초기 스마트 시티 정책을 나타내는 브랜드로 볼 수 있다(제3차 스마트 시티 종합계획 보고서).

국가차원의 유비쿼터스도시 종합계획을 2009년부터 수립하고 있다. 제1차 유비쿼터스도시 종합계획이 2009년 11월에 '시민 삶의 질과 도시 경쟁력을 제고하는 첨단정보도시 구현'이라는 비전 아래, 4대 추진전략과 22개 과제를 포함하여 수립되었다. 제1차 종합계획의 4대 추진전략은 제도 마련, 기술 개발, U-City 산업육성, 국민체감 서비스이다. 이후 제2차 종합계획이 2013년 9월에 '안전하고 행복한 첨단창조도시 구현'이라는 비전 아래, 4대 추진전략과 10개 실천과제를 포함하여 수립되었다. 제2차 종합계획에서는 국민 안정망 구축, U-City 확산 및 기술개발, 민간업체 지원, 해외진출 등이 4대 추진전략으로 제시되었다.

이후에는 유비쿼터스도시의 한계를 극복하고 새로운 개념으로 부상한 스마트 시티 의제에 대응하여 새로운 정책방향을 발표하였다. 2017년 9월에 「유비쿼터스도시법」은 「스마트 시티법」으로 개편되어 실행되었고, 정부의 8대혁신성장동력 중 하나로 스마트 시티가 선정되었다. 8대혁신성장동력은 스마트 시티를 포함하여 드론, 미래차, 스마트팜, 스마트공장, 핀테크, 에너지산업, 바이오헬스 산업이다. 이때 스마트 시티는 도시에 ICT와 빅데이터 등의 신기술을 접목하여 각종 도시문제를 해결하고, 삶의 질을 개선할 수 있는 도시모델로 정의하였다. 이로 인해 유비쿼터스도시가 스마트 시티로 이름이 변경되어 제3차 유비쿼터스도시 종합계획은 제3차 스마트 시티 종합계획(2019~

표 5-1. 우리나라 스마트 시티 단계별 진행과정

	1단계(~2013)	2단계(2014~2017)	3단계(2018~)
목표	건설·정보통신산업 융복합형 신성장 육성	저비용 고효율 서비스	도시 문제해결 혁신 생태계 육성
정보	수직적 데이터 통합	수평적 데이터 통합	다자간·양방향
플랫폼	폐쇄형(Silo 타입)	폐쇄형+개방형	폐쇄형+개방형(확장)
제도	U-City 법 제1차 U-City 종합계획	U-City 법 제2차 U-City 종합계획	스마트 시티법, 4차산업위 스마트 시티 추진전략
주체	중앙정부(국토부) 중심	중앙정부(개별)+지자체(일부)	중앙정부(협업)+지자체(확대)
대상	신도시(165만 ㎡ 이상)	신도시+기존도시(일부)	신도시+기존도시(확대)
사업	통합운영센터, 통신망 등 물리적 인프라 구축	공공 통합플랫폼 구축 및 호환성 확보, 규격화 추진	국가시범도시 조성 다양한 공모사업 추진

출처: 제3차 스마트 시티 종합계획

2023)으로 발전되었다.

유비쿼터스도시를 포함하여 우리나라의 스마트 시티 정책은 여건 변화에 따라 단계적으로 확장되고 진화되었다고 할 수 있다. 2013년까지는 제2기 신도시, 행복도시, 혁신도시 등 택지개발지에 고속의 정보통신망 인프라를 구축하는 사업과 연계하여 스마트 시티 인프라를 구축하였다. 이후 2014년부터 2017년까지는 기 구축된 스마트 인프라를 적극적으로 활용하기 위하여 공공을 중심으로 정보와 시스템을 연계하는 사업을 추진하였다. 2018년부터 스마트 시티가 국내외에서 본격적으로 논의되면서 4차산업혁명 관련 기술의 테스트베드, 리빙랩 등 다양한 스마트 시티 관련 사업을 신도시뿐만 아니라 기존도시까지 확장하는 등 다양한 정책을 추진하게 되었다.

이러한 정책적 제도적 기반을 바탕으로 세종 5-1 생활권, 부산에코델타시티가 스마트 시티 국가시범도시로 선정되어 추진 중이고, 이외에도 통합플랫폼을 보급하고, 스마트 시티 챌린지 사업 등 스마트 시티 관련 사업을 활발히 추진 중이다(김진 외, 2021).

2) 스마트 시티의 새로운 진화, 디지털 트윈과 메타버스

1999년에 워쇼스키 남매의 영화 매트릭스(Matrix)는 전 세계 사람들에게 적지 않은 충격을 전달했다. 그 이유는 매트릭스 영화가 설정한 배경이 충격적이었기 때문이다. 영화는 우리가 실제라고 생각하는 세계는 사실 0과 1의 디지털로 구현된 가상 세계이고, 현실에서는 캡슐 속에 갇혀 영양분을 호스로 받으면서 가상 세계에 접속하고 있다고 설정하였다(조용성 외, 2022).

이후 2020년대에는 글로벌 기업들이 가상현실(VR), 증강현실(AR), 혼합현실(MR) 등 다양한 기술을 개발하여 가상 세계가 낯설지 않은 개념이 되었다. 2000년대에 가상 공간 사례가 두드러졌다. 2003년 미국 린든랩에서 닐 스티븐슨의 SF 소설 『스노우 크래시』에서 감을 받아 '세컨드 라이프'라는 가상현실 플랫폼을 개발하였다. 세컨드 라이프에서는 자신을 대변하는 아바타를 만들어 다른 유저들과 만나서 대화를 하거나, 여행을 가거나, 직접 오브젝트를 제작하거나, 쇼핑을 하거나, 취직을 하거나 등 현실에서 다른 사람들과 교류하는 일상 중 일부를 경험할 수 있었다. 우리나라에서는 1999년 커뮤니티 중심의 온라인 문화를 마이크로 블로그 서비스이지만 자신만의 개성을 표현 가능한 2.5차원 가상 공간의 미니홈피를 가진 싸이월드 서비스가 등장하여 2000년대 우리나라의 대표적인 소셜미디어 서비스로 자리매김하였다.

최근에는 다양한 메타버스 기반 가상 공간 서비스가 등장하였다. 대표적인 서비스로는 3차원 기반의 로블록스(Roblox)와 제페토(ZPETO)가 있고, 2차원과 2.5차원 기반의 게더타운(Gather.town)과 젭(ZEP) 서비스가 있다. 게더타운과 젭은 2D 혹은 2.5D로 구현이 되어 현실감은 떨어지지만 구축 비용이 상대적으로 저렴하고 요구되는 컴퓨팅 파워가 적어 동시에 접속 가능한 인원이 많다. 반면, 로블록스와 제페토 등은 3D 모델링으로 가상공간을 구현하면 현실감은 높지만 구축 비용이 상대적으로 크며, 이를 처리하기 위한 고성능의 컴퓨팅 파워를 필요로 한다. 이로 인해 현재 기술 수준으로는 3D 모델링 공간에서는 많은 수의 사람들이 참여가 제한적이며, 쌍방향 소통이 어려울 수 있다.

메타버스는 도시계획 분야에서 여러 가지 의미가 있다. 메타버스에서 도시를 가상 형태로 표현하여 도시 계획가가 다양한 설계 옵션을 시각화하고 테스트할 수 있는 도구가 될 수 있다. 또한 메타버스는 도시 계획에 대한 원격 참여를 촉진하고 대안적인 형태의 도시 개발을 위한 플랫폼 역할을 할 수 있으며, 정보에 대한 접근성 향상을 제공할 수 있다. 하지만 메타버스는 아직 개념에 불과하며, 기술과 사용이 계속 발전함에 따라 도시 계획에 미치는 잠재적 영향은 진화할 가능성이 높다.

한편, 스마트 시티는 디지털 트윈(digital twin) 기술이 등장하면서 새로운 방향으로 진화하고 있다. 디지털 트윈에 대해 다양한 정의가 제시되고 있지만 일반적으로 현실 세계의 객체나 시스템을 디지털로 묘사하는 기술로 정의한다(Burke et al., 2016). 보다 더 구체적으로 보자면, 디지털 트윈은 현실 세계의 모든 객체를 디지털화된 가상 세계에 구현하고, 실제 객체와 동기화하여 현실 세계

그림 5-1. 메타버스 적용 사례: 2.5차원으로 구현된 환기미술관 젭(Zep) 월드, 3차원으로 구현된 경남 경찰청 제페토(Zepeto) 월드, 2차원으로 구현된 LG화학 게더타운(Gathertown) 월드

출처: https://zep.us/play/2eXVRP, https://gathertown.tistory.com/, http://www.newsjinju.kr/news/articleView.html?idxno=20266

에서 발생하는 모든 현상을 모니터링하는 기술로 이해할 수 있다. 이를 통해 도시 내 잠재적 문제점을 다양한 시뮬레이션을 통해 예측하고, 도시 문제 해결 방안을 제시하며 과학적 정책 결정을 지원 가능하다(김진 외, 2021).

디지털 트윈은 앞에서 살펴본 메타버스와 비슷하면서도 상이한 개념이다. 메타버스는 가상화 기술을 통하여 구현된 모든 종류의 가상 공간을 메타버스로 이해한다면, 디지털 트윈은 현실 세계를 가상 공간에 구현하고, 가상 공간에서 가능한 실제와 비슷한 작용이 일어나도록 구현된 가상 공간으로 볼 수 있다. 이러한 이유로 디지털 트윈 기술이 스마트 시티에서 중요한 이유는 현실 세계의 모든 지형지물과 건축물 그리고 인프라 등의 공간정보가 가상 세계에 쌍둥이처럼 동일하게 구현되고, 현실 세계에 설치된 센서로부터 다양한 정보가 정밀하게 수집되어 가상 세계에서 모니터링과 시뮬레이션 등을 하여 현실 세계의 도시 문제를 해결하는 능력을 향상시킬 수 있다는 점이다(김진 외, 2021)

단순히 현실 세계를 가상 공간에 똑같이 구현하여 실험하는 것에 그치는 것이 아니라 디지털 트윈은 가상세계가 현실세계와 연결되고, 현실의 데이터가 그 가상공간에서 활용되어 다시 현실세계로 피드백 되는 개념이라고 보는 것이 디지털 트윈이 최근에 논의되는 의미를 반영한 이해라고 볼 수 있다(임시영·김미정, 2018; 서기환·오창화, 2020). 한편 디지털 트윈은 가상 공간에서의 물리적 생산물에 대한 시뮬레이션 절차로서 보기도 하는데(Deren et al., 2021), 가상 공간에서 시뮬레이션을 하여 현실 세계에서 특정 행동을 취하기 전에 다양한 선택지의 장단점을 파악할 수 있게 된다(White et al., 2021). 현재 디지털 트윈은 제조업, 우주, 항공, 자동차, 건축, 의료 등 다양한 분야에서 광범위하게 적용되어 유용하게 활용될 수 있는 잠재력을 가지고 있다(서기환·오창화, 2020).

이러한 디지털 트윈 기술을 도시 분야에 적용한 것을 특히 '어번 디지털 트윈(urban digital twin)'으로 부르기도 한다. 이 개념은 '디지털 트윈 시티(digital twin city)' 혹은 '시티 디지털 트윈(city digital twin)' 등의 용어로 불리기도 하지만 어번 디지털 트윈(urban digital twin)으로 지칭한다. 도시에는 주택, 인프라, 교통, 에너지 등 각종 분야가 얽혀 있고, 각 분야의 복잡한 상호관계 속에서 도시문제가 발생한다(임시영·김미정, 2018). 그렇기 때문에 도시공간에 디지털 트윈 기술을 적용한 어번 디지털 트윈은 단순한 기술이나 단일 애플리케이션으로 구성될 수 없는 종합적인 기술체계이며(Deng et al., 2021), 스마트 시티의 키 요소이자 출발점으로 간주된다(Deren et al., 2021).

어번 디지털 트윈에서 실제 도시공간은 디지털 공간에서 동일하게 재현되는데, 그 과정에서 도시의 모든 도메인과 시스템이 이 디지털 플랫폼에 반영된다. 이 가상 도시에서 물리적 현실과 가상 모델 사이의 실시간 상호작용이 이루어지는데(Shahat et al., 2021), 이를 통해 도시에 대한 실시간 모니터링, 현상에 대한 분석, 시뮬레이션을 통한 미래 예측, 다양한 특성에 대한 시각화 등이 수행된다(임시영·김미정, 2018). 이러한 상호작용을 통해 정책 수립자는 적은 비용으로 도시 현황을 신속하고 정확하게 파악할 수 있으며, 정책 시행 전에 그 정책의 효과를 예측하고 상황에 대응할 기회를 갖게 된다(Hurtado & Gomez, 2021; 정영준 외, 2021).

어번 디지털 트윈을 통한 전체 도시의 디지털화와 가상 시뮬레이션 절차는 계획가가 도시의 복잡한 문제를 풀어나가는 데에 있어서 도움을 줄 것으로 기대되며(Hurtado & Gomez, 2021), 이를 통한 도시의 관리 운영 능력의 향상은 시민들의 삶을 질 향상과 지속가능한 도시 이룩으로 이어질 수 있다(Shahat et al., 2021). 그렇기 때문에 어번 디지털 트윈은 도시계획 분야를 업그레이드 시킬 수 있는 기회이자 스마트 시티의 발전 동력으로 인지되는 것이다(Khajavi et al., 2019).

어번 디지털 트윈은 도시계획설계, 교통, 환경에너지, 도시관리, 방재 등 다양한 토픽에 DB 구축, 모니터링, 시뮬레이션 등 다양하게 활용된다. 이러한 어번 디지털 트윈 시스템을 구축하는 데 데이터의 규모는 클 것이며, 데이터 구축과 시스템을 구축하는 비용도 크다. 디지털 트윈 시스템이 보편화되지 않은 현 시점에서, 모든 문제의 해결책(total solution)으로서의 시스템은 디지털 트윈 시스템의 효용성에 대한 우려를 낳을 수 있다. 따라서 만능 해결책으로서의 시스템보다는 우리 도시가 당면한 도시문제를 해결하기 위한 기법(applications as problem-solving)으로서 디지털 트윈 시스템이 구축될 필요성이 있다. 즉 문제에 초점을 맞추고 문제 해결 중심의 서비스를 제공하고 이러한 성공을 바탕으로 스케일을 키워나가는 방식으로 디지털 트윈을 적용할 필요가 있다.

어번 디지털 트윈을 공간스케일로 살펴보면 건축물에서부터 도시까지 그 규모와 범위가 다양하다. 건축물부터 도시까지 모든 공간스케일을 커버하는 디지털 트윈 시스템을 구축하는 것은 비용효율적이지 못하다. 이 시스템을 구동하기 위한 충분한 컴퓨팅 파워가 필요하고, 이를 구축과 운용하기 위한 인력도 필요하다. 어번 디지털 트윈의 사회적 효용이 극대화되기 위하여는 비용효율적인 접근이 필요하다. 구축과 운영하기에 용이한 공간스케일에서부터 시작하여 어번 디지털 트윈의

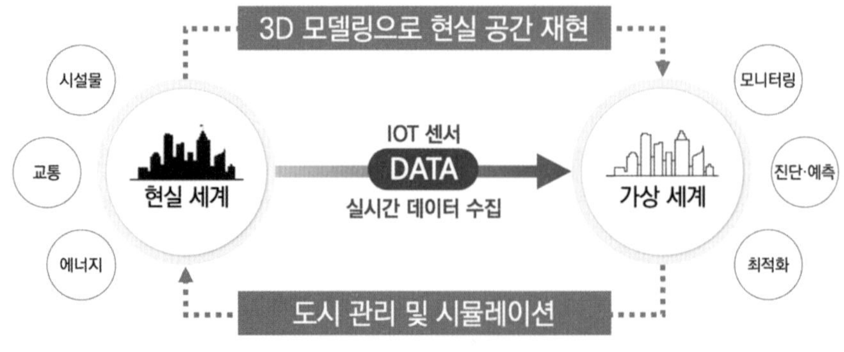

그림 5-2. 디지털 트윈 개념도

효용이 검증된 이후에 사회적 합의를 바탕으로 재투자하여 점차 스케일을 키워나가는 방향으로 시스템을 구축할 필요가 있다.

3) 스마트 시티에서의 공간정보의 역할

스마트 시티, 디지털 트윈, 메타버스 등 다양한 신기술과 도시계획이 결합한 현대 사회에서, 공간정보는 매우 중요한 역할을 하게 되었다. 공간정보는 모든 데이터를 공간을 기반으로 연계시켜 시민들에게 맞춤형 서비스를 제공할 수 있도록 다양한 데이터의 융복합을 위한 기반으로 작용한다. 더불어 기술 발전으로 인해 초연결, 가상화, 초지능화 등 파괴적 혁신을 추구하는 미래의 스마트 시티에서는 공간정보가 핵심적인 요소로 평가되고 있다(김진 외, 2021).

스마트 시티에서 공간정보를 활용하는 플랫폼은 크게 세 가지 유형으로 구분할 수 있다. 먼저 전통적인 공간계획 도구 유형이다. 이는 도시계획 분야에서 필수로 사용하는 캐드 혹은 전문 그래픽 프로그램이나 또는 스케치업과 같은 3차원 모델링이 가능한 공간계획 도구를 의미한다. 이 유형은 해당 프로그램이 설치된 컴퓨터에서 유저가 독립적으로 운용이 가능하다. 스마트 시티에서는 이러한 도구를 이용하여 도시 공간의 모델링 및 시뮬레이션을 수행하여 스마트 시티 인프라를 설계하고 구축할 수 있다.

두번째 유형은 공간정보가 융합된 도시계획 지원도구이다. 이는 지리정보체계나 모바일 기기를 활용하여 수행된다. 이 유형은 GIS와 같이 공간정보와 속성정보를 결합하고, 공간분석과 분석결과물을 바탕으로 집단적 의사소통이 가능한 단계로 발전하였다. 이를 통해 스마트 시티에서는 도시 내의 다양한 데이터를 수집하고 분석하여 인프라 개선 등의 결정을 내리는 데 활용할 수 있다.

마지막 유형은 다양한 시나리오 분석이 가능하거나 시민의 참여가 확장된 형태의 새로운 플랫폼 유형이다. 이는 대규모의 센서를 통해 실시간 데이터 측정과 전송이 가능하고, 빅데이터를 처리할 수 있는 정보통신기술이 발전하면서 등장하였다. 스마트 시티에서는 이러한 플랫폼을 이용하여 도시 내의 다양한 데이터를 수집하고 분석하여 스마트 시티의 인프라 개선 및 시민들의 삶의 질 향상에 활용할 수 있다. 또한 시민들이 직접 생산하는 데이터를 활용하여 스마트 시티의 계획결정을 상시화하고, 시민들과 전문가들이 직접 소통하는 형태로 계획과정이 진행될 수 있도록 돕는 역할을 한다.

이러한 도시계획 지원도구들은 스마트 시티의 핵심 기술로 자리 잡고 있으며, 이들의 장점을 파악하고 적절히 활용함으로써 보다 효과적인 스마트 시티를 구현할 수 있을 것이다. 따라서 스마트 시티 구현에 있어서 이러한 기술들을 적극적으로 활용해 나가는 것이 매우 중요하다.

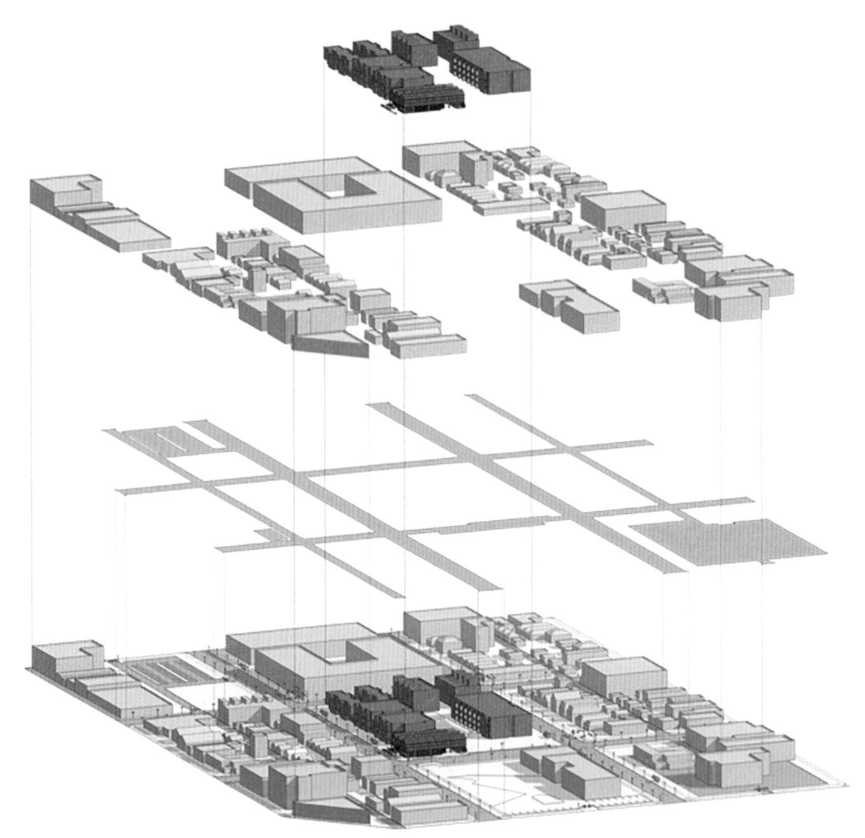

그림 5-3. 스케치업에서의 공간정보 구조
출처: https://www.sketchup.com/industries/urban-planning

5.3 스마트 시티와 공간자료의 활용

1) 월드 스마트 시티 엑스포

월드 스마트 시티 엑스포(World Smart City Expo: WSCE)는 사람이 중심이 되는 지속가능한 스마트 시티를 조성하기 위해 다양한 스마트 기술을 활용한 관련 전문가들이 함께 모여 교류하는 행사로 지난 2017년부터 국토교통부와 과학기술정보통신부가 주최하고 한국토지주택공사(LH), 한국수자원공사(Kwater)에서 주관하여 일산 킨텍스(KINTEX)에서 개최되었다. 첫 개최인 2017년에는 212개의 기업이 참가하였으며, 총 15,260명이 참관하였다. 지난 2022년 행사에서는 전세계 60개국이 참가하였으며 301개의 기업이 참여하고 총 30,327명이 방문하는 등 양적으로 성장한 모습을 보였다*. WSCE에서는 스마트 시티건설과 인프라, 스마트 교통, 스마트 에너지와 환경, 스마트 라이프와 헬스케어, 스마트 경제, 스마트 정부 등의 주제의 전시가 진행되었다. WSCE에서 다루는 전 분야에서 공간정보가 활용될 수 있지만 특히 스마트 교통, 스마트 에너지와 환경 부문에서 공간정보가 적극적으로 활용되고 있다.

2022년 월드 스마트 시티 엑스포에 참여한 기업 중 공간자료 활용이 눈에 띄는 사례를 통해서 공간정보가 스마트 시티에서 활용되고 있는 방법을 살펴볼 수 있다. 스마트 교통 부문 참여기업 중 한 업체는 자신의 주행 데이터를 크라우드소싱(crowdsourcing)하고 포인트를 적립하는 애플리케이션 서비스를 개발하고 운영 중이다. 위드라이브는 개인들이 제공하는 실주행 교통 데이터를 수집하여 공간 빅데이터를 구축하고 자동차 정비, 보험 등 제휴사와 사용자를 연계하는 O2O 플랫폼, 자동차 관련 전문 광고를 연계하는 서비스 플랫폼, 그리고 전처리한 교통 데이터 판매하는 플랫폼이다. 2019년 12월부터 2020년 12월까지 1년간의 베타테스트 기간 동안 누적사용자는 약 16.7만명으로 교통 데이터는 누적거리로는 12.4억km, 건수로는 5,727건, 용량으로는 6.5TB가 수집되었다.

스마트 교통 참여 기업에서 제공한 교통 빅데이터를 활용하여 국토연구원에서는 시간대별 관광지 유입 인구와 유입 지역을 분석하여 관광 투자지역을 선정하는 연구를 수행하였다. 2020년 6월 1

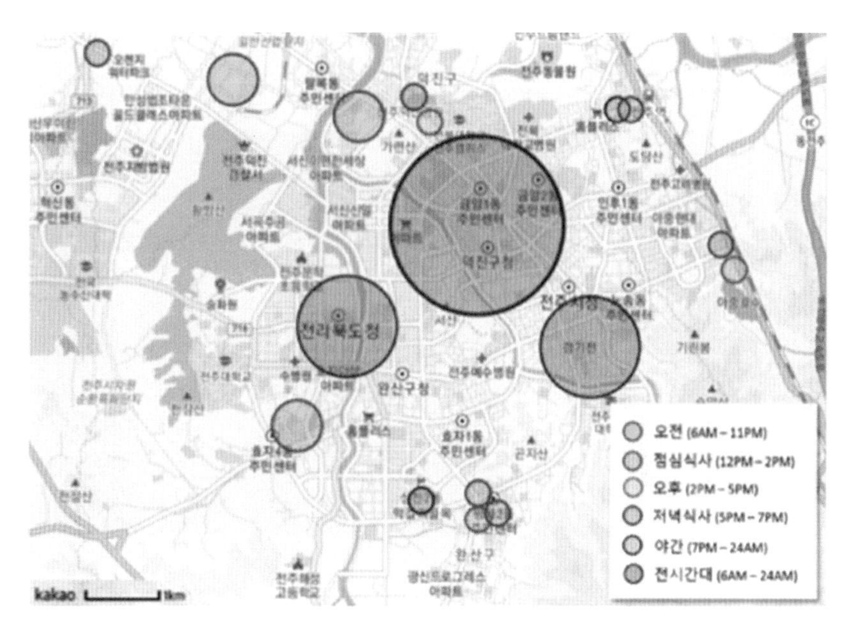

그림 5-4. 공간 데이터 구축 및 활용사례: 시간대별 관광지 유입 인구 및 유입 지역 분석

출처: 위드라이브(https://www.wedrive.co.kr)

* https://www.worldsmartcityexpo.com

일부터 2020년 8월 9일까지 기업의 공간 빅데이터를 활용하여 위치기반 클러스터링을 하였다. 이후 전주시내에 시간대별 관광객 밀집도를 분석하였고, 특히 외부에서 전주시로 유입되는 관광객 밀집지역을 분석하여 외부 관광객이 전주시내로 고속버스를 통하여 유입되는 것을 밝혔다.

2) 스마트 시티를 위한 공간정보 구축: 스마트서울플랫폼 S-DoT

서울시는 도시에서 일어나는 다양한 현상과 활동을 관찰하기 위해 서울시 전역에 사물인터넷(IoT) 센서를 424개 행정동에 고르게 설치하여 총 17종류의 데이터를 수집하여 도시를 분석하고 이에 기반한 도시정책을 마련하려는 정책을 추진하기 위하여 스마트서울 플랫폼 사업 중 S-DoT 구축 사업을 추진하고 있다.* 2019년에 850대를 설치하였고, 2020년에 250대를 추가 설치하여 현재 총 1,100대가 운용 중이며 향후 1,400대까지 센서를 추가 설치할 예정이다. 이때 S-DoT이란 "Smart Seoul Data of Things"의 약자로 측정소 점(dot)마다 데이터를 수집하고 이를 활용하여 스마트 서울이 된다는 의미라고 한다.** 현재 서울시에서 설치하고 있는 S-Dot은 17개의 데이터를 수집하는 복합 센서로, 데이터 종류는 미세먼지, 온도, 습도, 조도, 소음, 진동, 자외선, 풍향, 풍속, 일산화탄소, 이산화질소, 이산화황, 오존, 암모니아, 황화수소, 흑구온도, 방문자 수이다. S-DoT으로 수집된 데이터는 1시간 단위의 평균 값으로 '열린데이터광장'***과 '빅데이터 캠퍼스'**** 등을 통해 공유

그림 5-5. 서울시 S-Dot 설치 사례 예시

출처: 스마트서울 포털

* https://smart.seoul.go.kr/
** https://seoulsolution.kr/en/node/9358
*** http://data.seoul.go.kr/
**** http://bigdata.seoul.go.kr/

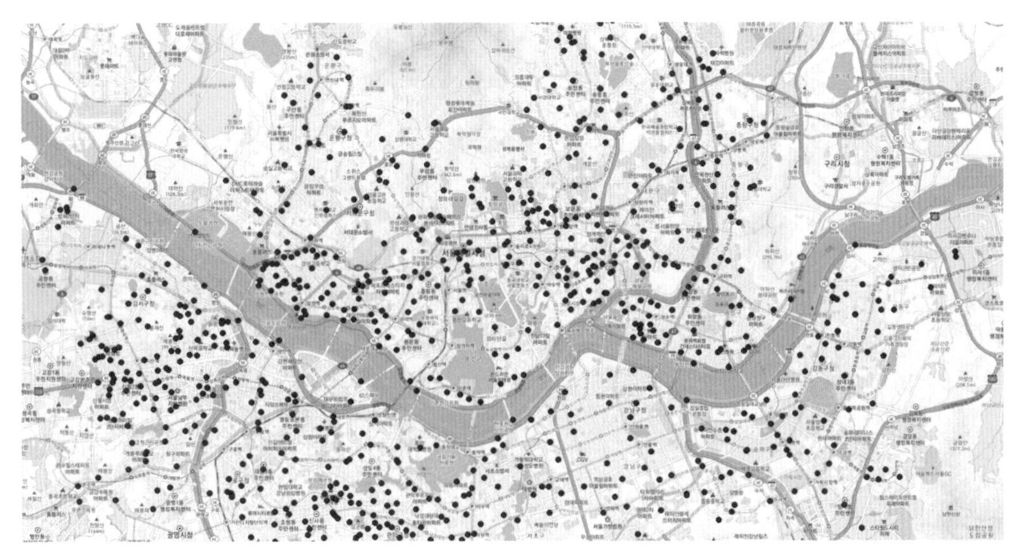
그림 5-6. 서울시 S-DoT 설치현황

되고 있다.

서울시는 S-DoT으로 수집된 데이터를 활용하여 코로나19 확산 후 서울시 내의 다양한 도시 변화를 분석하였다.* 코로나19 확산 이후 사회적 거리두기, 재택 근무, 온라인 수업 등의 확산으로 서울시 전체 교통량은 전년 동월 대비 90.19% 수준으로 감소하였고, 도심 지역 교통량이 84.23% 수준으로 감소하였다는 것을 밝혔다. 또한 이로 인해 주요 교통 혼잡 지역에서 나쁨으로 측정되던 미세먼지 농도는 보통으로 개선되었다고 한다.

3) 스페인 산탄데르의 스마트 시티 플랫폼 CiDAP

스페인의 산탄데르(Santander)시는 약 17만 명이 거주하는 작은 항구도시이다. 최근 산탄데르 시는 디지털 사회로의 혁신을 도모하기 위하여 사물인터넷 기반의 서비스를 구현하고 실증하는 도시 데이터와 분석 플랫폼(CiDAP)를 구축하여 주목을 끌고 있다. 스페인을 비롯하여 영국, 이탈리아, 프랑스, 그리스, 덴마크, 독일, 세르비아, 폴라드 등의 유럽 국가와 호주의 19개 대학, 기관, 기업과 협업을 통하여 글로벌 프로젝트로 진행 중이다.

산탄데르시는 CiDAP 구축하기 위해서 도시 전체에 약 2만여 개 이상의 센서를 설치하여 데이터 구축을 위한 인프라를 조성하였다. 센서는 표준 단말기 3,000개, GPS 단말기 200여 개, RFID와 QR

* https://seoulsolution.kr/en/node/9358

코드 2,000여 개로 구성되었다. 다양한 도시 문제에 대응하기 위하여 센서는 환경, 주차, 조명, 치안 관련 요소들을 실시간으로 측정하여 서버에 업데이트 한다.

도시 곳곳에 설치된 센서로부터 수집된 데이터로 공영주차장의 실시간 주차용량 조회, 주차요금 결제 서비스를 개발하여 운영하고 있고, 온도, 습도, 소음과 같은 도시환경을 측정하는 센서 데이터

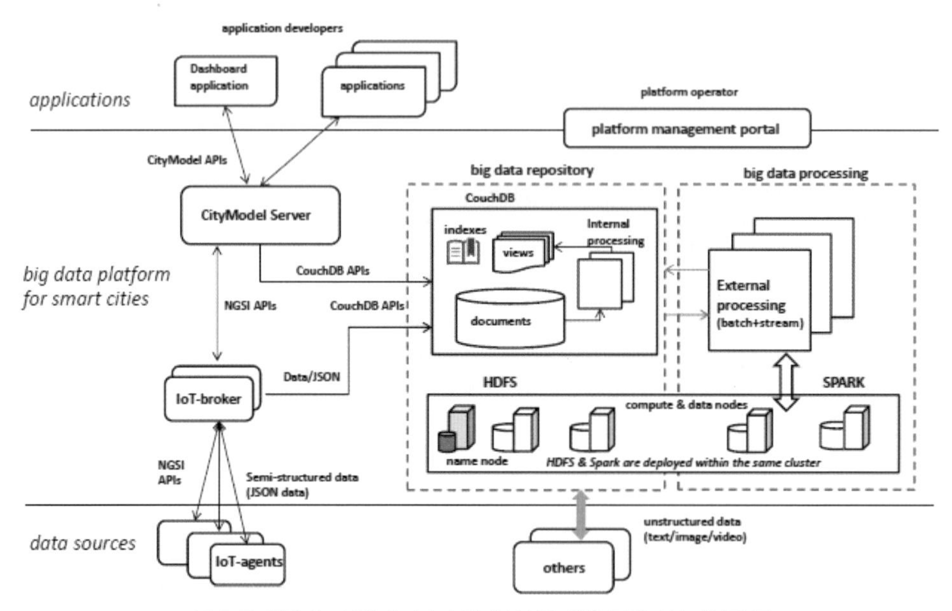

그림 5-7. 산탄데르시의 데이터 수집과 분석을 위한 플랫폼의 개념적 틀

출처: Cheng et al., 2015

그림 5-8 스마트파킹 서비스(산탄데르)

그림 5-9. 센서 데이터 수집과 공유를 위한 크라우드 소싱 서비스

출처: https://blog.naver.com/nia_korea/222060657384

를 활용하여 공공시설에서 소비하는 에너지를 약 30% 정도 감축할 수 있었으며, 시민들이 공유하고 구독 가능한 참여형 서비스를 운영 중이다. 또한 소규모 지역 단위의 실험 프로젝트를 중요하게 여기며, 이를 위해서 리빙랩(living lab)이라는 공동 창작 공간을 운영하고 있다.

4) 빅데이터 분석을 통한 서울시 심야버스 노선 결정*

서울시는 지난 2013년 4월 19일부터 3개월간 대중교통이 운영되지 않는 자정부터 오전 5시까지의 심야시간대에 심야버스 2개 노선(N26, N37)을 시범 운영하였다. 심야버스 시범 운영에 대한 시민들의 만족도가 높았고, 노선 확대에 대한 요구가 많아 시범 운영 결과를 토대로 향후 6개 노선을 추가로 운영하여 총 8개의 심야버스 노선을 운영하기로 하였다. 단, 노선 선정을 위해서는 심야시간대 승객 수요를 바탕으로 노선의 적정성 여부를 검증할 필요가 있었다.

서울시는 KT와 MOU를 맺고 공간 빅데이터를 활용하여 노선을 획정하게 되었다. 먼저 서울을 1km 반경의 1,250개의 헥사셀(hexa cell) 단위로 구분하고 KT의 휴대전화 이력을 바탕으로 심야

* https://bigdata.seoul.go.kr/noti/selectPageListTabNoti.do?r_id=P260&bbs_seq=&ac_type=A4

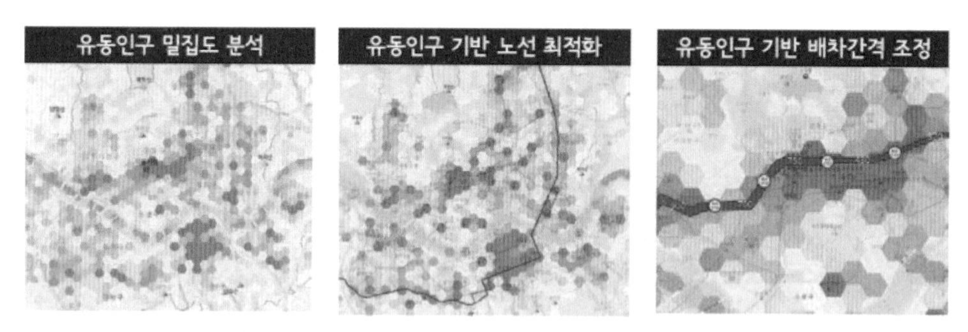

그림 5-10. 서울시 심야버스 노선 최적화

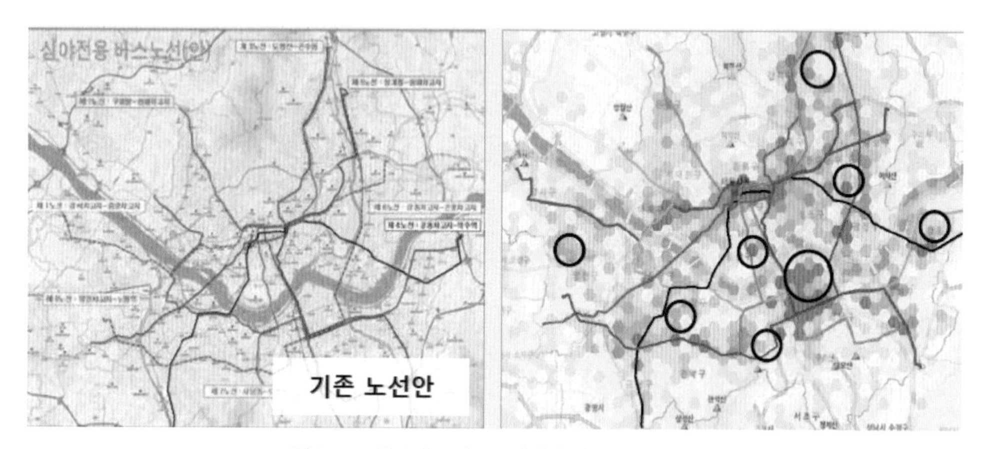

그림 5-11. 심야버스 기존노선안과 최정 노선안 비교

시간대의 통화량을 분석하여 헥사셀 별로 유동인구 밀집도를 시각화하고 분석하였다. 또한 기존 노선의 시간 및 요일별 패턴을 분석하고 인근 유동인구를 가중치로 하여 노선을 최적화하였다.

5) 미국 MIT 센서블시티랩의 허브캡 프로젝트

실시간 이동 데이터를 통해서 우리는 도시가 어디에서, 어떻게, 언제 서로 연결되는지를 분석할 수 있다. 이런 관점에서 MIT 센서블시티랩(senseable city lab.)의 '허브캡(HubCab)' 프로젝트는 사람들의 통행 패턴과 사람들이 출발하고 도착하는 장소 사이의 연결고리를 이해하기 위해서 시작되었다.* 허브캡은 1억 7천만 건 이상의 택시 승하차 데이터를 통해서 뉴욕시의 공간이 서로 어떻게 연결되는지를 시각적으로 표현한 대화형 웹서비스이다. 택시 승하차 데이터를 시각화하여 승차와 하차가 어느 지점, 어느 시점에서 밀집되는지를 파악할 수 있다. 허브캡 프로젝트를 통해서 공유 택시

* https://senseable.mit.edu/hubcab/

그림 5-12. 허브캡의 1억7천만 건의 택시 승하차 데이터 시각화

출처: https://senseable.mit.edu/hubcab

의 효과를 검증하여 공유 모빌리티의 가능성을 시사하였다.* MIT 연구에 의하면 축적한 빅데이터를 활용하면 승객의 불편을 최소화하면서 공유 택시를 통하여 택시 통행 횟수를 40%까지, 이산화탄소(CO_2)는 1km당 약 262g을 줄일 수 있다는 결과를 도출했다.**

6) 미국 유타의 어번 풋프린트

미국 유타(Utah)시의 어번 풋프린트(Urban Footprint)는 150가지 건축물과 장소 유형을 기반으로 3D 시뮬레이션을 통해 공간계획을 수립하고, 토지 이용 및 정책 시나리오를 작성할 수 있는 다운로드 가능한 소프트웨어이다. 이 소프트웨어는 배출량, 에너지 사용, 가구 유지비, 토지소비, 위험 및 탄력성, 교통, 교통 접근성, 도보 접근성, 물 사용, 보전 영향 분석 등 10가지 분석 모듈을 제공하여 도시 계획에 따른 영향을 예측할 수 있으며, 시나리오 작성 기능을 제공한다. 미국 유타주에서는 어번 풋프린트 플랫폼을 사용하여 예상 성장 목표에 대한 토지이용 시나리오를 구축하고 시민들에게

---

* https://arxiv.org/abs/1310.2963. P. Santi, G. Resta, M. Szell, S. Sobolevsky, S. Strogatz, C. Ratti. Taxi pooling in New York City: a network-based approach to social sharing problems(2013)

** http://m.dnews.co.kr/m_home/view.jsp?idxno=201705031332585810170

제안하는 밸리 비저닝(Valley Visioning) 프로젝트를 진행하였다.

밸리 비저닝 프로젝트는 어번 풋프린트 플랫폼을 사용하여 유타 주민들이 지속 가능한 도시 성장에 대한 의견을 제시할 수 있도록 도와주는 프로젝트이다. 이 프로젝트에서는 어번 풋프린트 플랫

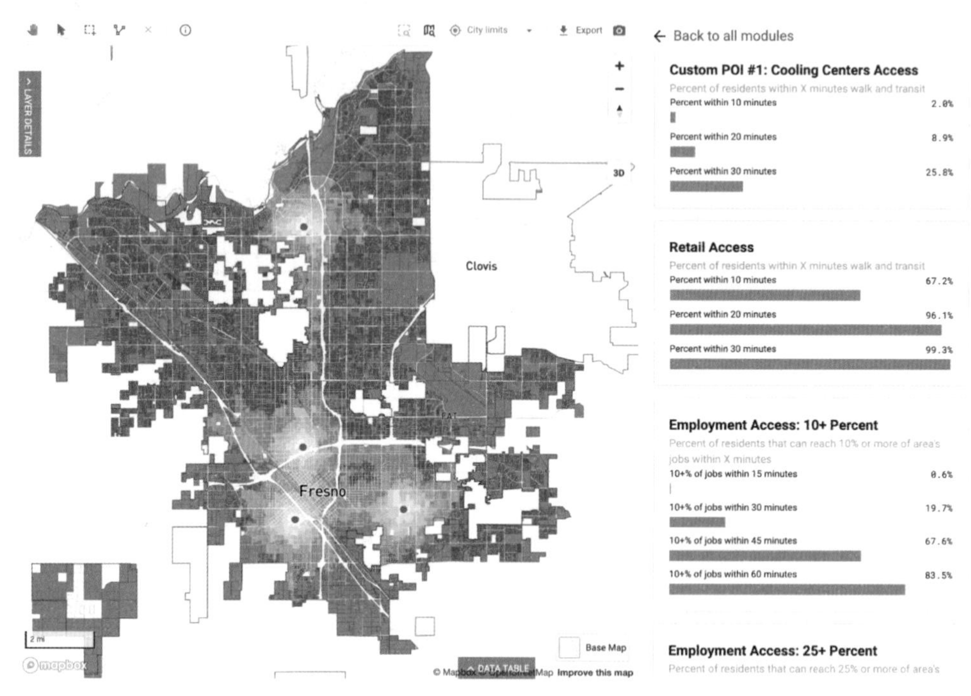

그림 5-13. 대중교통 기반의 접근성 분석 지도 표출

출처: Urban Footprint(https://tutorials.urbanfootprint.com/urban-planning/scenario-planning-and-analysis/measuring-walk-and-transit-access-to-custom-points-of-interest)

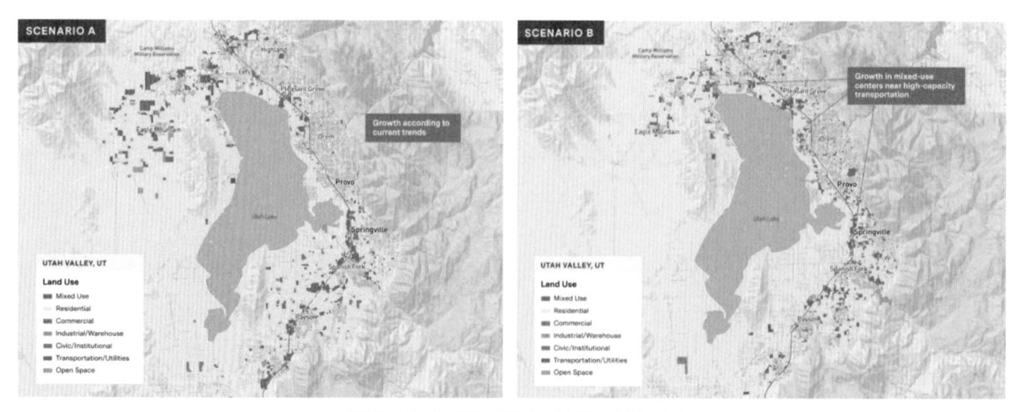

그림 5-14. 시나리오별 토지이용 계획 지도

출처: Urban Footprint(https://urbanfootprint.com/case-studies/envision-utah-valley-visioning)

그림 5-15. 연직고도별 바람길 시뮬레이션
출처: https://mediahub.seoul.go.kr/archives/2001139

폼을 활용하여 2065년까지 인구가 100만으로 성장할 것으로 예상되는 유타 카운티에서 성장에 따른 다양한 시나리오를 제시하였다. 이를 바탕으로 주거 및 상업용 물소비량, 에너지 사용량, 실외물 사용량, 온실가스 배출량, 농지 및 오픈스페이스 감소량 등 5가지 영향분석을 수행하고, 시민들은 영향을 확인하고 선호도를 조사하여 시나리오를 수정하는 방향으로 프로젝트를 진행하였다.

5.4 디지털 트윈, 메타버스와 공간자료의 활용

1) 전주시 디지털트윈 기반 스마트시티 프로젝트

전주 스마트 시티 프로젝트는 디지털 트윈 기반의 스마트시티 구현을 위해 LX 한국국토정보공사와 전주시가 추진한 사업이다. 전주시는 데이터를 활용한 도시 플랫폼을 구현해 도시 현안을 해결함으로써 시민의 편의성을 증대하고 사람 중심의 도시를 만들고자 하였다. 이를 위해 LX와 협업하여 도시 문제를 디지털 트윈 기반 위에서 진단, 예측, 대응할 수 있는 프로세스를 마련하였다.

전주 스마트시티 프로젝트는 'Virtual전주'와 'Cyber전주' 두 가지 프로젝트로 구성되어 있다. 'Virtual전주' 프로젝트는 3차원 도시 모델인 디지털 트윈을 구축하는 프로젝트이다. 수치지도, 연속

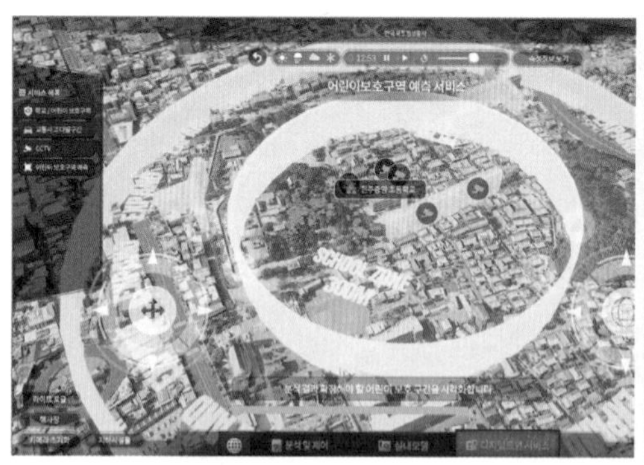

그림 5-16. 전주시 디지털 트윈을 활용한 도시 공간분석 모델 서비스.
전주 중앙초등학교 어린이 보호구역 예측 서비스(왼쪽)와 전주 천만 그루 나무심기 서비스(오른쪽)

출처: 이관도, 2021

지적도와 같이 이미 구축된 공간정보 데이터와 현지 조사와 드론을 통해 수집한 데이터를 바탕으로 시범사업 대상지인 효자동 일대 약 16m2를 가상 세계에 동일하게 복제하였다. 'Cyber전주' 프로젝트는 도시 문제를 데이터 기반의 과학적 분석으로 해결하기 위해 행정, 공공, 민간 등 분산된 데이터를 통합하여 도시 공간분석 모형을 개발하는 프로젝트이다. 개발된 공간분석 모형은 디지털 트윈 모델과 연계하여 가시화, 시뮬레이션, 각종 의사결정 지원 등에 활용이 가능하다.

이 프로젝트를 통해 실제 사업 기간 동안 디지털 트윈 시범 모델(LOD 0~4)과 통합 시나리오 분석 모델이 개발되었다. 또한 환경, 복지, 소방, 안전 등 8개 분야 12개의 도시 공간분석 모델을 구축하였다. 개발된 시범 모델은 도시의 효율적 운영과 관리 그리고 각종 도시 문제 해결을 위한 시뮬레이션 서비스를 제공하고 있다. 전주시는 실험 사업을 기반으로 스마트 시티 디지털 트윈 표준모델을 개발해 이를 전주시 전역으로 확대할 계획이다.

2) 네덜란드 암스테르담 도심 디지털 트윈

네덜란드 암스테르담의 도심 디지털 트윈은 도시 계획가와 엔지니어가 도시의 설계, 운영 및 성능의 다양한 측면을 시뮬레이션하고 분석할 수 있는 도구로 2020년에 만들어졌다. 디지털 트윈은 도심을 가상으로 표현한 것으로, 센서와 카메라 등 다양한 소스의 데이터를 사용하여 실시간으로 업데이트된다.

디지털 트윈을 통해 시 공무원은 다양한 시나리오와 잠재적 영향을 시뮬레이션하고 분석하여 도시의 미래 개발에 대해 정보에 입각한 결정을 내릴 수 있다. 예를 들어, 도시계획가는 디지털 트윈을 사용하여 다양한 교통 패턴, 보행자 흐름, 도시 개발 프로젝트의 영향을 시뮬레이션하여 잠재적

그림 5-17. 3D 디지털트윈 암스테르담 화면

출처: https://3d.amsterdam.nl

인 문제를 파악하고 도시의 전반적인 설계를 개선할 수 있다.

암스테르담의 디지털 트윈은 계획가에게 유용한 도구일 뿐만 아니라 일반 시민도 액세스할 수 있어 시민들이 도시를 탐색하고 더 많은 것을 배울 수 있다. 이러한 투명성과 참여의 증가는 도시 개발이 지역사회의 요구와 기대에 부합하도록 하는 데 도움이 된다. 전반적으로 암스테르담의 디지털 트윈은 도시계획과 디자인을 개선하는 혁신적이고 효과적인 도구로, 암스테르담이 시민들에게 활기차고 지속가능하며 살기 좋은 도시가 될 수 있도록 돕고 있다.

3) 부산 에코델타 스마트 시티(EDC) 국가시범사업

2018년 국토교통부가 스마트 시티 국가시범도시로 세종시 5-1생활권과 부산 에코델타 스마트 시티(EDC) 두 곳을 선정하였다. 부산 EDC 스마트 시티는 혁신 3대 특화전략으로 스마트 테크 시티, 스마트 워터 시티, 스마트 디지털 시티를 설정하였다. 마지막 특화전략인 스마트 디지털 시티는 디지털 트윈 기술을 활용하는 전략으로 부산 EDC 전체 공간을 삼차원의 가상 공간에 동일하게 구현하여 계획 단계부터 시민과 전문가가 경험하고, 사전 시뮬레이션을 통해 검증된 도시를 조성한다는 전략이다.

이러한 스마트 디지털 시티를 운영하기 위해서 삼차원 지도, 가상현실(VR)과 증강현실(AR) 등의 기술을 활용할 예정이다. 가상 공간에서 마치 실제 도시를 계획하고, 조성하고, 운영하고 관리하듯

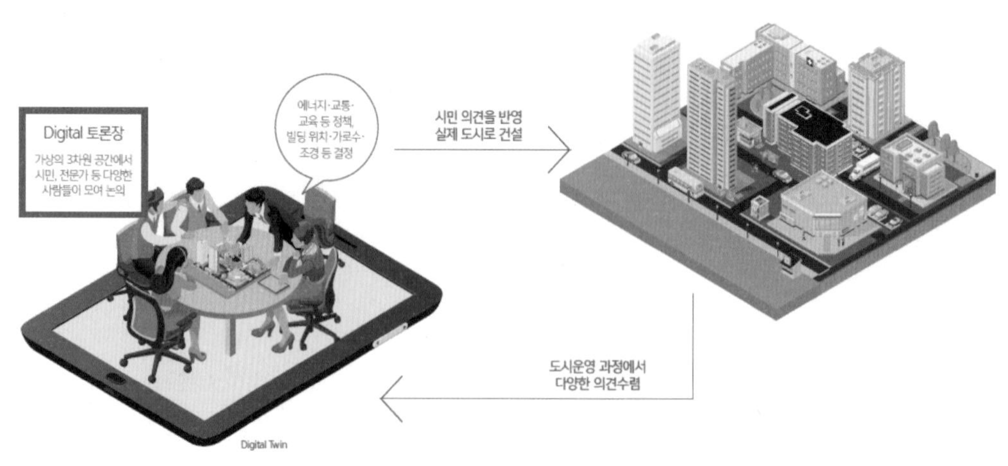

그림 5-18. 부산 EDC 스마트 디지털 시티 특화전략

출처: 스마트 시티 종합포털

이 시뮬레이션을 수행함으로써 실제로 발생 가능한 시행착오를 사전에 예방할 것으로 기대하고 있다. 또한 실제 도시가 조성된 이후에는 현실과 가상을 넘나들며 최적화된 기술을 적용하여 도시를 과학적으로 운영하고 관리하는 플랫폼으로 활용할 예정이다.*

디지털 트윈 시스템이 제 기능을 하기 위해서는 현실과 가상 공간 사이의 연계가 중요하다. 건물과 도로에 마킹을 통하여 초정밀 위치정보를 수집하고, 수집된 정보가 실시간으로 능동적으로 디지털 트윈 시스템에 업데이트하여 현실과 가상 사이의 연계를 극대화하도록 할 수 있다. 공간 빅데이터를 수집하고 업데이트 하고 시뮬레이션이 원활하게 하기 위해서 최고 수준의 슈퍼컴퓨팅이 가능한 플랫폼을 구축할 예정이다. 부산 EDC 디지털 트윈이 계획대로 구축되고 운영이 된다면 세계 최고의 테스트베드로서의 위상을 확보할 것으로 기대한다.

4) 에스리의 시티엔진

시티엔진(CityEngine)은 에스리(ESRI)에서 개발한 소프트웨어로, 대규모 도시환경의 빠른 3D 모델링을 가능하게 하는 도구다.** 이 소프트웨어는 기존에 에스리의 ArcGIS와 호환성이 높아, 지리공간의 벡터 데이터를 쉽게 입력하고 출력할 수 있는 장점이 있다. 시티엔진은 도시 계획에서 계획안

* https://smartcity.go.kr/부산-에코델타-스마트 시티
** https://www.g2.com/products/cityengine/reviews

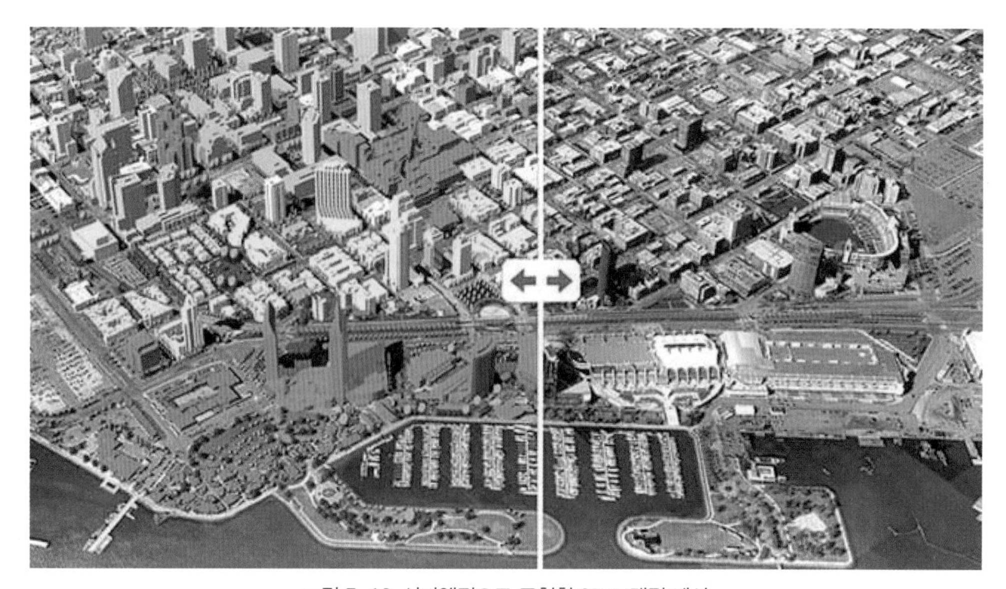

그림 5-19. 시티엔진으로 구현한 3D 모델링 예시

출처: https://www.esri.com/en-us/arcgis/products/arcgis-cityengine/overview

과 대안을 3D 모델링 할 수 있으며, 도시의 조례나 용도지역 규제를 3D로 표현하여 설계와 계획에 참고할 수 있다. 또한 이를 이용해 다양한 계획안을 구현하고 이해관계자들과 함께 소통할 수 있는 도구로 사용할 수 있다. 파이썬(Python)을 활용하여 코드기반의 공간계획을 적용할 수도 있으며, 파라메트릭 디자인(parametric design)을 위한 플랫폼으로도 활용이 가능하다. 실제로 마르세유(Marseille) 도시계획에 시티엔진을 적용하여 다양한 공간계획을 시뮬레이션한 결과를 완성했다.

시티엔진은 스마트 시티 시대에도 매우 유용한 도구로 사용될 수 있다. 이를 이용해 3D 모델링을 통한 계획안 구현과 설계 및 도시의 조례나 용도지역 규제 등을 시각화하여 계획과 설계에 대한 이해관계자들의 참여를 촉진할 수 있다. 또한 파이썬을 활용하여 시티엔진을 조작할 수 있으며, 이를 통해 코드기반의 공간계획이 가능해졌다. 이러한 기능들은 공간계획 전반에 걸쳐 매우 유용하게 활용될 수 있으며, 이를 통해 더욱 효율적이고 혁신적인 도시계획을 실현할 수 있다.

5) 뷰시티

뷰시티(VU.CITY)는 3D로 구현된 도시에서 건축물이나 지구 혹은 도시 단위의 계획을 적용하여 기존 도시 맥락에서의 경관, 보행환경, 교통, 미기후, 역사문화보호 등 다양한 요소를 고려하여 분석하고 시뮬레이션을 할 수 있는 플랫폼이다. 또한 개발 프로젝트의 전후를 단순 2D 이미지가 아

그림 5-20. 뷰시티(VU.CITY) 플랫폼에서 제공하는 분석도구

출처: https://vu.city/vucity-london

니라 3D로 구현된 공간 속에서 VR 기기를 통하여 경험할 수 있는 기능 또한 포함하고 있다. 뷰시티 플랫폼을 이용하여 3차원 공간계획을 수행하고 실시간으로 경관, 교통 등 다양한 부분을 분석하고 공간계획을 수정을 통하여 최종 계획안을 도출하는 플랫폼이다. 뷰시티는 현재 런던의 약 1,619 km^2의 면적을, 약 10,390,300그루의 나무를, 그리고 약 3,300,000채의 건축물을 약 15cm 정도 해상도의 3D 모델로 구축하였다.* 개별건축물이나 지구 단위 개발계획을 뷰시티 플랫폼이 가져오거나(import) 직접 플랫폼 안에서 모델을 생성할 수 있으며, 주변지역의 미래 개발계획 정보를 조회할 수 있고, 이를 바탕으로 다양한 분석을 수행할 수 있다. 가능한 분석으로는 실시간 교통정보를 반영하여 개발 전후의 교통환경에 미치는 영향이나 역사문화자원으로 보호받고 있는 보호지구, 또는 랜드마크에 대한 경관축 위반 여부 분석이나 가시권 분석이 가능하다. 또한 가로 수준에서의 보행환경을 실제 사람의 눈높이에서 가상현실(VR)로 경험할 수 있고, 대기오염 정보나 미기후 환경

* https://vu.city/vucity-london

을 반영하여 일조를 포함한 다양한 기후모델링도 가능하다. 지상물에 대한 정보뿐 아니라 지하철과 같은 지하공간에 대한 정보를 플랫폼 내에서 조회도 가능하다.

5.5 미래 도시에서의 공간정보 활용

미래 도시에서의 공간정보 활용은 스마트 시티, 디지털 트윈, 메타버스 등의 기술 발전과 밀접한 관련이 있다. 이러한 기술들은 공간정보의 필요성을 강조하며, 다양한 형태의 공간정보를 생성, 가공, 활용하는 방식이 전통적인 방식과 크게 다르다. 과거와 달리 현재는 지속적으로 변화하는 도시 현상을 관찰하고 분석하는 것이 중요해졌다. 이를 위해서는 이질적이고 다양한 공간정보를 효율적으로 수집하고, 의미 있는 활용을 위해서 통합하고 유통하고 적용하는 것에 대한 고민이 필요하다.

스마트 시티 분야에서는 광범위한 센서 네트워크와 인공지능 기술 등을 활용하여, 다양한 공간정보를 수집하고 분석한다. 이를 기반으로 정확하고 신속한 도시 문제 해결책을 제공한다. 또한 디지털 트윈 분야에서는 실제 도시와 거의 동일한 가상 도시를 만들어, 도시의 상황을 실시간으로 모니터링하고, 대응 방안을 제공한다. 메타버스 분야에서는 가상 공간에서 다양한 공간정보를 수집하고, 이를 기반으로 다양한 경험을 제공한다.

그러나 이러한 새로운 방식의 공간정보 수집, 분석, 활용은 기존의 방식과는 크게 차이가 있으므로, 이에 대한 전문적인 지식과 기술이 필요하다. 또한 지금까지의 사례들은 과거와 현재의 기술 수준에서 구현된 것이므로, 앞으로 경험해 보지 못한 다양한 사례들이 나타날 것이다. 그러나 나날이 공간정보의 중요성은 더욱 커질 것이며, 이에 따라 공간정보를 효율적으로 수집하고 활용하는 기술 발전이 더욱 적극적으로 이루어질 것으로 기대된다.

또 한편으로는 스마트 시티에 대한 논의가 스마트 기술 요소에 초점을 두고 진행되면서 공간 개선과 계획 그 자체에 대한 고민이 적은 것이 한계로 지목된다. 더 현실적이고 의미 있는 도시정책과의 연계성을 고민해야 한다. 도시기본계획, 도시관리계획, 지구단위계획 등과 같은 도시계획에서 스마트 시티를 어떻게 적용하고 실현할 것인가에 대한 논의가 매우 부족하다(도시정보, 2019).

따라서 미래 도시에서 공간정보를 도시 문제를 해결하는 데 활용할 방법을 고민하는 것이 필요하며, 공간정보는 지금보다 더 중요해질 것이다. 미래 도시 전문가가 되기 위해서는 지속적으로 발전하는 기술과 전문적인 지식이 필요하며, 이러한 기술과 지식은 공간정보 전문가들과 다양한 분야의 전문가와 협업을 통해 발전할 것이다.

참고 문헌

국토교통부, 2019, 제3차 스마트 시티 종합계획 보고서.

김진·장환영·신윤호·김기승, 2021,「스마트 시티(Smart City)의 새로운 변화, 디지털 트윈(Digital Twin)」,『도시정보』, 468, 5-15.

서기환·오창화, 2020, 디지털 뉴딜시대, 공간정보산업 활성화를 위한 국가공간정보 보안관리규정 개선방향, 국토정책 Brief, 1-6.

이재용·한선희, 2019,「스마트 시티 정책추진 변화와 지자체 대응 분석」,『한국도시지리학회지』, 22(2), 1-11.

임시영·김미정, 2018, 스마트 시티의 성공을 위한 디지털 트윈 적용방안. 국토정책 Brief, 1-6.

조용성·유은철·권영상·이승태·계민혜·박성현·김도훈·전장우, 2022,「메타버스와 도시」,『도시정보』, 484, 5-25.

장환영·김걸, 2020,「스마트 시티 리빙랩의 사업적 쟁점과 대응 방안」,『한국도시지리학회지』, 23(1), 45-57.

최봉문·고은태·이제승·조기혁·이희정·이승일·이재경·김승남·김태현, 2019,「도시공간 정책차원에서의 스마트 시티계획」,『도시정보』, 453, 4-17.

Al-Hindi, K. F., & Till, K. E., 2001, placing the new urbanism debates: Toward an interdisciplinary research agenda, *Urban Geography*, 22(3), 189-201.

CeArley, D., Burke, B., Searle, S., & Walker, M. J., 2016, Top 10 strategic technology trends for 2018. The Top, 10, 1-246.

Cheng, B., Longo, S., Cirillo, F., Bauer, M., & Kovacs, E., 2015, Building a big data platform for smart cities: Experience and lessons from santander. In 2015 IEEE International Congress on Big Data (pp. 592-599). IEEE.

Deng, T., Zhang, K., & Shen, Z. J. M., 2021, A systematic review of a digital twin city: A new pattern of urban governance toward smart cities. Journal of Management Science and Engineering, 6(2), 125-134.

Deren, L., Wenbo, Y. & Zhenfeng, S. Smart city based on digital twins. Comput.Urban Sci. 1, 4 (2021). https://doi.org/10.1007/s43762-021-00005-y

Hollands, R. G., 2020, Will the real smart city please stand up?: Intelligent, progressive or entrepreneurial?. In The Routledge companion to smart cities (pp. 179-199). Routledge.

Jung, Y. J., Cho, I. Y., Lee, J. W., Kim, B. H., Lee, S. H., Lim, C. G., ... & Ann, J. H., 2021, Digital Twin technology for Urban Policy Making (A Case Study of Policy Digital Twin of Sejong City), *Electronics and Telecommunications Trends*, 36(2), 43-55.

Khajavi, S. H., Motlagh, N. H., Jaribion, A., Werner, L. C., & HolmstrÖm, J., 2019, Digital twin: vision, benefits, boundaries, and creation for buildings. IEEE access, 7, 147406-147419.

P. Hurtado and A. Gomez. Smart city digital twins are a new tool for scenario planning, Planning Magazine, 2021. Available at: https://www.planning.org/planning/2021/spring/smart-city-digital-twins-are-a-new-tool-for-scenario- planning

P. Santi, G. Resta, M. Szell, S. Sobolevsky, S. Strogatz, C. Ratti. Taxi pooling in New York City: a network-based approach to social sharing problems (2013) https://arxiv.org/abs/1310.2963

Shahat, E., Hyun, C. T., & Yeom, C., 2021, City digital twin potentials: A review and research agenda, *Sustainability*, 13(6), 3386.

Vanolo, A., 2014, Smartmentality: The smart city as disciplinary strategy, *Urban studies*, 51(5), 883-898.

White, G., Zink, A., Codecá, L., & Clarke, S., 2021, A digital twin smart city for citizen feedback, *Cities*, 110, 103064.

http://bigdata.seoul.go.kr

http://data.seoul.go.kr

http://m.dnews.co.kr/m_home/view.jsp?idxno=201705031332585810170

http://www.newsjinju.kr/news/articleView.html?idxno=20266

https//zep.us/play/2eXVRP

https://3d.amsterdam.nl

https://bigdata.seoul.go.kr/noti/selectPageListTabNoti.do?r_id=P260&bbs_seq=&ac_type=A4

https://blog.naver.com/nia_korea/222060657384

https://gathertown.tistory.com

https://mediahub.seoul.go.kr/archives/2001139

https://senseable.mit.edu/hubcab

https://seoulsolution.kr/en/node/9358

https://smart.seoul.go.kr

https://smartcity.go.kr/부산-에코델타-스마트 시티

https://tutorials.urbanfootprint.com/urban-planning/scenario-planning-and-analysis/measuring-walk-and-transit-access-to-custom-points-of-interest

https://vu.city/vucity-london

https://www.esri.com/en-us/arcgis/products/arcgis-cityengine/overview

https://www.g2.com/products/cityengine/reviews

https://www.sketchup.com/industries/urban-planning

https://www.worldsmartcityexpo.com

제6장

부동산 분야의 공간정보 활용

6.1 부동산과 공간정보

1) 부동산의 속성과 공간정보

부동산학을 전공하거나 공인중개사 자격시험 공부를 하게 되면 제일 먼저 부동산학의 특성을 배우게 된다. 부동산은 토지와 그 정착물(「민법」 제99조 제1항)로 부동산의 특성은 일반재화와 달리 토지의 특성과 건물의 특성을 가지게 된다. 토지의 특성은 자연적 특성과 인문적 특성을 가지는데, 대표적인 토지의 자연적 특성은 부동성, 부증성, 영속성, 개별성, 인접성이다.

부동성은 토지의 입지가 고정됨에 따라 나타나는 특성으로 부동산은 지역시장의 영향을 받는데, 개별성과 연관되어 모양과 위치가 똑같은 토지가 없는 유일무이한 자원으로 차별적 속성을 가짐을 의미한다.

부동산은 부동성과 개별성의 특성으로 인해 토지는 주변 토지와 환경에 영향을 받게 되는데 이러한 특성이 인접성이다. 부증성은 토지는 자연에 의해 주어진 것으로 재생산이 불가한 희소성 있는 자원의 가치를 갖게 됨을 의미하며, 영속성은 토지가 감가되지 않고 본연의 특성에 따라 지속가능한 자원임을 의미한다.

부동산은 토지를 기반한 자원으로 위치의 속성을 가지게 되고, 똑같은 필지가 없는 특성으로 인해 개별성이 강한 자원이자 주변 환경에 영향을 주고받게 된다. 즉 주변 지역의 개발이나 쇠퇴, 풍수나 재해, 미세먼지와 같은 환경, 일조, 경관 문제, 교통문제 등 다양한 요소에 영향을 받고, 반대로 해당 토지의 개발이 인근 지역에 영향을 주게 된다. 이로 인해 해당 부동산이 사회적, 경제적, 환경적 위치가 변하게 되고 이러한 변화가 부동산 가치에 영향을 주게 된다. 부동산학에서는 이러한 토지의 특성을 인문적 특성이라고 한다.

토지의 인문적 특성은 동일한 토지라도 용도에 따라 다르게 사용될 수 있는 용도의 다양성, 토지이용목적에 따라 분할 가능성, 분할, 합병(병합) 그리고 앞서 설명한 사회적, 경제적, 환경적 위치의 가변성이 있다.

토지 용도의 변화나 이를 위한 분할, 합병 등의 경제적 활동은 주변 공간활동의 변화를 반영하게 된다. 예를 들면 지역상권이 활성화되어 유동인구가 늘거나, 대중교통 인프라가 개선되는 변화가 있으면 주거 전용으로 사용하던 용도가 상업 용도로 바뀌고, 나대지는 건축을 통한 활용을 모색하게 되는데, 이러한 토지의 개발이나 용도의 전환은 주변 공간정보에 기반한 개발의사 결정, 용도지역 변화, 개발계획수립, 부동산 상품설계 및 마케팅, 분양가 결정 등에 의해 이뤄지게 된다.

건물의 특성은 재생산이 가능한 내용연수를 가지는 속성으로 인해 비영속성, 생산가능성 그리고 동일한 형태나 구조로 만들 수 있어 동질성을 지닌다. 토지와 달리 기술의 발달로 건물은 이동성도 가질 수 있다. 그러나 토지 위에 정착하여 건축되는 특성으로 종속성을 가진다. 즉 건물은 토지에 종속되어 주변 환경의 변화에 따라 그 용도와 기능이 전환된다. 주거용으로 사용되던 건물이 역이 들어온다거나 주변 유동인구가 많아지면 상업용으로 전환되는 것이 그 예이다. 반대로 환경적 원인으로 주거용으로 사용이 부적합하게 된다면, 빈집으로 남거나 다른 용도로 전환된다.

부동산은 이러한 속성으로 인해 공간정보와 밀접하다. 공간정보는 토지와 정착물이라는 부동산의 3차원적 특성과 토지의 최유효이용이라는 목적을 위한 입체적 의사결정을 지원하는 자료가 된다. 최근 공간정보가 지하, 지상 그리고 위성과 드론 촬영에 의한 정보까지 구축됨에 따라 필지 단위 부동산의 개발, 관리뿐 아니라 도시 단위에서의 부동산정책 수립에도 활용 가능하다.

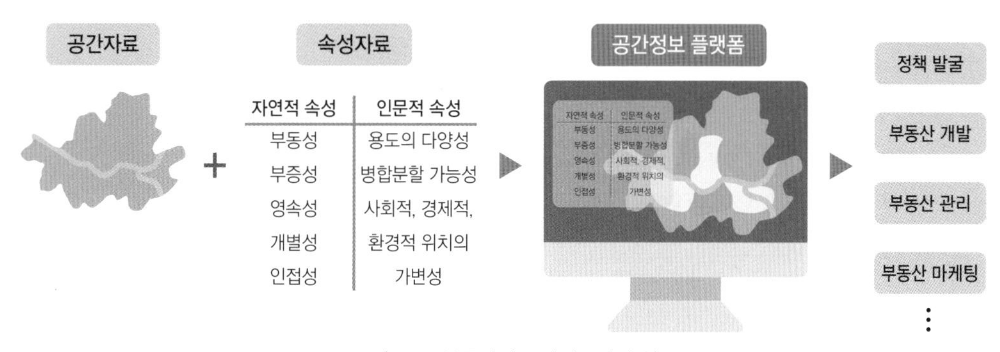

그림 6-1. 부동산과 공간정보의 속성

그림 6-2. K-Geo 플랫폼

출처: https://kgeop.go.kr

정부도 공간정보의 활용을 위해 국가공간정보플랫폼을 구축하고 누구나 지도, 부동산 정보 등 공간정보를 쉽고 간편하게 활용할 수 있도록 지원하고 있다. 국토교통부 국가공간정보센터는 K-GeoPlatform이라고 명명한 공간정보 개발 프레임워크를 구축해 좌표변환이나 공간분석 등 공간정보 활용 서비스 개발을 위한 각종 API를 제공하고 플랫폼에서 각종 개발 편의기능을 제공하고 있다. 이러한 서비스는 부동산의 최유효이용을 지원함에 따라 토지라는 한정된 자원을 효율적으로 이용하게 한다. 최근에는 3D 환경을 3차원 지도상에서 조망권 및 일조량 분석 등을 통한 정책지원 서비스를 개발 중인데 이를 활용한다면, 부동산개발에 따른 이웃과의 사회적 갈등뿐 아니라 부작용을 최소화 할 수 있다.

2) 개발사업과 공간정보

(1) 상업시설 상권분석과 점포 개발에서의 공간정보

상업시설 관련한 공간정보는 상업시설 점포개발과 입지 선정에 중요한 요소이다. 특히 의사결정 초기 단계에서의 상권분석은 상업시설 활성화에 있어 그 중요성이 매우 크다. 따라서 상업시설을 개발하는 시행자나 점포창업자의 경우 상권분석을 제일 먼저 하게 된다. 상권은 고객의 공간분포 수준에 따라 1차상권부터 3차상권으로, 상권의 규모에 따라 총상권, 지구상권, 점포상권으로 나뉜다.

표 6-1. 상권 분류

기준	분류	개념
공간분포	1차 상권	점포고객의 55~70%를 포함하는 공간범위
	2차 상권	점포고객의 15~25%를 포함하는 공간범위
	3차 상권	1,2차 상권 외의 고객을 포함하는 공간범위
규모	총상권	지역 상권
	지구상권	대상 점포가 속한 상권으로 지구 상권
	점포상권	지구 내 대상점포의 입지에 의한 상권

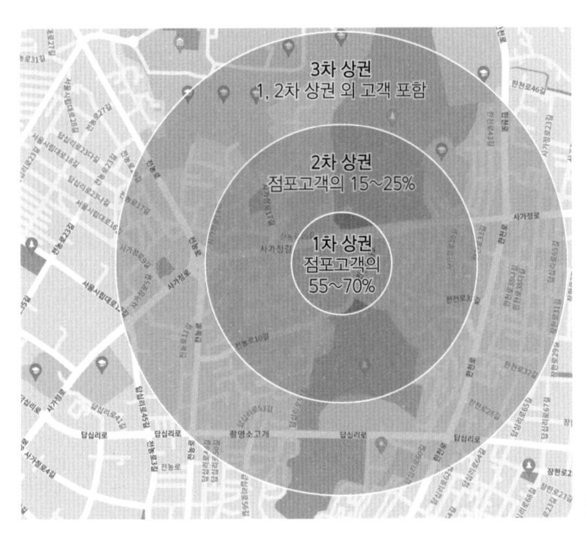

그림 6-3. 상권 분류

상권분석은 주변 점포유형, 유동인구, 경쟁점포매출 및 근린환경 등 공간정보를 활용하게 된다. 전문적인 컨설팅 업체가 상권분석을 해 주기도 하나, 창업자가 간단히 공간정보기반 플랫폼을 통해 상권분석이 가능하다.

공공플랫폼으로서 소상공인진흥공단의 상권정보 시스템은 업종별 상권분석을 유동인구, 매출을 지도기반으로 전월대비, 전년대비로 업종과 매출추이를 주중, 주말 요일별, 월별로 분석해 준다. 이 플랫폼은 소상공인 창업에 필요한 공간정보를 위치기반으로 분석해서 제공해 줌으로서 경쟁업체와 상권에 대한 분석이 가능하다.

서울시의 경우 '우리마을가게 상권분석서비스'를 통해 '뜨는 상권'을 추천하고 '나는 사장'과 '나도 곧 사장'을 통해 현 운영자의 주변 상권진단과 창업자의 상권분석을 지원하고 있다.

공공플랫폼 외에 KT와 같은 통신사도 '상권분석솔루션(GrIP)'을 개발하여 제공하고 있다. 건물단위의 배후지 데이터를 통해 잠재고객의 이동행태 분석으로 내 가맹점에 맞는 최적의 출점지를 파악하고, 효율적인 마케팅 전략 수립을 지원하는 프로그램이다. 유료프로그램으로 통신사의 특성상 이용고객에 기반한 유동인구분석이 유리하다는 장점을 살려 출점 후보지부터 유동인구파악, 건물정보분석, 배후지분석, 출점후보지 선정분석, 출점, 매장관리 및 사후 상권분석까지 제공한다.

이렇듯 상권분석은 상업시설과 밀접한데, 특히 신규 점포개발에서 공간정보는 의사결정에 중요한 영향력을 갖는다. 스타벅스를 예로 들어 점포개발에 공간정보의 영향력을 살펴보자.

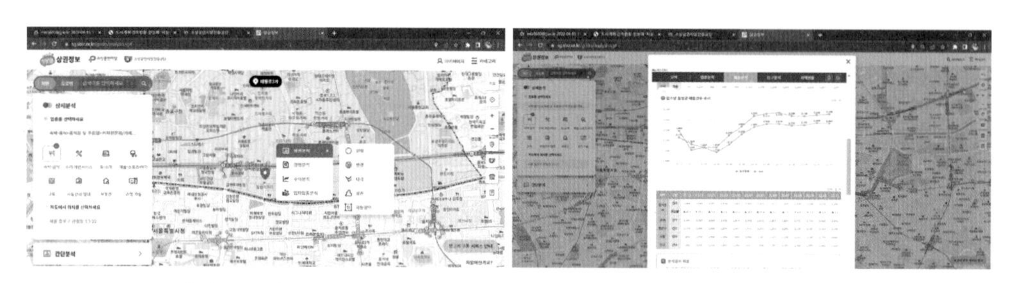

출처: https://sg.sbiz.or.kr　　출처:https://sg.sbiz.or.kr

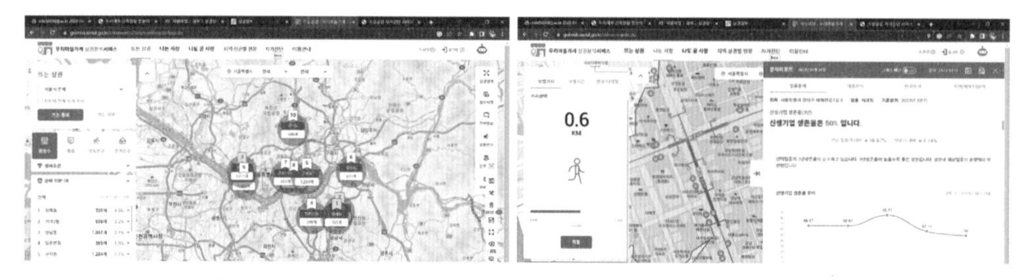

출처: https://golmok.seoul.go.kr　　출처: https://golmok.seoul.go.kr

그림 6-4. 소상공인진흥공단의 상권정보시스템

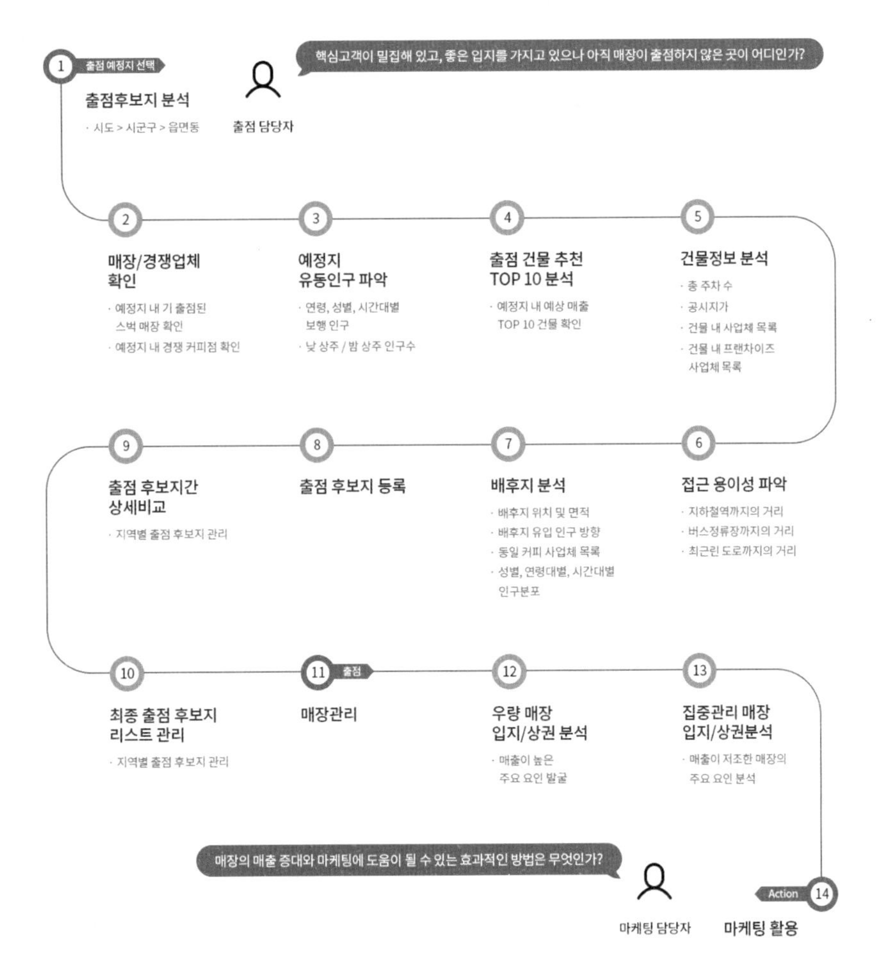

그림 6-5. KT 상권분석솔루션(GrIP) 프로세스

출처: https://enterprise.kt.com/pd/P_PD_AI_BD_002.do

미국의 노마(knoema)라는 리서치회사가 제공하는 세계 스타벅스 매장 정보를 보면, 한국은 미국(6,608개)에 이어 세계에서 두 번째(1,750개, 2022년 4분기 기준)로 스타벅스 매장이 많은 국가다. 영국(3위, 838개)보다, 멕시코(4위, 769개), 터키(5위, 604개)보다 많다. 1999년 7월 27일 이대 1호점을 오픈한 이후 스타벅스 코리아 점포개발팀은 '미션 1000'이라는 목표를 자체적으로 세워 신규점포를 개발했다. 중심업무지역의 대형빌딩에서부터 지역 근린상업지역의 작은 건물까지 스타벅스는 매장을 개설했다. 부동산시장에서는 스타벅스가 들어오면 건물가치가 상승하고 지역가치가 오른다고 해서 '스세권'이라는 말도 등장했다. 스타벅스는 개인이 운영하는 가맹점이 없고, 모든 매장은 본사에서 직접 운영, 관리하는 직영점으로만 운영된다. 개인이 상권분석을 해서 점포를 선정하고 가맹점업체와 계약하는 형태 또는 가맹점업체가 점포입지와 개설만 돕는 형태가 아닌 철저히 처음부터 전문가가 참여해서 점포입지선택을 하고 운영하는 방식인 것이다. 그러다 보니 스타벅스 점포개발팀의 역할이 매우 중요하다. 이들은 매장 후보지 발굴, 매장임대차 계약, 인테리어 설계, 공사, 시설유지보수의 업무를 맡으며 점포개발업무를 담당한다. 매년 신규점포를 개발해야 하므로 점포개발팀은 매장을 오픈할 수 있는 모든 후보지를 조사하여 '스타벅스 코리아 국토개발계획지도'를 제작하였다. 지하철역, 신설 예정지역의 규모에 따라 오픈 가능한 매장수를 계산하고 버스정류장의 승하차율을 고려해 오픈할 정류장을 선정, 대형빌딩, 공연장, 공항, 영화관, KTX, GTX, 터미널 등 주요 시설을 지도화할 뿐 아니라, 신도시개발, 새로운 택지조성과 인구이동에 대해 분석한다. 유동인구, 거주인구, 인구의 구조 등 다양한 정보를 도로, 건물, 주요시설과의 관계를 분석하여 입점 계획을 세운다.

스타벅스가 입점하기 시작한 후 스타벅스의 매장은 상장기업의 밀집도와 일치하는 모습을 보였고, 이제는 스타벅스 리저브 매장이 상장기업 밀집도와 일치한다.

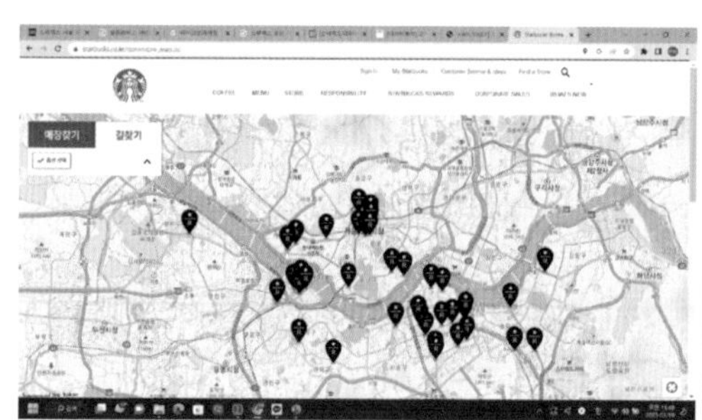

그림 6-6. 서울 스타벅스 리저브

출처: 스타벅스코리아, 2023.3월 기준

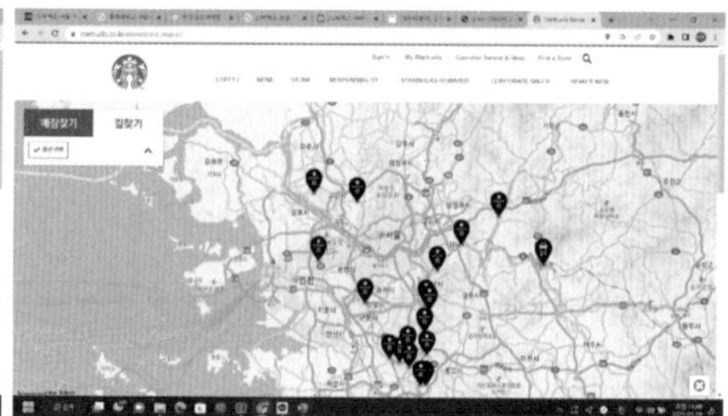

그림 6-7. 경기 스타벅스 리저브

출처: 스타벅스코리아, 2023.3월 기준

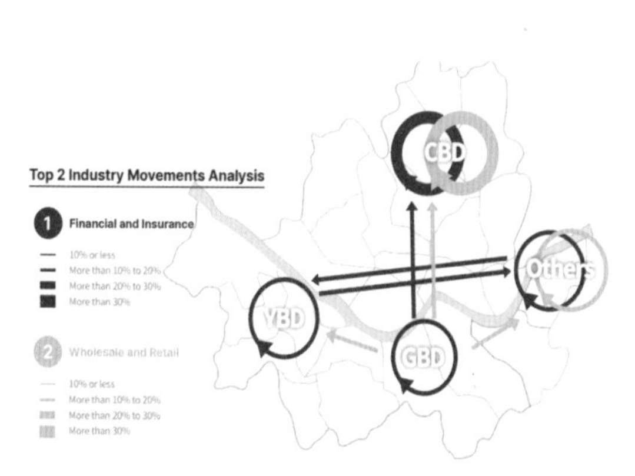

그림 6-8. 서울 주요 업무지역

출처: 젠스타

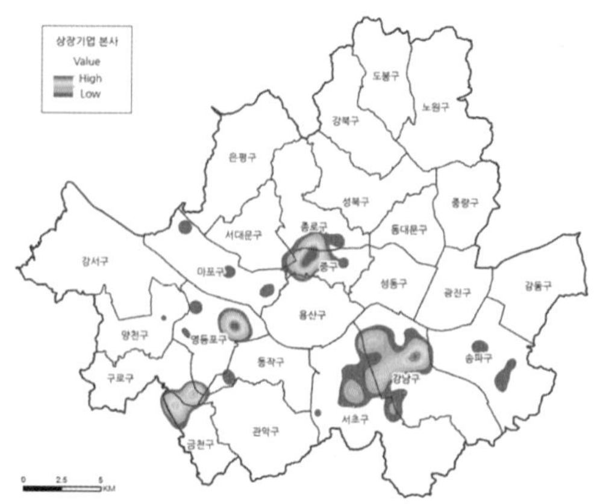

그림 6-9. 서울시 상장기업 분포

출처: 대한상공회의소, 2011

이를 살펴보면, 부동산시장에서는 서울의 주요 업무지역을 YBD(Yeouido Business District, 여의도권역), GBD(Gangnam Business District, 강남권역), CBD(Central Business District, 도심권역)의 3개 권역으로 나눈다. 여기에 수도권 남부의 BBD(Bundang Business District, 분당판교권역)를 추가하여 수도권 4개 주요업무지역이 된다. FIRE(Finance, Insurance, Real Estate) 산업과 IT산업이 이들지역의 주요산업으로 고소득 직장인들이 주요 소비자이다.

스타벅스는 단순히 커피를 파는 것이 아닌 공간을 팔고 라이프스타일을 창조하는 것을 목적으로 소비자들을 작은 공간 단위로 분석하여 입점 전략을 수립한다. 공간을 아주 작은 단위(300~400가

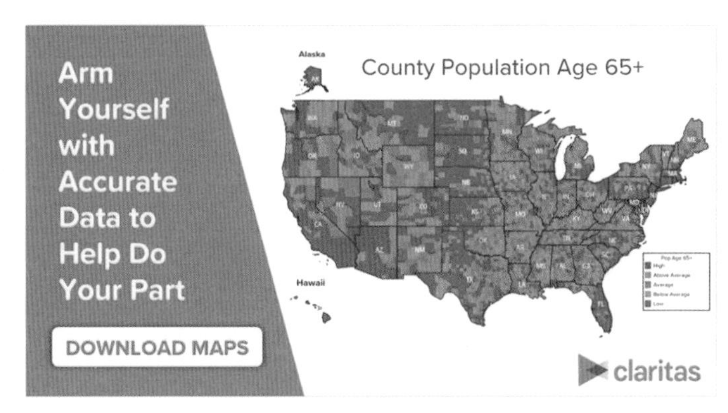

그림 6-10. Claritas 65세 인구분석 맵

출처: https://storage.pardot.com/306121/96517/CoronavirusMap_CountyPopScreenshot.PNG

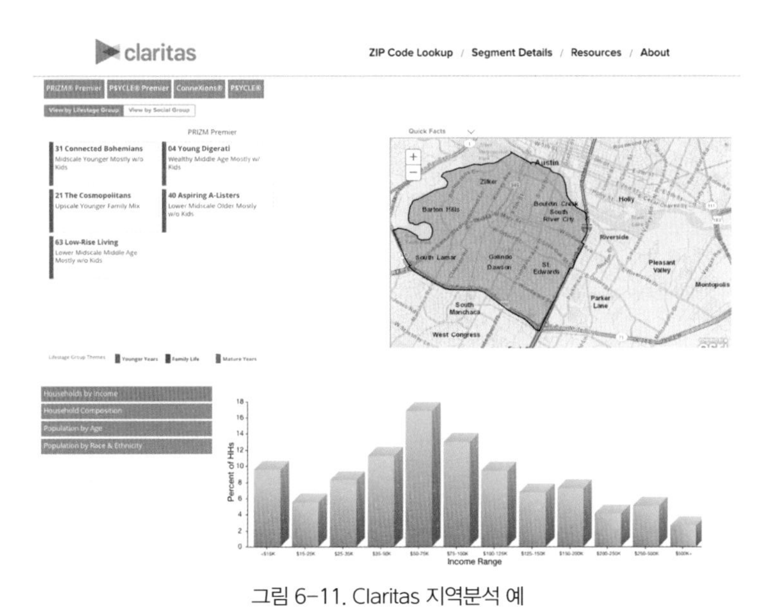

그림 6-11. Claritas 지역분석 예

출처: https://www.studypool.com/discuss/25044925/claritas-prizm

구)까지 분할하여, 상권별로 소비자들의 특성 및 취향 등을 조사한 정확한 분석자료를 작성하여 '공간정보 기반 점포전략수립과 의사결정'을 하는 것이다. 이러한 것을 '마이크로마케팅(micro marketing)전략'이라고 한다.

공간정보 기반자료에 입각한 컨설팅과 자료를 전문적으로 만들어 판매하는 기업으로 미국의 Claritas가 있다. Claritas는 PRIZM이라는 자체프로그램을 통해 소비자행태를 아주 작은 공간 단위로 분석하여 자료화하여 판매하고 컨설팅해 주고 있다.

Claritas가 개발한 PRIZM은 미국 전역을 54만 곳의 시장 권역으로 나누고, 그 시장을 단위로 하여 연령·성별·소득·가족수·상품선호도 등 60여 분야별로 자료를 수집, 분석하여 체계화한 후에 다시 40개 군의 라이프스타일 영역으로 분류한 정보를 제공해 준다. 이러한 라이프스타일 분석이 공간정보와 매칭되어 사업의 성공확률을 높여준다.

이 같은 외부 정보 외에도 과거의 상권별 판매 패턴 분석자료 등의 내부적 자료, 경쟁회사의 매장위치나 판매실적 및 매장의 구성, 가격, 판매, 경쟁전략 등 경쟁사의 정보에다 지리적 정보 등까지 결합시킨다면 더욱 훌륭한 마케팅 자료가 된다.

신규점포를 늘린다고 수익으로 연결되지 않고, 잘못 오픈한 매장은 대규모 손실을 감수해야 하므로 스타벅스도 이러한 공간분석에 기초하여 점포개발을 한다.

스타벅스 점포개발의 특이한 점은 주요 상권이라고 판단되면 '허브 앤 스포크(Hub & Spoke) 전략'을 통해 거점점포를 기준으로 그 일대를 스타벅스 매장화를 통해 경쟁사의 진입을 봉쇄한다는 것이다. 자전거 바퀴 가운데 허브가 있고 허브를 중심으로 바퀴살이 방사형으로 펼쳐지는 것과 같

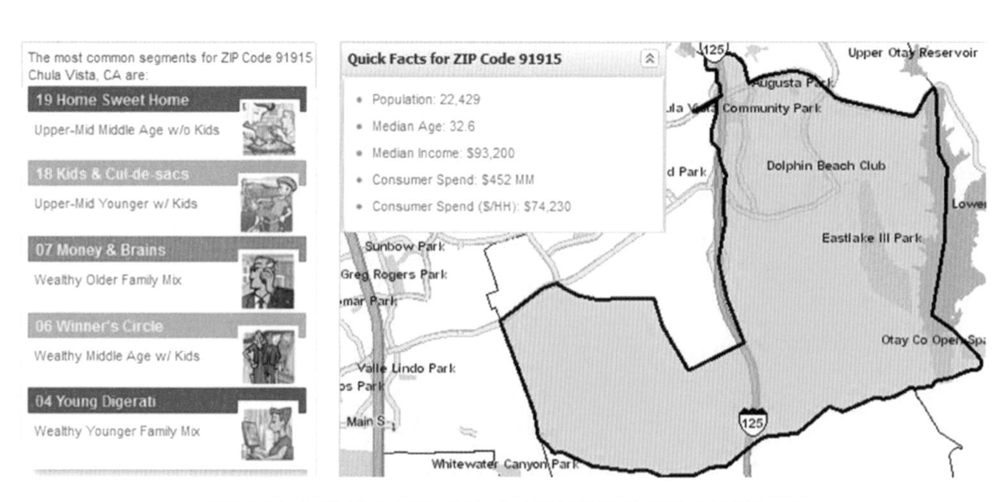

그림 6-12. 주택, 아동, 생활·문화, 소득 등 공간 기반 라이프 스타일 분석

출처: https://geographyeducation.org/courses/historical-cultural-and-social-geography-geog-350/market-segmentation

이 허브지역에 집중적으로 매장을 오픈하고 그 주변지역에 1개씩 매장을 오픈하여 상권을 선점하는 전략이다.

이렇다 보니 스타벅스가 지역 중심상권을 이끌게 되고 스타벅스가 입점하면 건물가치가 상승하게 되는 것이다. 스타벅스의 이러한 점포개설 전략은 데이터에 입각한 공간정보분석에서 시작되며, 성공의 성패를 좌우한다.

(2) 공장, 창고, 물류시설에서의 공간정보

부동산 유형 중 공장은 입지선정이 꽤 까다로운 상품이다. 산업단지개발이든 개별입지 공장이든 간에 주거지역이 인근에 있다면 공장입지에 제약을 받게 된다. 따라서 공장설립은 토지속성, 주변환경, 민원 등 개발여건분석 등에 대한 종합적 분석이 필요하다. 현재 대부분의 공장계획은 개별필지기준으로 계획하고 있다. 그러다 보니 공장설립단계에서 지역주민의 민원이 발생하게 된다.

그렇다고 해서 공장을 너무 외진 곳에 설립하게 되면 직원들의 출퇴근이 힘들게 되어 공장운영에 문제가 발생한다. 주변환경에 대한 영향력과 민원을 최소화하면서 직원들이 출퇴근하기 힘들지 않은 최적의 토지를 찾아 매입하고 개발해야 하는 것이다.

표 6-2. 공장입지 주요 항목

기준	분류	개념
지역분석	사회·경제	인구, 교통, 노동력, 공익설비, 산업집적, 취업, 노동력확보, 부품 및 소재, 지역주민민원, 시장과의 접근성 등
	행정·법률	금융, 조세, 용지확보 용이성, 행정규제, 지자체 지원 등
	자연환경	기후, 지형, 지질, 하천, 경관, 광물, 수자원 등
부지분석	입지	시장, 원자재 근접성, 주거지근접성, 도시계획시설, 상하수도, 교통, 도로여건 등
	부지	부지 규모, 형상, 지질, 조성비, 기존 건물의 유용성, 용수공급 용이성 등
	제도	용도지역, 지구, 건폐율, 용적률, 민원, 경찰, 소방 등

현재 공장입지 관련한 공공제공 플랫폼은 한국 산업단지관리공단의 'Factory ON'이 있다. 'Factory ON'은 주변환경분석, 입지 기본정보분석, 산업단지 내 분석, 산업단지 외 분석, 입지여건분석, 업종별 정보분석, 산업안전정보, 지자체 투자여건정보, 업종 클러스터 분석 등을 제공한다.

그림 6-13과 같이 선택한 주소지 주변의 공장입지 매력도를 시각화하여 빨간색에 가까울수록 비추천지역으로 파란색에 가까울수록 추천지역으로 시각화해 준다. 편의시설도 선택한 주소지 주변간 비교분석을 통해 공장입지에 참고할 만한 정보를 제공한다. 공간정보기반의 공장설립과 운영정보 분석은 민원을 줄이고 적정한 입지를 찾을 수 있다는 점에서 활용도가 크다.

다만 바람, 홍수, 미세먼지 등 재난과 환경관련 입체적 분석이 필요한데 이를 위해서는 3차원 공간기반 정보분석이 도입될 필요가 있다. 디지털 트윈과 같은 가상세계에서의 공간정보 기반 공장입지분석으로 확대될 필요가 있다.

최근 부동산자산운용사들의 선호하는 투자상품은 물류시설이다. 그 이유는 운영수익과 자본수익이 높기 때문인데, 온라인 쇼핑과 모바일 쇼핑, 이커머스(e-Commerce)의 급격한 성장으로 인해 기존 유통업체부터 온라인 커머스 업체들까지 물류 인프라 확충에 힘쓰고 있으나 양호한 입지를 찾기가 쉽지 않아 그에 따른 투자수익이 높기 때문이다. 특히 새벽배송 등 당일배송을 하는 업체

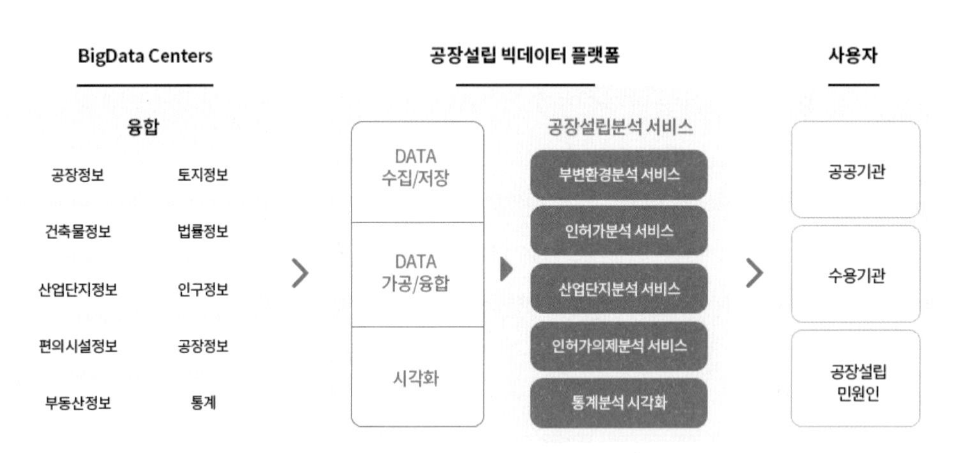

그림 6-13. Factory ON 운영처리 프로세스

출처: https://www.factoryon.go.kr/map/bigguide2.do

그림 6-14. 공장입지 매력도 분석

출처: https://www.factoryon.go.kr/map/bigguide2.do

는 물류시설을 소비자시장과 가까운 도시 내지는 도시 인근에 입지시켜야 한다.

물류시설의 입지는 대형토지의 확보가능성과 배후시장과의 접근성, 노동력 수급의 용이성, 도로망, 대형차의 통행에 따른 민원 등을 고려하여 선정하게 된다. 목표시장과의 최단 거리내 도로망 분석을 통해 입지 가능한 지역을 선정하고 이지역을 중심으로 부지확보와 개발계획수립 절차를 통해 물류시설이 개발된다. 토지부터 지역시장 그리고 도로교통망 등 다양한 공간정보의 분석이 물류시설 개발에 중요한 요소가 된다. 최근 빅밸류 같은 프롭테크 기업도 주거건물 POI, 개발제한구역, 개발진흥지구, 고속도로 IC 15분 거리, 기타 IC 15분 거리, 시청 30분 거리 등의 공간정보를 통해 개발가능지를 찾아주는 서비스를 제공하고 있다.

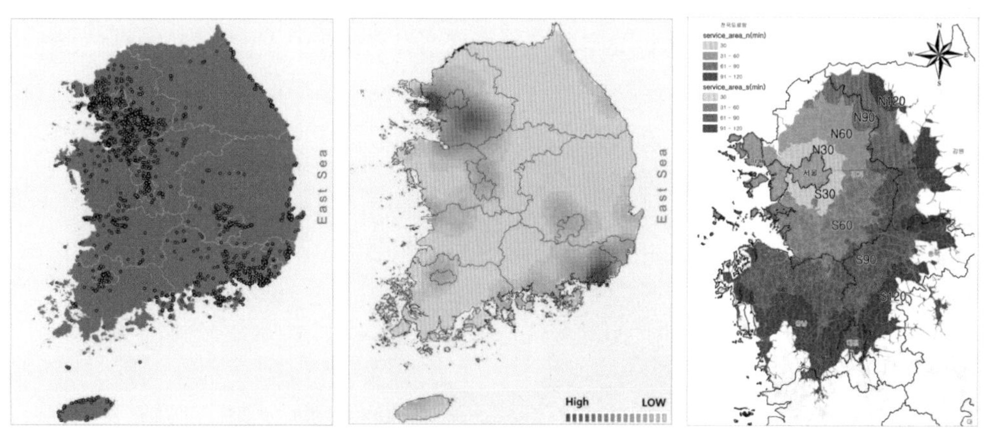

그림 6-15. 물류창고 분포 및 서울까지의 도로망 분석

출처: 물류 부동산시장 동향과 전망, KAB

그림 6-16. 물류개발가능지 분석

출처: 빅밸류

(3) 재건축, 재개발 등 정비사업에서의 공간정보

신규택지나 신도시개발과 달리 기존 노후도시의 재개발, 재건축, 소규모 주택정비사업과 같은 정비사업에서는 지역환경과 근린지역분석이 중요하다. 특히 최근 논의되고 있는 용도지역 변경과 건폐율, 용적률 완화와 같은 인센티브는 단지 내 주거환경 외에 인근 단지에 미치는 영향이 크다. 예를 들면 2종 일반주거지역 내 정비사업대상지가 종상향을 통해 3종 내지는 준주거로 바뀐다면 이웃단지에 일조권 문제, 도로, 주차, 학교 및 공원 등 도시기반시설 문제가 발생한다. 이러한 갈등요소 없이 정비사업이 진행되기 위해 공간정보 기반 정비기본계획과 사업계획이 필요하다.

LX(한국국토정보공사)는 디지털 트윈 플랫폼을 구축하여 정비사업 시뮬레이션을 통해 이러한 문제를 해결하는 솔루션을 제공하고 있다. 디지털 트윈은 현실세계와 똑같은 가상세계를 3D로 구축하고 여러 가지 실시간 센서정보, 도시 및 환경 정보 등을 연계하여 시뮬레이션을 통해 도시문제

공간정보 가시화
• 정사영상 및 국토정보 기본도, 각종 용도지역지구
• 레이어 형태로 ON/OFF 가능하도록 구성
• 각 레이어의 중첩 표출 가능
• 레이어 별 색상 스타일에 따른 범례 표출
연속지적도 및 국토계획(도시지역) 중첩
정사영상
• 사업계획(도시계획)을 위한 필지 선택 및 노후도 분석, 저작(필지 병합, 분할 등) 에 활용

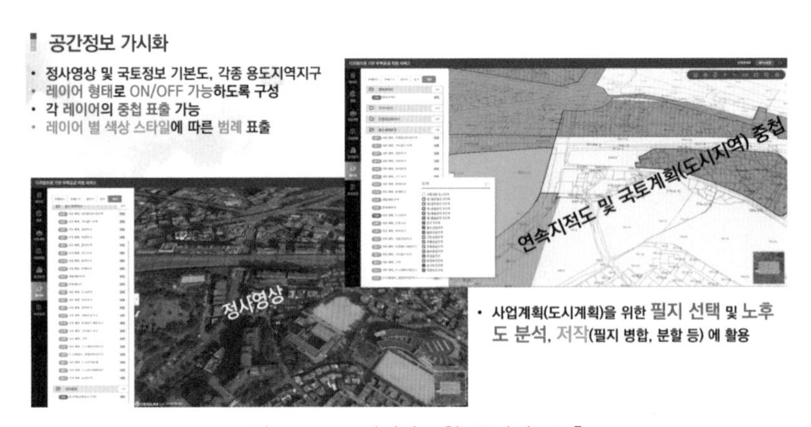

그림 6-17. LX 디지털 트윈: 공간정보구축

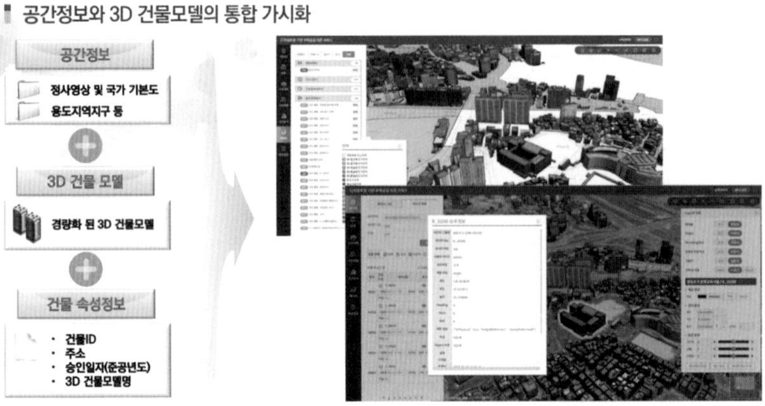

공간정보와 3D 건물모델의 통합 가시화
공간정보
정사영상 및 국가 기본도
용도지역지구 등
3D 건물 모델
경량화 된 3D 건물모델
건물 속성정보
• 건물ID
• 주소
• 승인일자(준공년도)
• 3D 건물모델명

그림 6-18. LX 디지털 트윈 모델

출처: 한국국토정보공사

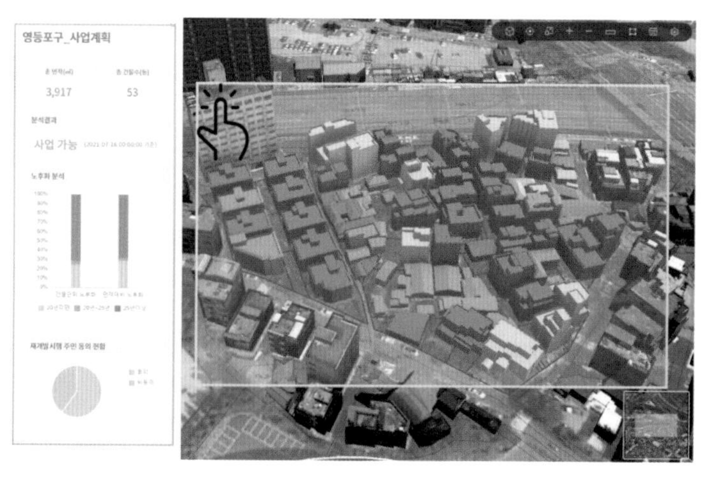

그림 6-19. LX 디지털 트윈 노후도 분석

출처: 한국국토정보공사

그림 6-20. 디지털 트윈 시뮬레이션 결과

출처: 노후계획도시 재정비를 위한 디지털 트윈 기반 정비사업 시뮬레이션 및 평가체계 개발, 전주대

를 선제적으로 예측하고 해결하는 플랫폼이다. 현재 LX는 전주시 전역에 디지털 트윈을 구축하여 서비스를 제공을 시작할 예정이며, 지자체별 디지털 트윈을 구축하여 도시관리를 지원하는 사업을 진행 중이다.

LX의 디지털 트윈은 정사영상 및 국가 기본도, 용도지역지구 등의 공간정보와 3D 건물모델 그리고 건물 주소, 승인일자 등 관련된 속성정보를 통합하여 구축된다.

이를 통해 건축물 노후도 분석도구를 활용해서 각 필지의 재개발, 재건축 등 정비사업 가능성을 분석하고 대상지에 맞는 정비사업계획을 지원한다. 진행 중인 정비사업도 조회할 수 있어 기반시설인프라를 고려한 사업계획 수립이 가능하고 도시계획에도 활용 가능하다.

디지털 트윈 기반의 시뮬레이션은 용적률상향 등 인센티브가 주거환경에 미치는 영향을 주민들이 가시적으로 느끼고 체험할 수 있게 함으로써 주거환경차원에서 의사결정을 지원할 수 있다. 또한 주변에 미치는 정비사업 이후 부(-)의 효과를 사전에 예방하고 주민 간 갈등 여지를 줄일 수 있다는 것이 장점이다.

6.2 프롭테크 산업과 공간정보

1) 프롭테크 산업

프롭테크(Proptech)는 부동산(Property)과 기술(technology)의 합성어로 정보기술(IT)을 활용해 다양한 부동산 서비스를 제공하는 산업을 말한다. 하드웨어적인 경향이 강한 부동산 시장에서 소프트웨어인 IT 기술이 접목되어 새로운 기술 기반 서비스를 창출하고 새로운 산업으로 자리 잡고 있다.

건설과 부동산업에 접목한 프롭테크 산업은 2015년을 기점으로 전세계적으로 확산되기 시작하였고, 코로나19 팬데믹을 통해 그 시장이 더욱 커지고 있다. 현재 글로벌 프롭테크에 누적 투자액은 100조 원에 육박하는데, 기업가치 10억 달러 이상의 유니콘 기업에 질로, 레드핀 등을 비롯해 무려 23개의 기업이 있다.

프롭테크 산업은 스타트업에서 출발해서 유니콘 기업으로 성장하는 기업들의 등장으로 사회적

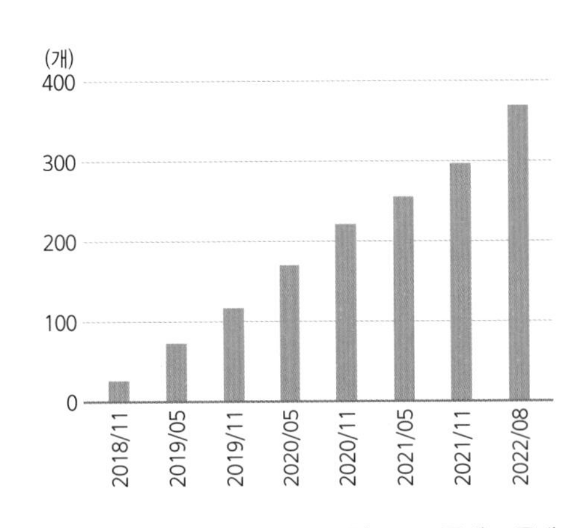

분야	기업 수	비중(%)
마케팅 플랫폼	45	17.6
공유서비스	49	19.1
부동산 관리	39	15.2
데이터, 가치평가	35	13.7
건설솔루션, XR(AR/VR/MR)	27	10.5
데코, 인테리어	17	6.6
사물인터넷, 스마트홈	21	8.2
핀테크	9	3.5
블록체인	7	2.7
에너지	4	1.6
드론	3	1.2

그림 6-21. 국내 프롭테크 기업수 및 기업 분포(2022.08)

출처: 프롭테크포럼

주: 프롭테크 기업 분포는 한국프롭테크포럼 회원사 중 스타트업만 대상

관심과 육성의 필요성이 커지고 있다. 현재 국내에서는 프롭테크포럼이라는 프롭테크기업들의 연합체가 있고 관련 통계를 보면 390개의 회원사가 있고 누적투자액은 약 6조 원에 달한다.

초기 프롭테크 기업은 중개 및 임대서비스에서 시작하였지만, 최근에는 부동산관리, 개발 및 건축, 인테리어 관련 분야(콘테크), 금융분야(핀테크)까지 그 분야가 확대되고 있다. 특히 팬데믹 이후 집에 있는 시간이 늘어나면서 인테리어 관련 서비스분야도 크게 성장하였다.

2) 프롭테크 사업모델과 공간정보

(1) 가치산정 분야

프롭테크 산업 초기에 부동산시세를 추정하고 제공하는 기업들이 등장하였다. 부동산시세는 개인에게는 거래의사 결정에 도움을 주고, 공공에게는 시장동향분석부터 조세 등의 정책수립에 도움을 준다. 특히 민간분야에서 기업들의 사업과 서비스 모델개발에 프롭테크 기업들의 공간정보 기반 정보제공이 도움을 주게 되는데, 예를 들면 은행의 경우 담보가치추정에 활용 가능하다. 이와 관련해서 주택과 토지를 중심으로 이러한 밸류에이션 기반 프롭테크 기업들의 동향과 사업이 어떻게 공간정보와 결합되고 있는지 살펴보도록 하자.

주택의 경우 2006년 실거래가격 신고제가 도입된 후 아파트는 거래빈도와 거래량이 충분하여 실거래가기반의 가치 추정이 쉽다. 반면 거래량이 많지 않은 단독, 다가구 같은 비아파트의 경우 그 가치를 추정하기가 쉽지 않다. 빅밸류는 이러한 점에 착안하여 비아파트를 대상으로 가치를 추정하는 모델을 개발하였다. 현재 빅밸류는 초기 비아파트 시세 추정에서부터 공간정보기반 AI 매출추정, 분양가 추정 등 밸류에이션 추정모델을 확장하고 있다.

밸류맵도 주택가격을 제공하는 지도기반 서비스에서 AI기반 설계까지 그 사업영역이 확장되고 있다. 밸류맵의 특징은 지도기반 지적, 상권, 거래연도, 가격 등을 실거래가와 경매정보까지 제공

그림 6-22. 공간정보기반 AI 매출추정

출처: 빅밸류

하고 있고 공인중개사의 정보제공과 중개의뢰까지 가능하도록 설계되어 있다. 또한 소유주가 직접 매물을 등록할 수 있어 가격정보제공과 함께 거래가 가능하도록 되어 있다.

이들 부동산가치를 추정하는 프롭테크 기업들은 토지대장, 건축물대장 등 기본 공부자료와 실거래가, 공시가격 등의 가격 정보 그리고 지적도, 위성도 및 토지이용계획확인원과 같은 공간정보를 이용하여 거래가 빈번하지 않은 단독, 다가구 및 연립다세대의 가치를 추정하고 있다. 일반적으로 부동산가치를 추정하는 감정평가의 경우 최근 거래 사례 기반 가치추정 기준으로 대상부동산과 유사한 거래사례를 수집한 후 대상부동산을 비교해서 개별요인, 지역요인 등을 고려하여 산정하고, 이후 사정보정, 시점수정 등을 통해 가치를 추정하고 있다.

프롭테크 기업들도 거래사례를 통한 가치추정은 동일하나, 조금 다른 점은 빅데이터를 활용하여 AI기반 추정모형을 만들어 가치를 산정한다는 점이다.

최근 문제가 되고 있는 빌라 전세 사기 같은 경우 빌라의 시세를 정확히 모른다는 점에서 사기의 위험성이 커진다. 근본적인 이유는 최근 거래 사례가 많지 않기 때문인데 이를 공간정보와 누적 거래 사례를 기준으로 추정하여 가치를 산정한다면 이러한 위험을 줄일 수 있다. 프롭테크기업들의

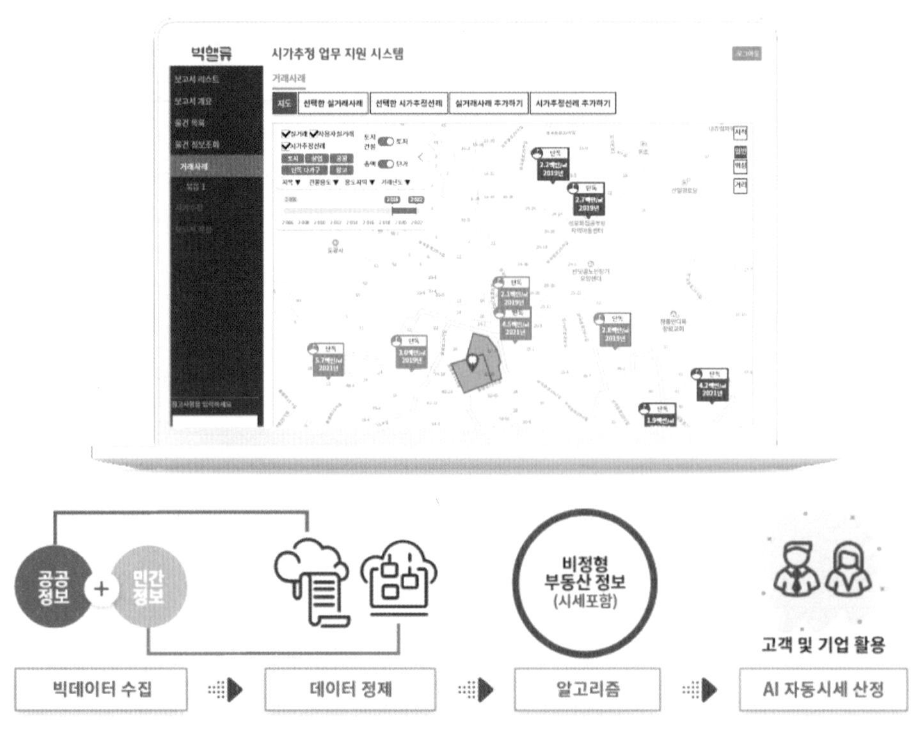

그림 6-23. 연립다세대 시세 추정

출처: 빅밸류

그림 6-24. 부동산 시세, 지적, 용도지역, 면적 제공

출처: 밸류맵

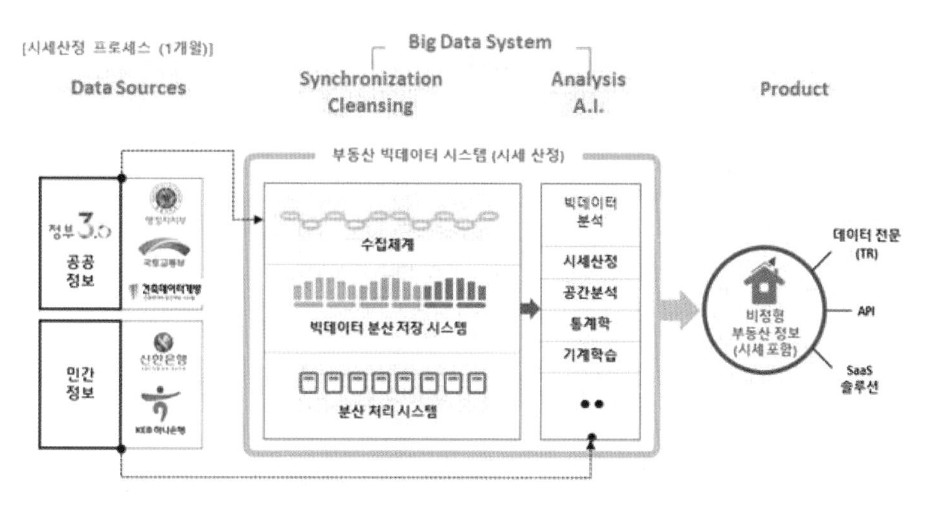

그림 6-25. 부동산시세 추정 알고리즘

출처: 빅밸류

틈새시장전략이자 소비자에게도 정보제공의 편익을 준다.

최근 많은 기업들이 새로 생겨나고 있는데, 이외에도 아실과 디스코 같은 앱도 부동산정보를 제공한다.

(2) 중개 분야

프롭테크기업의 원조는 부동산중개 분야에서 시작되었다. 국내의 경우 직방, 다방 등이, 미국의 경우 질로(Zillow), 레드핀(Redfin) 등이 있다.

직방은 국내 최초의 부동산정보 모바일앱으로, 2012년 1월 서비스를 시작했다. 처음에는 원룸, 오피스텔 정보를 중심으로 서비스를 운영했지만, 종합 부동산 플랫폼으로 거듭나고자 2016년 아파트단지 정보를 추가했고, 2019년 3월에는 모바일 모델하우스 서비스를 개시하면서 매출이 급성장하였다. 직방은 이후 부동산 관련 다양한 스타트업에 투자해오고 있는데, 호갱노노, 세어하우스 우주, 디스코(disco) 등이 직방이 투자지분을 가지고 있는 기업이다.

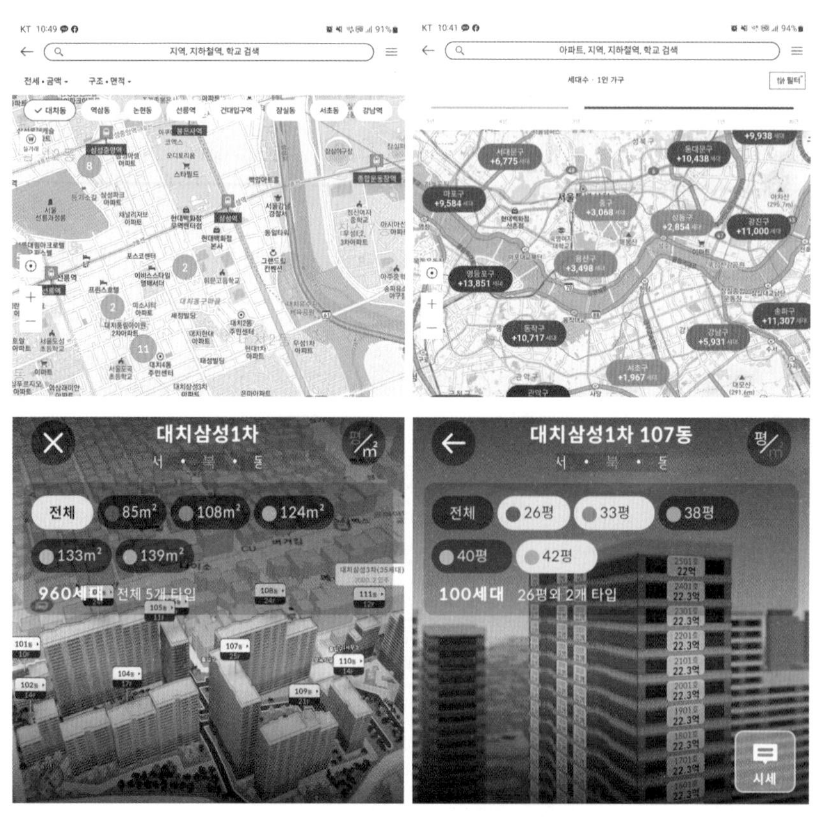

그림 6-26. 직방의 3차원 공간정보 서비스

출처: 직방

그림 6-27. 디스코 실거래가 서비스
출처: disco

그림 6-28. 디스코 노후도 등 서비스
출처: disco

직방은 지도기반의 매물정보 외에 3차원 단지정보를 제공하는데 최근 호수 단위로 시세와 공시가격을 제공하고 있고, 실내에서의 조망과 일조 관련 정보도 제공하고 있다. 최근에는 실거래가 정보를 공간정보와 함께 제공하는 앱이 늘고 있다. 대표적으로 디스코는 최근 실거래가를 지도상에 용적률, 노후도, 도로접면 등의 공간정보와 함께 제공하고 있다.

미국의 질로(Zillow)는 전세계적으로 유명한 주택 거래 플랫폼 1세대 유니콘기업이다. 2004년

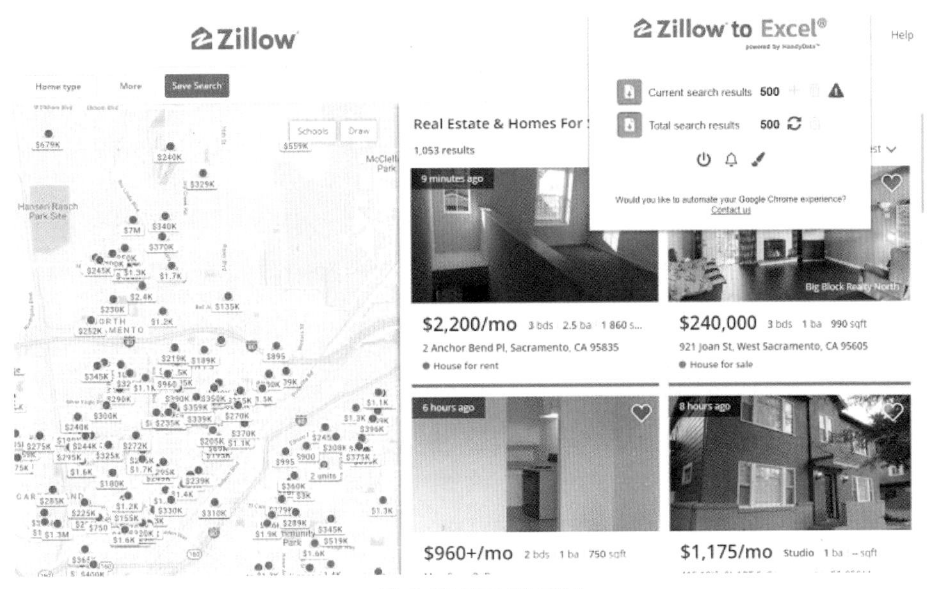

그림 6-29. 질로 매물정보
출처: Zillow

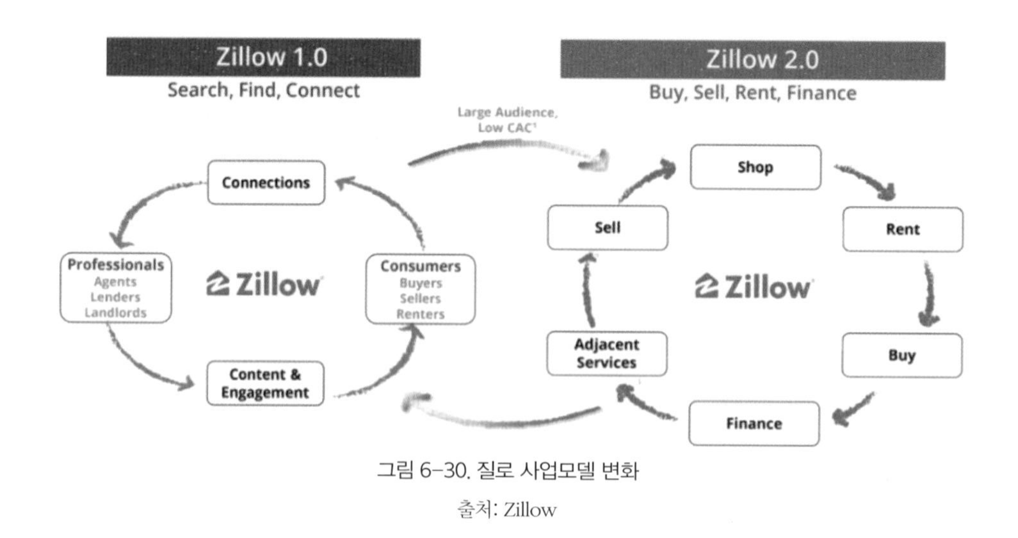

그림 6-30. 질로 사업모델 변화

출처: Zillow

시애틀에 설립된 온라인 부동산 데이터 베이스 회사에서 출발하여 매물 조사부터 주택 구입 전 과정의 서비스를 온라인으로 제공하고 있다. 부동산 거래 정보를 제공하는 웹사이트 Zillow.com과 스마트폰 앱을 운영하며, 부동산감정평가 시스템 제스티메이트(Zestimate)를 개발하였다. 미국에서는 매물별 특징이 상이해서 개인 주택이나 고급 주택의 시장 가격 형성이 어렵기 때문에 머신러닝 기반의 가격 산출 프로그램인 제스티메이트가 혁신적인 도구로 평가받고 있다.

이들 기업들은 모두 초기에는 광고수익 기반의 사업모델이었으나 차츰 종합 부동산서비스를 제공하고 수수료를 받는 모델로 전환하였다. 또한 최근에는 3D기반 공간정보서비스를 함께 제공하고 있다.

(3) 공유경제 분야

공유경제란 물건을 기존의 '소유'에서 '공유'의 개념으로 바꾸는 것으로서, 한번 생산된 제품을 여럿이 공유하여 사용하는 협업 소비를 기본으로 하는 경제를 의미한다. 하버드대학교의 로런스 레시그(Lawrence Lessig) 교수가 만들어 낸 새로운 경제적 개념이다. 레시그 교수는 사람들이 공유경제에 참여하는 동인을 자신 또는 타인의 유익으로 규정하고 공유경제를 기존의 경제 체계(상업경제)의 반대 개념으로 제시하였다. 잉여 생산물을 경제적으로 활용하자는 개념에서 본격화 된 것이 우버나 에어비앤비 같은 공유경제이다. 주차장에 세워 두는 시간이 대부분인 자동차를 택시처럼 사용해서 경제적 수익을 얻거나, 내 집에 비어 있는 방을 남에게 빌려줘서 수익을 얻는 개념이 도입된 것이다. 모빌리티기반에서는 차량 공유 플랫폼 Uber, Socar, Green car 등이 있고 공공자전거, 공유킥보드가 해당된다. 부동산분야는 집 공유 플랫폼 Airbnb, 사무실 공유 사업 WeWork,

그림 6-31. 공유오피스 현황

출처: https://www.google.com/maps/d/u/0/viewer?mid=1nvG7AbAyYCtaTPgrmd2gXA3SdsQ&hl=ko&ll=37.526457407382004%2C126.96923232323411&z=12

FASTFIVE, 주방 공유 사업 CloudKitchens, 안 쓰는 개인공간을 창고로 임대할 수 있는 공익성 글로벌 창고플랫폼 shbinder 등이 있다. 이러한 앱은 위치기반 정보에 기초하여 지도기반의 공유정보를 제공한다. 소비자는 가까운 곳이나 원하는 곳의 지역정보와 공유하고자 하는 서비스를 손쉽게 검색하여 예약할 수 있다. 예로, 공유오피스의 경우 사용자수, 보증금, 제공되는 사무용품 정보 등을 지도기반으로 검색하여 예약 가능하다.

6.3 부동산 분야 공간정보의 미래

부동산은 토지 위에 3차원 건물을 건축하여 사용 또는 거래된다. 소비자에게는 해당 부동산이 사업목적에 맞아야 하고, 투자자에게는 보유기간 동안 활성화되어 투자수익을 주어야 한다. 소비자와 투자자에게 부동산의 가치는 이러한 목적에서 결정된다. 그렇기 때문에 원하는 부동산을 찾는 데 많은 시간을 들여야 하는데 부동산의 속성상 입지의 고정성으로 인해 해당 부동산을 직접가야만 했다. 그런데 최근 모바일 기반의 기술 발달과 프롭테크 기업들의 개발에 힘입어 이제는 시간과 장소에 구애받지 않고 부동산정보를 얻을 수 있을 뿐 아니라 지도기반의 서비스를 통해 해당 부동산의 입지와 관련 공간정보를 쉽게 획득할 수 있다. 3D기반 서비스와 디지털 트윈을 통해 입체적 정

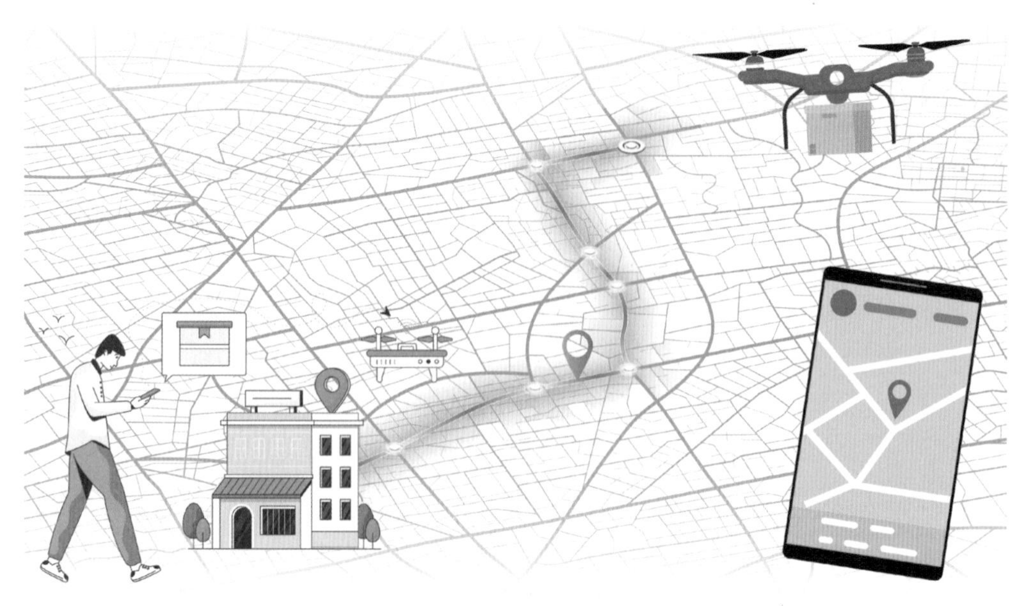

드론은 빌딩숲 사이를 안전하게 비행하고 로봇은 부동산서비스와 결합되어야 합니다.

그림 6-32. 미래기술로 이어지는 부동산과 공간정보

보와 시뮬레이션도 가능해졌다.

근미래 철도 및 도로 위 입체복합건물개발이 확대되고, 자율차와 드론, 로봇이 도로와 상공을 돌아다니는 시대가 되고 있다. 토지와 정착물이라는 부동산의 정의가 건축물에서 확대되어 토지 위 고정된 사물별로 주소가 부여되고 관련된 서비스가 해당 부동산과 연계됨에 따라 향후 부동산의 개념은 확대될 것이다. 또한 개별 부동산에서 생성되는 정보와 활용되어야 하는 정보가 쌓이게 되면서 부동산은 이제 공간정보의 중심이 될 것이다.

앞으로 부동산에서 공간정보의 활용은 우리사회를 보다 나은 환경으로 만들고, 사회적 성장을 만드는 데 사용되어야 한다. 빈집, 빈점포 등의 문제를 공간정보를 이용해서 해결하거나, 국가나 지자체 예산이 들어간 개발사업에 대한 모니터링을 공간정보를 이용해서 행정 비용을 줄여야 한다. 이러한 공공분야 외에 프롭테크와 같은 민간분야 모두에서 부동산에서의 공간정보는 그 활용가치가 무한하다.

참고 문헌

노후계획도시 재정비를 위한 디지털 트윈 기반 정비사업 시뮬레이션 및 평가체계 개발, 전주대 산학협력단, 2023

물류 부동산시장 동향과 전망, Korea Appraisal Board, 2016

㈜빅밸류 https://www.bigvalue.co.kr

㈜젠스타메이트 https://www.genstarmate.com

㈜직방 https://www.zigbang.com

프롭테크 포럼 http://proptech.or.kr

한국국토정보공사 https://www.lx.or.kr

http://www.pmnews.co.kr/103739

https://kgeop.go.kr

https://sg.sbiz.or.kr

https://golmok.seoul.go.kr

https://enterprise.kt.com/pd/P_PD_AI_BD_002.do

https://www.studypool.com

https://storage.pardot.com

https://geographyeducation.org

https://www.factoryon.go.kr

https://dbr.donga.com

https://www.venturesquare.net

https://www.disco.re

제7장

주택 분야의 공간정보 활용

7.1 주택의 특성과 공간정보

1) 집과 공간정보

집은 인간의 삶터이다. 먹고, 자고, 쉬고, 일하는 공간이고, 아이들을 낳고 키우는 공간이기도 하다. 이웃과 함께 더불어 친교하는 공간이며, 개, 돼지, 닭 등 다양한 종류의 동물과 식물을 키우는 공간이기도 하다. 또한 집은 가족이라는 최소 단위가 공동체 생활을 영위하는 곳이고, 탄생에서 죽음까지 맞이하는 곳이기도 하다. 이렇듯 집은 개인에게 작은 우주와 같아서 집을 소우주라고도 한다. 우주(宇宙)를 나타내는 한자에 집 '우(宇)'자를 쓴 것도 이러한 개념에서다(국사편찬위원회, 2010). 우주에 삼라만상(森羅萬象)*이 있듯이, 소우주인 집에도 다양한 정보가 있다.

집에 관한 다양한 정보를 토대로 우리는 집을 사기도 하고, 팔기도 하며 때로는 필요한 자금을 융통하기 위해 담보로 활용하기도 한다. 집값을 결정하고 집의 담보가치를 평가하기 위해 집을 구성하고 있는 다양한 정보를 복합적으로 활용한다. 정보는 정리된 자료이기 때문에 의사결정에 도움

* 우주 안에 있는 온갖 것의 일체를 말하는 것이자 우주에 있는 온갖 사물과 현상을 뜻하기도 한다. 우주에 형형색색으로 나열되어져 있는 온갖 현상을 뜻하기도 하는데, 이는 해, 달, 비, 바람, 안개, 눈, 봄, 여름, 가을, 겨울 등 우주의 모든 현상과 강, 산, 돌, 나무, 풀, 짐승, 사람 등 땅 위의 온갖 만물을 총칭하는 말(출처: https://namu.wiki/w/%EC%82%BC%EB%9D%BC%EB%A7%8C%EC%83%81).

주택 내부 시설　　　　　　　　　　주택 환경 정보

그림 7-1. 집을 구성하는 정보

을 준다.

집을 구성하고 있는 여러 가지 시설물의 위치나 상태, 예를 들면 주택 내부시설로서 방의 개수, 방의 면적, 주방의 위치와 동선, 욕실과 화장실의 배치, 거실의 위치, 수납공간의 규모, 일조시간 등은 주택을 선택하는 데 중요한 정보다. 주택단지시설로 주차장, 상·하수도시설, 전기시설, 배기시설, 배수설비 등에 관한 정보도 중요하다. 이외에도 주택을 둘러싼 주변환경 정보, 예를 들면 학교, 공원, 교통시설, 문화시설, 편익시설 등도 중요한 정보다. 언제 지어졌는지, 어떤 형태(아파트, 단독, 다가구 등)인지, 토지 용도가 뭔지, 주변 개발 여건은 어떠한지 등도 집의 가치를 결정하는 데 영향을 주는 중요한 정보다. 이러한 정보는 집이라고 하는 주거공간의 가치를 결정하고 매매, 개보수, 투자 등 개개인의 특정 목적에 맞는 의사결정을 하는 데 도움을 준다.

이와 같이 집을 둘러싼 정보는 무수히 많고 공간에 존재한다. 즉 공간정보인 것이다. 공간정보는 「국가공간정보 기본법」에서 "지상·지하·수상·수중 등 공간상에 존재하는 자연적 또는 인공적인 객체에 대한 위치정보 및 이와 관련된 공간적 인지 및 의사결정에 필요한 정보"라고 정의하고 있다.

2) 주거지 선택을 위한 전통적 풍수와 공간정보*

주거공간을 만들기 위해 가장 먼저 해야 하는 일은 집터 선정이다. 집을 지을 땅을 마련하고 터를 다져야 한다. 오늘날에는 컴퓨터와 정보통신기술이 발달하고 각종 정보(데이터)가 많이 축적되어 있어 데이터 기반의 적정입지 선정이 보편화되었지만, 옛날에는 그런 기술이 없었기 때문에 사람이 직접 관련 정보를 모아서 입지를 정하였다. 과거에 전통적인 입지원리로 활용했던 것이 '풍수'다.

* 국사편찬위원회, 2010, 「삶과 생명의 공간, 집의 문화」의 내용을 토대로 정리함.

풍수는 땅의 형세를 인간의 길흉화복(吉凶禍福)과 관련시켜 설명하는 동양적 자연관이다. 장소의 지형과 방위, 물의 조건 등의 정보를 고려하여 길지(吉地)를 선택하고, 그곳에 집을 지어 행운을 발원(發願)하는 택지술(擇地術)이다. 풍수에서 명당(明堂) 혹은 길지(吉地)는 지형적으로 목이 좁은 호리병 모양을 띠고 그 안에 마을이 자리하는 분지형에 가까운데, 우리나라 전통 취락의 입지적 특성인 '배산임수(背山臨水)'와 같은 맥락이다. 곧 마을을 감싸고 있는 산줄기가 바람을 막고, 사람들은 그 산줄기에 기대어 집터를 마련하며, 마을 앞으로는 농경지와 하천을 마주하는 모습인데, 이러한 공간적 형태는 농경지가 크게 넓지는 않지만 경제적으로 어느 정도 자급자족이 가능하다(국사편찬위원회, 2010).

좋은 주거지를 찾기 위해 풍수에서 활용하고 있는 정보는 산, 물, 바람, 땅의 모양새, 사람 등이다. 이러한 정보를 가지고 오랜 경험으로 축적된 지식을 토대로 자연이 사람에게 미치는 영향을 살폈다. 이중환은 『택리지』에서 조선시대 사대부들의 이상적 거주지로서 '계거(鷄距, 닭의 며느리 발

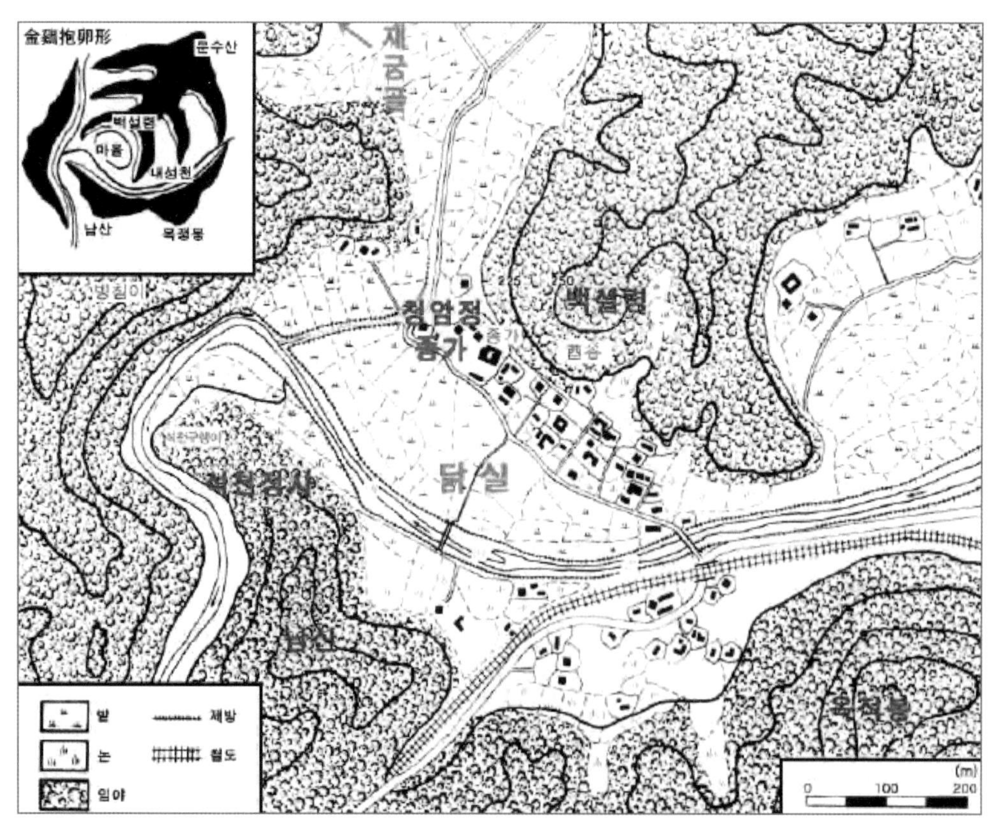

그림 7-2. 닭실마을의 지형과 주요 경관과 구성요소의 입지

출처: 국사편찬위원회, 2010

톱)'의 요건을 가장 잘 갖추고 있는 곳으로 경주의 양동마을, 안동의 하회마을, 내입마을. 봉화의 닭실마을을 4대 길지로 꼽았다.

닭실마을은 무수산 줄기가 서남으로 뻗어내려 마치 암탉이 알을 품은 듯 자리 잡은 마을이다. 백설령과 둥우리인 양 마을을 감싸 안은 옥적봉과 남산, 그리고 마을 앞을 지나는 내성천은 유유히 흘러나간다. 이러한 땅 모양새를 '금계포란형'이라 부르는데, '금닭'이라는 상서로운 동물이 상징하는 의미를 통해 마을의 평안과 자손의 복됨을 기원하는 자연인식 태도로 해석할 수 있다. 이 마을에는 금기사항이 있었는데, 알이 깨지면 마을의 좋은 기운이 손상을 입게 되고 상징적 의미가 훼손된다고 믿고 있었기에 마을 사람들은 알을 깨뜨리지 않기 위해 마을 내에 우물을 파지 못하게 하고 샘에서 물을 길어 먹었다고 한다.

3) 주택과 기술의 융합, 그리고 공간정보

문명이 발달하고 기술이 발전하면서 집은 그 시대의 문화를 담는 그릇으로 발전하고 있다. 그 과정에서 나라마다 처한 환경이나 상황, 생활양식이 다르기 때문에 사람들이 사는 집의 형태, 모양, 구조 등이 다양하다. 우리나라는 전통적으로 귀족은 기와집, 서민은 초가집에서 살았다. 그러다가 서양문물이 도입되면서 서양식 주택이나 빌라가 등장하기 시작했고, 아파트 공급이 크게 증가했다. 아파트의 빠른 공급은 정보통신기술 발전과 맞물리면서 오늘날의 스마트홈으로 빠르게 성장하고 있다. 그 결과 주거공간이 똑똑해지고 있다. 사물인터넷(IoT), 인공지능(AI) 등 4차 산업혁명 주요 기술을 주거공간에 접목하면서 더 안전하게, 더 편리하게 조성하려는 시도가 활발히 진행되고 있다.

스마트홈의 역사는 1999년 디즈니가 제작한 '스마트하우스(Smart House)'로 거슬러 올라간다. 가정용 컴퓨터에 관한 것으로 지능을 가진 기계가 스스로 사고하게 되었을 때의 일을 묘사하는데, 점점 현실화되고 있다. 자동으로 작동되는 홈오토메이션 기능은 아파트를 중심으로 빠르게 확대되었다. 거실 벽면에 붙이던 비디오폰은 초기에 경비실 정도를 연결해줬지만 점차 다양한 기능들이 추가되면서 월패드(wall pad)로 발달하였다. 주방에 TV 기능과 라디오 기능이 추가되고 디지털 도어록 등이 설치되면서 집은 더욱더 스마트해져 갔고 2000년대 중반 이후 홈오토메이션 기능에 제어 기능이 추가되면서 홈네트워크시스템으로 발전되었다.

집안 곳곳에 사물인터넷(Internet of Things, IoT) 설치, 인공지능(Artificial Intelligence, AI) 연결 및 정보통신기술(Information and Communication Technologies, ICT), 빅데이터(Big Data), 로봇공학(Robotics) 기술이 발달하면서 사람이 명령하면 음성인식으로 미션을 해결해 주는

그림 7-2. 영화 속 미래주택

출처: https://marvel-movies.fandom.com/wiki/Just_A_Rather_Very_Intelligent_System(좌), https://rosesyrup.tistory.com/5970(우)

세상이 되고 있다.

영화 〈아이언맨〉을 보면 주인공인 토니 스타크의 집사로 인공지능 비서 'J.A.R.V.I.S.(Just A Rather Very Intelligent System)'가 나온다. 주인공 토니의 말리부 저택 관리나 비서 역할은 물론, 해킹과 아이언맨의 전투 보조까지 담당하고 때로는 주인에게 태클을 걸거나 비아냥거리기도 한다. 토니의 말리부 주택은 J.A.R.V.I.S.라는 인공지능 소프트웨어가 관리할 수 있도록 사물간 연결되어 있고 집안관리에 필요한 로봇과도 시스템화되어 있다. 즉 집이 공간이라는 기능에 더해 사물인터넷과 로봇 그리고 이를 중앙 컨트롤하는 인공지능으로 시스템화되어 있는 셈이다.

〈아이언맨〉 외에 많은 SF 미래를 다룬 영화에서도 집은 이제 단순한 물체가 아니다. 주택 외부의 환경과 정보외에 주택 내부의 상황을 컨트롤하고 관리할 뿐 아니라, 의식주와 관련한 거주에 필요한 생활 서비스외에 집주인에게 필요한 정보선택과 제공을 하는 하나의 구동체이자 집사로서 집주인의 감성을 이해하고 달래주기까지 한다. 이러한 인공지능기반 주택에서 주인공 토니는 일하고 연구하고 손님을 맞이하고 치유한다.

그런데 〈아이언맨〉의 말리부 주택은 먼 미래의 일은 아니다. 우리 주변에서 일상화되어가고 있다. 사물인터넷 기능이 장착된 설비, 조명, 커튼 등이 인공지능 비서와 연동되어 스마트폰 앱을 통해 주택을 컨트롤 할 수 있다.

스마트홈이라고 불리는 주택인데 삼성전자는 '스마트싱스(SmartThings)'라는 플랫폼을 통해 전 세계 200여 기업에서 개발한 2,500여 개의 가전제품을 연결할 수 있게 하였다. LG전자의 '스마트씽큐(Smart ThinQ)' 외에도 많은 통신서비스 가입자를 가지고 있는 정보통신회사들도 스마트홈의 주도권을 차지하기 위해 적극적이다. LG유플러스는 'U플러스 AI', SK텔레콤은 '누구(NUGU)', KT

는 '기가지니 홈 IoT' 등을 내놓고 있다. 또한 네이버와 카카오와 같은 포털업체들도 인공지능과 음성인식 등에서 강세를 보이면서 스마트홈 산업에서 독자적인 영역을 구축하고 있다. LH와 같은 공공주택시행자와 건설사들도 적극적으로 스마트홈 기능을 넣고 있다.

스마트홈 기능은 사물 인터넷 기능이 포함된 가전제품 및 가정설비가 유무선 통신 네트워크 기반의 주거환경에서 연결되어, 스스로 정보를 생산해서 다른 사물과 사용자에게 전달하고, 거주인의 수요를 파악하거나 예측해서 일정 수준의 자동화 결정을 함으로써 생활의 질을 높여주는 단계로 진화하여 왔다. 애플은 2014년 Apple Home Kit를 선보여 'Apple Home' 앱을 통해 자물쇠, 조명, 온도 조절기, 스마트 플러그, 보안 카메라 등과 같은 호환 가능한 장치를 원격으로 제어할 수 있게 하였다. 아마존은 스마트홈 제품을 위한 가상 비서인 'Alexa'를 출시하여 가정에서 간단한 음성명령을 사용하여 28,000개 이상의 'Alexa' 지원 장치를 제어할 수 있게 하였다.

근미래 'U플러스 AI', '누구(NUGU)', '기가지니'와 같은 국내 인공지능 음성인식 프로그램과 애플의 'Siri', 아마존의 'Alexa', 구글의 '어시스턴트'같은 음성인식 프로그램은 스마트홈과 연결되어 J.A.R.V.I.S.가 관리하는 토니 스타크의 말리부 주택과 같은 기능을 제공하게 될 것이다.

주택이 주변 환경, 생활정보 등 공간기반 정보와 연계되어 정보 소비와 생산 주체가 되는 셈이다.

7.2 주택정책과 공간정보

1) 주거계획과 공간정보

주택은 가구 단위의 소비재이자 국내가구 자산의 약 78%가 주택자산으로 국민경제에 중요한 영향을 미친다. 정부에서도 중앙정부차원에서 주거종합계획을 수립하고 있고 지자체에서도 광역 단위의 주거종합계획을 수립해서 지역 주택상황과 주거관련 현황 진단 그리고 지역에 맞는 정책을 수립하여 집행하고 있다.

주거종합계획은 법정계획이자 주거복지와 지역현안을 담는 지표계획이 된다. 모든 계획이 그렇듯이 주거종합계획에서도 주거수준 진단이 중요하다.

주거수준 진단 및 평가는 노후주택호 수, 방 수, 화장실 수 등 재고주택 품질진단, 최저주거기준, 유도주거기준 등 주거수준에 미달되는 가구분석, 천인당 주택 수, 가구 수 대비 주택 수 등 주택보급률 분석, 1인당 주거면적 등 주거수준 평가 등 다양한 항목에서 주거수준을 진단하게 된다. 10년 단위의 계획이고 5년마다 해당 계획의 타당성을 재검토하게 된다. 10년 단위의 주거종합계획을 수

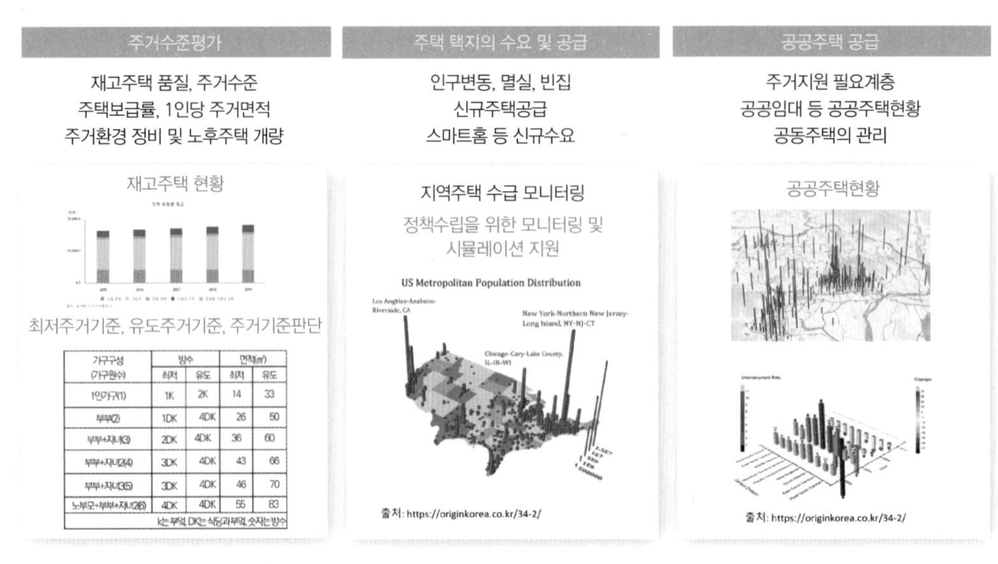

그림 7-4. 공간정보기반 주거종합계획 수립 예시

출처: 임미화, 2022

립·변경하려는 경우에는「주거기본법」제20조에 따른 주거실태조사를 실시하여야 한다.

코로나19와 같은 예기치 못한 재난 상황과 급격한 인구감소와 고령화시대, 기후변화 등에 대응하려면 정확한 주거실태조사를 기반으로 하는 주거종합계획을 수립해야 한다.

주거종합계획 수립을 위해서는 주거실태조사와 함께 관련 자료에 기반한 다양한 분석이 필요하다. 그런데 현재 국내 주택 관련 플랫폼은 행정차원에서 집계하여 제공되어 지역 주거수준을 진단하고 활용하는 데 한계를 가진다.

5년, 10년 단위로 주택상황이 크게 바뀌지 않음을 고려 시 많은 비용을 들여 주거실태조사를 실시하는 것을 대체하기 위해서는 공간정보기반 플랫폼을 구축하여 주거정책을 수립하는 방향으로 전환하는 것도 가능하다. 특히, 기후변화로 인한 지진, 홍수, 풍수 등 재난 및 교통여건변화, 미세먼지, 공원, 녹지 등 대기 및 녹지환경과 생활편의시설 기반의 주거수준 분석을 위해서는 공간정보를 활용하여야 한다.

표 7-1은 주거정책을 수립할 때 고려해야 하는 기본원칙이다. 소득 수준 및 생애주기를 고려한 주거비 지원, 주거복지 수요에 맞는 임대주택 공급, 주거지원계층의 주거수준 향상 및 주택관리, 장애인·고령자 등 주거약자의 편리한 주거생활 지원 등을 위한 정책을 마련하려면 관련 정보를 다양하게 분석해야 한다. 또한 쾌적하고 안전하게 주택을 관리하기 위해서는 안전성을 진단하고 평가할 필요도 있다.

따라서 주거정책 수립에 필요한 다양한 정보를 구축하고 연계·활용하는 작업은 점점 더 중요해

표 7-1. 「주거기본법」에서 제시하고 있는 주거정책의 기본원칙

1. 소득수준·생애주기 등에 따른 주택 공급 및 주거비 지원을 통하여 국민의 주거비가 부담 가능한 수준으로 유지되도록 할 것 2. 주거복지 수요에 따른 임대주택의 우선공급 및 주거비의 우선지원을 통하여 장애인·고령자·저소득층·신혼부부·청년층·지원대상아동 등 주거지원이 필요한 계층(이하 "주거지원필요계층"이라 한다)의 주거수준이 향상되도록 할 것 3. 양질의 주택 건설을 촉진하고, 임대주택 공급을 확대할 것 4. 주택이 체계적이고 효율적으로 공급될 수 있도록 할 것 5. 주택이 쾌적하고 안전하게 관리될 수 있도록 할 것 6. 주거환경 정비, 노후주택 개량 등을 통하여 기존 주택에 거주하는 주민의 주거수준이 향상될 수 있도록 할 것 7. 장애인·고령자 등 주거약자가 안전하고 편리한 주거생활을 영위할 수 있도록 지원할 것 8. 저출산·고령화, 생활양식 다양화 등 장기적인 사회적·경제적 변화에 선제적으로 대응할 것 9. 주택시장이 정상적으로 기능하고 관련 주택산업이 건전하게 발전할 수 있도록 유도할 것

자료: 「주거기본법」 제3조(주거정책의 기본원칙) 재인용

지고 있으며, 정보통신기술과 연계한 다양한 플랫폼과 핸드폰을 기반으로 제공되는 애플리케이션(application, App)의 활용도 증가하고 있다.

2) 주택정책 수립 지원을 위한 공간정보플랫폼

주택에 관한 공간정보를 제공하는 플랫폼은 매우 많다. 최근 공공데이터 개방이 늘어나면서 공공데이터를 활용해서 민간기업이 개발·출시하는 응용 앱들도 많아지고 있다. 공공에서 제공하는 주택 관련 플랫폼으로 정책자금 대출정보를 제공해 주는 주택도시기금포털이 있다. 이 외에도 청약Home포털은 주택청약에 필요한 정보, 주택도시보증공사포털은 주택보증에 관한 정보, 한국토지주택공사는 공공임대 및 공공분양주택 공급 및 주거복지 관련 정보를 제공한다. 한국부동산원 부동산통계정보포털은 주택가격 정보, 부동산공시가격 알리미포털은 공동주택과 표준단독주택의 공시가격 및 표준지의 공시지가 정보를 제공하고 있다. 한국국토정보공사는 지적 및 공간정보사업 정보를 제공한다. 이처럼 다양한 포털에서 수많은 주택 관련 정보를 생산해서 제공하고 있기 때문에 주거정책 수립이나 주택관련 의사결정 시 필요한 정보를 잘 활용하면 도움을 받을 수 있다. 이외에도 표 7-2에서 보는 바와 같이 주택정책 수립시 필요한 다양한 정보를 제공하는 플랫폼이 많다.

표 7-2. 주택정책 지원 플랫폼 현황

플랫폼/시스템	구축 목적 및 주요 기능
택지정보시스템	택지개발업무의 효율적인 지원과 정보의 체계적인 관리
부동산통계정보시스템 (R-ONE)	다양한 부동산 통계정보 공표 시스템
공가랑(빈집 플랫폼)	지자체 빈집의 효율적 실태조사 및 체계적 관리 지원
실거래가 공개시스템	부동산 거래 신고 정보 및 전·월세 자료 관리
주택공급모니터링시스템 (HOMS)	주택청약 당첨자 주택 소유 여부 확인
주택공급통계정보시스템 (HIS)	전국 주요 택지 주택공급 관리
공동주택관리정보시스템 (K-apt)	공동주택관리비 공개, 전자입찰 등 처리
공시가격정보체계 (부동산공시가격 알리미)	전국 부동산 공시가격과 관련된 정보를 효율적으로 구축 및 관리
건축행정시스템(세움터)	건축·주택 인허가(허가→착공→사용승인→철거) 관련 업무의 온라인 신청 및 처리 건축물대장 및 건축물현황도 열람, 발급 등
건축데이터민간개방시스템	각종 건축 관련 데이터의 민간개방
토지이음(EUM)	도시계획, 지역·지구별 행위제한 내용, 인·허가 절차 등 국토이용 정보 제공
통합인허가지원시스템 (IPSS)	복잡한 토지이용 인허가절차를 간소화하고자 개발행위허가, 건축허가 등 토지이용에 관한 통합 인허가 민원시스템 구축

참고: 국토교통부, 2011, 정보시스템 가이드북 요약 재정리

그림 7-4. 공간빅데이터 분석플랫폼 개념

출처: 국토교통부 공간빅데이터 분석플랫폼(http://geobigdata.go.kr/portal)

주택정책 주무부처인 국토교통부가 제공하는 '국가공간정보포털'은 다양한 공간정보를 제공하고 있다. 포털에 있는 오픈마켓을 클릭해 접속해서 '주택정책'을 검색하면 183개의 데이터셋이 검색된다. 공동주택, 단독주택, 개별주택 가격정보, 주택건설계획, 공동주택가격 등 다양한 자료가 있다. 오픈마켓은 국가, 공공 및 민간에서 생산된 공간정보를 확인할 수 있는 서비스다. 이외에도 부동산서비스, 지도서비스, 공간빅데이터 분석플랫폼 등도 제공한다. 특히 공간빅데이터 분석플랫폼은 공공, 민간에 흩어져 있는 580여 종의 다양한 정보를 공간기반으로 구축해서 신혼부부 내 집 찾기, 주택이주패턴 찾기, 교통취약지역에 정류장 신설 등 다양한 정책목적으로 활용할 수 있도록 지원하고 있다.

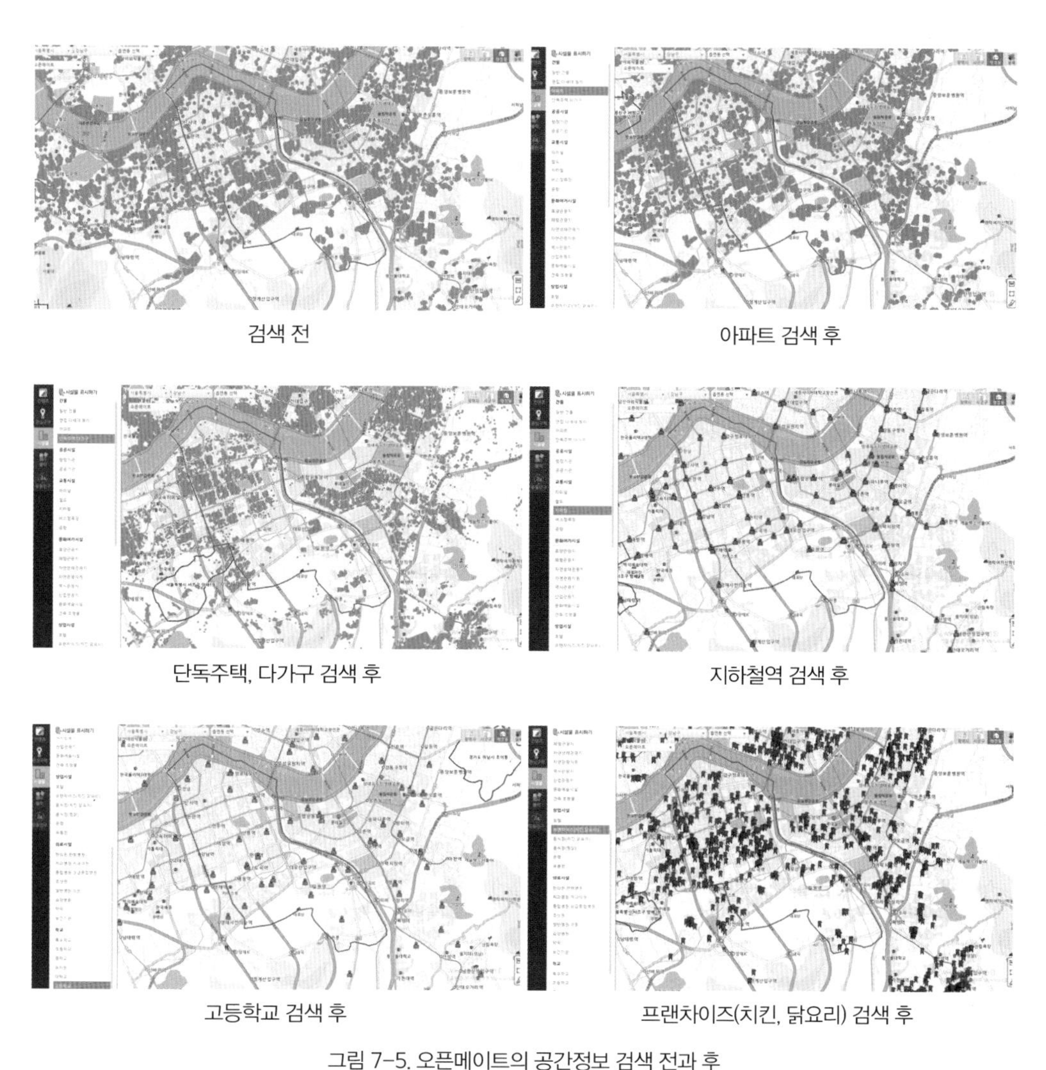

그림 7-5. 오픈메이트의 공간정보 검색 전과 후

자료: 오픈메이트(http://selfbeta.openmate.co.kr) self.map 사이트 분석

그림 7-5는 민간기업 오픈메이트가 제공하는 공간정보 검색 서비스 기능이다. 관심구역을 설정할 수 있고, 선택한 구역을 대상으로 시설물(주택, 공공시설, 교통시설, 상업시설 등), 유동인구 등 다양한 정보를 제공한다. 여기서 제공하고 있는 다양한 정보는 전국의 중앙 및 지방정부, 산하 공공기관 등에서 생산하는 내부 공공데이터와 외부의 민간정보를 공간정보 기반으로 융합하여 활용할 수 있도록 지원하기 때문에 사용자의 목적에 맞게 활용할 수 있다. 다양한 주거관련 공공정책 수립을 위한 기초자료로 활용할 수도 있고, 개인이 주택을 구입하고자 할 때 주택의 입지, 형태, 인근 지역환경, 편익시설 등의 공간정보를 쉽게 확인할 수 있다. 이렇듯 다양한 공간정보를 활용할 수 있는 여건이 개선되면서 주택정책 수립, 주택구입 결정 등 의사결정이 필요할 때 도움을 받을 수 있다.

3) 미래주거를 위한 공간정보

원시시대의 동굴집은 주택에 홈네트워크가 연결되면서 상상을 초월하는 스마트홈으로 발전하고 있다. 로봇이 함께 살고, 나의 라이프 사이클을 스스로 파악해 필요한 정보를 미리 알려주는 집으로 진화하고 있다. 단순히 잠을 자고 휴식을 취하던 집이 아니다. 우리 삶의 플랫폼으로 점점 더 지능적으로 변모해가고 있다. 이렇듯 스마트홈이 당연한 세상이 되어 가고 있지만, 이것이 가능해진 것은 그리 오래 되지 않았다.

주택에 홈네트워크 설비를 설치할 수 있는 제도로 2009년에 「지능형 홈네트워크 설비 설치 및 기술기준」이 제정되었고, 현재 국토교통부, 산업통상자원부, 과학기술정보통신부가 공동으로 운영하고 있다. 스마트홈 건설을 위한 제도가 마련된 것은 이제 10여 년 정도가 된 것이다.

스마트홈을 만들기 위해 설치해야 하는 시설은 기존 주택과 많이 다르다. 홈네트워크 설비, 홈네트워크망, 홈네트워크장비, 홈네트워크사용기기, 홈네트워크 설비 설치공간 등이 별도로 주어져야 하고, 이를 위한 기준 조건도 갖춰야 한다. 표 7-3은 홈네트워크사용기기 종류와 그에 대한 설명으로 홈네트워크망에 접속하여 사용하게 된다. 홈네트워크 기기가 발달하면서 주택 내부 시설을 사람이 직접 작동하지 않아도 된다. 기기를 이용하여 원격으로 작동할 수 있고, 사용결과가 정보로 생산되고, 쌓이게 된다. 이렇게 축적된 정보는 생활하는 사람들의 생활패턴이나 이동패턴, 선호, 건강상태 등을 체크해서 알 수 있게 해 준다. 이러한 정보는 신규 주택을 건축할 때 사람들의 주거선호 반영, 입주자의 건강상태 점검 및 사전 의료 지원 등 부가적인 활용도 가능하게 한다.

이러한 주택을 효율적으로 짓기 위해서는 다양한 정보통신기술을 연계하고 각종 데이터를 분석하여 규모, 설비, 입지, 가격, 성능 등을 최적화할 필요가 있다. 결국 주택의 자동화, 첨단화, 복합화, 지능화로 주택건설 공정과정에 더 많은 공간정보의 활용과 분석이 중요해지고 있다.

표 7-3. 홈네트워크 사용기기 종류 및 주요 기능

종류	주요 기능
원격제어기기	주택 내부 및 외부에서 가스, 조명, 전기 및 난방, 출입 등을 원격으로 제어할 수 있는 기기
원격검침시스템	주택 내부 및 외부에서 전력, 가스, 난방, 온수, 수도 등의 사용량 정보를 원격으로 검침하는 시스템
감지기	화재, 가스누설, 주거침입 등 세대 내의 상황을 감지하는 데 필요한 기기
전자출입시스템	비밀번호나 출입카드 등 전자매체를 활용하여 주동출입 및 지하주차장 출입을 관리하는 시스템
차량출입시스템	단지에 출입하는 차량의 등록여부를 확인하고 출입을 관리하는 시스템
무인택배시스템	물품배송자와 입주자 간 직접 대면 없이 택배화물, 등기우편물 등 배달물품을 주고받을 수 있는 시스템
기타	영상정보처리기기, 전자경비시스템 등 홈네트워크 망에 접속하여 설치되는 시스템 또는 장비

자료: 「지능형 홈네트워크 설비 설치 및 기술기준」

그림 7-7. 부산 에코델타 스마트빌리지에 도입한 혁신기술

자료: 부산에코델타 스마트빌리지 홈페이지

스마트홈을 넘어서서 마을 전체를 사물인터넷과 인공지능으로 설계한 공간을 실험하고 있다. 부산 에코델타 스마트빌리지다. 이 마을은 다양한 스마트 아이템이 있다. 홈 네트워크 IoT, IoT보안, 지능형IoT조명, 자율주행 관리로봇, 실시간 건강관리, 스마트미러링, 전기자동차충전소, 홈에너지 모니터, 에너지저장 배터리 등 미래주택에 대한 실험이 진행 중이다. 스마트로봇카페도 운영하고 있다. 고객이 커피를 주문하면 로봇이 커피를 제조하고, 알티지의 자율주행 서빙로봇 'SEROMO'가 고객에게 제품을 전달한다. 집의 변화가 마을의 변화까지 이끌어내고 있는 셈이다.

스마트홈에서 스마트빌리지로 발전하면서 과학기술정보통신부에서는 '스마트빌리지 보급 및 확산사업'을 추진하고 있다. ICT기반의 스마트 서비스 도입을 통해 지역사회의 디지털전환, 경쟁력 강화, 삶의 질 향상 및 균형발전을 도모하고자 하는 것이다.

부산 에코델타 스마트빌리지는 가장 먼저 경험하는 미래생활이라는 콘셉트로 주거단지에 접목되는 새로운 기술을 미리 만나볼 수 있는 실증단지이다. 시민이 거주하면서 주거단지에 도입될 기술을 미리 경험해 보고 피드백 할 수 있는 실험적인 공간이기도 하다. 2022년 1월에 입주했고 총 56세대 200명이 리빙랩 체험단으로 참여했다. 주거실증공간이 '스마트빌리지'와 기업연구단지 '어반테크하우스'가 함께 조성되었다. 청년쉐어, 청년가구, 신혼부부, 장애인, 시니어 등 다양한 가구가 살고 있다. 물, 환경, 에너지, 교통, 생활 안전, 로봇, 스마트팜 등 다양한 실험을 한다. 이 마을에서는 2026년까지 5년 동안 리빙랩을 통해 데이터를 축척하게 되고, 이를 기반으로 미래주거단지 설계에 활용될 예정이다.

7.3 주거안정과 주택공급에서의 공간정보 활용 사례

1) 임차가구 주거안정 지원을 위한 공간정보 활용*

빌라왕 사건 등 전세사기로 많은 피해자가 발생하면서 사회적으로 문제가 되고 있다. 해마다 주택전세 보증금을 집주인으로부터 제대로 돌려받지 못해 금전적 피해를 입는 세입자가 늘어나면서 임차인의 주거불안이 심각해지고 있다.

이에 정부는 임차인이 전세계약을 할 때 사기를 당하지 않고 안전한 전세계약을 할 수 있도록 필요한 정보를 사전에 제공하는 정책을 추진하고 있다. 그 일환으로 임차인의 안전한 전세계약을 위해 필요한 정보를 사전에 제공하는 '안심전세App'을 출시했다. 안심전세 App은 구글 플레이 스토어, 앱스토어 등을 통해 다운로드 받을 수 있고, 기존 '모바일 HUG' 앱과 통합해서 운영한다.

안심전세 App은 전세사기 발생의 주요 원인으로 꼽히는 임대인과 임차인 간의 정보 비대칭 문제를 해결하기 위한 목적으로 개발되면서, 임차인이 전세계약 시 확인해야 할 주요 정보를 한눈에 확인할 수 있도록 지원해 주고 있다. 시세정보, 임차인 정보에 따른 자가진단 결과, 집주인의 과거 보증사고 이력, 악성임대인 등록 여부 및 체납이력 등을 제공하면서 임차인이 전세사기를 당하지 않도록 지원한다.

그림 7-8에서와 같이 자기진단 정보에서는 임차인의 기초 정보를 입력하면 시세, 인근지역 전세가율, 경매낙찰가율의 정보를 제공하고, 임차계약을 하고자 하는 주택에 대한 적정 전세금을 제시해 준다. 이뿐만 아니라 전세계약을 하고자 하는 주택의 위험성도 제공해 주고 있기 때문에 임차인의 전세계약에 따른 주거불안과 위험을 사전에 예방할 수 있도록 지원해 주고 있다. 개인적으로 구

---

* 국토교통부 보도자료, 2023.2.1., "「안심전세 App」으로 전세사기 사전 예방"의 내용을 토대로 정리함.

정보 입력 시

시세 3억원, 인근지역 전세가율 70%, 경매낙찰가율 60%

위 주택은
2.1억원(전세가율 기준)**이하로**
전세계약을 권유합니다.

※ 1.8억원(경락률기준) 이하로 계약하는 경우
경매에 넘어가도 보증금 회복 가능성 높습니다.

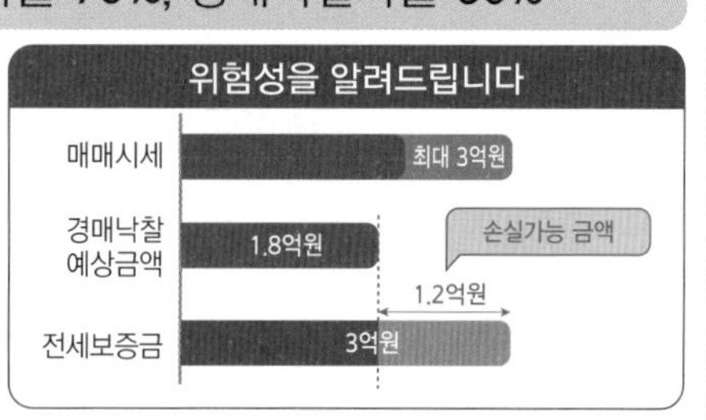

그림 7-8. '안심전세 App'에서 제공하는 자가진단 결과

자료: 국토교통부

득해야만 했던 정보들이 기술과 연계되고, 다양한 어플과 인터넷을 통해 제공되면서 임차인의 주거안정을 지원하고 있다. 이러한 공간정보의 활용은 더 확대될 것으로 보인다.

당장은 다세대·연립주택, 50세대 미만 소형 아파트의 시세를 수도권부터 제공하고 있지만, 순차적으로 주거용 오피스텔과 지방광역시 정보도 제공하게 되면, 임차인의 주거안정 제고에 큰 도움이 될 것이다. 또한 적정가격을 알 수 없는 신축주택도 준공 1개월 후 시세를 사전에 제공해서 임차인들이 전세사기를 당하지 않도록 할 예정인 바, 공간정보의 기술적 활용으로 전세사기 문제가 줄어들 수 있을 것으로 기대된다.

2) 주택분양과 청약을 위한 공간정보 활용

우리나라 주택공급은 주로 선분양 방식을 선택하고 있다. 후분양으로 공급할 수도 있지만 사업주체는 대부분 선분양 방식을 선택하고 있고, 일반 국민들도 선분양 방식으로 공급하는 주택(아파트)에 익숙하다. 선분양은 「주택공급에 관한 규칙」 제15조에서 정하고 있다. 입주자모집 시기를 착공과 동시에 할 수 있도록 정하고 있는데, 착공과 동시에 입주자를 모집하는 방식이 선분양(그림 7-9의 ④)이다.

정부는 3기 신도시 주택을 공급하는 과정에서는 무주택 실수요자의 내 집 마련 시기를 앞당기기 위해 공공분양주택의 공급시기를 기존의 일반 청약(선분양)보다 앞당겨서 공급하는 사전청약제도(그림 7-9의 ②)를 도입했고, 이 제도는 공공택지에서 공급되는 민간분양주택까지 확대되어 운영되고 있다.

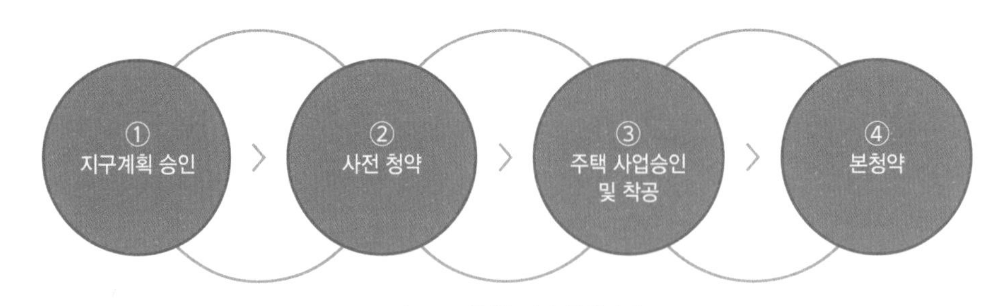

그림 7-9 사업추진과 청약단계

출처: 3기신도시 누리집(https://www.xn—3-3u6ey6lv7rsa.kr)

본청약(선분양)이나 사전청약 모두 주택이 완성되기 전에 분양하기 때문에 소비자는 완공주택을 보지 못하고 주택구매 의사결정을 해야 하는 어려움에 부딪히게 된다. 이러한 문제를 보완하기 위해 사업주체는 견본주택을 지어서 소비자가 사전에 완공주택을 경험할 수 있도록 지원하고 있다. 견본주택은 평면구조, 마감자재, 발코니 처리 등 미래에 공급될 완공주택과 동일한 주택 관련 정보를 제공하면서 소비자의 의사결정을 도와주게 된다.「주택법」제60조에서는 사업주체가 주택의 판매촉진을 위해서 견본주택을 설치하고자 할 때 필요한 건축기준을 정하고 있다. 견본주택은 땅 위에 직접 지어서 공개하는 방법도 있지만, 인터넷을 활용하여 운영하는 사이버견본주택 운용도 가능하다.

사이버견본주택에는 입주자모집공고 내용뿐만 아니라 (1) 단지 위치도, 배치도 및 조감도, (2) 동별 입면도, 투시도, 평형별 위치도, (3) 각 주택형별 평면도, 입면도, 투시도, (4) 마감자재 목록 및 자재별 사진, (5) 선택품목 목록 및 품목별 사진, (6) 전시품목 목폭 및 품목별 사진 등 다양한 주택관련 정보를 포함하도록 하고 있다.

이처럼 주택분양 과정에 소비자의 선택을 위해 다양한 공간정보를 제공하고 있다. 최근 정보통신기술이 급속도로 발달하고, 코로나19로 대면이 어려워지자 사이버견본주택이 대세를 이루고 있다. 사이버견본주택을 통한 정보제공 방식도 다양해지고 있다. 사이버견본주택은 주택구입 의사결정을 할 때 중요하게 검토하는 전통적인 요인인 교통여건, 주변 학군 및 주거환경, 편익 및 부대시설 등에 대한 정보도 직접 현장을 방문하지 않고 확인할 수 있도록 지원하고 있다.

정보를 제공하는 방식도 표 7-4에서 보는 바와 같이 매우 다양하다. 라이브 방송으로 제공하기도 하고, 분양주택과 관련된 정보를 실시간으로 업데이트하기도 한다. 또한 마감재를 관련 정보를 자세히 제공해서 소비자의 선택을 지원한다.

그림 7-9는 사이버견본주택이다. 분양하는 단지 홈페이지를 방문하면 단지전체를 보여 주고, 높은 조망(HIGH view), 낮은 조망(low view)으로 단지 전체를 볼 수 있다. 또한 화면 하단에는 높은

표 7-4. 사이버견본주택의 정보제공 방법

구분	정보제공 방법
과천제이드자이	유투브 라이브 방송 진행, 실시간 정보 제공 홈페이지를 통해 마감재 리스트 업로드
한화 포레나 부산덕천	홈페이지를 통해 VR로 제작한 유니트 정보 세대 영상, 마감재 리스트 등 제공

출처: 국토일보, 2020에서 재정리

조망과 낮은 조망에 해당되는 사진을 제공하고 있는데, 각 사진마다 단지를 다양한 각도에서 시각적으로 확인할 수 있도록 지원해 준다. [〉〈 ∧ ∨ + −]와 같은 기능을 두어 단지를 왼쪽, 오른쪽, 위, 아래, 크게, 작게 등 소비자가 원하는 방향으로 확인할 수 있도록 하고 있다. 이처럼 정보통신기술의 발전은 현장에 직접 방문해야만 확인할 수 있는 주택관련 정보를 간접적이지만 입체적으로 제공함으로써 소비자의 의사결정을 지원하고 있다. 이러한 발전은 향후 디지털 트윈, 메타버스 등의 기술과 연계되면서 더 활성화될 것이다.

주택을 분양받으려면 청약을 해야 한다. 청약은 일반공급, 특별공급으로 구분하고, 주택유형에 따라 청약자격이 다르고, 지역과 주택규모에 따라 청약가점제를 적용해야 하는 등 매우 복잡하기 때문에 청약을 하려면 사전에 준비하고 점검해야 할 사항들이 많다. 청약신청자를 지원하기 위해 필요한 정보를 한국부동산원이 '청약HOME(https://www.applyhome.co.kr/co/coa/selectMainView.do)'을 운영하고 있다. 청약캘린더 공간에서는 청약단지 정보를 월별로 제공하고 있다. 청약

그림 7-10. 사이버견본주택 사례: 레이카운티 단지모형 VR

출처: https://raemian.co.kr/event/sale/reicounty/vr/index.html

전국에 있는 청약단지 정보 제공

간편한 청약자격 체크

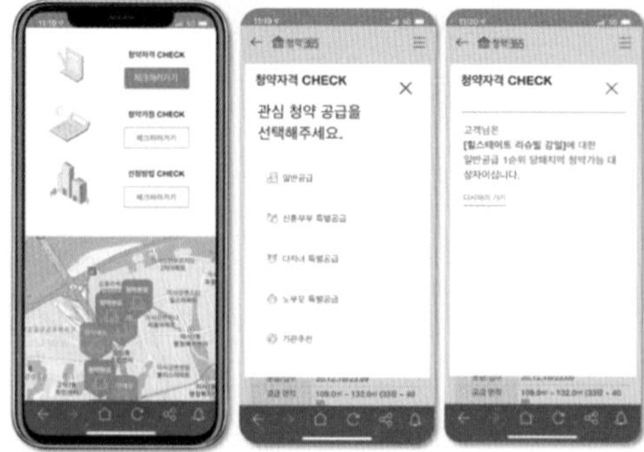

그림 7-11. '청약365' 앱이 제공하는 공간정보 서비스

출처: 미드미네트웍스 홈페이지(http://www.midminetworks.com)

캘린더에서 제공하고 있는 분양단지, 공급대상 주택 면적 및 세대수를 클릭하면, 해당단지의 입주자모집공고 정보(공급위치, 공급규모, 청약일정, 공급금액 등)를 제공해 주는데, 다양한 공간정보를 모아서 제공하기 때문에 청약계획이 있는 사람들에게 매우 유용하다. 이외에도 주택유형별(아파트, 오피스텔, 생활형숙박시설, 도시형생활주택, 공공지원민간임대) 청약방법, 청약신청, 민간사전청약, 청약자격 확인, 청약당첨조회, 청약제도 안내 등 다양한 정보를 제공하고 있다.

그림 7-10은 민간기업이 제공하는 청약지원 어플이다. 한국부동산원이 '청약HOME'을 통해 기초적인 정보를 제공하고 있지만, 공간적으로 위치 확인 등은 한계가 있다. '청약365'는 청약지도를 제공하고 있어, 손쉽게 청약을 원하는 지역 정보를 접근할 수 있다. 단지정보, 분양정보, 인근단지와 정보 등도 바로 확인이 가능하며, 청약가점도 쉽게 계산해 볼 수 있고 청약 시 당첨 가능 여부도 가늠해 볼 수 있다.

3) 주택건설현장에서 공간정보 활용

주택건설현장에 다양한 공간정보기술이 활용되고 있다. 전통적인 주택건설기업들은 드론, AI, IOT 기술 등을 가진 스타트업 기업과 협업을 통해 주택건설 공정 과정에 새로운 기술과 데이터를 접목하고 있다.

센트럴파크 자이 건설현장을 주도한 GS건설은 대규모 현장 관리를 위해 스마트건설기술로 드론을 활용했다. 드론을 활용함으로써 본사, 현장, 드론기술업체(엔젤스윙) 간의 긴밀한 커뮤니케이션을 기반으로 신기술을 전통적인 공사 현상에 적용하기 시작했다. 고화질 사진과 도면을 활용하여 좀 더 긴밀한 커뮤니케이션 보고로 현장 지위가 가능하고, 날짜별로 시공현황을 파악하고 기록하면서 데이터 기반의 현장관리가 가능해졌다. 또한 현황 측량이나 토공량 측정 등 현장의 변화도 쉽게 파악할 수 있게 되었다. 이뿐만 아니라 현장 안전 관리를 위해서도 시스템을 활용하고 있다. 이처럼 공간정보와 데이터 기반의 시스템을 주택건설현장에 활용하면서 작업 현장 파악 및 계획 수립에 현장의 업무 효율성과 정확성이 증대되었다. 또한 정략적 데이터 기반으로 시공관리가 가능해졌고, 초기 현장과 관계자 간의 긴밀한 커뮤니케이션이 가능해지면서 현장 오류도 쉽게 파악되

커뮤니케이션 및 보고: 고화질 사진과 도면을 활용

시공기록 및 관리: 날짜에 따른 시공 현황 파악

현황 측량 및 토공량 측정: 현장의 변화 쉽게 파악

그림 7-12. 주택건설현장에 새로운 스마트기술과 정보 활용

출처: 엔젤스윙 홈페이지(https://angelswing.io/blog/case-study-gs)

그림 7-13. 텐일레븐의 BUILD AI 활용 사례

었다.

현대건설은 텐일레븐과 'AI기반 공동주택 3D자동설계 시스템' 공동 개발을 통해 공동주택 설계 및 경쟁력 강화에 나설 예정이다. 또한 현대건설(건설사)-현대종합설계(설계사)-텐일레븐(IT사) 간 ICT(정보통신기술) 융복합을 통해 국내 건축설계 업계 패러다임이 인력 중심에서 AI기반 자동화 설계로 변모하는 데 선도적 역할을 할 전망이다. 텐일레븐은 사업지의 지형, 조망, 건축 법규 등을 분석해 최적의 공동주택 배치설계안을 도출하는 AI 건축설계 계획안을 도출하는 인공지능 BUILDIT시스템을 제공하고 있다. 이 시스템은 (1) 사람이 하던 반복적인 건설설계 작업을 인공지능 솔루션으로 계산하고, (2) 입력한 조건에 맞는 최적의 건축설계 계획안을 제공하며, (3) 배치안의 일조, 조망, 신재생에너지 등 환경요소를 분석한 결과를 제공한다. 이를 통해 건축설계의 빠른 초기검토가 가능하고, AI기술을 적용하여 기존 건축설계방식에서 확인할 수 없었던 다양한 결과물을 확인할 수 있고 최적의 용적률과 세대 수를 확보하는 다양한 결과를 제공하여 사업성 확인에도 도움이 된다. 무엇보다 처음부터 3차원으로 결과물을 제공하기 때문에 주변의 산과 높은 건물 등과의 관계도 고려할 수 있다는 이점이 있다. 따라서 일조, 조망시간 등을 분석할 수 있어 조망 좋은 집, 해가 잘 드는 집 등에 대한 사전 점검을 통한 설계도 가능할 수 있다.

대우건설은 기존 하자관리시스템에 수십 년간 축적한 데이터를 바탕으로 빅데이터 처리 및 분석, 시각화 기술을 이용한 '빅데이터 기반 주택하자분석 시스템(Apartment Repair Data Analysis, ARDA)'을 개발했다. 이 시스템을 통해 하자 발생 예상 및 선제적 대응과 하자처리시간 단축이 가능해지면서 고객만족이 향상될 것을 기대하고 있다. 이뿐만 아니라 수주, 설계, 시공 관리까지 건설 전 단계 빅데이터와 AI 기술 활용해 공동주택 품질과 입주민의 만족도를 향상시키기 위한 기반을 구축하고 있다.

7.4 주택 분야에 있어 공간정보의 미래*

주거공간은 끊임없이 진화하고 있다. 지금까지 만들어진 공간에 사람들이 맞춰 살았다면, 이제는 주어진 공간을 개인의 특성과 기호에 따라 바꾸면서 살고 있다. 소소하게는 화분을 놓고, 커튼이나 벽지를 바꾸면서 집안의 분위기를 새롭게 연출한다. 반려동물이 함께 살 수 있는 구조로 집 내부구조를 바꾸기도 한다. 드라마 속에서 옥탑방은 멋진 루프탑을 가진 새로운 주거공간으로 탈바꿈되어 소개되고 있다. 이런 주거트렌드 경향을 '페르소나 원픽(Persona One-pick, 자아를 담은 나만의 공간)'으로 규정하기도 한다. 자신만의 개성을 공간에 반영하는 현상이 새로운 주거공간 트렌드로 등장하리라는 것이다.

특히, 정보통신기술의 발전은 우리의 주거생활을 빠르게 변화시키고 있다. 오래전에는 사람이 직접 했던 많은 일을 이제는 기계와 로봇이 대신해 주고 있다. 스마트폰으로 통하는 세상이 본격화되면서, 주거공간에서도 조명스위치, 스마트버튼, 스마트홈카메라, AI스피커, 전동커튼, 전동블라인드, 스마트냉장고, 스마트TV 등 집안의 기기가 집밖에서 스마트폰으로 작동 된다. 영유아나 펫, 1인가구를 위한 안심보안 홈캠을 통해 실내 상황을 체크하고 보안을 강화할 수 있다.

여기에 코로나로 비대면 생활이 일상화되면서 직장의 업무기능과 학교의 교육기능이 집안으로 깊숙이 들어왔다. 이뿐만 아니라 스마트해진 주거공간을 넘어서 스마트빌리지, 스마트컴플렉스로 진화하고 있다. 단지 안에 택배로봇이 등장하고, 헬스케어, 스마트팜, 스마트 정수장, 스마트 에너지, 도시관리 플랫폼 등 다양한 스마트 기술을 접목하고 있다. 단지 내에 VR교육시설을 도입하고 다양한 비대면 생활문화공간을 도입하는 사례도 등장하고 있다. 그동안 오프라인에 진행되던 업무와 모임, 전시, 체험 등 다양한 활동이 코로나를 경험하면서 웹사이트나 메타버스, VR과 같은 온라인 플랫폼으로 옮겨가고 있다. 단순한 주거공간에 머물지 않고 먹고, 운동하고 교류하고 자기계발까지 하는 복합공간으로 진화하고 있는 것이다.

이처럼 기술혁신은 주거공간을 새로운 '복합플랫폼'으로 진화시키고 있다. 그러한 만큼 주거공간을 둘러싼 공간정보의 활용은 더 다채로워지고 무한해질 것이다. 주택을 매매하거나 임차주택을 구할 때, 분양을 받거나 청약을 할 때 필요한 정보 외에도 우리의 작은 일상에 관한 정보로부터 새로운 주택을 건설·공급하는 각각의 단계에서 생산되는 수많은 공간정보가 새롭게 융합되면서 새로운 창조적인 주거공간을 만들고 미래 주거정책을 수립하는 데 더 많이 활용되고 중요해질 것이다.

* 김덕례, 2022.2.8., "디지털전환 시대 뒤쳐진 주택법", 에너지경제를 인용하여 추가·보충함.

기술과 연계된 공간정보의 적극적인 활용은 사람들을 위한 맞춤형 주거정책수립, 사람들이 선호하는 주택공급, 인구구조 변화와 기후변화 등에 대응 가능한 미래주택 등을 공급하는 과정에도 필요한 만큼, 주거분야에 공간정보의 연계 활성화를 위한 기반여건 조성을 강화해 나아갈 필요가 있다.

참고 문헌

국사편찬위원회, 2010, 『삶과 생명의 공간, 집의 문화』.

국토교통부, 2011, 『정보시스템 가이드북』.

임미화, 2022, 『주택공급단계별 디지털 트윈 활용방안』.

「주거기본법」

「주택공급에 관한 규칙」

「지능형 홈네트워크 설비 설치 및 기술기준」

국토교통부 보도자료, 2023.2.1., "「안심전세 App」으로 전세사기 사전 예방".

국토일보, 2020.3.16., "분양현장, 코로나19에 '사이버견본주택' 대세".

김덕례, 2022.2.8., "디지털전화 시대 뒤쳐진 주택법", 에너지경제.

매일경제, 2021.1.11., "현대건설, AI 건축자동설계 스타트업 '텐일레븐'에 투자".

조선비즈, 2020.4.28., "주거공간에 '사물인터넷+인공지능' 플랫폼 결합 '스마트홈'으로".

프라임경제, 2021.1.15., "알지티, 부산 에코델타 스마트빌리지 로봇카페 참여".

한국건설신문, 2021.10.08., "대우건설, 빅데이터로 공동주택 하자관리 강화한다".

3기신도시 누리집(https://www.xn—3-3u6ey6lv7rsa.kr)

국토교통부 공간빅데이터 분석플랫폼(http://geobigdata.go.kr/portal)

미드미네트웍스 홈페이지(http://www.midminetworks.com)

부산에코델타 스마트빌리지(https://busan-smartvillage.com/business/overview)

엔젤스윙 홈페이지(https://angelswing.io/blog/case-study-gs)

오픈메이트(http://selfbeta.openmate.co.kr) 'self.map'

https://raemian.co.kr/event/sale/reicounty/vr/index.html

https://marvel-movies.fandom.com/wiki/Just_A_Rather_Very_Intelligent_System

https://rosesyrup.tistory.com/5970

https://namu.wiki/w/%EC%82%BC%EB%9D%BC%EB%A7%8C%EC%83%81)

공간정보의 이해와 활용

초판 1쇄 발행 2023년 7월 23일

지은이 대한공간정보학회, 대한국토·도시계획학회

펴낸이 김선기
펴낸곳 (주)푸른길
출판등록 1996년 4월 12일 제16-1292호
주소 (08377) 서울특별시 구로구 디지털로 33길 48 대륭포스트타워 7차 1008호
전화 02-523-2907, 6942-9570~2
팩스 02-523-2951
이메일 purungilbook@naver.com
홈페이지 www.purungil.co.kr

ISBN 978-89-6291-063-6 93980